电气自动化新技术丛书

U0187097

多相永磁同步电动机 直接转矩控制

周扬忠　著

机械工业出版社

本书围绕多相永磁同步电动机瞬时转矩及多自由度控制特点，对多相永磁同步电动机直接转矩控制系统的转矩控制策略、零序电流控制策略、提升负载能力控制策略、缺相容错不间断运行控制策略、多电动机串联驱动控制策略、降低转矩脉动控制策略、无位置传感器控制策略、转子磁悬浮控制策略等关键技术展开研究。基于理论研究成果，对关键控制技术进行了仿真及实验研究。

本书可作为高等学校电气工程与自动化学科的本科生、研究生和教师的参考用书，也可以供从事多相电动机控制策略及系统研究、设计、开发的工程技术人员参考使用。

图书在版编目（CIP）数据

多相永磁同步电动机直接转矩控制/周扬忠著. —北京：机械工业出版社，2021.6

（电气自动化新技术丛书）

ISBN 978-7-111-68450-3

Ⅰ.①多…　Ⅱ.①周…　Ⅲ.①永磁同步电机-控制　Ⅳ.①TM351.12

中国版本图书馆 CIP 数据核字（2021）第 117067 号

机械工业出版社（北京市百万庄大街 22 号　邮政编码 100037）

策划编辑：翟天睿　责任编辑：翟天睿
责任校对：梁　静　封面设计：鞠　杨
责任印制：张　博
中教科（保定）印刷股份有限公司印刷
2021 年 10 月第 1 版第 1 次印刷
169mm×239mm · 22.5 印张 · 459 千字
0001—2000 册
标准书号：ISBN 978-7-111-68450-3
定价：79.00 元

电话服务　　　　　　　　　网络服务
客服电话：010-88361066　　机 工 官 网：www.cmpbook.com
　　　　　010-88379833　　机 工 官 博：weibo.com/cmp1952
　　　　　010-68326294　　金 书 网：www.golden-book.com
封底无防伪标均为盗版　　　机工教育服务网：www.cmpedu.com

电气自动化新技术丛书
序　言

　　科学技术的发展，对于改变社会的生产面貌，推动人类文明向前发展，具有极其重要的意义。电气自动化技术是多种学科的交叉综合，特别是在电力电子、微电子及计算机技术迅速发展的今天，电气自动化技术更是日新月异。毫无疑问，电气自动化技术必将在国家建设、提高国民经济水平中发挥重要的作用。

　　为了帮助在经济建设第一线工作的工程技术人员能够及时熟悉和掌握电气自动化领域中的新技术，中国自动化学会电气自动化专业委员会和中国电工技术学会电控系统与装置专业委员会联合成立了电气自动化新技术丛书编辑委员会，负责组织编辑"电气自动化新技术丛书"。丛书将由机械工业出版社出版。

　　本丛书有如下特色：

　　一、本丛书专题论著，选题内容新颖，反映电气自动化新技术的成就和应用经验，适应我国经济建设急需。

　　二、理论联系实际，重点在于指导如何正确运用理论解决实际问题。

　　三、内容深入浅出，条理清晰，语言通俗，文笔流畅，便于自学。

　　本丛书以工程技术人员为主要读者，也可供科研人员及大专院校师生参考。

　　编写出版"电气自动化新技术丛书"，对于我们是一种尝试，难免存在不少问题和缺点，希望广大读者给予支持和帮助，并欢迎大家批评指正。

电气自动化新技术丛书

编辑委员会

前　言

　　定子绕组流过电流，在气隙中产生的以圆形轨迹旋转的磁动势是交流电动机转子旋转工作的基础。为了产生该旋转磁动势，可以采用三相绕组结构，也可以采用相数大于三的多相绕组结构。三相绕组若无中心点引出，则只有两个可控自由度，这两个自由度恰好能满足转子旋转的需要。但当某相绕组故障，或逆变桥臂故障后，只有通过电路拓扑结构的变化才能实现三相电动机容错运行。多相电动机相数通常大于三，若设多相电动机相数为 n 且无中心点引出，扣除用于控制转子旋转的两个自由度外，则还有 $n-3$ 个自由度需要控制。正是这 $n-3$ 个多余的自由度，使得多相电动机驱动系统可以获得比三相电动机驱动系统更加优越的性能，从而满足一些特殊应用场合对于某些特殊性能的需要。

　　对单台多相电动机构成的驱动系统而言，可以在多个平面上实现机电能量转换，从而增强电动机的带负载能力。例如反电动势为非正弦的多相电动机可以采用定子绕组注入谐波电流方法来增强电动机的带负载能力，或在负载一定的情况下减小功率开关器件的电流峰值。若反电动势为正弦波，则可以利用多余的自由度实现定子绕组故障或逆变桥臂故障后，定子绕组缺相容错运行，从而提高电动机驱动系统的可靠性。为了满足某些应用场合对驱动器体积限制的特殊要求，还可以利用多相电动机多自由度带来的多平面可控特点，构建单逆变器供电多个电动机定子绕组的串联驱动系统，把各个电动机机电能量转换动作置于不同的控制平面上，实现不同电动机机电能量的解耦控制。n 相电动机定子绕组通常采用 n 相逆变器供电，各相承担了电动机总功率的 $1/n$。显然随着相数的增多，各相承担的功率下降，各逆变桥臂承担的功率也随之减小。所以，若电动机每相额定电压不变，则每个绕组及功率开关额定电流幅值降低；若电动机每相额定电流不变，则每个绕组及功率开关额定电压幅值降低，满足某些低压大电流供电场合的需要。正是以上多相电动机驱动系统的特殊性能，使得多相电动机驱动系统在轨道交通、电动汽车、新能源发电、航空航天、军事装备等应用领域得到高度的重视和深入的研究。

　　与三相电动机控制类似，在多相电动机驱动系统中也存在两种瞬时转矩控制策略：一种是基于电流控制电动机磁场和转矩的矢量控制策略，另一种是基于电压控制电动机磁场和转矩的直接转矩控制策略。多相逆变器可以输出比三相逆变器更多的电压矢量，如何利用这些数量庞大的电压矢量实现多相电动机驱动系统磁场和转矩的瞬时精确控制是亟待解决的现实问题。本书选择多相永磁同步电动机直接转矩控制为中心内容，围绕电动机转矩控制策略、零序电流控制策略、提升负载能力控制策略、缺相容错不间断运行控制策略、多电动机串联驱动控制策略、降低转矩脉动控制策略、无位置传感器控制策略、转子磁悬浮控制策略等内容展开研究及论述。全书共包括九章，内容具体安排如下：

第1章对多相电动机种类、多相电动机驱动系统应用、多相电动机直接转矩控制、多相电动机多自由度应用、多相电动机无位置传感器研究等内容进行综述。

第2章基于多相交流电动机多平面分解坐标变换理论，研究单平面机电能量转换多相电动机、双平面机电能量转换多相电动机数学模型以及多套绕组多相电动机数学模型，为全书控制策略奠定了研究对象数学模型基础。

第3章以反电动势为正弦波的六相对称绕组永磁同步电动机为例，研究具有零序电流自调整的直接转矩控制策略及基于多维立体空间的直接转矩控制策略，以解决多相逆变器输出电压矢量的优化选择和多相电动机驱动系统零序电流的抑制问题。同时也讲解了基于电路模式的多相电动机仿真模型建立及直接转矩控制系统的硬件结构。

第4章以反电动势为梯形波的五相永磁同步电动机为例，研究了具有最大转矩电流比（Maximum Torgue Per Ampere，MTPA）策略的基波和3次谐波双平面的直接转矩控制策略，进一步增强了多相电动机直接转矩控制系统的带负载能力。

第5章以六相永磁同步电动机为研究对象，从产生圆形磁动势旋转轨迹角度，分别研究基于虚拟变量定义的定子绕组缺一相、缺两相、缺三相直接转矩控制策略，同时为了提升缺相后电动机绕组电流的平衡，还研究了对应的定子电流平衡控制策略。

第6章研究单逆变器供电双永磁同步电动机定子绕组串联驱动系统的直接转矩控制策略，重点研究两种类型的串联驱动系统，即反电动势为正弦波的两个电动机串联驱动和反电动势为非正弦波的两个电动机串联驱动，从理论上建立两台电动机解耦型直接转矩控制策略。

第7章研究基于多相逆变器空间电压矢量调制及逆变器功率桥臂占空比直接计算型直接转矩控制策略；同时为了选择到最优的开关电压矢量，研究了多相电动机的预测型直接转矩控制策略。采用上述控制策略后，驱动系统的转矩脉动进一步减小，增强了直接转矩控制系统的运行平稳性。

第8章研究多相电动机直接转矩控制系统定子磁链的观测方法及驱动系统无位置传感器控制策略，同时解决了电动机缺相后，不对称绕组的定子磁链观测难题。

第9章简要研究多相电动机利用其多自由度实现转子磁悬浮运行直接转矩和直接悬浮力控制策略，实现了定子永磁型多相电动机转子悬浮控制的快速响应。

本书的研究内容得到江苏省博士后科学基金（项目编号：1301010A）、国家博士后科学基金（项目编号：2013M541583）、福建省自然科学基金（重点）（项目编号：2021J02023）的资助，对这些项目的资助表示衷心的感谢！作者希望通过本书内容，能够较为全面地解决多相永磁同步电动机直接转矩控制系统关键技术难点，若能对从事多相电动机驱动控制研究、设计、开发等相关领域人员具有启发作用将是作者最大的欣慰！

　　本书有关章节的内容主要由作者指导的研究生：闫震、熊先云、陈小剑、林晓刚、黄志坡、陈光团、王祖靖、段庆涛、俞海良、陈相、毛洁、黄政凯、钟技、许海军、郑梦飞、王凌波等参与研究而成，部分内容由课题组老师钟天云、屈艾文、陈艳慧协助研究完成。本书部分文字的编辑及排版由作者指导的研究生：陈垚、俞海良、吴鑫、周谋捷、庄恒泉、黄政凯、吴京周等完成。对这些研究生及课题组老师对本书内容的贡献表示衷心的感谢！为了全书内容的完整，本书第1章综述了多位学者研究成果，并加以恰当地引用，对他们的研究成果对本书的贡献表示最衷心的感谢！

　　由于作者个人认识水平、研究能力有限，书中难免会出现问题解决不全面、错漏等，希望读者及时批评指正。

著　者

目　录

电气自动化新技术丛书　序言
前言
第1章　绪论 …………………………………………………………………… 1
　1.1　多相电动机驱动系统概述 ……………………………………………… 1
　　1.1.1　多相电动机驱动系统及其特点 …………………………………… 1
　　1.1.2　多相电动机驱动系统的应用 ……………………………………… 2
　1.2　多相电动机驱动系统瞬时转矩控制策略 ……………………………… 5
　　1.2.1　多相电动机矢量控制 ……………………………………………… 5
　　1.2.2　多相电动机直接转矩控制 ………………………………………… 6
　　1.2.3　多相电动机矢量控制与直接转矩控制比较 ……………………… 6
　1.3　多相电动机直接转矩控制综述 ………………………………………… 8
　　1.3.1　多相电动机直接转矩控制结构 …………………………………… 8
　　1.3.2　多自由度使用 ……………………………………………………… 10
　1.4　多相电动机无位置传感器研究现状 …………………………………… 14
　　参考文献 …………………………………………………………………… 15
第2章　多相永磁同步电动机数学模型 ……………………………………… 20
　2.1　引言 ……………………………………………………………………… 20
　2.2　多相交流电动机多平面分解坐标变换理论 …………………………… 21
　2.3　对称六相永磁同步电动机数学模型 …………………………………… 24
　　2.3.1　静止坐标系数学模型 ……………………………………………… 24
　　2.3.2　旋转坐标系数学模型 ……………………………………………… 33
　　2.3.3　零序轴系数学模型 ………………………………………………… 34
　2.4　对称五相永磁同步电动机数学模型 …………………………………… 35
　　2.4.1　静止坐标系数学模型 ……………………………………………… 35
　　2.4.2　旋转坐标系数学模型 ……………………………………………… 43
　2.5　双三相永磁同步电动机数学模型 ……………………………………… 45
　　2.5.1　静止坐标系数学模型 ……………………………………………… 46

　2.5.2　旋转坐标系数学模型 ……………………………………… 55

　2.6　本章小结 …………………………………………………………… 57

　参考文献 ……………………………………………………………… 57

第3章　单电动机单平面机电能量转换型直接转矩控制 ……………… 59

　3.1　引言 ………………………………………………………………… 59

　3.2　具有零序电流自调整的直接转矩控制策略 ………………………… 59

　　3.2.1　直接转矩控制策略 ……………………………………… 59

　　3.2.2　控制策略仿真研究 ……………………………………… 72

　　3.2.3　控制策略实验研究 ……………………………………… 77

　3.3　基于三维零序空间及二维机电能量转换平面的直接转矩控制策略 … 82

　　3.3.1　直接转矩控制策略 ……………………………………… 82

　　3.3.2　控制策略仿真研究 ……………………………………… 88

　　3.3.3　控制策略实验研究 ……………………………………… 88

　3.4　本章小结 …………………………………………………………… 90

　参考文献 ……………………………………………………………… 90

第4章　单电动机双平面机电能量转换型直接转矩控制 ……………… 92

　4.1　引言 ………………………………………………………………… 92

　4.2　五相永磁同步电动机3次谐波注入式直接转矩控制 ……………… 93

　　4.2.1　基波和3次谐波机电转换能量转换分配 ……………… 93

　　4.2.2　电压矢量对双机电能量转换平面及零序轴系的控制 … 101

　　4.2.3　控制策略仿真研究 ……………………………………… 110

　　4.2.4　控制策略实验研究 ……………………………………… 114

　　4.2.5　转矩提升能力分析 ……………………………………… 119

　4.3　双三相永磁同步电动机5次谐波注入式直接转矩控制 …………… 119

　　4.3.1　电压矢量对双机电能量转换平面及零序轴系的控制 … 119

　　4.3.2　控制策略仿真研究 ……………………………………… 128

　　4.3.3　控制策略实验研究 ……………………………………… 130

　4.4　本章小结 …………………………………………………………… 132

　参考文献 ……………………………………………………………… 132

第5章　单电动机驱动系统缺相容错型直接转矩控制 ………………… 134

　5.1　引言 ………………………………………………………………… 134

　5.2　多相永磁同步电动机绕组缺一相容错型直接转矩控制 …………… 135

　　5.2.1　缺一相电动机数学模型 ………………………………… 135

　　5.2.2　缺一相容错型直接转矩控制 …………………………… 139

　　5.2.3　逆变器输出电压不可控部分对DTC策略的影响分析 … 150

　　5.2.4　电流幅值平衡型缺一相容错型直接转矩控制 ………… 154

5.3 多相永磁同步电动机绕组缺任意两相容错型直接转矩控制 …… 159
　5.3.1 缺相隔60°电角度两相容错型直接转矩控制 ………… 159
　5.3.2 缺失两相的其他两种情况容错型直接转矩控制理论概括 …… 174
　5.3.3 缺任意两相带负载能力分析 …………………… 178
5.4 多相永磁同步电动机绕组缺任意三相容错型直接转矩控制 …… 181
　5.4.1 缺A，B，C三相容错型直接转矩控制 ………… 181
　5.4.2 缺其他三相绕组的相关结论 ………………… 188
　5.4.3 缺任意三相带负载能力分析 …………………… 194
5.5 本章小结 ……………………………………………… 196
参考文献 …………………………………………………… 196

第6章 单逆变器供电多电动机绕组串联驱动系统直接转矩控制 …… 198
6.1 引言 …………………………………………………… 198
6.2 六相串联三相永磁同步电动机驱动系统直接转矩控制 …… 199
　6.2.1 绕组无故障时直接转矩控制 ………………… 199
　6.2.2 绕组缺一相时直接转矩控制 ………………… 225
6.3 五相串联五相永磁同步电动机驱动系统直接转矩控制 …… 243
　6.3.1 驱动系统解耦数学模型 ……………………… 243
　6.3.2 具有谐波补偿的直接转矩控制原理 ………… 248
　6.3.3 直接转矩控制仿真研究 ……………………… 250
　6.3.4 直接转矩控制实验研究 ……………………… 253
6.4 本章小结 ……………………………………………… 256
参考文献 …………………………………………………… 256

第7章 多相电动机直接转矩控制中的降低转矩脉动技术 …… 257
7.1 引言 …………………………………………………… 257
7.2 空间电压矢量调制型直接转矩控制 …………………… 257
　7.2.1 扇区划分型空间矢量调制 …………………… 257
　7.2.2 无扇区划分型空间矢量调制 ………………… 273
　7.2.3 四矢量SVPWM和无扇区划分SVPWM电压利用率比较 …… 283
7.3 脉宽调制型直接转矩控制 ……………………………… 284
　7.3.1 脉宽调制型直接转矩控制策略 ……………… 284
　7.3.2 脉宽调制型直接转矩控制仿真研究 ………… 288
　7.3.3 脉宽调制型直接转矩控制实验研究 ………… 291
7.4 电压矢量预测型直接转矩控制 ………………………… 296
　7.4.1 电动机预测数学模型 ………………………… 296
　7.4.2 具有零序电流控制的预测型直接转矩控制策略 …… 299
　7.4.3 控制策略仿真研究 …………………………… 302

7.4.4 控制策略实验研究 ………………………………………… 304

7.5 本章小结 ………………………………………………………… 308

参考文献 ……………………………………………………………… 309

第8章 多相电动机直接转矩控制中的无位置传感器技术 ………… 310

8.1 引言 ……………………………………………………………… 310

8.2 绕组无故障时无位置传感器技术 ……………………………… 310

8.2.1 无位置传感器理论 …………………………………………… 310

8.2.2 观测器稳定性证明 …………………………………………… 313

8.2.3 仿真研究 ……………………………………………………… 314

8.3 绕组缺相时无位置传感器技术 ………………………………… 316

8.3.1 缺两相定子磁链观测器（以缺 A，B 相为例）…………… 316

8.3.2 仿真研究 ……………………………………………………… 321

8.3.3 实验研究 ……………………………………………………… 322

8.4 双三相永磁同步电动机高频信号注入无位置传感器技术 …… 325

8.4.1 电动机的高频信号数学模型 ……………………………… 325

8.4.2 无位置传感器技术 …………………………………………… 326

8.4.3 仿真研究 ……………………………………………………… 329

8.5 本章小结 ………………………………………………………… 331

参考文献 ……………………………………………………………… 331

第9章 多相电动机谐波平面控制转子磁悬浮技术 ………………… 332

9.1 引言 ……………………………………………………………… 332

9.2 多相定子永磁型电动机工作原理及数学模型 ………………… 332

9.3 电磁转矩及悬浮力直接控制原理 ……………………………… 335

9.3.1 电磁转矩直接控制 …………………………………………… 335

9.3.2 悬浮力直接控制 ……………………………………………… 335

9.3.3 最优电压矢量的挑选 ………………………………………… 337

9.3.4 转矩和悬浮力直接控制系统 ……………………………… 341

9.4 仿真研究 ………………………………………………………… 341

9.5 本章小结 ………………………………………………………… 343

参考文献 ……………………………………………………………… 343

附录 ………………………………………………………………………… 344

第1章 绪 论

1.1 多相电动机驱动系统概述

1.1.1 多相电动机驱动系统及其特点

虽然多相电动机驱动系统具有电动机结构复杂、变换器相数多、信号检测采样通道数多等缺陷，但随着电力电子器件、功率电子电路拓扑、数字控制芯片、控制理论等领域的快速发展，构建低成本的多相电动机驱动系统成为可能。相比较于三相电动机驱动系统，多相电动机驱动系统具有以下的优点：

1）驱动系统总功率由多相绕组共同承担，使得每一相绕组的额定电流或额定电压得以降低，给每一相绕组供电的功率电子器件的额定电流或额定电压也随之降低。

2）多相绕组共同承担整个驱动系统的总功率，有利于提升电动机驱动系统容量。

3）多相绕组流过多相电流，需要控制多个自由度。扣除驱动系统必要的机电能量转换所需的自由度控制，剩余自由度还可以实现其他目标控制，例如，增强负载能力、驱动系统缺相容错运行、多电动机串联驱动运行、转子磁悬浮等。

上述优点促进了多相电动机驱动系统的发展。特别是 20 世纪 90 年代中、后期，船舶电驱动技术的发展更加有力地推动了多相电动机驱动系统的发展。

多相电动机种类及其特点如图 1-1 所示，其中使用比较多的是多相异步电动机和多相同步电动机。电动机定子绕组可以采用分布式或集中式，其中集中式绕组可以注入谐波电流，增强带负载能力，将设计模块化。同步电动机包括电励磁同步电动机、磁阻同步电动机、永磁同步电动机等，由于永磁同步电动机利用永磁体磁场与电枢电流作用实现机电能量转换，无需励磁功率，所以电动机效率高，从而得到业界更多的研究及应用。

多相电动机定子、转子与三相电动机类似，但多相电动机定子上存在多个绕组。普通的三相电动机定子上只有三相绕组，每一相绕组所占有的槽数较多，采用

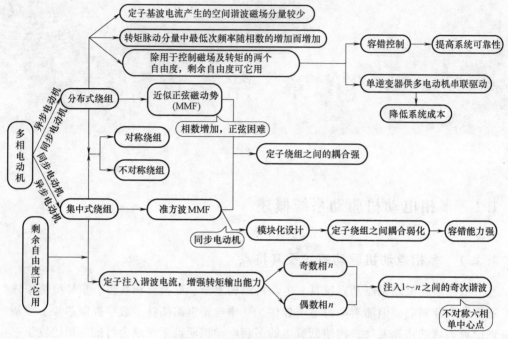

图 1-1　多相电动机种类及其特点

分布式绕组后容易获得较为光滑的磁动势及反电动势；但多相电动机中会出现多个绕组竞争有限定子槽的现象，导致每一相绕组占有的槽数减少，磁动势和反电动势谐波含量高。在此情况下，如何获得平稳的电磁转矩输出成为多相电动机驱动系统平稳运行的关键科学问题。

　　从产生空间旋转的磁动势角度出发，两相正交绕组即可满足要求。三相绕组采用无中心点引出的星形联结后只有两个可控自由度，所以定子绕组流过三相对称电流后相当于两相绕组流过两相对称电流的效果。但当电动机绕组数为 n（$n>3$）时，产生相同的空间磁动势对应的 n 相绕组中的电流可有多种组合方式，利用这样的多种组合特性在实现 n 相（$n>3$）电动机机电能量转换功能之外，应该还可以对电动机其他性能进行控制，使得多相电动机驱动系统呈现多自由度、多目标控制的特点。实现多自由度、多目标控制是充分发挥多相电动机驱动优势的关键技术。

1.1.2　多相电动机驱动系统的应用

　　从广义上讲，能够应用三相电动机驱动系统的领域都可以使用多相电动机驱动系统，但结合多相电动机特点，从发挥多相电动机驱动优势角度出发，目前多相电动机驱动系统主要应用领域有电动船舶推进系统、路面车辆、多电飞机、能源产生等。本章参考文献［1，2］分别针对以上四个领域的应用进行了总结，结果分别见表 1-1～表 1-4。这些表中，WFSM（Wound-Field Synchronous Machine）表示绕线转子式同步电动机；IM（Induction Machine）表示异步电动机；PMSM（Permanent Magnet Synchronous Machine）表示永磁同步电动机；BLDC（Brushless DC）表示无刷直流；FSCW（Fractional-Slot Concentrated Winding）表示分数槽集中绕组；IPM（Interior PM）表示内装式永磁；SR（Switched Reluctance）表示开关磁阻；PWM（Pulse Width Modulation）表示脉宽调制；VSI（Voltage Source Inverter）表示电压源型逆变器；CSI（Current Source Inverter）表示电流源型逆变器，EMA（Electro-mechanical Actuator）表示机电作动器；EHA（Electrohydraulic Actuator）表示电力液压作动器。本章参考文献［3，4］分别将六相异步电动机（双星形）和九相（三角形）异步电动机驱动系统应用于机车牵引中。本章参考文献［5］瞄准航空领域电动机驱动需求，详细研究了三相、四相、五相、六相定子永磁型磁通切换电动机的电磁性能。本章参考文献［6］进一步把六相电动机额外的自由度应用扩展到电动汽车的隔离充电系统中。

表1-1　应用于船舶推进系统中的多相电动机及其驱动实例

应用领域	电动机拓扑	功率变换器	多相方案	多相方案的关键特征	参考文献
大型船舶推进	WFSM 2×3 相（高达 25MW，120~170r/min）	周波变换器	2×3 相独立单元	容错 功率分片 谐波增强	［7］
大型船舶推进	WFSM 2×3 相（高达 25MW，120~170r/min）	同步变换器	2×3 相独立单元	容错 功率分片 谐波增强	［8］
军舰推进	IM 3×5 相（20MW，120~170r/min）	具有多 H 桥 PWM VSI，标量控制	3×5 相独立单元	高可靠性 功率分片 高效率，低摆动	［9］
船舶推进	WFSM 2×3 相	PWM VSI，磁场定向控制	2×3 相独立单元（0°或30°偏置）	高可靠性 环流谐波	［10］
军舰推进	PMSM 4×3 相（2MW,158r/min）	PWM VSI,磁场定向控制	4×3 相独立单元	高可靠性 低压硅器件	［11］
大型船舶推进	WFSM 4×3 相	PWM VSI	4×3 相独立单元	低转矩脉动,低摆动	［12］
大型船舶推进	高温超导 WFSM3×3 相（36.5MW,127r/min）	PWM VSI,级联 H 桥,载波 PWM,磁场定向控制	3×3 相独立单元	可靠性 紧凑性 高效率,低转矩脉动,低谐波	［13］
船舶推进	PMSM 五相	PWM VSI,直接转矩控制	对称五相	有效的容错控制 3 次谐波注入的高功率密度 可能的多电动机放置	［14］

（续）

应用领域	电动机拓扑	功率变换器	多相方案	多相方案的关键特征	参考文献
船舶推进	轴向磁通 PMSM,多个三相模块	PWM VSI	多个三相模块	容错 紧凑	[15]
船舵转向	直线 PMSM	PWM VSI	多个三相模块	容错 容易维修	[16]
船舶推进	WFSM 2×3 相（14MW,150r/min）	PWM CSI,磁场定向控制	2×3 独立单元	容错 没有电压尖峰 没有谐波污染	[17]
船舶发电机	WFSM 2×3 相（2MW,6300r/min）	两级二极管整流	2×3 独立单元	涡轮式设计 利用磁场励磁调节电压	[18]
船舶发电机	PMSM 4×3 相（2MW,22500r/min）	四个级联可控整流	4×3 独立单元	紧凑 通过变换器调压	[19]

表 1-2　应用于路面车辆领域中的多相电动机及其驱动实例

应用领域	电动机拓扑	功率变换器	多相方案	多相方案的关键特征	参考文献
轮毂直驱电动机	BLDC 五相分布绕组双层	VSI	五相	紧凑 高效率 可靠性	[20]
电动汽车/混合动力电动汽车	PMSM 五相4 极	VSI-IGBT	五相	扩展运行速度范围	[21]
皮带驱动起动发电机 48V 应用	异步电动机六相(60°)分布绕组 10kW,8 极	—	六相或两个独立三相单元	多相中电流分配(48V 应用) 容错	[22]
集成起动电动机（ISA）12V 应用	具有独立激磁的同步爪极七相双层-FSCW	VSI 方波和 PWM 模式	七相	改进的功率额定值 集中绕组,高转矩密度 多相中电流分配(12V 应用) 容错	[23]
电动汽车驱动	IPM（spoke 型）不对称九相(20°)	IGBT	9 个 H 桥变换器(18个桥臂)	更小的逆变器模块 容错	[24]
	PMSM 九相	—	—	功率密度 系统集成 增长寿命	[25]

表 1-3　应用于航空驱动领域中的多相电动机及其驱动实例

应用领域	电动机拓扑	功率变换器	多相方案	多相方案的关键特征	参考文献
出租车的 EMA（多电飞机）	PMSM 2×3 相双层-FSCW	—	2×3 相独立单元	一定体积下高峰值转矩 高绕组系数 降低的转矩脉动 容错	[26]

（续）

应用领域	电动机拓扑	功率变换器	多相方案	多相方案的关键特征	参考文献
直升机 EMA	PMSM 2×3 相 单层-FSCW	VSI 通用控制器 独立电源	2×3 相 独立单元	整个驱动系统重量减轻 容错	[27]
翅膀的 EMA/EHA	PM 三相	独立控制，且 具有位置 传感器	3×1 相 独立单元	整个驱动系统尺寸及重量减小 容错	[28]
	表贴式 BLDC 五相	矩阵变换器	5×1 相 独立单元	整个驱动系统尺寸及重量减小 控制简化 转矩脉动减小 容错	[29]
	PMSM 四相 单层-FSCW	—	4×1 相 独立单元	兼顾尺寸、可靠性及复杂性 比六相方案具有更低的功率变 换器元件 容错	[30]
燃油泵	SR 三相 轴向分段式	独立控制 独立电流 位置传感器	2×3 相 独立单元	容错	[31]
	SR 2×3 相 圆周分段	独立控制 独立电流 位置传感器	2×3 相 独立单元	容错	

表 1-4　应用于能源发电领域中的多相电动机及其驱动实例

应用领域	电动机拓扑	功率变换器	多相方案	多相方案的 关键特征	参考文献
直驱式风 力发电	轴向磁通集中绕组永 磁同步发电机 3×3 相	三个独立的背 靠背变换器	九相(3×3 相) 永磁电动机	降低总重量 高功率因数	[32]
直驱式风 力发电	多相永磁同步发电机 4×3 相	多个三电平 VSI 单元	十二相(4×3 相) 永磁电动机	降低谐波 大容量	[33]
电力发 电机	不对称六相异步电动 机 2×3 相	混合串并联 4 个电压源逆变器	六相(2×3 相) 异步电动机	容错控制	[34]

1.2　多相电动机驱动系统瞬时转矩控制策略

1.2.1　多相电动机矢量控制

　　类似于三相交流电动机，可以采用坐标变换和磁场定向方法，把多相交流电动机机电能量转换动作映射到同步 dq 旋转坐标系中，利用 d 轴电流控制电动机的磁场，而 q 轴电流控制电动机的电磁转矩。图 1-2 所示为典型的多相交流电动机矢量控制示意图，利用 q 轴电流分配原值，将整个的机电能量转换分配至多个平面上，同时还要对多个零序电流进行控制，最后将多平面及多轴系上的给定电压进行合成。还需要对各平面上定向磁场进行观测，获得定向坐标系位置角及定向磁场幅值以用于闭环控制。由于观测过程中需要较多的电动机参数，所以该策略理论上对电动机参数依赖性较强，需要位置传感器对转子位置角进行检测，属于有位置传感器运行控制。由于采用了电流构建电磁转矩及定向磁场控制模型，所以控制策略对电动机未建模部分较为敏感，实际 PI 参数对电动机工作点的变化较为敏感，多相空间电压矢量调制比较复杂。

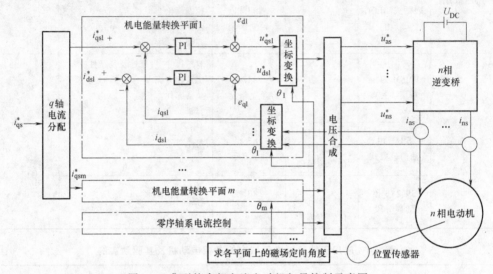

图 1-2　典型的多相交流电动机矢量控制示意图

1.2.2　多相电动机直接转矩控制

图 1-3 所示为多相交流电动机 m 个平面控制电磁转矩及磁场、k 个零序轴系控制的直接转矩控制（Direct Torque Control，DTC）的一般结构。多相电动机映射到 m 个机电能量转换平面，每一个平面均需要控制对应的电磁转矩及定子磁链幅值，同时还要控制 k 个零序轴系电流，以便尽可能降低零序电流分量及提升负载能力。各平面或各轴系控制均处于定子静止坐标系，无需坐标系的旋转变换。定子磁链及电磁转矩观测原则上仅需要定子电阻参数，无需电动机电感等其他参数，所以控制策略对电动机参数依赖性较低，从而大大削弱了电动机未建模部分对电磁转矩及定子磁链控制性能的不利影响。同时控制策略采用滞环控制器，因此对负载变化及对象变化适应能力较强。

1.2.3　多相电动机矢量控制与直接转矩控制比较

总体来看，矢量控制采用电流控制电磁转矩及定向磁场，而直接转矩控制采用

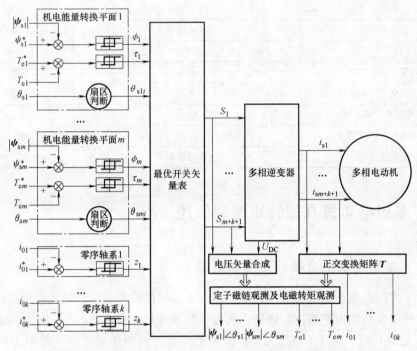

图 1-3 典型的多相交流电动机多平面直接转矩控制结构示意图

逆变器电压矢量直接控制电磁转矩及定子磁场,具体比较见表 1-5。值得注意的是由于数字控制芯片性能的大幅度提高、功率半导体技术的不断进步,矢量控制技术和直接转矩控制技术在电磁转矩、磁场控制性能方面的差异越来越小;但由于矢量控制技术借鉴了直流电动机控制思想,易被人们所理解,所以应用面比较广泛。

表 1-5 多相电动机矢量控制与直接转矩控制比较

比较项目	矢量控制	直接转矩控制
被控制磁场	异步电动机:转子磁场、气隙磁场、定子磁场;永磁电动机:转子磁场定向、定子磁场	定子磁场
被控制变量	电磁转矩、磁场幅值	电磁转矩、磁场幅值
执行控制变量	定向坐标系定子电流	逆变器电压矢量
控制坐标系	定向旋转坐标系	定子静止坐标系
涉及电动机参数	电阻、电感	定子电阻
传统控制器结构	PI 等连续控制器	滞环比较器
传统控制系统被控制量脉动	较小	较大
改进控制系统被控制量脉动	较小	较小
控制所需数学模型	较复杂	较简单
算法执行时间	较长	较短

（续）

比较项目	矢量控制	直接转矩控制
控制平面数	多平面	多平面
零序电流控制	需要	需要
对其他控制理论的兼容程度	兼容	兼容
未建模型的影响	较大	较小
对负载的适应能力	较弱	较强
应用推广	应用较多	应用较少

1.3 多相电动机直接转矩控制综述

1.3.1 多相电动机直接转矩控制结构

由于实际多相电动机在具体应用中产生出不同的需求目标，导致多相电动机直接转矩控制策略结构不断演变进化，从传统的滞环比较器+开关表型直接转矩控制结构（见图 1-4），向开关电压矢量模型预测型直接转矩控制结构（见图 1-5）、连续 PI 直接转矩控制结构（见图 1-6）、现代控制理论构建的控制器结构（模糊控制器、滑模变结构控制器、神经网络控制器等）演变。本章参考文献［35］针对双三相永磁同步电动机直接转矩控制系统，基于 12 个新的合成电压矢量，构建了一

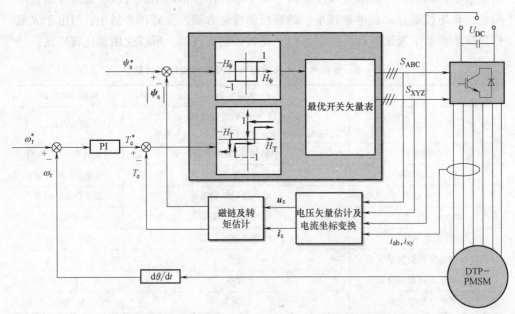

图 1-4　传统的滞环比较器+开关表型直接转矩控制结构

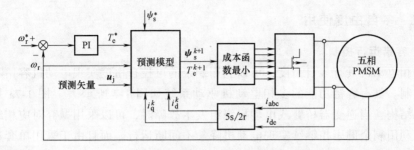

图 1-5 模型预测型直接转矩控制结构

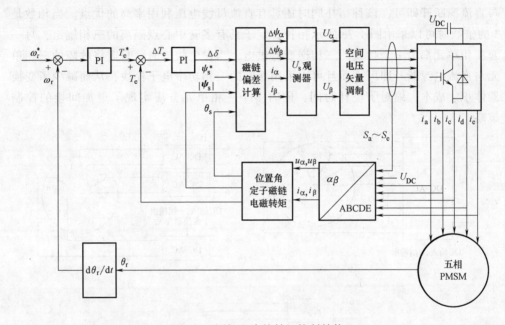

图 1-6 连续 PI 直接转矩控制结构

种改进开关表，实现了一个开关周期内在转矩变量控制的同时消除电流谐波。本章参考文献 ［36］针对五相永磁同步电动机最优开关电压矢量难以选择的缺点，提出了一种改进的模型预测直接转矩控制策略，融入定量评价方法与谐波电压消除法，实验验证了该控制策略具有优良的稳态性能和快速的动态响应特性。本章参考文献 ［37］针对五相永磁体同步电动机提出了一种直接转矩模型预测控制，减小了损耗，提高了驱动系统运行效率，改进了磁链和转矩脉动，降低了高次谐波电流。本章参考文献 ［38］提出了一种简易的五相永磁电动机直接转矩控制策略，引入了与空间电压矢量调制等效的基于零序电压谐波注入式脉宽调制技术，可在保持电动机良好动态响应性能的同时，有效减小电动机的转矩和磁链脉动，并大幅度降低相电流中 3 次谐波的含量。

1.3.2 多自由度使用

1. 容错运行控制

多相电动机具有多自由度，可以利用剩余的可控自由度实现电动机容错不间断运行控制。具有容错功能的多相电动机驱动系统如图 1-7 所示[2]。图 1-7a 是传统的拓扑结构，当逆变器桥臂或电动机绕组发生故障时，可以采用抛弃对应相绕组的控制，利用剩余健康相继续实现电动机降额不间断运行，而且由于采用单套逆变器控制结构，使得剩余健康相的控制相互关联。图 1-7b 中每一相绕组采用独立的单相逆变器进行供电，当发生相绕组或对应相逆变器故障时，只需将对应单相逆变器与直流源断开即可，该种拓扑同时还具有直流母线电压利用率高的优点。当相数是3 的倍数时可以采用图 1-7c 所示拓扑，定子具有多套中心点隔离的三相绕组，每一套三相单元都由一个独立的三相逆变器供电，当发生故障时，只需将故障的三相单元与直流电源断开即可，而且可以采用熟知的三相功率电子模块，从而减少了变换器体积、成本，缩短了设计时间，同时多个三相单元方法实现了更加间接的控制策略。

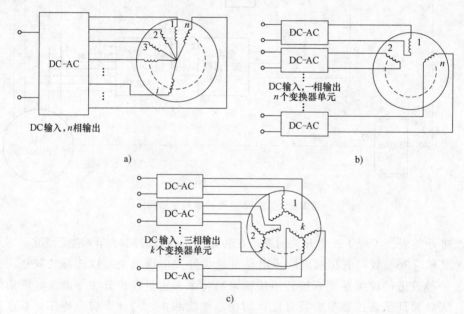

图 1-7 三种具有容错功能的多相电动机驱动系统

a）具有单中心点的传统多相拓扑 b）具有多个多相单元的多相拓扑 c）多个三相单元的多相拓扑

当多相电动机缺相后，显然剩余健康相定子绕组不再对称，而转子永磁体或绕组仍然是对称的，如何利用剩余健康相绕组实现电动机缺相后平稳运行？本章参考文献［39-41］针对六相永磁同步电动机，研究了基于虚拟变量定义的缺一相、缺两相时的对称数学模型，并基于该数学模型建立了利用剩余健康相的直接转矩控制理论，实现了电动机绕组无故障不间断过渡至缺相运行。本章参考文献 [42，43] 针对五相永磁同步电动机也提出了基于磁链改进型缺一相容错型直接转矩控制。

当电动机绕组发生缺相后，若仅仅从剩余健康相绕组角度看待电动机，那么显然定子是不对称的；但若仍然把故障相绕组考虑进去，那么电动机定子侧还是对称的，与绕组无故障情况不同之处只是在于故障相绕组电流等于零。所以，可以借鉴绕组无故障时的电动机数学模型来构建绕组缺相时的转矩控制策略，同时将故障相绕组电流等于零作为限定条件引入控制策略中，从而简化控制策略的构建。为此，本章参考文献 [44，45] 以单逆变器供电六相串联三相双永磁体同步电动机驱动系统缺相容错运行直接转矩控制，利用绕组无故障时的数学模型结合故障相绕组电流等于零的条件构建直接转矩控制策略，实现了绕组无故障向绕组缺相不间断运行的转换。其中，本章参考文献 [44] 利用预测方法，实现了转矩脉动的进一步减小；本章参考文献 [45] 利用占空计算方法，进一步简化了直接转矩控制策略。

对于多个三相单元的多相拓扑，可以采用关闭故障三相单元的方法实现整个电动机切套减额容错运行。本章参考文献 [46] 以三套五相绕组构成的十五相异步推进电动机为研究对象，针对电动机不同套数绕组投入/切出减额运行工况，重新计算了对应的定、转子参数，并应用分布磁路法计算了计及饱和变化的励磁电抗，建立了电动机对应不同套数绕组运行时的等效电路，结合螺旋桨负载机械特性，计算了十五相异步推进电动机切套减额运行时与负载相适应的最大输出转矩。

2. 多电动机串联运行控制

在纺织厂、高压交流、卷绕机、电动汽车等应用领域中，存在多个交流电动机变速驱动同时使用的情况。目前解决多变速驱动的方法是共直流母线，每一个三相交流电动机采用独立的电压源逆变器供电，可以采用多个三相电动机并联于一个三相逆变器上，但需要这些电动机具有相同的负载和转速。多电动机串联驱动示意图如图 1-8 所示，一个 n 相电流可控电压源供给一套 n 相定子绕组，且采用相移方法实现定子绕组串联。由于一个电动机中磁场和转矩的控制只需要一对 $\alpha\beta$ 电流分量，因此这样有可能采用剩余的自由度对其他电动机进行控制。但要实现串联电动

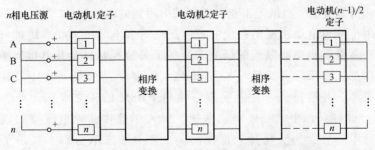

图 1-8　单变换器供电多电动机串联驱动系统构成示意图

机之间的解耦控制，还要求一台电动机中控制磁场和转矩的电流在其他电动机中不产生磁场和转矩。

Lockheed Martin 公司的 Gataric S 工程师在本章参考文献［47］中最早提出了多电动机串联驱动思想，他首先把传统的三相笛卡儿坐标变换推广到五相坐标系，然后以注入零序电流的方式实现了双五相电动机串联系统的独立解耦运行。此后，英国利物浦约翰摩尔大学的 Levi E 教授在本章参考文献［48］中将该方法进一步应用于任意对称绕组偶数相与奇数相的多电动机串联系统中，给出了相应的电动机数量、解耦变换阵和相序变换规则。

与独立变换器供电驱动系统相比，多电动机串联驱动系统主要有以下两方面的优点：

1）单逆变器供电多电动机绕组串联驱动系统可以明显减少变换器个数及采用通道数，进而降低驱动系统的硬件成本并缩小体积。

2）由于多个电动机共用一个变换器，故多个电动机之间具有能量直接流动回路，当其中部分电动机处于发电制动运行时，其发电制动能量可直接供给其他电动运行的电动机，易于实现回馈制动。

由多台相数相同的多相电动机组成的多电动机串联系统，例如两台五相电动机组成的串联系统[49]以及两台双三相电动机组成的串联系统[50]，由于任何一台电动机的基波电流都会流经另一台电动机，故多电动机串联系统铜耗有所增加，驱动系统的最大负载能力也有所降低。但对于复绕机等工业应用场合，两台电动机不会同时工作于最大转矩状态，电动机的转矩随转速的升高而降低，且两台电动机一台工作于电动状态、一台工作于制动状态，双电动机串联系统不仅易于实现回馈制动，且由于其对驱动系统的最大负载能力无影响的优点，可以显著提高驱动系统的效率。

对于六相串联三相双电动机串联系统等由相数不同的电动机组成的多电动机串联系统[51]，若前一台电动机的容量远大于后一台电动机，由于前一台电动机的基波电流不流经后一台电动机，则前一台电动机对后一台电动机的负载能力基本无影响，故该种多电动机串联系统可用于大容量电动机串联小容量电动机的主从式双电动机驱动，例如冶金、造纸等工业制造领域中用到的电动机。

可采用传统单电动机驱动系统的控制策略对多电动机串联系统进行控制，当前国内外对多电动机串联系统的研究多是基于矢量控制，对其直接转矩控制的研究还较为少见。本章参考文献［52］针对六相串联三相双 PMSM 串联系统，给出了数学模型，并通过矢量控制实现了两台 PMSM 的独立解耦运行。本章参考文献［53］针对双五相 PMSM 串联系统，引入了鲁棒前馈电流控制以提高矢量控制的电流跟踪性能，实现其矢量控制。本章参考文献［54］提出了一种基于双三相电动机串联系统自适应输入输出反馈线性化和滑模变结构的直接转矩控制策略。

3. 谐波注入提升负载能力控制

根据电动机学理论可知，相同次数的谐波磁场分量与谐波电流分量相互作用可以产生恒定的电磁转矩。若通过电动机设计方法有意在电动机气隙中产生一定的有益谐波磁场，且在定子绕组中流过对应次谐波电流，则会产生额外的电磁转矩叠加到基波电流产生的转矩上，从而增强了电动机的负载能力。这种电动机定子绕组反电动势为非正弦波。

本章参考文献［55，56］针对五相隐极式永磁同步电动机，推导出了 3 次谐波电流最优注入增强电动机转矩能力的理论，利用反电动势中的 3 次谐波分量与 3 次谐波电流作用产生额外的电磁转矩，同时降低了铁心饱和程度。图 1-9 所示为具体的系统框图。

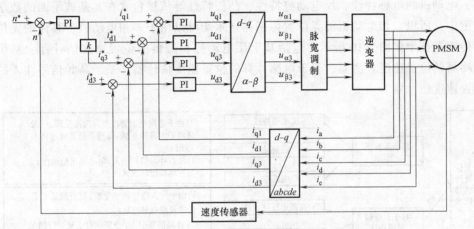

图 1-9　五相永磁同步电动机 3 次谐波电流注入的矢量控制示意图

本章参考文献［57］针对双三相 PMSM，提出了一种注入 5 次和 7 次谐波电流增强转矩能力的方法，转矩增强约为 9%。本章参考文献［58］针对五相永磁同步电动机直接转矩控制系统，提出了一种注入 3 次谐波转矩的转矩增强控制方法，从定子铜损耗最小及定子电流幅值最小角度推导了基波与 3 次谐波平面定子磁链和电磁转矩之间的关系，实验结果表明转矩约增强了 3%，定子电流幅值约减小了 20%。

4. 转子磁悬浮控制

多相电动机具有多自由度的特点，在单绕组结构的无轴承电动机中，可以将控制转子切向旋转的功能和控制转子径向悬浮的功能分别映射到空间正交的两个直角坐标系中，从而实现转子切向旋转和径向悬浮控制之间的解耦。本章参考文献［59］针对定子永磁型无轴承磁通切换电动机，把转子切向运行和径向悬浮控制分别映射到一次平面和 2 次谐波平面上，很好地实现了二者之间的解耦控制。本章参考文献［60］针对 12/8 极无轴承开关磁阻电动机转矩和悬浮力在电动机实时控制中存在强耦合的问题，研究了一种 12/4 极无轴承开关磁阻电动机。本章参考文献 [61] 针对单绕组五相无轴承永磁同步电动机提出了一种转子位置滑模观测器，同时采用注入一次定子电流和二次定子电流的方法，实现转子切向旋转和径向悬浮控制。本章参考文献 [62] 对六相单绕组无轴承永磁薄片电动机的旋转和悬浮工作原理进行了分析，揭示了一次定子电流控制转矩和二次定子电流控制悬浮力的原理。

1.4 多相电动机无位置传感器研究现状

多相电动机数学模型经过多平面解耦后，其基波平面数学模型与三相电动机一样，电动机的电感特性、反电动势特性、凸极特性等依然包含在其基波平面的数学模型中，所以三相电动机的无位置传感器技术均可以用于多相电动机，具体的无位置传感器技术如图 1-10 所示，包括基于反电动势和磁链的位置速度估计器、基于观测器的位置速度观测器、基于电感计算的位置速度估计器、基于高频信号注入的位置速度估计器等。

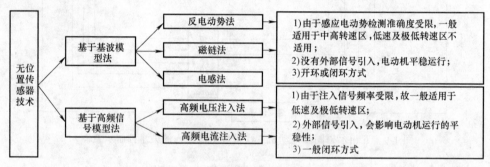

图 1-10 常见的无位置传感器技术

多相电动机与三相电动机又有着独特的不同之处，即多自由度多平面控制特性。所以，对多相电动机而言，不仅可以在基波平面中构建无位置传感器技术，也可以在其他平面中实现无位置传感器运行；而且随着电动机缺相故障运行后，电动机剩余健康相绕组不再对称，如何构建容错运行情况下的多相电动机无位置传感器技术是多相电动机需要解决的重要问题。本章参考文献 [63] 针对五相永磁同步电动机绕组无故障时提出了一种无位置传感直接转矩控制策略，基于定子磁链位置观测出转子位置及速度，并用实验证明了该无位置传感器直接转矩控制策略的有效性。本章参考文献 [64] 针对缺两相情况下的直接转矩控制六相永磁同步电动机，基于虚拟变量定义的对称数学模型，提出了一种电压模型和电流模型相串联的定子磁链观测方法，利用后级观测的定子电流误差对前一级电压模型观测的定子磁链进行校正，实验结果表明所提策略在电动机处于中高转速区运行时较佳。本章参考文献 [65] 针对直接转矩控制五相异步电动机融入速度自适应变结构定子磁链、负载转矩观测器，构建定子电流及定子磁链的滑模观测器，实验表明电动机能够实现在±60r/min 之间的正反转。本章参考文献 ［66］针对双三相永磁同步电动机直接转矩控制系统，研究了传统的磁链观测器和简化的扩展卡尔曼滤波器对转子位置及转速观测准确度的影响。本章参考文献 ［67］针对双三相异步电动机提出了一种反相高频注入方法，在两套三相绕组中注入大小相同、相位相反的高频信号，跟踪谐波子空间由磁路饱和引起的高频定子漏磁路的凸极，实现定向坐标系位置角的观测，实验结果表明采用该方法的电动机可以运行于零转速。

参 考 文 献

［1］ BOJOI R, CAVAGNINO A, TENCONI A, et al. Multiphase electrical machines and drives in the transportation electrification ［C］. IEEE 1st International Forum on Research and Technologies for Society and Industry Leveraging a better tomorrow (RTSI), Turin, 2015.

［2］ BOJOI R, RUBINO S, TENCONI A, et al. Multiphase electrical machines and drives: a viable solution for energy generation and transportation electrification ［C］. IEEE International Conference and Exposition on Electrical and Power Engineering (EPE 2016), Iasi, 2016.

［3］ MANTERO S, DEPAOLA E, MARINA G. An optimized control strategy for double star motors configuration in redundancy operation mode ［C］. in Proc. Eur. Power Elect. Applicat. Conf. EPE, Lausanne, 1999.

［4］ STEINER M, DEPLAZES R, STEIMLER H. A new transformerless topology for AC-fed traction vehicles using multis tarinduction motors ［J］. EPEJ. 2000, 10 (3): 45-53.

［5］ THOMAS A S, ZHU Z Q, OWEN R L, et al. Multiphase flux-switching permanent-magnet brushless machine for aerospace application ［J］. IEEE Transaction on Industry Applications, 2009, 45 (6): 1971-1980.

［6］ SUBOTIC I, BODO N, LEVI E, et al. Isolated chargers for EVs incorporating six-phase machines ［J］. IEEE Transactions on Industrial Electronics, 2016, 63 (1): 653-664.

［7］ SMITH K S, YACAMINI R, WILLIAMSON A C. Cycloconverter drives for ship propulsion ［J］. Trans. IMurE, 1993, 105 (1): 23-52.

［8］ ERICSEN T, HINGORANI N, KHERSONSKY Y. Power electronics and future marine electrical systems ［J］. IEEE Transactions on Industry Applications, 2006, 42 (1): 155-163.

［9］ BENATMANE M, MCCOY T. Development of a 19 MW PWM converter for U. S. navy surface ships ［C］. Proc. Int. Conf. ELECSHIP, 1998.

［10］ BASSI C, TESSAROLO A, MENIS R, et al. Analysis of different system design solutions for a high-power ship propulsion synchronous motor drive with multiple PWM converters ［C］. IEEE 2010 Electrical Systems for Aircraft, Railway and Ship Propulsion (ESARS), Bologna, 2010.

［11］ MAZZUCCA T, TORRE M. The FREMM architecture: a first step towards innovation ［C］// IEEE 2008 International Symposium on Power Electronics, Electrical Drives, Automation and Motion (SPEEDAM), Ischia, 2008: 574-579.

[12] SCUILLER F, CHARPENTIER J, SEMAIL E. Multi-star multi-phase winding for a high power naval propulsion machine with low ripple torques and high fault tolerant ability [C]//IEEE Vehicle Power and Propulsion Conference (VPPC), Lille, 2010: 1-5.

[13] GAMBLE B, SNITCHLER G, MACDONALD T. Full Power Test of a 36.5 MW HTS Propulsion Motor [J]. IEEE Transactions on Applied Superconductivity, 2011, 21 (3): 1083-1088.

[14] ZHANG X, ZHANG C, QIAO M, et al. Analysis and experiment of multi-phase induction motor drives for electrical propulsion [C]//2008 11th International Conference on Electrical Machines and Systems (ICEMS), Wuhan, 2008: 1251-1254.

[15] CARICCHI F, CRESCIMBINI F, HONRATI O. Modular axial-flux permanent-magnet motor for ship propulsion drives [J]. IEEE Transactions on Energy Conversion, 1999, 14 (3): 673-679.

[16] TESSAROLO A, BRUZZESE C. Computationally efficient thermal analysis of a low-speed high-thrust linear electric actuator with a three-dimensional thermal network approach [J]. IEEE Transactions on Industrial Electronics, 2015, 62 (3): 1410-1420.

[17] DAI J Y, NAM S W, PANDE M, et al. Medium-voltage current-source converter drives for marine propulsion system using a dual-winding synchronous machine [J]. IEEE Transactions on Industry Applications, 2014, 50 (6): 3971-3976.

[18] SULLIGOI G, TESSAROLO A, BENUCCI V, et al. Modeling, simulation, and experimental validation of a generation system for medium-voltage DC integrated power systems [J]. IEEE Transactions on Industry Applications, 2010, 46 (4): 1304-1310.

[19] SULLIGOI G, TESSAROLO A, BENUCCI V, et al. Shipboard power generation: design and development of a medium-voltage DC generation system [J]. IEEE Industry Applications Magazine, 2013, 19 (4): 47-55.

[20] SIMÕES M G, VIEIRA P. A High-torque low-speed multiphase brushless machine-a perspective application for electric vehicles [J]. IEEE Transactions on Industrial Electronics, 2002, 49 (5): 1154-1164.

[21] SADEGHI S, GUO L, TOLIYAT H A, et al. Wide operational speed range of five-phase permanent magnet machines by using different stator winding configurations [J]. IEEE Transactions on Industrial Electronics, 2012, 59 (6): 2621-2631.

[22] BOJOI R, CAVAGNINO A, COSSALE M, et al. Design trade-off and experimental validation of multiphase starter generators for 48 v mini-hybrid powertrain [C]//IEEE-IEVC, 2014: 1-7.

[23] BRUYERE A, SEMAIL E, BOUSCAYROL A, et al. Modeling and control of a seven-phase claw-pole integrated starter alternator for micro-hybrid automotive applications [C]//IEEE-VPPC, 2008: 1-6.

[24] BURKHARDT Y, SPAGNOLO A, LUCAS P, et al. Design and analysis of a highly integrated 9-phase drivetrain for EV applications [C]//IEEE-ICEM, 2014: 450-456.

[25] SCHOFIELD N, NIU X, BEIK O. Multiphase machines for electric vehicle traction [C]//IEEE-ITEC, 2014: 1-6.

[26] GALEA M, XU Z, TIGHE C, et al. Development of an aircraft wheel actuator for green taxing

[C]// IEEE-ICEM, 2014: 2492-2498.

[27] ROTTACH M, GERADA C, WHEELER P W. Design optimisation of a fault-tolerant PM motor drive for an aerospace actuation application [C]//IEEE-PEMD, 2014: 1-6.

[28] BENNET J W, MECROW B C, JACK A G, et al. A prototype electrical actuator for aircraft flaps [J]. IEEE Transactions on Industry Applications, 2010, 46 (3): 915-921.

[29] HUANG X, GOODMAN A, GERADA C, et al. Design of a five-phase brushless DC motor for a safety critical aerospace appliaction [J]. IEEE Transactions on Industrial Electronics, 2012, 59 (9): 3532-3541.

[30] CAO W, MECROW B C, ATKINSON G J, et al. Overview of electric motor technologies used for more electric aircraft (MEA) [J]. IEEE Transactions on Industrial Electronics, 2012, 59 (9): 3523-3531.

[31] CHEN X Y, DENG Z Q, PENG J J, et al. Comparison of two different fault-tolerant switched reluctance machines for fuel pump drive in aircraft [C]//IEEE-IPEMC, 2009: 2086-2090.

[32] BRISSET S, VIZIREANU D, BROCHET P. Design and optimization of a nine-phase axial-flux PM synchronous generator with concentrated winding for direct-drive wind turbine [J]. IEEE Transactions on Industry Applications, 2008, 44 (3): 707-715.

[33] ZENG X J, YANG Y B, ZHANG H T, et al. Modelling and control of a multi-phase permanent magnet synchronous generator and efficient hybrid 3L-converters for large direct-drive wind turbines [J]. IET Electric Power Applicat, 2012, 6 (6): 322-332.

[34] GONZALEZ I, DURAN M, BARRERO F, et al. Fault-tolerant efficient control of a six-phase induction machine with parallel machine-side converters [J]. IEEE Transactions on Power Electronics, 2017, 32 (1): 515-528.

[35] REN Y, ZHU Z Q. Enhancement of steady-stateperformance in direct-torque-controlled dual three-phase permanent-magnet synchronous machine drives with modified switching table [J]. IEEE Transactions on Industrial Electronics, 2015, 62 (6): 3338-3350.

[36] LI G B, HU J F, LI Y D, et al. An improved model predictive direct torque control strategy for reducing harmonic currents and torque ripples of five-phase permanent magnet synchronous motors [J]. IEEE Transactions on Industrial Electronics, 2019, 66 (8): 5820-5829.

[37] CAO B, GRAINGER B M, WANG X, et al. Direct torque model predictive control of a five-phase permanent magnet synchronous motor [J]. IEEE Transactions on Industrial Electronics, 2021, 36 (2): 2346-2360.

[38] 刘国海, 赵万祥, 周华伟, 等. 基于零序电压谐波注入式脉宽调制的五相永磁电机直接转矩控制 [J]. 中国电机工程学报, 2017, 37 (5): 1516-1525.

[39] 周扬忠, 程明, 陈小剑. 基于虚拟变量的六相永磁同步电机缺一相容错型直接转矩控制 [J]. 中国电机工程学报, 2015, 35 (19): 5050-5058.

[40] 林晓刚, 周扬忠, 程明. 基于虚拟变量的六相永磁同步电机缺任意两相容错型直接转矩控制 [J]. 中国电机工程学报, 2016, 36 (1): 231-239.

[41] ZHOU Y Z, LIN X G, CHENG M. A fault-tolerant direct torque control for six-phase permanent magnet synchronous motor with arbitrary two opened phases based on modified variables [J].

IEEE Transactions on Energy Conversion, 2016, 31 (2): 549-556.

［42］刘国海，高猛虎，周华伟，等. 五相永磁同步电机磁链改进型容错直接转矩控制［J］. 中国电机工程学报，2019，39 (2): 359-365.

［43］ZHOU H W, ZHOU C, TAO W G, et al. Virtual-stator-flux-based direct torque control of five-phase fault-tolerant permanent-magnet motor with open-circuit fault［J］. IEEE Transactions on Power Electronics, 2020, 35 (5): 5007-5016.

［44］ZHOU Y Z, CHEN G T. Predictive DTC strategy with fault-tolerant function for six-phase and three-phase pmsm series-connected drive system［J］. IEEE Transactions on Industrial Electronics, 2018, 65 (11): 9101-9112.

［45］段庆涛，周扬忠，屈艾文. 六相串联三相 PMSM 缺相容错型低转矩脉动直接转矩控制［J］. 中国电机工程学报，2019，39 (2): 347-358.

［46］郑晓钦，王东，刘海涛，等. 十五相感应推进电机切套减额运行转矩计算［J］. 电工技术学报，2019，34 (1): 58-65.

［47］GATARIC S. A polyphase cartesian vector approach to control of polyphase AC machines［C］. 2000 IEEE Industry Applications Conference, Rome, 2000.

［48］LEVI E, JONES, VUKOSAVIC S N, et al. A novel concept of a multiphase, multimotor vector controlled drive system supplied from a single voltage source inverter［J］. IEEE Transactions on Power Eelectronics, 2004, 19 (2): 320-335.

［49］MENGONI M, TANI A, ZARRI L, et al. Position control of a multi-motor drive based on series-connected five-phase tubular PM actuators［J］. IEEE Transactions on Industry Applications, 2013, 48 (6): 2048-2058.

［50］刘陵顺，张少一，刘华崧. 双 Y 移 30°PMSM 两电机串联系统的谐波效应［J］. 电机与控制学报，2014，18 (7): 72-78.

［51］XIAO Z, WANG J, LIU H, et al. Active disturbance rejection control strategy for symmetrical six-phase and three-phase PMSM two-motor series-connected system［C］. 2015 IEEE 12th International Conference on Electronic Measurement & Instruments (ICEMI), Qingdao, 2015.

［52］XIAO Z C, LIU H S, WANG J, et al. Series system of symmetrical six-phase PMSM two-motor supplied from single voltage source inverter［C］. 2015 IEEE 12th International Conference on Electronic Measurement & Instruments (ICEMI), Qingdao, 2015.

［53］CHEN H C, SU C X. Current control for single-inverter-fed series-connected five-phase PMSMs［C］. 2013 IEEE International Symposium on Industrial Electronics, Taipei, 2013.

［54］ABJADI N R. Sliding-mode control of a six-phase series/parallel connected two induction motors drive［J］. Isa Transactions, 2014, 53 (6): 1847-1856.

［55］AHMED A, Sozer Y, Hamdan M. Maximum torque per ampere control for buried magnet PMSM based on DC-link power measurement［J］. IEEE Transactions on Power Electronics, 2016, 32 (2): 1299-1311.

［56］高宏伟，杨贵杰，刘剑. 三次谐波注入式五相 PMSM 矢量控制策略［J］. 中国电机工程学报，2014，34 (24): 4101-4108.

［57］HU Y, ZHU Z Q, ODAVIC M. Torque capability enhancement of dual three-phase PMSM drive with fifth and seventh current harmonics injection [J]. IEEE Transactions on Industry Applications, 2016, 53 (5): 4526-4535.

[58] ZHOU Y Z, YAN Z, DUAN Q T, et al. Direct torque control strategy of five-phase PMSM with load capacity enhancement [J]. IET Power Electronics, 2019, 12 (3): 598-606.

[59] 郑梦飞, 周扬忠. 转子切向旋转和径向悬浮解耦的单绕组无轴承磁通切换电机驱动控制策略研究 [J]. 仪器仪表学报, 2018, 39 (8): 185-194.

[60] 曹鑫, 刘从宇, 邓智泉, 等. 单绕组12/4极无轴承开关磁阻电机转矩和悬浮力的解耦机理与实现悬浮力的解耦机理与实现 [J]. 电工技术学报, 2018, 33 (15): 3527-3534.

[61] 程帅, 姜海博, 黄进, 等. 基于滑模观测器的单绕组多相无轴承电机无位置传感器控制 [J]. 电工技术学报, 2012, 27 (7): 71-77.

[62] 朱俊, 邓智泉, 王晓琳, 等. 单绕组无轴承永磁薄片电机的原理和实现 [J]. 中国电机工程学报, 2008, 28 (33): 68-74.

[63] PARSA L, HAMID A. Toliyat. Sensorless direct torque control of five-phase interior permanent-magnet motor drives [J]. IEEE Transactions on Industry Applications, 2007, 43 (4): 952-959.

[64] LIN X G, HUANG W X, JIANG W, et al. Position sensorless direct torque control for six-phase permanent magnet synchronous motor under two-phase open circuit [J]. IET Electric Power Applications, 2019, 13 (11): 1625-1637.

[65] ZHENG L B, FLETCHER J E, WILLIAMS B W, et al. A novel direct torque control scheme for a sensorless five-phase induction motor drive [J]. IEEE Transactions on Industrial Electronics, 2011, 58 (2): 503-513.

[66] ALMARHOON A H, REN Y, ZHU Z Q. Sensorless switching-table-based direct torque control for dual three-phase PMSM drives [C]. 2014 17th International Conference on Electrical Machines and Systems (ICEMS), Hangzhou, 2014.

[67] 张杰, 柴建云, 孙旭东, 等. 双三相异步电机反相高频注入无速度传感器控制 [J]. 中国电机工程学报, 2015 (23): 6162-6171.

第2章 多相永磁同步电动机数学模型

2.1 引言

众所周知，三相电动机广泛应用于工业、民用等领域，它最多有三个自由度需要控制。通常在非开绕组接法情况下，三相电动机只有两个自由度需要控制。可以借助坐标变换将三相电动机数学模型映射到一个机电能量转换直角坐标平面和一个零序轴系，借助两个可控自由度在机电能量转换平面中对三相电动机的磁场和转矩进行控制，即可构建高性能的驱动系统。

对于多相电动机驱动控制的研究，可以借鉴三相电动机驱动控制的研究思路，但多相电动机驱动系统又有其独有的特点，即多相电动机采用多相绕组方式产生定子绕组磁动势，从而产生相同的定子磁动势，可以对应多种类型的定子电流流进方式；不同类型的定子电流流进方式，有可能产生不同类型的定子磁动势。由此可见，多相电动机控制更加灵活，其可控自由度更加丰富。如何简化多相电动机的数学模型是揭示多相电动机运行原理，方便构建其驱动控制系统的关键。

三相电动机借助于合适的坐标变换理论，实现了电动机数学模型的解耦，多相电动机同样也可以借助合适的坐标变换理论来实现其数学模型的解耦。相较于三相电动机，多相电动机的定子绕组构成更加灵活，其具体的绕组形式丰富多样，使得多相电动机产生磁动势的理论更加复杂。若能把多相电动机数学模型映射到多个正交的直角坐标系中，那么就可以在各个坐标系中对电动机进行解耦控制。为此，本章将首先介绍一般意义的多相交流电动机多平面分解坐标变换理论，为多相电动机的数学模型简化奠定基础。

实际上多相电动机类型有很多，无法一一列举研究，本章将着重研究对称六相永磁同步电动机、对称五相永磁同步电动机、双三相永磁同步电动机这三种典型电动机的数学模型，在构建各种电动机数学模型过程中假设：

1) 忽略电动机齿槽效应对磁路的影响；

2) 忽略电动机磁路局部饱和效应；

3) 忽略电动机的铁心损耗。

2.2　多相交流电动机多平面分解坐标变换理论

根据电机学理论可知，气隙磁动势是交流电动机定子、转子之间的媒介，也是交流电动机实现机电能量转换的关键变量。对于气隙磁场为正弦波的三相交流电动机，根据电动机学气隙磁动势理论可知，气隙磁动势为空间旋转的矢量；从产生相同的气隙磁动势旋转矢量角度看，并非一定需要三相绕组，采用两相轴线正交的绕组也可以产生与三相绕组相同的气隙磁动势。为了找寻两相绕组与三相绕组磁动势分量之间的关系，把三相绕组产生的磁动势分别向由两相绕组轴线构成的直角坐标系进行投影，即可获得对应两相绕组产生的磁动势，如图 2-1 所示。

三相 A-B 绕组产生的磁动势分别为 F_A，F_B，F_C，两相绕组产生的磁动势分别为 $F_{\alpha 1}$，$F_{\beta 1}$，产生的空间合成磁动势为 F_Σ，则磁动势对应关系如下：

$$F_\Sigma = |F_A| + |F_B| e^{j\frac{2\pi}{3}} + |F_B| e^{j\frac{4\pi}{3}}$$

$$= F_{\alpha 1} + F_{\beta 1} e^{j\frac{\pi}{2}} \tag{2-1}$$

$$F_{\alpha 1} = \begin{bmatrix} \cos 0 & \cos\dfrac{2\pi}{3} & \cos\dfrac{4\pi}{3} \end{bmatrix} \begin{bmatrix} |F_A| & |F_B| & |F_B| \end{bmatrix}^T$$

$$F_{\beta 1} = \begin{bmatrix} \sin 0 & \sin\dfrac{2\pi}{3} & \sin\dfrac{4\pi}{3} \end{bmatrix} \begin{bmatrix} |F_A| & |F_B| & |F_B| \end{bmatrix}^T \tag{2-2}$$

式（2-2）中 α_1 轴、β_1 轴的变换系数矢量可以用通式表示如下：

$$S_1(\varphi) = \begin{bmatrix} \cos\varphi & \cos\left(\varphi - \dfrac{2\pi}{3}\right) & \cos\left(\varphi - \dfrac{4\pi}{3}\right) \end{bmatrix} \tag{2-3}$$

当 $\varphi = 0$ 及 $\varphi = \pi/2$ 时，由式（2-3）分别得到 α_1 轴、β_1 轴的变换系数矢量如下：

$$\alpha_1 : \begin{bmatrix} \cos 0 & \cos\dfrac{2\pi}{3} & \cos\dfrac{4\pi}{3} \end{bmatrix}$$

$$\beta_1 : \begin{bmatrix} \sin 0 & \sin\dfrac{2\pi}{3} & \sin\dfrac{4\pi}{3} \end{bmatrix} \tag{2-4}$$

显然，α_1 轴、β_1 轴的变换系数矢量正交，同时这种变换满足了磁动势不变原则，这样就实现了三相绕组等效变换为两相绕组。实际系统中还有可能存在零序通路，零序轴系变换系数矢量只要遵循与式（2-4）矢量正交原则即可求得

$$o : \begin{bmatrix} 1 & 1 & 1 \end{bmatrix} \tag{2-5}$$

根据式（2-4）及式（2-5），结合具体的约束条件即可获得三相系统向两相系统的变换矩阵，以下的 T_3 变换矩阵就是熟知的满足功率不变原则时建立的变换矩阵：

$$T_3 = \sqrt{\frac{2}{3}} \begin{bmatrix} \cos 0 & \cos \dfrac{2\pi}{3} & \cos \dfrac{4\pi}{3} \\[2mm] \sin 0 & \sin \dfrac{2\pi}{3} & \sin \dfrac{4\pi}{3} \\[2mm] \dfrac{1}{\sqrt{2}} & \dfrac{1}{\sqrt{2}} & \dfrac{1}{\sqrt{2}} \end{bmatrix} \tag{2-6}$$

借助该变换矩阵，即可对由三相绕组轴线构成的自然坐标系数学模型进行简化，实际三相电动机数学模型投影到一个直角坐标平面（机电能量转换坐标系）和一个零序轴系中。

同样，为了对多相电动机进行解耦控制，也可以类似于三相电动机中的变换方法，把多相电动机分解到多个正交直角坐标平面和多个零序轴系中。随着电动机相数的增多，机电能量转换可以被映射到多个直角坐标平面，同时也出现了多个零序轴系。其中，有一个为基波平面，其他平面称为谐波平面。类似于上述三相系统的推导，建立 m 相对称绕组系统基波平面的变换系数矢量如下：

$$S_1(\varphi) = \begin{bmatrix} \cos\varphi & \cos\left(\varphi - \dfrac{2\pi}{m}\right) & \cdots & \cos\left(\varphi - \dfrac{2\pi(i-1)}{m}\right) & \cdots & \cos\left(\varphi - \dfrac{2\pi(m-1)}{m}\right) \end{bmatrix}$$
$$\tag{2-7}$$

对应基波平面各轴之间关系的示意图如图 2-2 所示。1-m 相轴线之间的夹角为 0，$2\pi/m$，$\cdots$，$2\pi(i-1)/m$，$\cdots$，$2\pi(m-1)/m$，依次互差 $2\pi/m$。

当 $\varphi = 0$ 及 $\varphi = \pi/2$ 时，由式（2-7）分别得到 α_1 轴、β_1 轴变换系数矢量如下：

$$\begin{aligned} \alpha_1 &: \begin{bmatrix} \cos 0 & \cos\dfrac{2\pi}{m} & \cdots & \cos\dfrac{2\pi(i-1)}{m} & \cdots & \cos\dfrac{2\pi(m-1)}{m} \end{bmatrix} \\[2mm] \beta_1 &: \begin{bmatrix} \sin 0 & \sin\dfrac{2\pi}{m} & \cdots & \sin\dfrac{2\pi(i-1)}{m} & \cdots & \sin\dfrac{2\pi(m-1)}{m} \end{bmatrix} \end{aligned} \tag{2-8}$$

显然，α_1 轴、β_1 轴的变换系数矢量正交。

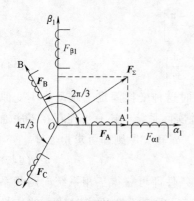

图 2-1　三相系统和两相系统
磁动势关系示意图

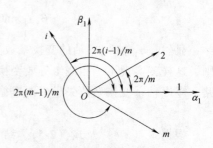

图 2-2　m 相对称绕组基波
平面各轴之间的关系示意图

若电动机中存在谐波，则还存在类似于式（2-7）的谐波直角坐标平面变换矢量。例如，第 k 次谐波直角平面 $\alpha_k\beta_k$ 变换矢量如下：

$$S_k(\varphi)=\left[\begin{array}{ccccc} \cos k\varphi & \cos k\left(\varphi-\dfrac{2\pi}{m}\right) & \cdots & \cos k\left(\varphi-\dfrac{2\pi(i-1)}{m}\right) & \cdots & \cos k\left(\varphi-\dfrac{2\pi(m-1)}{m}\right)\end{array}\right]$$
(2-9)

式（2-9）形式同样满足了 k 次谐波平面磁动势相等原则，同时也体现了谐波平面各轴线夹角关系，用图 2-3 示意 k 次谐波平面各轴线夹角关系，1-m 相轴线之间的夹角为 0，$2\pi k/m$，$\cdots$，$2\pi(i-1)k/m$，$\cdots$，$2\pi(m-1)k/m$，1-m 轴线依次互差 $2\pi k/m$ 角。当 $\varphi=0$ 及 $\varphi=\pi/2$ 时，由式（2-9）分别得到 α_k 轴、β_k 轴变换系数矢量如下：

$$\alpha_k:\left[\begin{array}{ccccc}\cos0 & \cos\dfrac{2\pi k}{m} & \cdots & \cos\dfrac{2\pi(i-1)k}{m} & \cdots & \cos\dfrac{2\pi(m-1)k}{m}\end{array}\right]$$

$$\beta_k:\left[\begin{array}{ccccc}\cos\dfrac{\pi k}{2} & \cos k\left(\dfrac{\pi}{2}-\dfrac{2\pi}{m}\right) & \cdots & \cos k\left(\dfrac{\pi}{2}-\dfrac{2\pi(i-1)}{m}\right) & \cdots & \cos k\left(\dfrac{\pi}{2}-\dfrac{2\pi(m-1)}{m}\right)\end{array}\right]$$
(2-10)

若 m 相绕组不对称分布，例如双三相电动机定子存在两套三相绕组，每一套绕组是对称的，但两套绕组夹角并非一定为 60°电角度，变换矢量也可以类似于式（2-9）和式（2-10）进行推导获得。若基波平面 1-m 相轴线之间的夹角为 0，θ_1，$\cdots$，θ_i，$\cdots$，θ_{m-1}，则仿照式（2-9）建立第 k 次谐波平面 $\alpha_k\beta_k$ 变换矢量如下：

$$S_k(\varphi)=\left[\begin{array}{ccccc}\cos k\varphi & \cos k(\varphi-\theta_1) & \cdots & \cos k(\varphi-\theta_i) & \cdots & \cos k(\varphi-\theta_{m-1})\end{array}\right]\quad(2\text{-}11)$$

当 $\varphi=0$ 及 $\varphi=\pi/2$ 时，由式（2-11）分别得到 α_k 轴、β_k 轴变换系数矢量如下：

$$\alpha_k:\left[\begin{array}{ccccc}\cos0 & \cos k\theta_1 & \cdots & \cos k\theta_i & \cdots & \cos k\theta_{m-1}\end{array}\right]$$

$$\beta_k:\left[\begin{array}{ccccc}\cos k\dfrac{\pi}{2} & \cos k\left(\dfrac{\pi}{2}-\theta_1\right) & \cdots & \cos k\left(\dfrac{\pi}{2}-\theta_i\right) & \cdots & \cos k\left(\dfrac{\pi}{2}-\theta_{m-1}\right)\end{array}\right]\quad(2\text{-}12)$$

由于多相电动机相数较多，直接求解与式（2-9）矢量或式（2-11）矢量正交的零序变换矢量较困难，因此可以借助于 Matlab 中的 Null 函数求解。根据以上分析，可以构建如下的 m 相向多平面、多零序轴系变换矩阵 T_m：

$$T_m=\begin{bmatrix}\cos0 & \cos\theta_1 & \cdots & \cos\theta_i & \cdots & \cos\theta_{m-1}\\ \sin0 & \sin\theta_1 & & \sin\theta_i & \cdots & \sin\theta_{m-1}\\ \vdots & \vdots & & \vdots & & \vdots\\ \cos0 & \cos k\theta_1 & \cdots & \cos k\theta_i & \cdots & \cos k\theta_{m-1}\\ \cos k\dfrac{\pi}{2} & \cos k\left(\dfrac{\pi}{2}-\theta_1\right) & \cdots & \cos k\left(\dfrac{\pi}{2}-\theta_i\right) & \cdots & \cos k\left(\dfrac{\pi}{2}-\theta_{m-1}\right)\\ \vdots & \vdots & & \vdots & & \vdots\end{bmatrix}\quad(2\text{-}13)$$

不对称 m 相绕组基波平面各轴线之间夹角示意图如图 2-4 所示。

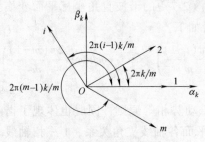

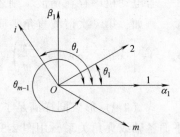

图 2-3　*m* 相对称绕组 *k* 次谐波
平面各轴系之间的关系示意图

图 2-4　*m* 相不对称绕组基波
平面各轴线之间的关系示意图

2.3　对称六相永磁同步电动机数学模型

为了表述多相电动机的基本模型及其直接转矩控制原理，本节将从磁动势、反电动势正弦波的多相电动机入手，并且以六相永磁同步电动机为例，重点讲解正弦波的多相电动机基本数学模型。为了便于阐述数学模型，建立如图 2-5 所示的六相永磁同步电动机变量关系示意图。其中，符号 u，i，ψ 分别代表电压、电流及磁链，定子侧、转子侧变量，分别用下角 s，r 区分；A~F 为对称六相绕组轴线，互差 $2\pi/6$ 电角度；$\alpha\beta$ 和 dq 分别为两相静止和两相旋转直角坐标系，其中 α 轴、d 轴分别与 A 相绕组轴线、转子永磁体 N 极方向一致；α 轴和 d 轴之间夹角 θ_r、d 轴和定子磁链 ψ_s 之间夹角 δ 分别称为转子位置角和转矩角；ω_r 为转子旋转电角速度；零序轴系变量用下角 z 标注。

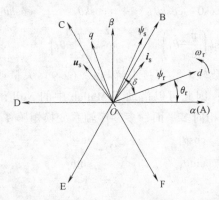

图 2-5　六相永磁同步电动机变量关系示意图

2.3.1　静止坐标系数学模型

类似于三相电动机各绕组轴线构成的自然坐标系数学模型的推导，结合电动机学中的磁场的双反应原理，推导建立定子六相绕组 A~F 的自感 $L_{AA} \sim L_{FF}$ 表达式，结果如下：

$$\begin{cases} L_{\mathrm{AA}} = L_{s\sigma 1} + L_{\mathrm{sm}} + L_{\mathrm{rs}}\cos\left(2\theta_{\mathrm{r}}\right) \\[2mm] L_{\mathrm{BB}} = L_{s\sigma 1} + L_{\mathrm{sm}} + L_{\mathrm{rs}}\cos\left(2\theta_{\mathrm{r}} - \dfrac{2\pi}{6}\right) \\[2mm] L_{\mathrm{CC}} = L_{s\sigma 1} + L_{\mathrm{sm}} + L_{\mathrm{rs}}\cos\left(2\theta_{\mathrm{r}} - \dfrac{4\pi}{6}\right) \\[2mm] L_{\mathrm{DD}} = L_{s\sigma 1} + L_{\mathrm{sm}} + L_{\mathrm{rs}}\cos\left(2\theta_{\mathrm{r}} - \dfrac{6\pi}{6}\right) \\[2mm] L_{\mathrm{EE}} = L_{s\sigma 1} + L_{\mathrm{sm}} + L_{\mathrm{rs}}\cos\left(2\theta_{\mathrm{r}} - \dfrac{8\pi}{6}\right) \\[2mm] L_{\mathrm{FF}} = L_{s\sigma 1} + L_{\mathrm{sm}} + L_{\mathrm{rs}}\cos\left(2\theta_{\mathrm{r}} - \dfrac{10\pi}{6}\right) \end{cases} \tag{2-14}$$

式中，$L_{\mathrm{sm}} = (L_{\mathrm{dm}} + L_{\mathrm{qm}})/2$，$L_{\mathrm{rs}} = (L_{\mathrm{dm}} - L_{\mathrm{qm}})/2$，$L_{\mathrm{dm}}$、$L_{\mathrm{qm}}$ 分别为相绕组轴线与 d 轴、q 轴重合时相绕组自感中的气隙主电感；$L_{s\sigma 1}$ 为自感中的漏电感。

式（2-14）的具体推导过程以 A 相自感为例，并且为了便于读者理解考虑谐波平面机电能量转换的多相电动机数学模型，以下 A 相自感的推导考虑了谐波成分。根据电感的定义，考虑在 A 相绕组中流过激励电流 i_{A}，产生与 A 相绕组匝链的总磁链 ψ_{A}，则 A 相自感 L_{AA} 如下：

$$L_{\mathrm{AA}} = \frac{\psi_{\mathrm{A}}}{i_{\mathrm{A}}} \tag{2-15}$$

其中，总磁链由穿过气隙的气隙主磁链 ψ_{Am} 和漏磁链 $\psi_{s\sigma 1}$ 组成，气隙主磁链在 d 轴、q 轴上的分量分别为 ψ_{dm}，ψ_{qm}，根据图 2-6 中各变量之间的关系，在考虑各次谐波后 A 相绕组自感磁链可以进一步写为

$$\psi_{\mathrm{A}} = \sum_{n=1}^{\infty}\left[\psi_{s\sigma n} + \psi_{\mathrm{dm}n}\cos(n\theta_{\mathrm{r}}) + \psi_{\mathrm{qm}n}\sin(n\theta_{\mathrm{r}})\right] \tag{2-16}$$

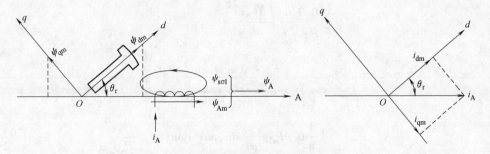

图 2-6　A 相自感磁链及电流双反应分解示意图

电流在 n 次谐波平面 d 轴、q 轴的分量（双反应分量）分别为

$$i_{\mathrm{dm}n} = i_{\mathrm{A}}\cos(n\theta_{\mathrm{r}})$$

$$i_{qmn} = i_A \sin(n\theta_r) \quad (2\text{-}17)$$

所以根据式（2-15）~式（2-17），在考虑各次谐波后 A 相绕组自感可以进一步写为

$$
\begin{aligned}
L_{AA} &= \sum_{n=1}^{\infty} L_{AAn} = \sum_{n=1}^{\infty} \frac{\psi_{s\sigma n} + \psi_{dmn}\cos(n\theta_r) + \psi_{qmn}\sin(n\theta_r)}{i_A} \\
&= \sum_{n=1}^{\infty} \left[L_{s\sigma n} + \frac{\psi_{dmn}\cos(n\theta_r)}{i_{dmn}/\cos(n\theta_r)} + \frac{\psi_{qmn}\sin(n\theta_r)}{i_{qmn}/\sin(n\theta_r)} \right] \quad (2\text{-}18) \\
&= \sum_{n=1}^{\infty} \left[L_{s\sigma n} + L_{dmn}\cos^2(n\theta_r) + L_{qmn}\sin^2(n\theta_r) \right] \\
&= \sum_{n=1}^{\infty} \left[L_{s\sigma n} + L_{smn} + L_{rsn}\cos(2n\theta_r) \right]
\end{aligned}
$$

式中，$\psi_{dmn} = F_{\varphi n}\cos(n\theta_r)Nk_{wn}/R_{sd}$，$\psi_{qmn} = F_{\varphi n}\sin(n\theta_r)Nk_{wn}/R_{sq}$ 分别为 n 次气隙主磁链在 d 轴、q 轴上的分量；R_{sd}，R_{sq} 分别为相绕组磁路直、交轴磁阻；N 为相绕组匝数；k_{wn} 为 n 次谐波绕组系数；$F_{\varphi n}$ 为 n 次谐波磁动势。$L_{smn} = 0.5(L_{dmn} + L_{qmn})$，$L_{rsn} = 0.5(L_{dmn} - L_{qmn})$。第 n 次谐波 d 轴、q 轴气隙主电感 L_{dmn}，L_{qmn} 分别如下：

$$
\begin{aligned}
L_{dmn} &= \frac{\psi_{dmn}}{i_{dmn}} = \frac{F_{\varphi n}\sin(m\omega t)\cos(n\theta_r)\dfrac{Nk_{wn}}{R_{sd}}}{i_A \cos(n\theta_r)} \\
&= \frac{\dfrac{1}{n}0.9I_m \dfrac{Nk_{wn}}{p}\sin(m\omega t)\cos(n\theta_r)\dfrac{Nk_{wn}}{R_{sd}}}{\sqrt{2}\,I_m \sin(m\omega t)\cos(n\theta_r)} \quad (2\text{-}19) \\
&= \frac{0.9}{\sqrt{2}}\frac{1}{n}\frac{(Nk_{wn})^2}{pR_{sd}}
\end{aligned}
$$

$$
\begin{aligned}
L_{qmn} &= \frac{\psi_{qmn}}{i_{qmn}} = \frac{F_{\varphi n}\sin(m\omega t)\sin(n\theta_r)\dfrac{Nk_{wn}}{R_{sq}}}{i_A \sin(n\theta_r)} \\
&= \frac{\dfrac{1}{n}0.9I_m \dfrac{Nk_{wn}}{p}\sin(m\omega t)\sin(n\theta_r)\dfrac{Nk_{wn}}{R_{sq}}}{\sqrt{2}\,I_m \sin(m\omega t)\sin(n\theta_r)} \quad (2\text{-}20) \\
&= \frac{0.9}{\sqrt{2}}\frac{1}{n}\frac{(Nk_{wn})^2}{pR_{sq}}
\end{aligned}
$$

式中，m 为电流谐波次数；p 为电动机磁极对数；I_m 为电流幅值。

类似于绕组自感的推导，同样结合电动机学中双反应原理，推导建立各相绕组互感 M_{ij} （i=A~F，j=A~F，且 $i \neq j$）的表达式如下：

$$\begin{cases} M_{AB} = M_{BA} = 0.5L_{sm} + L_{rs}\cos(2\theta_r - \pi/3) \\ M_{AC} = M_{CA} = -0.5L_{sm} + L_{rs}\cos(2\theta_r - 2\pi/3) \\ M_{AD} = M_{DA} = -L_{sm} + L_{rs}\cos(2\theta_r - 3\pi/3) \\ M_{AE} = M_{EA} = -0.5L_{sm} + L_{rs}\cos(2\theta_r - 4\pi/3) \\ M_{AF} = M_{FA} = 0.5L_{sm} + L_{rs}\cos(2\theta_r - 5\pi/3) \end{cases} \tag{2-21}$$

$$\begin{cases} M_{BC} = M_{CB} = 0.5L_{sm} + L_{rs}\cos(2\theta_r - 3\pi/3) \\ M_{BD} = M_{DB} = -0.5L_{sm} + L_{rs}\cos(2\theta_r - 4\pi/3) \\ M_{BE} = M_{EB} = -L_{sm} + L_{rs}\cos(2\theta_r - 5\pi/3) \\ M_{BF} = M_{FB} = -0.5L_{sm} + L_{rs}\cos(2\theta_r - 6\pi/3) \end{cases} \tag{2-22}$$

$$\begin{cases} M_{CD} = M_{DC} = 0.5L_{sm} + L_{rs}\cos(2\theta_r - 5\pi/3) \\ M_{CE} = M_{EC} = -0.5L_{sm} + L_{rs}\cos(2\theta_r - 6\pi/3) \\ M_{CF} = M_{FC} = -L_{sm} + L_{rs}\cos(2\theta_r - \pi/3) \end{cases} \tag{2-23}$$

$$\begin{cases} M_{DE} = M_{ED} = 0.5L_{sm} + L_{rs}\cos(2\theta_r - \pi/3) \\ M_{DF} = M_{FD} = -0.5L_{sm} + L_{rs}\cos(2\theta_r - 2\pi/3) \\ M_{EF} = M_{FE} = 0.5L_{sm} + L_{rs}\cos(2\theta_r - 3\pi/3) \end{cases} \tag{2-24}$$

将式 （2-14） 及式 （2-21）~式 （2-24） 进一步用电感矩阵 $\boldsymbol{L}$ 表示如下：

$$\boldsymbol{L} = \begin{bmatrix} L_{AA} & M_{AB} & M_{AC} & M_{AD} & M_{AE} & M_{AF} \\ M_{BA} & L_{BB} & M_{BC} & M_{BD} & M_{BE} & M_{BF} \\ M_{CA} & M_{CB} & L_{CC} & M_{CD} & M_{CE} & M_{CF} \\ M_{DA} & M_{DB} & M_{DC} & L_{DD} & M_{DE} & M_{DF} \\ M_{EA} & M_{EB} & M_{EC} & M_{ED} & L_{EE} & M_{EF} \\ M_{FA} & M_{FB} & M_{FC} & M_{FD} & M_{FE} & L_{FF} \end{bmatrix} = L_{s\sigma1}\boldsymbol{I}_6 + L_{sm}\boldsymbol{L}_{DC} + L_{rs}\boldsymbol{L}_{AC} \tag{2-25}$$

式中，$\boldsymbol{I}_6$ 为 6×6 的单位矩阵；$\boldsymbol{L}_{DC}$，$\boldsymbol{L}_{AC}$ 分别为与转子位置无关的电感分量系数矩阵和与转子位置有关的电感分量系数矩阵，分别如下：

$$\boldsymbol{L}_{DC} = \begin{bmatrix} 1 & 0.5 & -0.5 & -1 & -0.5 & 0.5 \\ 0.5 & 1 & 0.5 & -0.5 & -1 & -0.5 \\ -0.5 & 0.5 & 1 & 0.5 & -0.5 & -1 \\ -1 & -0.5 & 0.5 & 1 & 0.5 & -0.5 \\ -0.5 & -1 & -0.5 & 0.5 & 1 & 0.5 \\ 0.5 & -0.5 & -1 & -0.5 & 0.5 & 1 \end{bmatrix} \tag{2-26}$$

$$L_{AC} = \begin{bmatrix} \cos(2\theta_r) & \cos\left(2\theta_r - \dfrac{\pi}{3}\right) & \cos\left(2\theta_r - \dfrac{2\pi}{3}\right) & \cos\left(2\theta_r - \dfrac{3\pi}{3}\right) & \cos\left(2\theta_r - \dfrac{4\pi}{3}\right) & \cos\left(2\theta_r - \dfrac{5\pi}{3}\right) \\[2mm] \cos\left(2\theta_r - \dfrac{\pi}{3}\right) & \cos\left(2\theta_r - \dfrac{2\pi}{3}\right) & \cos\left(2\theta_r - \dfrac{3\pi}{3}\right) & \cos\left(2\theta_r - \dfrac{4\pi}{3}\right) & \cos\left(2\theta_r - \dfrac{5\pi}{3}\right) & \cos(2\theta_r) \\[2mm] \cos\left(2\theta_r - \dfrac{2\pi}{3}\right) & \cos\left(2\theta_r - \dfrac{3\pi}{3}\right) & \cos\left(2\theta_r - \dfrac{4\pi}{3}\right) & \cos\left(2\theta_r - \dfrac{5\pi}{3}\right) & \cos(2\theta_r) & \cos\left(2\theta_r - \dfrac{\pi}{3}\right) \\[2mm] \cos\left(2\theta_r - \dfrac{3\pi}{3}\right) & \cos\left(2\theta_r - \dfrac{4\pi}{3}\right) & \cos\left(2\theta_r - \dfrac{5\pi}{3}\right) & \cos(2\theta_r) & \cos\left(2\theta_r - \dfrac{\pi}{3}\right) & \cos\left(2\theta_r - \dfrac{2\pi}{3}\right) \\[2mm] \cos\left(2\theta_r - \dfrac{4\pi}{3}\right) & \cos\left(2\theta_r - \dfrac{5\pi}{3}\right) & \cos(2\theta_r) & \cos\left(2\theta_r - \dfrac{\pi}{3}\right) & \cos\left(2\theta_r - \dfrac{2\pi}{3}\right) & \cos\left(2\theta_r - \dfrac{3\pi}{3}\right) \\[2mm] \cos\left(2\theta_r - \dfrac{5\pi}{3}\right) & \cos(2\theta_r) & \cos\left(2\theta_r - \dfrac{\pi}{3}\right) & \cos\left(2\theta_r - \dfrac{2\pi}{3}\right) & \cos\left(2\theta_r - \dfrac{3\pi}{3}\right) & \cos\left(2\theta_r - \dfrac{4\pi}{3}\right) \end{bmatrix}$$

$$(2\text{-}27)$$

把转子上幅值为 ψ_f 的永磁体磁链分别向 A~F 轴线进行投影，得到 A~F 相绕组耦合的永磁体磁链 $\psi_{Af} \sim \psi_{Ff}$ 分别如下：

$$\begin{cases} \psi_{Af} = \psi_f \cos(\theta_r) \\ \psi_{Bf} = \psi_f \cos(\theta_r - \pi/3) \\ \psi_{Cf} = \psi_f \cos(\theta_r - 2\pi/3) \\ \psi_{Df} = \psi_f \cos(\theta_r - 3\pi/3) \\ \psi_{Ef} = \psi_f \cos(\theta_r - 4\pi/3) \\ \psi_{Ff} = \psi_f \cos(\theta_r - 5\pi/3) \end{cases} \tag{2-28}$$

式（2-28）进一步对时间求导数，即可推导出 A~F 相绕组中的反电动势如下：

$$\begin{cases} e_{Af} = -\psi_f \omega_r \sin(\theta_r) \\ e_{Bf} = -\psi_f \omega_r \sin(\theta_r - \pi/3) \\ e_{Cf} = -\psi_f \omega_r \sin(\theta_r - 2\pi/3) \\ e_{Df} = -\psi_f \omega_r \sin(\theta_r - 3\pi/3) \\ e_{Ef} = -\psi_f \omega_r \sin(\theta_r - 4\pi/3) \\ e_{Ff} = -\psi_f \omega_r \sin(\theta_r - 5\pi/3) \end{cases} \tag{2-29}$$

根据电动机学中磁路耦合原理分析可知，定子各相绕组磁链等于自感磁链、他相对其产生的互感磁链及永磁体耦合磁链之和，而绕组电流产生的自感磁链及互感磁链可以用上述公式推导出的电感与电流的乘积表示。所以，建立 A~F 相绕组磁链 $\psi_{sA} \sim \psi_{sF}$ 的数学模型如下：

$$\begin{bmatrix} \psi_{sA} \\ \psi_{sB} \\ \psi_{sC} \\ \psi_{sD} \\ \psi_{sE} \\ \psi_{sF} \end{bmatrix} = L \begin{bmatrix} i_{sA} \\ i_{sB} \\ i_{sC} \\ i_{sD} \\ i_{sE} \\ i_{sF} \end{bmatrix} + \begin{bmatrix} \psi_{Af} \\ \psi_{Bf} \\ \psi_{Cf} \\ \psi_{Df} \\ \psi_{Ef} \\ \psi_{Ff} \end{bmatrix} \tag{2-30}$$

　　绕组电阻压降、绕组反电动势之和与绕组端电压 $u_{sA} \sim u_{sF}$ 相平衡，从而建立绕组 A ~ F 的电压平衡方程式如下：

$$
\begin{bmatrix} u_{sA} \\ u_{sB} \\ u_{sC} \\ u_{sD} \\ u_{sE} \\ u_{sF} \end{bmatrix} = R_s \begin{bmatrix} i_{sA} \\ i_{sB} \\ i_{sC} \\ i_{sD} \\ i_{sE} \\ i_{sF} \end{bmatrix} + \frac{\mathrm{d}}{\mathrm{d}t} \begin{bmatrix} \psi_{sA} \\ \psi_{sB} \\ \psi_{sC} \\ \psi_{sD} \\ \psi_{sE} \\ \psi_{sF} \end{bmatrix} \tag{2-31}
$$

式中，R_s 为定子相绕组电阻。

　　为了推导电磁转矩表达式，需建立多相电动机的磁共能表达式。假设电动机磁路为线性磁路，则六相永磁同步电动机的磁共能 W'_m 如下：

$$
\begin{aligned}
W'_m &= \frac{1}{2} i_s^{\mathrm{T}} L i_s + i_s^{\mathrm{T}} \psi_r \\
&= \frac{1}{2} i_s^{\mathrm{T}} (L_{s\sigma1} I_6 + L_{sm} \boldsymbol{L}_{DC} + L_{rs} \boldsymbol{L}_{AC}) i_s + i_s^{\mathrm{T}} \psi_r
\end{aligned} \tag{2-32}
$$

式中，$i_s = \begin{bmatrix} i_{sA} & i_{sB} & i_{sC} & i_{sD} & i_{sE} & i_{sF} \end{bmatrix}^{\mathrm{T}}$，$\psi_r = \begin{bmatrix} \psi_{Af} & \psi_{Bf} & \psi_{Cf} & \psi_{Df} & \psi_{Ef} & \psi_{Ff} \end{bmatrix}^{\mathrm{T}}$ 分别为定子电流及相绕组耦合永磁体磁链列矢量。式（2-32）两边对转子位置角的机械角求偏微分，得到电磁转矩 T_e 如下：

$$
T_e = \frac{\partial W'_m}{\partial (\theta_r / p)} = p \left(\frac{1}{2} i_s^{\mathrm{T}} L_{rs} \frac{\partial \boldsymbol{L}_{AC}}{\partial \theta_r} i_s + i_s^{\mathrm{T}} \frac{\partial \psi_r}{\partial \theta_r} \right) \tag{2-33}
$$

其中

$$
\frac{\partial \boldsymbol{L}_{AC}}{\partial \theta_r} = -2 \begin{bmatrix}
\sin(2\theta_r) & \sin\left(2\theta_r - \frac{\pi}{3}\right) & \sin\left(2\theta_r - \frac{2\pi}{3}\right) & \sin\left(2\theta_r - \frac{3\pi}{3}\right) & \sin\left(2\theta_r - \frac{4\pi}{3}\right) & \sin\left(2\theta_r - \frac{5\pi}{3}\right) \\
\sin\left(2\theta_r - \frac{\pi}{3}\right) & \sin\left(2\theta_r - \frac{2\pi}{3}\right) & \sin\left(2\theta_r - \frac{3\pi}{3}\right) & \sin\left(2\theta_r - \frac{4\pi}{3}\right) & \sin\left(2\theta_r - \frac{5\pi}{3}\right) & \sin(2\theta_r) \\
\sin\left(2\theta_r - \frac{2\pi}{3}\right) & \sin\left(2\theta_r - \frac{3\pi}{3}\right) & \sin\left(2\theta_r - \frac{4\pi}{3}\right) & \sin\left(2\theta_r - \frac{5\pi}{3}\right) & \sin(2\theta_r) & \sin\left(2\theta_r - \frac{\pi}{3}\right) \\
\sin\left(2\theta_r - \frac{3\pi}{3}\right) & \sin\left(2\theta_r - \frac{4\pi}{3}\right) & \sin\left(2\theta_r - \frac{5\pi}{3}\right) & \sin(2\theta_r) & \sin\left(2\theta_r - \frac{\pi}{3}\right) & \sin\left(2\theta_r - \frac{2\pi}{3}\right) \\
\sin\left(2\theta_r - \frac{4\pi}{3}\right) & \sin\left(2\theta_r - \frac{5\pi}{3}\right) & \sin(2\theta_r) & \sin\left(2\theta_r - \frac{\pi}{3}\right) & \sin\left(2\theta_r - \frac{2\pi}{3}\right) & \sin\left(2\theta_r - \frac{3\pi}{3}\right) \\
\sin\left(2\theta_r - \frac{5\pi}{3}\right) & \sin(2\theta_r) & \sin\left(2\theta_r - \frac{\pi}{3}\right) & \sin\left(2\theta_r - \frac{2\pi}{3}\right) & \sin\left(2\theta_r - \frac{3\pi}{3}\right) & \sin\left(2\theta_r - \frac{4\pi}{3}\right)
\end{bmatrix} \tag{2-34}
$$

$$\frac{\partial \boldsymbol{\psi}_{\mathrm{r}}}{\partial \theta_{\mathrm{r}}} = -\psi_{\mathrm{f}}\left[\sin(\theta_{\mathrm{r}}) \quad \sin\left(\theta_{\mathrm{r}} - \frac{\pi}{3}\right) \quad \sin\left(\theta_{\mathrm{r}} - \frac{2\pi}{3}\right) \quad \sin\left(\theta_{\mathrm{r}} - \frac{3\pi}{3}\right) \quad \sin\left(\theta_{\mathrm{r}} - \frac{4\pi}{3}\right) \quad \sin\left(\theta_{\mathrm{r}} - \frac{5\pi}{3}\right) \right]^{\mathrm{T}}$$

$$= \frac{1}{\omega_{\mathrm{r}}}\left[e_{\mathrm{Af}} \quad e_{\mathrm{Bf}} \quad e_{\mathrm{Cf}} \quad e_{\mathrm{Df}} \quad e_{\mathrm{Ef}} \quad e_{\mathrm{Ff}} \right]^{\mathrm{T}}$$

$$(2\text{-}35)$$

由式 (2-33)~式 (2-35) 可见,自然坐标系中电磁转矩与转子位置角有关,是时变参数变量;若电动机凸极现象不严重,则 L_{rs} 较小,磁路凸极现象带来的电磁转矩较小,电磁转矩主要由永磁体磁场与定子电流相互作用的结果构成。

与传统的三相电动机类似,当已知负载转矩 T_{L} 和传动链转动惯量 J 时,存在以下的运动方程式:

$$T_{\mathrm{e}} - T_{\mathrm{L}} = \frac{J}{p}\frac{\mathrm{d}\omega_{\mathrm{r}}}{\mathrm{d}t} = \frac{J}{p}\frac{\mathrm{d}^2\theta_{\mathrm{r}}}{\mathrm{d}t^2} \qquad (2\text{-}36)$$

以上建立了 A~F 相自然坐标系下完整的电动机数学模型,该数学模型把实际电动机相绕组电路和磁链有机地联系在一起,是一种多变量、强耦合、高阶、非线性的数学模型,不利于电动机电磁转矩及磁场的瞬时控制策略的建立,必须进行简化、解耦处理。为此,采用坐标变换方法,把实际电动机模型映射到 $\alpha\beta$ 机电能量转换平面和 $z_1 \sim z_4$ 零序轴系上。根据 2.2 节多相交流电动机多平面分解坐标变换理论,构建六相自然坐标系变量向 $\alpha\beta z_1 \sim z_4$ 变换矩阵 $\boldsymbol{T}_6$,该变换同时遵循了变换前后系统功率不变的原则。

$$\boldsymbol{T}_6 = \frac{1}{\sqrt{3}}\begin{bmatrix} 1 & \dfrac{1}{2} & -\dfrac{1}{2} & -1 & -\dfrac{1}{2} & \dfrac{1}{2} \\[2mm] 0 & \dfrac{\sqrt{3}}{2} & \dfrac{\sqrt{3}}{2} & 0 & -\dfrac{\sqrt{3}}{2} & -\dfrac{\sqrt{3}}{2} \\[2mm] 1 & -\dfrac{1}{2} & -\dfrac{1}{2} & 1 & -\dfrac{1}{2} & -\dfrac{1}{2} \\[2mm] 0 & \dfrac{\sqrt{3}}{2} & -\dfrac{\sqrt{3}}{2} & 0 & \dfrac{\sqrt{3}}{2} & -\dfrac{\sqrt{3}}{2} \\[2mm] \dfrac{1}{\sqrt{2}} & \dfrac{1}{\sqrt{2}} & \dfrac{1}{\sqrt{2}} & \dfrac{1}{\sqrt{2}} & \dfrac{1}{\sqrt{2}} & \dfrac{1}{\sqrt{2}} \\[2mm] \dfrac{1}{\sqrt{2}} & -\dfrac{1}{\sqrt{2}} & \dfrac{1}{\sqrt{2}} & -\dfrac{1}{\sqrt{2}} & \dfrac{1}{\sqrt{2}} & -\dfrac{1}{\sqrt{2}} \end{bmatrix} \qquad (2\text{-}37)$$

$$
T_6^{-1} = T_6^{T} = \frac{1}{\sqrt{3}}
\begin{bmatrix}
1 & 0 & 1 & 0 & \frac{1}{\sqrt{2}} & \frac{1}{\sqrt{2}} \\
\frac{1}{2} & \frac{\sqrt{3}}{2} & -\frac{1}{2} & \frac{\sqrt{3}}{2} & \frac{1}{\sqrt{2}} & -\frac{1}{\sqrt{2}} \\
-\frac{1}{2} & \frac{\sqrt{3}}{2} & -\frac{1}{2} & -\frac{\sqrt{3}}{2} & \frac{1}{\sqrt{2}} & \frac{1}{\sqrt{2}} \\
-1 & 0 & 1 & 0 & \frac{1}{\sqrt{2}} & -\frac{1}{\sqrt{2}} \\
-\frac{1}{2} & -\frac{\sqrt{3}}{2} & -\frac{1}{2} & \frac{\sqrt{3}}{2} & \frac{1}{\sqrt{2}} & \frac{1}{\sqrt{2}} \\
\frac{1}{2} & -\frac{\sqrt{3}}{2} & -\frac{1}{2} & -\frac{\sqrt{3}}{2} & \frac{1}{\sqrt{2}} & -\frac{1}{\sqrt{2}}
\end{bmatrix}
\tag{2-38}
$$

式（2-30）两边同时左乘变换矩阵 T_6，得到 $\alpha\beta z_1 \sim z_4$ 轴系下的定子磁链表达式如下：

$$
\begin{bmatrix} \psi_{s\alpha} \\ \psi_{s\beta} \\ \psi_{sz1} \\ \psi_{sz2} \\ \psi_{sz3} \\ \psi_{sz4} \end{bmatrix} = T_6 \begin{bmatrix} \psi_{sA} \\ \psi_{sB} \\ \psi_{sC} \\ \psi_{sD} \\ \psi_{sE} \\ \psi_{sF} \end{bmatrix} = T_6 L \begin{bmatrix} i_{sA} \\ i_{sB} \\ i_{sC} \\ i_{sD} \\ i_{sE} \\ i_{sF} \end{bmatrix} + T_6 \begin{bmatrix} \psi_{Af} \\ \psi_{Bf} \\ \psi_{Cf} \\ \psi_{Df} \\ \psi_{Ef} \\ \psi_{Ff} \end{bmatrix} = T_6 L T_6^{-1} \begin{bmatrix} i_{s\alpha} \\ i_{s\beta} \\ i_{sz1} \\ i_{sz2} \\ i_{sz3} \\ i_{sz4} \end{bmatrix} + T_6 \begin{bmatrix} \psi_{Af} \\ \psi_{Bf} \\ \psi_{Cf} \\ \psi_{Df} \\ \psi_{Ef} \\ \psi_{Ff} \end{bmatrix}
\tag{2-39}
$$

其中，变量在 $\alpha\beta z_1 \sim z_4$ 轴上分量用下角区分。

把式（2-25）、式（2-28）、式（2-37）和式（2-38）代入式（2-39）中，式（2-39）进一步推导得

$$
\begin{bmatrix} \psi_{s\alpha} \\ \psi_{s\beta} \\ \psi_{sz1} \\ \psi_{sz2} \\ \psi_{sz3} \\ \psi_{sz4} \end{bmatrix} =
\begin{bmatrix}
L_{s\sigma1}+3L_{sm}+3L_{rs}\cos(2\theta_r) & 3L_{rs}\sin(2\theta_r) & 0 & 0 & 0 & 0 \\
3L_{rs}\sin(2\theta_r) & L_{s\sigma1}+3L_{sm}-3L_{rs}\cos(2\theta_r) & 0 & 0 & 0 & 0 \\
0 & 0 & L_{s\sigma1} & 0 & 0 & 0 \\
0 & 0 & 0 & L_{s\sigma1} & 0 & 0 \\
0 & 0 & 0 & 0 & L_{s\sigma1} & 0 \\
0 & 0 & 0 & 0 & 0 & L_{s\sigma1}
\end{bmatrix}
$$

$$
\cdot\begin{bmatrix} i_{s\alpha} \\ i_{s\beta} \\ i_{sz1} \\ i_{sz2} \\ i_{sz3} \\ i_{sz4} \end{bmatrix} + \begin{bmatrix} \psi_{r\alpha} \\ \psi_{r\beta} \\ 0 \\ 0 \\ 0 \\ 0 \end{bmatrix} = \begin{bmatrix} L_{\theta r} & 0 \\ 0 & L_z \end{bmatrix}\begin{bmatrix} i_{s\alpha} \\ i_{s\beta} \\ i_{sz1} \\ i_{sz2} \\ i_{sz3} \\ i_{sz4} \end{bmatrix} + \begin{bmatrix} \psi_{r\alpha} \\ \psi_{r\beta} \\ 0 \\ 0 \\ 0 \\ 0 \end{bmatrix} = \begin{bmatrix} L_{\theta r} & 0 \\ 0 & L_z \end{bmatrix}\begin{bmatrix} i_{s\alpha\beta} \\ i_z \end{bmatrix} + \begin{bmatrix} \psi_{r\alpha\beta} \\ 0 \end{bmatrix}
$$

$$(2\text{-}40)$$

式中，$\psi_{r\alpha} = \sqrt{3}\,\psi_f\cos\theta_r$，$\psi_{r\beta} = \sqrt{3}\,\psi_f\sin\theta_r$ 分别为转子永磁磁链在 $\alpha\beta$ 轴上的投影；$i_{s\alpha\beta} = \begin{bmatrix} i_{s\alpha} & i_{s\beta} \end{bmatrix}^T$，$\psi_{r\alpha\beta} = \begin{bmatrix} \psi_{r\alpha} & \psi_{r\beta} \end{bmatrix}^T$，$i_z = \begin{bmatrix} i_{sz1} & i_{sz2} & i_{sz3} & i_{sz4} \end{bmatrix}^T$；$L_{\theta r}$，$L_z$ 分别如下：

$$
L_{\theta r} = \begin{bmatrix} L_{s\sigma 1}+3L_{sm}+3L_{rs}\cos(2\theta_r) & 3L_{rs}\sin(2\theta_r) \\ 3L_{rs}\sin(2\theta_r) & L_{s\sigma 1}+3L_{sm}-3L_{rs}\cos(2\theta_r) \end{bmatrix} \tag{2-41}
$$

$$
L_z = L_{s\sigma 1}\begin{bmatrix} 1 & 0 & 0 & 0 \\ 0 & 1 & 0 & 0 \\ 0 & 0 & 1 & 0 \\ 0 & 0 & 0 & 1 \end{bmatrix} \tag{2-42}
$$

令 $\psi_s = \begin{bmatrix} \psi_{s\alpha} & \psi_{s\beta} \end{bmatrix}^T$，$\psi_z = \begin{bmatrix} \psi_{sz1} & \psi_{sz2} & \psi_{sz3} & \psi_{sz4} \end{bmatrix}^T$，则式（2-40）进一步简记为

$$
\begin{bmatrix} \psi_s \\ \psi_z \end{bmatrix} = \begin{bmatrix} L_{\theta r} & 0 \\ 0 & L_z \end{bmatrix}\begin{bmatrix} i_{s\alpha\beta} \\ i_z \end{bmatrix} + \begin{bmatrix} \psi_{r\alpha\beta} \\ 0 \end{bmatrix} \tag{2-43}
$$

式（2-31）两边同时左乘变换矩阵 T_6，得到 $\alpha\beta z_1 \sim z_4$ 轴系下的定子电压表达式如下：

$$
\begin{bmatrix} u_{s\alpha} \\ u_{s\beta} \\ u_{sz1} \\ u_{sz2} \\ u_{sz3} \\ u_{sz4} \end{bmatrix} = R_s\begin{bmatrix} i_{s\alpha} \\ i_{s\beta} \\ i_{sz1} \\ i_{sz2} \\ i_{sz3} \\ i_{sz4} \end{bmatrix} + \frac{\mathrm{d}}{\mathrm{d}t}\begin{bmatrix} \psi_{s\alpha} \\ \psi_{s\beta} \\ \psi_{sz1} \\ \psi_{sz2} \\ \psi_{sz3} \\ \psi_{sz4} \end{bmatrix} \tag{2-44}
$$

考虑磁路线性情况下，电动机的磁共能如下：

$$
W'_m = \frac{1}{2}\begin{bmatrix} i_{s\alpha\beta} \\ i_z \end{bmatrix}^T\begin{bmatrix} L_{\theta r} & 0 \\ 0 & L_z \end{bmatrix}\begin{bmatrix} i_{s\alpha\beta} \\ i_z \end{bmatrix} + \begin{bmatrix} i_{s\alpha\beta} \\ i_z \end{bmatrix}^T\begin{bmatrix} \psi_{r\alpha\beta} \\ 0 \end{bmatrix} \tag{2-45}
$$

$$
= \frac{1}{2}(i_{s\alpha\beta}^T L_{\theta r} i_{s\alpha\beta} + i_z^T L_z i_z) + i_{s\alpha\beta}^T \psi_{r\alpha\beta}
$$

式（2-45）磁共能表达式对转子位置机械角度求偏导数，得出电磁转矩如下：

$$T_e = p\frac{\partial W'_m}{\partial \theta_r} = \frac{1}{2}\boldsymbol{i}_{s\alpha\beta}^T\frac{\partial \boldsymbol{L}_{\theta r}}{\partial \theta_r}\boldsymbol{i}_{s\alpha\beta} + \boldsymbol{i}_{s\alpha\beta}^T\frac{\partial \boldsymbol{\psi}_{r\alpha\beta}}{\partial \theta_r}$$

$$= p\boldsymbol{i}_{s\alpha\beta}^T\left(\begin{bmatrix} -3L_{rs}\sin(2\theta_r) & 3L_{rs}\cos(2\theta_r) \\ 3L_{rs}\cos(2\theta_r) & 3L_{rs}\sin(2\theta_r) \end{bmatrix}\boldsymbol{i}_{s\alpha\beta} + \begin{bmatrix} -\sqrt{3}\psi_f\sin\theta_r \\ \sqrt{3}\psi_f\cos\theta_r \end{bmatrix}\right)$$

$$= p\boldsymbol{i}_{s\alpha\beta}^T\left\{\left(\begin{bmatrix} -3L_{rs}\sin(2\theta_r) & 3L_{rs}\cos(2\theta_r) \\ 3L_{rs}\cos(2\theta_r) & 3L_{rs}\sin(2\theta_r) \end{bmatrix} + (L_{s\sigma1}+3L_{sm})\begin{bmatrix} 0 & -1 \\ 1 & 0 \end{bmatrix}\right)\boldsymbol{i}_{s\alpha\beta} + \right.$$

$$\left. \begin{bmatrix} -\sqrt{3}\psi_f\sin\theta_r \\ \sqrt{3}\psi_f\cos\theta_r \end{bmatrix}\right\} = p\boldsymbol{i}_{s\alpha\beta}^T\begin{bmatrix} -\psi_{s\beta} \\ \psi_{s\alpha} \end{bmatrix}$$

$$= p(\psi_{s\alpha}i_{s\beta} - \psi_{s\beta}i_{s\alpha})$$

$$(2\text{-}46)$$

从式（2-46）可见，正弦波六相对称绕组永磁同步电动机机电能量转换处于 $\alpha\beta$ 平面上，电磁转矩是该平面上的定子磁链矢量与定子电流矢量的叉乘；而由式（2-44）进一步可见，$\alpha\beta$ 平面上定子磁链与该平面上的定子电压和定子电流有关，若忽略定子电阻压降，则 $\alpha\beta$ 平面上的定子磁链直接由该平面定子电压控制。零序轴系不参与机电能量转换，其回路由定子电阻和漏电感构成。

2.3.2 旋转坐标系数学模型

为了进一步简化机电能量转换平面的数学模型，采用以下形式的 $\alpha\beta$ 平面向 dq 平面的变换矩阵 $\boldsymbol{T}(\theta_r)$：

$$\boldsymbol{T}(\theta_r) = \begin{bmatrix} \cos\theta_r & \sin\theta_r \\ -\sin\theta_r & \cos\theta_r \end{bmatrix} \tag{2-47}$$

$$\boldsymbol{T}^{-1}(\theta_r) = \begin{bmatrix} \cos\theta_r & -\sin\theta_r \\ \sin\theta_r & \cos\theta_r \end{bmatrix} \tag{2-48}$$

式（2-43）中 $\boldsymbol{\psi}_s$ 表达式左右两边同乘 $\boldsymbol{T}(\theta_r)$ 变换矩阵，得出 dq 坐标系定子磁链如下：

$$\begin{bmatrix} \psi_{sd} \\ \psi_{sq} \end{bmatrix} = \boldsymbol{T}(\theta_r)\begin{bmatrix} L_{s\sigma1}+3L_{sm}+3L_{rs}\cos(2\theta_r) & 3L_{rs}\sin(2\theta_r) \\ 3L_{rs}\sin(2\theta_r) & L_{s\sigma1}+3L_{sm}-3L_{rs}\cos(2\theta_r) \end{bmatrix}\begin{bmatrix} i_{s\alpha} \\ i_{s\beta} \end{bmatrix} + \boldsymbol{T}(\theta_r)\begin{bmatrix} \psi_{r\alpha} \\ \psi_{r\beta} \end{bmatrix}$$

$$(2\text{-}49)$$

其中

$$\begin{bmatrix} i_{s\alpha} \\ i_{s\beta} \end{bmatrix} = \boldsymbol{T}^{-1}(\theta_r)\begin{bmatrix} i_{sd} \\ i_{sq} \end{bmatrix} \tag{2-50}$$

$$\begin{bmatrix} \psi_{r\alpha} \\ \psi_{r\beta} \end{bmatrix} = \boldsymbol{T}^{-1}(\theta_r)\begin{bmatrix} \psi_{rd} \\ \psi_{rq} \end{bmatrix} \tag{2-51}$$

把式（2-50）和式（2-51）代入式（2-49）中，式（2-49）进一步化简如下：

$$\begin{bmatrix} \psi_{sd} \\ \psi_{sq} \end{bmatrix} = \begin{bmatrix} L_d & 0 \\ 0 & L_q \end{bmatrix} \begin{bmatrix} i_{sd} \\ i_{sq} \end{bmatrix} + \begin{bmatrix} \psi_{rd} \\ \psi_{rq} \end{bmatrix} \tag{2-52}$$

其中

$$L_d = L_{s\sigma 1} + 3(L_{sm} + L_{rs}) \tag{2-53}$$

$$L_q = L_{s\sigma 1} + 3(L_{sm} - L_{rs}) \tag{2-54}$$

$$\begin{bmatrix} \psi_{rd} \\ \psi_{rq} \end{bmatrix} = \boldsymbol{T}(\theta_r) \begin{bmatrix} \psi_{r\alpha} \\ \psi_{r\beta} \end{bmatrix} = \begin{bmatrix} \sqrt{3}\psi_f \\ 0 \end{bmatrix} \tag{2-55}$$

L_d，L_q 分别为电动机 dq 坐标系直、交轴电感。同理，根据式（2-44）中 $\alpha\beta$ 平面电压方程，推导出 dq 平面定子电压平衡方程式如下：

$$\begin{bmatrix} u_{sd} \\ u_{sq} \end{bmatrix} = R_s \begin{bmatrix} i_{sd} \\ i_{sq} \end{bmatrix} + \frac{d}{dt} \begin{bmatrix} \psi_{sd} \\ \psi_{sq} \end{bmatrix} + \begin{bmatrix} 0 & -\omega_r \\ \omega_r & 0 \end{bmatrix} \begin{bmatrix} \psi_{sd} \\ \psi_{sq} \end{bmatrix} \tag{2-56}$$

利用式（2-48）把式（2-46）的电磁转矩旋转变换至 dq 平面上

$$T_e = p(\psi_{sd} i_{sq} - \psi_{sq} i_{sd}) \tag{2-57}$$

由式（2-52）式（2-55），进一步推导 dq 平面电流表达式如下：

$$i_{sd} = \frac{\psi_{sd} - \sqrt{3}\psi_f}{L_d}$$

$$i_{sq} = \frac{\psi_{sq}}{L_q} \tag{2-58}$$

根据图 2-5 所示的变量关系示意图可得

$$\psi_{sd} = |\boldsymbol{\psi}_s| \cos\delta$$

$$\psi_{sq} = |\boldsymbol{\psi}_s| \sin\delta \tag{2-59}$$

这样，把式（2-59）和式（2-58）代入式（2-57）中，可以建立电磁转矩与定子磁链幅值、永磁体磁链幅值及转矩角的关系如下：

$$\begin{aligned} T_e &= p(\psi_{sd} i_{sq} - \psi_{sq} i_{sd}) \\ &= |\boldsymbol{\psi}_s| p\left[\frac{\sqrt{3}}{L_d}\psi_f \sin\delta + \frac{1}{2}|\boldsymbol{\psi}_s|\left(\frac{1}{L_q} - \frac{1}{L_d}\right)\sin 2\delta\right] \\ &= p\frac{\sqrt{3}}{L_d}|\boldsymbol{\psi}_s|\psi_f \sin\delta + \frac{1}{2}p|\boldsymbol{\psi}_s|^2\left(\frac{1}{L_q} - \frac{1}{L_d}\right)\sin 2\delta \end{aligned} \tag{2-60}$$

式（2-60）表达形式与三相电动机一样，在定子磁链幅值 $|\boldsymbol{\psi}_s|$ 恒定的情况下，通过控制转矩角 δ 即可实现电磁转矩的直接控制。

2.3.3 零序轴系数学模型

从上述静止坐标系数学模型分析可见，零序轴系不参与机电能量转换，每一个零序轴系电压、电流和磁链的关系如下：

$$u_{szn} = R_s i_{szn} + \frac{\mathrm{d}\psi_{szn}}{\mathrm{d}t} \tag{2-61}$$

$$\psi_{szn} = L_{s\sigma1} i_{szn} \tag{2-62}$$

式中，$n = 1 \sim 4$。

由此可见，每一个零序轴系等效为一个定子电阻和定子漏电感串联的阻感回路。虽然零序轴系不参与机电能量转换，但零序电流会引起定子电流畸变，从而影响电动机效率的提高。所以，在实现多相电动机直接转矩控制过程中，需要采用合适的零序轴系变量控制策略，从而导致多相电动机直接转矩控制明显比三相电动机复杂得多。

2.4　对称五相永磁同步电动机数学模型

2.3 节讨论了对称六相永磁同步电动机的数学模型，在推导建立过程中忽略了绕组的谐波磁动势和谐波反电动势，利用 T_6 变换矩阵把六相自然坐标系数学模型映射到一个机电能量转换平面和四个零序轴系。多相电动机由于在有限槽数的定子上存在多相绕组，使得每一相绕组所占槽数减少，从而使得定子绕组产生较大的谐波磁动势和谐波反电动势；另外，为了进一步增强多相电动机的带负载能力，对气隙磁路进行特别设计，使得绕组反电动势中含有较大的谐波反电动势，用注入谐波电流的方法来产生附加的电磁转矩。对于这种类型的多相电动机，机电能量不仅存在于基波平面，同时还存在于谐波平面。本书以相绕组反电动势含有较大幅值的 3 次谐波分量的对称五相永磁同步电动机为例，讲解机电能量处于双平面电动机的数学模型及其直接转矩控制。

为了更好地理解含有较大幅值的 3 次谐波分量的对称五相永磁同步电动机数学模型，定义如图 2-7 所示的基波平面和 3 次谐波平面中各变量之间的关系，具体符号含义类似于图 2-5，基波平面和 3 次谐波平面变量进一步用下角"1"和"3"标示区别。A~E 是各平面自然坐标系绕组轴线。值得注意的是 3 次谐波平面 A~D 轴线夹角是对应基波平面轴线夹角的 3 倍。

2.4.1　静止坐标系数学模型

类似于 2.3.1 节的推导方法，建立电动机的电感矩阵 L 如下：

$$L = \begin{bmatrix} L_{AA} & M_{AB} & M_{AC} & M_{AD} & M_{AE} \\ M_{BB} & L_{BB} & M_{BC} & M_{BD} & M_{BE} \\ M_{CA} & M_{CB} & L_{CC} & M_{CD} & M_{CE} \\ M_{DA} & M_{DB} & M_{DC} & L_{DD} & M_{DE} \\ M_{EA} & M_{EB} & M_{EC} & M_{ED} & L_{EE} \end{bmatrix} \tag{2-63}$$

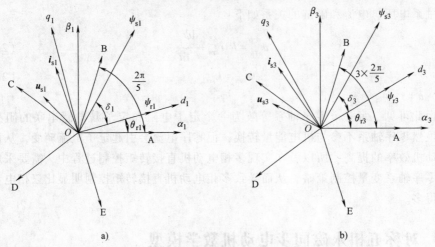

图 2-7　五相永磁同步电动机变量关系示意图

a) 基波平面定义　b) 3 次谐波平面定义

其中，绕组自感 L_{ii}（i = A ~ E）的推导过程见式（2-18）；同样的方法，也可以推导互感 M_{ij}（i，j = A ~ E，且 $i \ne j$），以下以 A，B 相绕组之间的互感 $M_{AB} = M_{BA}$ 表达式推导为例。假设考虑谐波因数，且 B 相绕组流过电流 i_B，则在 A 相绕组中产生的耦合磁链 ψ_A 如下：

$$\psi_A = \sum_{n=1}^{\infty} \left[\psi_{s\sigma n} + \psi_{dmn} \cos(n\theta_r) + \psi_{qmn} \sin(n\theta_r) \right] \qquad (2\text{-}64)$$

B 相绕组对 A 相绕组产生的互感 M_{AB} 如下：

$$
\begin{aligned}
M_{AB} &= \sum_{n=1}^{\infty} M_{ABn} = \sum_{n=1}^{\infty} \frac{\psi_{s\sigma n} + \psi_{dmn}\cos(n\theta_r) + \psi_{qmn}\sin(n\theta_r)}{i_B} \\
&= \sum_{n=1}^{\infty} \left[L_{s\sigma n} + \frac{\psi_{dmn}\cos(n\theta_r)}{i_{dmn}/\cos n\left(\theta_r - \dfrac{2\pi}{5}\right)} + \frac{\psi_{qmn}\sin(n\theta_r)}{i_{qmn}/\sin n\left(\theta_r - \dfrac{2\pi}{5}\right)} \right] \\
&= \sum_{n=1}^{\infty} \left[L_{s\sigma n} + L_{dmn}\cos(n\theta_r)\cos n\left(\theta_r - \dfrac{2\pi}{5}\right) + L_{qmn}\sin^2(n\theta_r)\sin n\left(\theta_r - \dfrac{2\pi}{5}\right) \right] \\
&= \sum_{n=1}^{\infty} \left[L_{s\sigma n} + L_{smn}\cos\left(\dfrac{2\pi}{5}n\right) + L_{rsn}\cos n\left(2\theta_r - \dfrac{2\pi}{5}\right) \right]
\end{aligned}
$$

$$(2\text{-}65)$$

式中，$\psi_{dmn} = F_{\varphi n}\cos n(\theta_r - 2\pi/5)Nk_{wn}/R_{sd}$，$\psi_{qmn} = F_{\varphi n}\sin n(\theta_r - 2\pi/5)Nk_{wn}/R_{sq}$ 分别为 n 次气隙主磁链在 d 轴、q 轴上的分量；R_{sd}，R_{sq} 分别为相绕组磁路直、交轴磁阻；N 为相绕组匝数；k_{wn} 为 n 次谐波绕组系数，$F_{\varphi n}$ 为 n 次谐波磁动势。L_{smn} = 0.5（$L_{dmn} + L_{qmn}$），L_{rsn} = 0.5（$L_{dmn} - L_{qmn}$）。

将自感和互感表达式代入式（2-63）后，可以得到五相永磁同步电动机电感矩阵具体表达式如下：

$$
L = \sum_{n=1}^{\infty} \left\{ L_{s\sigma n} I_5 + L_{smn} \begin{bmatrix} 1 & \cos(n\alpha) & \cos(2n\alpha) & \cos(3n\alpha) & \cos(4n\alpha) \\ \cos(n\alpha) & 1 & \cos(n\alpha) & \cos(2n\alpha) & \cos(3n\alpha) \\ \cos(2n\alpha) & \cos(n\alpha) & 1 & \cos(n\alpha) & \cos(2n\alpha) \\ \cos(3n\alpha) & \cos(2n\alpha) & \cos(n\alpha) & 1 & \cos(n\alpha) \\ \cos(4n\alpha) & \cos(3n\alpha) & \cos(2n\alpha) & \cos(n\alpha) & 1 \end{bmatrix} + \right.
$$

$$
\left. L_{rsn} \begin{bmatrix} \cos(2n\theta_r) & \cos n(2\theta_r-\alpha) & \cos n(2\theta_r-2\alpha) & \cos n(2\theta_r-3\alpha) & \cos n(2\theta_r-4\alpha) \\ \cos n(2\theta_r-\alpha) & \cos n(2\theta_r-2\alpha) & \cos n(2\theta_r-3\alpha) & \cos n(2\theta_r-4\alpha) & \cos(2n\theta_r) \\ \cos n(2\theta_r-2\alpha) & \cos n(2\theta_r-3\alpha) & \cos n(2\theta_r-4\alpha) & \cos(2n\theta_r) & \cos n(2\theta_r-\alpha) \\ \cos n(2\theta_r-3\alpha) & \cos n(2\theta_r-4\alpha) & \cos(2n\theta_r) & \cos n(2\theta_r-\alpha) & \cos n(2\theta_r-2\alpha) \\ \cos n(2\theta_r-4\alpha) & \cos(2n\theta_r) & \cos n(2\theta_r-\alpha) & \cos n(2\theta_r-2\alpha) & \cos n(2\theta_r-3\alpha) \end{bmatrix} \right\}
$$

$$(2\text{-}66)$$

式中，$\alpha = 2\pi/5$。本书主要考虑谐波次数为 3 的情况，则对应电动机电感矩阵进一步具体化为

$$L = L_{s\sigma 1} I_5 + L_{sm1} L_{DC1} + L_{s\sigma 3} I_5 + L_{sm3} L_{DC3} + L_{rs1} L_{AC1} + L_{rs3} L_{AC3} \qquad (2\text{-}67)$$

式中，I_5 为 5×5 的单位矩阵，L_{DC1}，L_{AC1} 分别为基波平面气隙电感中的直流分量系数和时变分量系数；L_{DC3}，L_{AC3} 分别为 3 次谐波平面气隙电感中的直流分量系数和时变分量系数。上述四个变量的具体表达式分别如下：

$$
L_{DC1} = \begin{bmatrix} 1 & \cos\alpha & \cos2\alpha & \cos3\alpha & \cos4\alpha \\ \cos\alpha & 1 & \cos\alpha & \cos2\alpha & \cos3\alpha \\ \cos2\alpha & \cos\alpha & 1 & \cos\alpha & \cos2\alpha \\ \cos3\alpha & \cos2\alpha & \cos\alpha & 1 & \cos\alpha \\ \cos4\alpha & \cos3\alpha & \cos2\alpha & \cos\alpha & 1 \end{bmatrix} \qquad (2\text{-}68)
$$

$$
L_{AC1} = \begin{bmatrix} \cos2\theta_r & \cos(2\theta_r-\alpha) & \cos(2\theta_r-2\alpha) & \cos(2\theta_r-3\alpha) & \cos(2\theta_r-4\alpha) \\ \cos(2\theta_r-\alpha) & \cos(2\theta_r-2\alpha) & \cos(2\theta_r-3\alpha) & \cos(2\theta_r-4\alpha) & \cos2\theta_r \\ \cos(2\theta_r-2\alpha) & \cos(2\theta_r-3\alpha) & \cos(2\theta_r-4\alpha) & \cos2\theta_r & \cos(2\theta_r-\alpha) \\ \cos(2\theta_r-3\alpha) & \cos(2\theta_r-4\alpha) & \cos2\theta_r & \cos(2\theta_r-\alpha) & \cos(2\theta_r-2\alpha) \\ \cos(2\theta_r-4\alpha) & \cos2\theta_r & \cos(2\theta_r-\alpha) & \cos(2\theta_r-2\alpha) & \cos(2\theta_r-3\alpha) \end{bmatrix}
$$

$$(2\text{-}69)$$

$$
L_{DC3} = \begin{bmatrix} 1 & \cos3\alpha & \cos6\alpha & \cos9\alpha & \cos12\alpha \\ \cos3\alpha & 1 & \cos3\alpha & \cos6\alpha & \cos9\alpha \\ \cos6\alpha & \cos3\alpha & 1 & \cos3\alpha & \cos6\alpha \\ \cos9\alpha & \cos6\alpha & \cos3\alpha & 1 & \cos3\alpha \\ \cos12\alpha & \cos9\alpha & \cos6\alpha & \cos3\alpha & 1 \end{bmatrix} \qquad (2\text{-}70)
$$

$$L_{AC3} = \begin{bmatrix} \cos6\theta_r & \cos(6\theta_r-3\alpha) & \cos(6\theta_r-\alpha) & \cos(6\theta_r-4\alpha) & \cos(6\theta_r-2\alpha) \\ \cos(6\theta_r-3\alpha) & \cos(6\theta_r-\alpha) & \cos(6\theta_r-4\alpha) & \cos(6\theta_r-2\alpha) & \cos6\theta_r \\ \cos(6\theta_r-\alpha) & \cos(6\theta_r-4\alpha) & \cos(6\theta_r-2\alpha) & \cos6\theta_r & \cos(6\theta_r-3\alpha) \\ \cos(6\theta_r-4\alpha) & \cos(6\theta_r-2\alpha) & \cos6\theta_r & \cos(6\theta_r-3\alpha) & \cos(6\theta_r-\alpha) \\ \cos(6\theta_r-2\alpha) & \cos6\theta_r & \cos(6\theta_r-3\alpha) & \cos(6\theta_r-\alpha) & \cos(6\theta_r-4\alpha) \end{bmatrix}$$

$$(2-71)$$

把基波平面上幅值为 ψ_{f1} 的永磁体磁链、3 次谐波平面上幅值为 ψ_{f3} 的永磁体磁链分别向各自平面 A~E 轴线进行投影，然后对应轴线上的投影求和，即可得到 A~E 相绕组耦合的永磁体磁链 ψ_{Af}~ψ_{Ef} 分别如下：

$$\psi_r = \begin{bmatrix} \psi_{Af} \\ \psi_{Bf} \\ \psi_{Cf} \\ \psi_{Df} \\ \psi_{Ef} \end{bmatrix} = \psi_{f1} \begin{bmatrix} \cos\theta_r \\ \cos(\theta_r-\alpha) \\ \cos(\theta_r-2\alpha) \\ \cos(\theta_r-3\alpha) \\ \cos(\theta_r-4\alpha) \end{bmatrix} + \psi_{f3} \begin{bmatrix} \cos3\theta_r \\ \cos3(\theta_r-\alpha) \\ \cos3(\theta_r-2\alpha) \\ \cos3(\theta_r-3\alpha) \\ \cos3(\theta_r-4\alpha) \end{bmatrix} \quad (2-72)$$

根据式 (2-72)，进一步对时间求导数，即可推导出 A~E 相绕组中的反电动势如下：

$$\begin{cases} e_{Af} = \dfrac{d\psi_{Af}}{dt} = -\omega_r(\psi_{f1}\sin\theta_r + 3\psi_{f3}\sin3\theta_r) \\[2mm] e_{Bf} = \dfrac{d\psi_{Bf}}{dt} = -\omega_r[\psi_{f1}\sin(\theta_r-\alpha) + 3\psi_{f3}\sin3(\theta_r-\alpha)] \\[2mm] e_{Cf} = \dfrac{d\psi_{Cf}}{dt} = -\omega_r[\psi_{f1}\sin(\theta_r-2\alpha) + 3\psi_{f3}\sin3(\theta_r-2\alpha)] \\[2mm] e_{Df} = \dfrac{d\psi_{Df}}{dt} = -\omega_r[\psi_{f1}\sin(\theta_r-3\alpha) + 3\psi_{f3}\sin3(\theta_r-3\alpha)] \\[2mm] e_{Ef} = \dfrac{d\psi_{Ef}}{dt} = -\omega_r[\psi_{f1}\sin(\theta_r-4\alpha) + 3\psi_{f3}\sin3(\theta_r-4\alpha)] \end{cases} \quad (2-73)$$

根据电动机学中磁路耦合原理分析，定子各相绕组磁链等于自感磁链、他相对其产生的互感磁链及永磁体耦合磁链之和，而绕组电流产生的自感磁链及互感磁链可以用上述推导的电感与电流的乘积表示。所以，建立 A~E 相绕组磁链 ψ_{sA}~ψ_{sE} 的数学模型如下：

$$
\begin{bmatrix} \psi_{sA} \\ \psi_{sB} \\ \psi_{sC} \\ \psi_{sD} \\ \psi_{sE} \end{bmatrix} = \boldsymbol{L} \begin{bmatrix} i_{sA} \\ i_{sB} \\ i_{sC} \\ i_{sD} \\ i_{sE} \end{bmatrix} + \begin{bmatrix} \psi_{Af} \\ \psi_{Bf} \\ \psi_{Cf} \\ \psi_{Df} \\ \psi_{Ef} \end{bmatrix} \tag{2-74}
$$

绕组电阻压降、绕组反电动势之和与绕组端电压 $u_{sA} \sim u_{sE}$ 相平衡，从而建立绕组 A～E 电压平衡方程式如下：

$$
\begin{bmatrix} u_{sA} \\ u_{sB} \\ u_{sC} \\ u_{sD} \\ u_{sE} \end{bmatrix} = R_s \begin{bmatrix} i_{sA} \\ i_{sB} \\ i_{sC} \\ i_{sD} \\ i_{sE} \end{bmatrix} + \frac{\mathrm{d}}{\mathrm{d}t} \begin{bmatrix} \psi_{sA} \\ \psi_{sB} \\ \psi_{sC} \\ \psi_{sD} \\ \psi_{sE} \end{bmatrix} \tag{2-75}
$$

为了推导电磁转矩表达式，需建立多相电动机的磁共能表达式。假设电动机磁路为线性磁路，则五相永磁同步电动机的磁共能 W'_m 如下：

$$
W'_m = \frac{1}{2} i_s^{\mathrm{T}} \boldsymbol{L} i_s + i_s^{\mathrm{T}} \boldsymbol{\psi}_r
$$

$$
= \frac{1}{2} i_s^{\mathrm{T}} (L_{s\sigma1} \boldsymbol{I}_5 + L_{sm1} \boldsymbol{L}_{DC1} + L_{s\sigma3} \boldsymbol{I}_5 + L_{sm3} \boldsymbol{L}_{DC3} + L_{rs1} \boldsymbol{L}_{AC1} + L_{rs3} \boldsymbol{L}_{AC3}) i_s + i_s^{\mathrm{T}} \boldsymbol{\psi}_r
$$

$$\tag{2-76}$$

式中，$i_s = \begin{bmatrix} i_{sA} & i_{sB} & i_{sC} & i_{sD} & i_{sE} \end{bmatrix}^{\mathrm{T}}$，$\boldsymbol{\psi}_r = \begin{bmatrix} \psi_{Af} & \psi_{Bf} & \psi_{Cf} & \psi_{Df} & \psi_{Ef} \end{bmatrix}^{\mathrm{T}}$ 分别为定子电流及相绕组耦合永磁体磁链列矢量。式（2-76）两边对转子位置角的机械角求偏微分，得到电磁转矩 T_e 如下：

$$
T_e = \frac{\partial W'_m}{\partial (\theta_r / p)} = p \left[\frac{1}{2} i_s^{\mathrm{T}} \left(L_{rs1} \frac{\partial \boldsymbol{L}_{AC1}}{\partial \theta_r} + L_{rs3} \frac{\partial \boldsymbol{L}_{AC3}}{\partial \theta_r} \right) i_s + i_s^{\mathrm{T}} \frac{\partial \boldsymbol{\psi}_r}{\partial \theta_r} \right] \tag{2-77}
$$

其中

$$
\frac{\partial \boldsymbol{L}_{AC1}}{\partial \theta_r} = -2 \begin{bmatrix}
\sin 2\theta_r & \sin(2\theta_r - \alpha) & \sin(2\theta_r - 2\alpha) & \sin(2\theta_r - 3\alpha) & \sin(2\theta_r - 4\alpha) \\
\sin(2\theta_r - \alpha) & \sin(2\theta_r - 2\alpha) & \sin(2\theta_r - 3\alpha) & \sin(2\theta_r - 4\alpha) & \sin 2\theta_r \\
\sin(2\theta_r - 2\alpha) & \sin(2\theta_r - 3\alpha) & \sin(2\theta_r - 4\alpha) & \sin 2\theta_r & \sin(2\theta_r - \alpha) \\
\sin(2\theta_r - 3\alpha) & \sin(2\theta_r - 4\alpha) & \sin 2\theta_r & \sin(2\theta_r - \alpha) & \sin(2\theta_r - 2\alpha) \\
\sin(2\theta_r - 4\alpha) & \sin 2\theta_r & \sin(2\theta_r - \alpha) & \sin(2\theta_r - 2\alpha) & \sin(2\theta_r - 3\alpha)
\end{bmatrix}
$$

$$\tag{2-78}$$

$$\frac{\partial \boldsymbol{L}_{AC3}}{\partial \theta_r} = -6 \begin{bmatrix} \sin 6\theta_r & \sin(6\theta_r - 3\alpha) & \sin(6\theta_r - \alpha) & \sin(6\theta_r - 4\alpha) & \sin(6\theta_r - 2\alpha) \\ \sin(6\theta_r - 3\alpha) & \sin(6\theta_r - \alpha) & \sin(6\theta_r - 4\alpha) & \sin(6\theta_r - 2\alpha) & \sin 6\theta_r \\ \sin(6\theta_r - \alpha) & \sin(6\theta_r - 4\alpha) & \sin(6\theta_r - 2\alpha) & \sin 6\theta_r & \sin(6\theta_r - 3\alpha) \\ \sin(6\theta_r - 4\alpha) & \sin(6\theta_r - 2\alpha) & \sin 6\theta_r & \sin(6\theta_r - 3\alpha) & \sin(6\theta_r - \alpha) \\ \sin(6\theta_r - 2\alpha) & \sin 6\theta_r & \sin(6\theta_r - 3\alpha) & \sin(6\theta_r - \alpha) & \sin(6\theta_r - 4\alpha) \end{bmatrix}$$

$$(2-79)$$

$$\frac{\partial \boldsymbol{\psi}_r}{\partial \theta_r} = -\psi_{f1} \begin{bmatrix} \sin\theta_r & \sin(\theta_r - \alpha) & \sin(\theta_r - 2\alpha) & \sin(\theta_r - 3\alpha) & \sin(\theta_r - 4\alpha) \end{bmatrix}^T - 3\psi_{f3}$$

$$\begin{bmatrix} \sin(3\theta_r) & \sin[3(\theta_r - \alpha)] & \sin[3(\theta_r - 2\alpha)] & \sin[3(\theta_r - 3\alpha)] & \sin[3(\theta_r - 4\alpha)] \end{bmatrix}^T$$

$$= \frac{1}{\omega_r} \begin{bmatrix} e_{Af1} & e_{Bf1} & e_{Cf1} & e_{Ef1} & e_{Ff1} \end{bmatrix}^T + \frac{1}{\omega_r} \begin{bmatrix} e_{Af3} & e_{Bf3} & e_{Cf3} & e_{Ef3} & e_{Ff3} \end{bmatrix}^T$$

$$(2-80)$$

根据式（2-77）~式（2-80）可见，反电动势中含有 3 次谐波后，电动机除了产生基波转矩外，还包括 3 次谐波转矩成分，使得该种电动机产生转矩更加灵活。同时，从以上数学模型建立过程及结果可见，由于反电动势含有谐波后使得自然坐标系中的数学模型更加复杂，因此如何进一步简化该数学模型，更加方便电动机瞬时转矩控制策略的构建，是实现该类型电动机高性能驱动控制的关键。

为此，采用坐标变换方法，把实际电动机模型映射到 $\alpha_1\beta_1$ 机电能量转换基波平面、$\alpha_3\beta_3$ 机电能量转换 3 次谐波平面和 z 零序轴系上。根据 2.2 节多相交流电动机多平面分解坐标变换理论，构建五相自然坐标系变量向 $\alpha_1\beta_1\alpha_3\beta_3z$ 的变换矩阵 $\boldsymbol{T}_5$，该变换同时遵循了变换前后系统功率不变原则。

$$\boldsymbol{T}_5 = \sqrt{\frac{2}{5}} \begin{bmatrix} 1 & \cos\alpha & \cos 2\alpha & \cos 3\alpha & \cos 4\alpha \\ 0 & \sin\alpha & \sin 2\alpha & \sin 3\alpha & \sin 4\alpha \\ 1 & \cos 3\alpha & \cos 6\alpha & \cos 9\alpha & \cos 12\alpha \\ 0 & \sin 3\alpha & \sin 6\alpha & \sin 9\alpha & \sin 12\alpha \\ \frac{1}{\sqrt{2}} & \frac{1}{\sqrt{2}} & \frac{1}{\sqrt{2}} & \frac{1}{\sqrt{2}} & \frac{1}{\sqrt{2}} \end{bmatrix}$$

$$(2-81)$$

$$\boldsymbol{T}_5^{-1} = \boldsymbol{T}_5^T = \sqrt{\frac{2}{5}} \begin{bmatrix} 1 & 0 & 1 & 0 & \frac{1}{\sqrt{2}} \\ \cos\alpha & \sin\alpha & \cos 3\alpha & \sin 3\alpha & \frac{1}{\sqrt{2}} \\ \cos 2\alpha & \sin 2\alpha & \cos 6\alpha & \sin 6\alpha & \frac{1}{\sqrt{2}} \\ \cos 3\alpha & \sin 3\alpha & \cos 9\alpha & \sin 9\alpha & \frac{1}{\sqrt{2}} \\ \cos 4\alpha & \sin 4\alpha & \cos 12\alpha & \sin 12\alpha & \frac{1}{\sqrt{2}} \end{bmatrix}$$

$$(2-82)$$

式（2-74）两边同时左乘变换矩阵 $\boldsymbol{T}_5$，得到 $\alpha_1\beta_1\alpha_3\beta_3z$ 轴系下的定子磁链表达式如下：

$$
\begin{bmatrix} \psi_{s\alpha1} \\ \psi_{s\beta1} \\ \psi_{s\alpha3} \\ \psi_{s\beta3} \\ \psi_{sz} \end{bmatrix} = \boldsymbol{T}_5 \begin{bmatrix} \psi_{sA} \\ \psi_{sB} \\ \psi_{sC} \\ \psi_{sD} \\ \psi_{sE} \end{bmatrix} = \boldsymbol{T}_5 \boldsymbol{L} \begin{bmatrix} i_{sA} \\ i_{sB} \\ i_{sC} \\ i_{sD} \\ i_{sE} \end{bmatrix} + \boldsymbol{T}_5 \begin{bmatrix} \psi_{Af} \\ \psi_{Bf} \\ \psi_{Cf} \\ \psi_{Df} \\ \psi_{Ef} \end{bmatrix} = \boldsymbol{T}_5\boldsymbol{L}\boldsymbol{T}_5^{-1} \begin{bmatrix} i_{s\alpha1} \\ i_{s\beta1} \\ i_{s\alpha3} \\ i_{s\beta3} \\ i_z \end{bmatrix} + \boldsymbol{T}_5 \begin{bmatrix} \psi_{Af} \\ \psi_{Bf} \\ \psi_{Cf} \\ \psi_{Df} \\ \psi_{Ef} \end{bmatrix} \quad (2\text{-}83)
$$

式中，变量在 $\alpha_1\beta_1\alpha_3\beta_3z$ 轴上的分量用下角区分。

把式（2-66）电感矩阵 $\boldsymbol{L}$、变换矩阵 $\boldsymbol{T}_5$ 代入式（2-83）中，进一步推导得

$$
\begin{bmatrix} \psi_{s\alpha1} \\ \psi_{s\beta1} \\ \psi_{s\alpha3} \\ \psi_{s\beta3} \\ \psi_{sz} \end{bmatrix} = \left\{ \boldsymbol{L}_\sigma + \frac{5}{2} \begin{bmatrix} L_{sm1}+L_{rs1}\cos2\theta_r & L_{rs1}\sin2\theta_r & 0 & 0 & 0 \\ L_{rs1}\sin2\theta_r & L_{sm1}-L_{rs1}\cos2\theta_r & 0 & 0 & 0 \\ 0 & 0 & L_{sm3}+L_{rs3}\cos6\theta_r & L_{rs3}\sin6\theta_r & 0 \\ 0 & 0 & L_{rs3}\sin6\theta_r & L_{sm3}-L_{rs3}\cos6\theta_r & 0 \\ 0 & 0 & 0 & 0 & 0 \end{bmatrix} \right\}
$$

$$
\cdot \begin{bmatrix} i_{s\alpha1} \\ i_{s\beta1} \\ i_{s\alpha3} \\ i_{s\beta3} \\ i_{sz} \end{bmatrix} + \begin{bmatrix} \psi_{r\alpha1} \\ \psi_{r\beta1} \\ \psi_{r\alpha3} \\ \psi_{r\beta3} \\ 0 \end{bmatrix}
$$

$$(2\text{-}84)$$

式中，$\psi_{r\alpha1}=\sqrt{3}\psi_{f1}\cos\theta_r$，$\psi_{r\beta1}=\sqrt{3}\psi_{f1}\sin\theta_r$ 分别为转子永磁磁链在 $\alpha_1\beta_1$ 轴上的投影；$\psi_{r\alpha3}=3\sqrt{3}\psi_{f3}\cos3\theta_r$，$\psi_{r\beta3}=3\sqrt{3}\psi_{f3}\sin3\theta_r$ 分别为转子永磁磁链在 $\alpha_3\beta_3$ 轴上的投影。$\boldsymbol{L}_\sigma=L_{s\sigma}\boldsymbol{I}_5$，$L_{s\sigma}=L_{s\sigma1}+L_{s\sigma3}$。

令 $\boldsymbol{i}_{s1}=\begin{bmatrix} i_{s\alpha1} & i_{s\beta1} \end{bmatrix}^{\mathrm{T}}$，$\boldsymbol{\psi}_{r1}=\begin{bmatrix} \psi_{r\alpha1} & \psi_{r\beta1} \end{bmatrix}^{\mathrm{T}}$，$\boldsymbol{i}_{s3}=\begin{bmatrix} i_{s\alpha3} & i_{s\beta3} \end{bmatrix}^{\mathrm{T}}$，$\boldsymbol{\psi}_{r3}=\begin{bmatrix} \psi_{r\alpha3} & \psi_{r\beta3} \end{bmatrix}^{\mathrm{T}}$，则 $\boldsymbol{L}_{\theta r1}$、$\boldsymbol{L}_{\theta r3}$ 分别如下：

$$
\boldsymbol{L}_{\theta r1} = \begin{bmatrix} L_{s\sigma}+2.5L_{sm1}+2.5L_{rs1}\cos(2\theta_r) & 2.5L_{rs1}\sin(2\theta_r) \\ 2.5L_{rs1}\sin(2\theta_r) & L_{s\sigma}+2.5L_{sm1}-2.5L_{rs1}\cos(2\theta_r) \end{bmatrix} \quad (2\text{-}85)
$$

$$
\boldsymbol{L}_{\theta r3} = \begin{bmatrix} L_{s\sigma}+2.5L_{sm3}+2.5L_{rs3}\cos(6\theta_r) & 2.5L_{rs3}\sin(6\theta_r) \\ 2.5L_{rs3}\sin(6\theta_r) & L_{s\sigma}+2.5L_{sm3}-2.5L_{rs3}\cos(6\theta_r) \end{bmatrix} \quad (2\text{-}86)
$$

式（2-84）可进一步简记为

$$\begin{bmatrix} \boldsymbol{\psi}_{s1} \\ \boldsymbol{\psi}_{s3} \\ \psi_{sz} \end{bmatrix} = \begin{bmatrix} \boldsymbol{L}_{\theta r1} & 0 & 0 \\ 0 & \boldsymbol{L}_{\theta r3} & 0 \\ 0 & 0 & L_{s\sigma} \end{bmatrix} \begin{bmatrix} \boldsymbol{i}_{s1} \\ \boldsymbol{i}_{s3} \\ i_{sz} \end{bmatrix} + \begin{bmatrix} \boldsymbol{\psi}_{r1} \\ \boldsymbol{\psi}_{r3} \\ 0 \end{bmatrix} \qquad (2\text{-}87)$$

式（2-75）两边同时左乘变换矩阵 $\boldsymbol{T}_5$，得到 $\alpha_1\beta_1\alpha_3\beta_3 z$ 轴系下的定子电压表达式如下：

$$\begin{bmatrix} u_{s\alpha1} \\ u_{s\beta1} \\ u_{s\alpha3} \\ u_{s\beta3} \\ u_{sz} \end{bmatrix} = R_s \begin{bmatrix} i_{s\alpha1} \\ i_{s\beta1} \\ i_{s\alpha3} \\ i_{s\beta3} \\ i_{sz} \end{bmatrix} + \frac{\mathrm{d}}{\mathrm{d}t} \begin{bmatrix} \psi_{s\alpha1} \\ \psi_{s\beta1} \\ \psi_{s\alpha3} \\ \psi_{s\beta3} \\ \psi_{sz} \end{bmatrix} \qquad (2\text{-}88)$$

考虑磁路线性的情况下，电动机的磁共能如下：

$$\begin{aligned} W'_m &= \frac{1}{2} \begin{bmatrix} \boldsymbol{i}_{s1} \\ \boldsymbol{i}_{s3} \\ i_{sz} \end{bmatrix}^T \begin{bmatrix} \boldsymbol{L}_{\theta r1} & 0 & 0 \\ 0 & \boldsymbol{L}_{\theta r3} & 0 \\ 0 & 0 & L_{s\sigma} \end{bmatrix} \begin{bmatrix} \boldsymbol{i}_{s1} \\ \boldsymbol{i}_{s3} \\ i_{sz} \end{bmatrix} + \begin{bmatrix} \boldsymbol{i}_{s1} \\ \boldsymbol{i}_{s3} \\ i_{sz} \end{bmatrix}^T \begin{bmatrix} \boldsymbol{\psi}_{r1} \\ \boldsymbol{\psi}_{r3} \\ 0 \end{bmatrix} \\ &= \frac{1}{2}(\boldsymbol{i}_{s1}^T \boldsymbol{L}_{\theta r1} \boldsymbol{i}_{s1} + \boldsymbol{i}_{s3}^T \boldsymbol{L}_{\theta r3} \boldsymbol{i}_{s3} + i_{sz}^T L_{s\sigma} i_{sz}) + (\boldsymbol{i}_{s1}^T \boldsymbol{\psi}_{r1} + \boldsymbol{i}_{s3}^T \boldsymbol{\psi}_{r3}) \end{aligned} \qquad (2\text{-}89)$$

所以，电磁转矩如下：

$$\begin{aligned} T_e &= p \frac{\partial W'_m}{\partial \theta_r} = \frac{1}{2}\left(\boldsymbol{i}_{s1}^T \frac{\partial \boldsymbol{L}_{\theta r1}}{\partial \theta_r} \boldsymbol{i}_{s1} + \boldsymbol{i}_{s3}^T \frac{\partial \boldsymbol{L}_{\theta r3}}{\partial \theta_r} \boldsymbol{i}_{s3} \right) + \left(\boldsymbol{i}_{s1}^T \frac{\partial \boldsymbol{\psi}_{r1}}{\partial \theta_r} + \boldsymbol{i}_{s3}^T \frac{\partial \boldsymbol{\psi}_{r3}}{\partial \theta_r} \right) \\ &= p\boldsymbol{i}_{s1}^T \left(\begin{bmatrix} -2.5L_{rs1}\sin(2\theta_r) & 2.5L_{rs1}\cos(2\theta_r) \\ 2.5L_{rs1}\cos(2\theta_r) & 2.5L_{rs1}\sin(2\theta_r) \end{bmatrix} \boldsymbol{i}_{s1} + \begin{bmatrix} -\sqrt{3}\psi_{f1}\sin\theta_r \\ \sqrt{3}\psi_{f1}\cos\theta_r \end{bmatrix} \right) \\ &\quad + 3p\boldsymbol{i}_{s3}^T \left(\begin{bmatrix} -2.5L_{rs3}\sin(6\theta_r) & 2.5L_{rs3}\cos(6\theta_r) \\ 2.5L_{rs3}\cos(6\theta_r) & 2.5L_{rs3}\sin(6\theta_r) \end{bmatrix} \boldsymbol{i}_{s3} + \begin{bmatrix} -3\sqrt{3}\psi_{f3}\sin3\theta_r \\ 3\sqrt{3}\psi_{f3}\cos3\theta_r \end{bmatrix} \right) \\ &= p\boldsymbol{i}_{s1}^T \left\{ \left(\begin{bmatrix} -2.5L_{rs1}\sin(2\theta_r) & 2.5L_{rs1}\cos(2\theta_r) \\ 2.5L_{rs1}\cos(2\theta_r) & 2.5L_{rs1}\sin(2\theta_r) \end{bmatrix} + (L_{s\sigma} + 2.5L_{sm1}) \begin{bmatrix} 0 & -1 \\ 1 & 0 \end{bmatrix} \right) \boldsymbol{i}_{s1} + \right. \\ &\quad \left. \begin{bmatrix} -\sqrt{3}\psi_{f1}\sin\theta_r \\ \sqrt{3}\psi_{f1}\cos\theta_r \end{bmatrix} \right\} + 3p\boldsymbol{i}_{s3}^T \left\{ \left(\begin{bmatrix} -2.5L_{rs3}\sin(6\theta_r) & 2.5L_{rs3}\cos(6\theta_r) \\ 2.5L_{rs3}cos(6\theta_r) & 2.5L_{rs3}\sin(6\theta_r) \end{bmatrix} + (L_{s\sigma} + 2.5L_{sm3}) \right. \right. \\ &\quad \left. \left. \begin{bmatrix} 0 & -1 \\ 1 & 0 \end{bmatrix} \right) \boldsymbol{i}_{s3} + \begin{bmatrix} -3\sqrt{3}\psi_{f3}\sin3\theta_r \\ 3\sqrt{3}\psi_{f3}\cos3\theta_r \end{bmatrix} \right\} = p\boldsymbol{i}_{s1}^T \begin{bmatrix} -\boldsymbol{\psi}_{s\beta1} \\ \boldsymbol{\psi}_{s\alpha1} \end{bmatrix} + 3p\boldsymbol{i}_{s3}^T \begin{bmatrix} -\boldsymbol{\psi}_{s\beta3} \\ \boldsymbol{\psi}_{s\alpha3} \end{bmatrix} \\ &= p(\boldsymbol{\psi}_{s\alpha1} i_{s\beta1} - \boldsymbol{\psi}_{s\beta1} i_{s\alpha1}) + 3p(\boldsymbol{\psi}_{s\alpha3} i_{s\beta3} - \boldsymbol{\psi}_{s\beta3} i_{s\alpha3}) \end{aligned}$$

$$(2\text{-}90)$$

从式（2-90）可见，反电动势含有 3 次谐波的五相对称绕组永磁同步电动机机电能量转换同时处于 $\alpha_1\beta_1$ 平面、$\alpha_3\beta_3$ 平面上，电磁转矩是两个平面上的定子磁链矢量与定子电流矢量的叉乘之和；而由式（2-88）进一步可见，两个平面上的定子磁链与该平面上的定子电压和定子电流有关，若忽略定子电阻压降，则各平面上定子磁链直接由该平面定子电压控制。零序轴系不参与机电能量转换，其回路通过定子电阻和漏电感构成。

2.4.2　旋转坐标系数学模型

为了进一步简化机电能量转换平面数学模型，采用以下形式的 $\alpha_1\beta_1$、$\alpha_3\beta_3$ 平面向 d_1q_1、d_3q_3 平面的变换矩阵 $T(\theta_r)$：

$$T(\theta_r)=\begin{bmatrix} \cos\theta_r & \sin\theta_r & 0 & 0 & 0 \\ -\sin\theta_r & \cos\theta_r & 0 & 0 & 0 \\ 0 & 0 & \cos3\theta_r & \sin3\theta_r & 0 \\ 0 & 0 & -\sin3\theta_r & \cos3\theta_r & 0 \\ 0 & 0 & 0 & 0 & 1 \end{bmatrix} \quad (2\text{-}91)$$

$$T^{-1}(\theta_r)=\begin{bmatrix} \cos\theta_r & -\sin\theta_r & 0 & 0 & 0 \\ \sin\theta_r & \cos\theta_r & 0 & 0 & 0 \\ 0 & 0 & \cos3\theta_r & -\sin3\theta_r & 0 \\ 0 & 0 & \sin3\theta_r & \cos3\theta_r & 0 \\ 0 & 0 & 0 & 0 & 1 \end{bmatrix} \quad (2\text{-}92)$$

式（2-84）中 $\boldsymbol{\psi}_s$ 表达式左右两边同乘变换矩阵 $T(\theta_r)$，得到 $d_1q_1d_3q_3z$ 坐标系定子磁链如下：

$$\begin{bmatrix} \psi_{sd1} \\ \psi_{sq1} \\ \psi_{sd3} \\ \psi_{sq3} \\ \psi_{sz} \end{bmatrix}=\left(\boldsymbol{L}_\sigma+\begin{bmatrix} \dfrac{5(L_{sm1}+L_{rs1})}{2} & 0 & 0 & 0 & 0 \\ 0 & \dfrac{5(L_{sm1}-L_{rs1})}{2} & 0 & 0 & 0 \\ 0 & 0 & \dfrac{5(L_{sm3}+L_{rs3})}{2} & 0 & 0 \\ 0 & 0 & 0 & \dfrac{5(L_{sm3}-L_{rs3})}{2} & 0 \\ 0 & 0 & 0 & 0 & 0 \end{bmatrix}\right)\begin{bmatrix} i_{sd1} \\ i_{sq1} \\ i_{sd3} \\ i_{sq3} \\ i_{sz} \end{bmatrix}$$

$$+\begin{bmatrix}\sqrt{2.5}\psi_{f1}\\0\\\sqrt{2.5}\psi_{f3}\\0\\0\end{bmatrix}=\begin{bmatrix}L_{d1}&0&0&0&0\\0&L_{q1}&0&0&0\\0&0&L_{d3}&0&0\\0&0&0&L_{q3}&0\\0&0&0&0&L_{s\sigma}\end{bmatrix}\begin{bmatrix}i_{sd1}\\i_{sq1}\\i_{sd3}\\i_{sq3}\\i_{sz}\end{bmatrix}+\begin{bmatrix}\sqrt{2.5}\psi_{f1}\\0\\\sqrt{2.5}\psi_{f3}\\0\\0\end{bmatrix}\quad(2\text{-}93)$$

其中

$$\begin{cases}L_{d1}=L_{s\sigma}+2.5(L_{sm1}+L_{rs1})\\L_{q1}=L_{s\sigma}+2.5(L_{sm1}-L_{rs1})\\L_{d3}=L_{s\sigma}+2.5(L_{sm3}+L_{rs3})\\L_{q3}=L_{s\sigma}+2.5(L_{sm3}-L_{rs3})\end{cases}\quad(2\text{-}94)$$

同理，根据式（2-88）中 $\alpha\beta$ 平面电压方程，推导出 dq 平面定子电压平衡方程式如下：

$$\begin{bmatrix}u_{sd1}\\u_{sq1}\\u_{sd3}\\u_{sq3}\\u_{sz}\end{bmatrix}=R_s\boldsymbol{T}(\theta_{r1})\begin{bmatrix}i_{s\alpha1}\\i_{s\beta1}\\i_{s\alpha3}\\i_{s\beta3}\\i_{sz}\end{bmatrix}+\boldsymbol{T}(\theta_{r1})\frac{\mathrm{d}}{\mathrm{d}t}\begin{bmatrix}\psi_{s\alpha1}\\\psi_{s\beta1}\\\psi_{s\alpha3}\\\psi_{s\beta3}\\\psi_{sz}\end{bmatrix}$$

$$=R_s\boldsymbol{T}(\theta_r)\boldsymbol{T}^{-1}(\theta_r)\begin{bmatrix}i_{sd1}\\i_{sq1}\\i_{sd3}\\i_{sq3}\\i_{sz}\end{bmatrix}+\boldsymbol{T}(\theta_{r1})\frac{\mathrm{d}}{\mathrm{d}t}\left(\boldsymbol{T}^{-1}(\theta_r)\begin{bmatrix}\psi_{sd1}\\\psi_{sq1}\\\psi_{sd3}\\\psi_{sq3}\\\psi_{sz}\end{bmatrix}\right)\quad(2\text{-}95)$$

$$=R_s\begin{bmatrix}i_{sd1}\\i_{sq1}\\i_{sd3}\\i_{sq3}\\i_z\end{bmatrix}+\frac{\mathrm{d}}{\mathrm{d}t}\begin{bmatrix}\psi_{sd1}\\\psi_{sq1}\\\psi_{sd3}\\\psi_{sq3}\\\psi_{sz}\end{bmatrix}+\begin{bmatrix}0&-\omega_r&0&0&0\\\omega_r&0&0&0&0\\0&0&0&-3\omega_r&0\\0&0&3\omega_r&0&0\\0&0&0&0&0\end{bmatrix}\begin{bmatrix}\psi_{sd1}\\\psi_{sq1}\\\psi_{sd3}\\\psi_{sq3}\\\psi_{sz}\end{bmatrix}$$

与静止坐标系 $\alpha_1\beta_1\alpha_3\beta_3$ 类似，$d_1q_1d_3q_3$ 旋转坐标系下的转矩方程为

$$\begin{aligned}T_e&=p(i_{sq1}\psi_{sd1}-i_{sd1}\psi_{sq1})+3p(i_{sq3}\psi_{sd3}-i_{sd3}\psi_{sq3})\\&=p[\,|\psi_{r1}|i_{sq1}+(L_{d1}-L_{q1})i_{sd1}i_{sq1}]+3p[\,|\psi_{r3}|i_{sq3}+(L_{d3}-L_{q3})i_{sd3}i_{sq3}]\\&=T_{e1}+T_{e3}\end{aligned}$$

$$(2\text{-}96)$$

同样，类似于六相永磁同步电动机数学模型推导，建立电磁转矩与定子磁链幅值、永磁体磁链幅值及转矩角关系如下：

$$T_e = | \boldsymbol{\psi}_{s1} | p \left[\frac{\sqrt{3}}{L_{d1}} \psi_{f1} \sin\delta_1 + \frac{1}{2} | \boldsymbol{\psi}_{s1} | \left(\frac{1}{L_{q1}} - \frac{1}{L_{d1}} \right) \sin2\delta_1 \right] +$$

$$3 | \boldsymbol{\psi}_{s3} | p \left[\frac{\sqrt{3}}{L_{d3}} \psi_{f3} \sin\delta_3 + \frac{1}{2} | \boldsymbol{\psi}_{s3} | \left(\frac{1}{L_{q3}} - \frac{1}{L_{d3}} \right) \sin2\delta_3 \right]$$

(2-97)

式（2-97）表达形式与三相电动机一样，在各平面上定子磁链幅值控制恒定的情况下，通过对应平面转矩角的控制即可实现电磁转矩的直接控制。

2.5 双三相永磁同步电动机数学模型

2.3 节和 2.4 节讨论的多相电动机相邻绕组轴线夹角相等，且所有相绕组作为一个整体进行控制，这种多相电动机称为对称绕组电动机。除此之外，有些多相电动机相邻相绕组轴线夹角可能不等，或者定子绕组由多套三相绕组以一定偏置角构成。其中，双三相电动机即为其中一种，本节以双三相永磁同步电动机为例，讨论对应电动机数学模型构建方法；同时，为了一般性，考虑该种电动机反电动势含有3 次、5 次谐波的情况。由于 3 次谐波对于三相绕组没有流通回路，所以，所讨论的电动机可以在基波平面和 5 次谐波平面同时实现机电能量转换，两个机电能量转换平面各变量、坐标系等如图 2-8 所示。

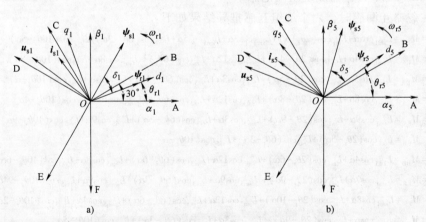

图 2-8 双三相永磁同步电动机变量关系示意图

a）基波平面定义 b）5 次谐波平面定义

其中，ACE 为第一套三相绕组，BDF 为第二套三相绕组，两套绕组之间夹角（A，B 相绕组轴线夹角）为 30°，基波平面、5 次谐波平面变量分别用下角 "1" 和 "5" 区别标注，具体变量含义与 2.3 节和 2.4 节类似，且 5 次谐波平面角度是基波平面角度的 5 倍。

2.5.1 静止坐标系数学模型

类似于 2.3.1 节的推导方法，建立电动机的电感矩阵 L 如下：

$$L = \begin{bmatrix} L_{AA} & M_{AB} & M_{AC} & M_{AD} & M_{AE} & M_{AF} \\ M_{BA} & L_{BB} & M_{BC} & M_{BD} & M_{BE} & M_{BF} \\ M_{CA} & M_{CB} & L_{CC} & M_{CD} & M_{CE} & M_{CF} \\ M_{DA} & M_{DB} & M_{DC} & L_{DD} & M_{DE} & M_{DF} \\ M_{EA} & M_{EB} & M_{EC} & M_{ED} & L_{EE} & M_{EF} \\ M_{FA} & M_{FB} & M_{FC} & M_{FD} & M_{FE} & L_{FF} \end{bmatrix} \tag{2-98}$$

其中，绕组自感 L_{ii}（$i = A \sim F$），互感 M_{ij}（i，$j = A \sim F$，且 $i \neq j$）的推导类似于 2.3 节和 2.4 节中的相关推导。

六个绕组自感推导结果如下：

$$\left. \begin{aligned} L_{AA} &= L_{s\sigma 1} + L_{sm1} + L_{sm3} + L_{sm5} + L_{rs1}\cos(2\theta_r) + L_{rs3}\cos(6\theta_r) + L_{rs5}\cos(10\theta_r) \\ L_{BB} &= L_{s\sigma 1} + L_{sm1} + L_{sm3} + L_{sm5} + L_{rs1}\cos(2\theta_r - 2\alpha) + L_{rs3}\cos(6\theta_r - 6\alpha) + L_{rs5}\cos(10\theta_r - 10\alpha) \\ L_{CC} &= L_{s\sigma 1} + L_{sm1} + L_{sm3} + L_{sm5} + L_{rs1}\cos(2\theta_r - 8\alpha) + L_{rs3}\cos(6\theta_r) + L_{rs5}\cos(10\theta_r - 4\alpha) \\ L_{DD} &= L_{s\sigma 1} + L_{sm1} + L_{sm3} + L_{sm5} + L_{rs1}\cos(2\theta_r - 10\alpha) + L_{rs3}\cos(6\theta_r - 6\alpha) + L_{rs5}\cos(10\theta_r - 2\alpha) \\ L_{EE} &= L_{s\sigma 1} + L_{sm1} + L_{sm3} + L_{sm5} + L_{rs1}\cos(2\theta_r - 4\alpha) + L_{rs3}\cos(6\theta_r) + L_{rs5}\cos(10\theta_r - 8\alpha) \\ L_{FF} &= L_{s\sigma 1} + L_{sm1} + L_{sm3} + L_{sm5} + L_{rs1}\cos(2\theta_r - 6\alpha) + L_{rs3}\cos(6\theta_r - 6\alpha) + L_{rs5}\cos(10\theta_r - 6\alpha) \end{aligned} \right\} \tag{2-99}$$

式中，$\alpha = 30°$，$L_{s\sigma 1}$ 为相绕组漏电感。

在忽略互漏感时，六个绕组互感推导结果如下：

$$\left. \begin{aligned} M_{AB} &= M_{BA} = L_{sm1}\cos\alpha + L_{rs1}\cos(2\theta_r - \alpha) + L_{sm3}\cos3\alpha + L_{sm5}\cos5\alpha + L_{rs3}\cos(6\theta_r - 3\alpha) + L_{rs5}\cos(10\theta_r - 5\alpha) \\ M_{AC} &= M_{CA} = L_{sm1}\cos4\alpha + L_{rs1}\cos(2\theta_r - 4\alpha) + L_{sm3}\cos12\alpha + L_{rs3}\cos(6\theta_r) + L_{sm5}\cos8\alpha + L_{rs5}\cos(10\theta_r - 8\alpha) \\ M_{AD} &= M_{DA} = L_{sm1}\cos5\alpha + L_{rs1}\cos(2\theta_r - 5\alpha) + L_{sm3}\cos3\alpha + L_{rs3}\cos(6\theta_r - 3\alpha) + L_{sm5}\cos\alpha + L_{rs5}\cos(10\theta_r - \alpha) \\ M_{AE} &= M_{EA} = L_{sm1}\cos8\alpha + L_{rs1}\cos(2\theta_r - 8\alpha) + L_{sm3}\cos12\alpha + L_{rs3}\cos(6\theta_r) + L_{sm5}\cos4\alpha + L_{rs5}\cos(10\theta_r - 4\alpha) \\ M_{AF} &= M_{FA} = L_{sm1}\cos9\alpha + L_{rs1}\cos(2\theta_r - 9\alpha) + L_{sm3}\cos3\alpha + L_{rs3}\cos(6\theta_r - 3\alpha) + L_{sm5}\cos9\alpha + L_{rs5}\cos(10\theta_r - 9\alpha) \\ M_{BC} &= M_{CB} = L_{rs1}\cos(2\theta_r - 5\alpha) + L_{rs3}\cos(6\theta_r - 3\alpha) + L_{rs5}\cos(10\theta_r - \alpha) \\ M_{BD} &= M_{DB} = L_{sm1}\cos4\alpha + L_{rs1}\cos(2\theta_r - 6\alpha) + L_{sm3}\cos12\alpha + L_{rs3}\cos(6\theta_r - 6\alpha) + L_{sm5}\cos8\alpha + L_{rs5}\cos(10\theta_r - 6\alpha) \\ M_{BE} &= M_{EB} = L_{sm1}\cos7\alpha + L_{rs1}\cos(2\theta_r - 9\alpha) + L_{sm3}\cos9\alpha + L_{rs3}\cos(6\theta_r - 3\alpha) + L_{sm5}\cos9\alpha + L_{rs5}\cos(10\theta_r - 94\alpha) \\ M_{BF} &= M_{FB} = L_{sm1}\cos8\alpha + L_{rs1}\cos(2\theta_r - 10\alpha) + L_{sm3}\cos12\alpha + L_{rs3}\cos(6\theta_r - 6\alpha) + L_{sm5}\cos4\alpha + L_{rs5}\cos(10\theta_r - 2\alpha) \\ M_{CD} &= M_{DC} = L_{sm1}\cos\alpha + L_{rs1}\cos(2\theta_r - 9\alpha) + L_{sm3}\cos3\alpha + L_{rs3}\cos(6\theta_r - 3\alpha) + L_{rs5}\cos(10\theta_r - 5\alpha) \\ M_{CE} &= M_{EC} = L_{sm1}\cos4\alpha + L_{rs1}\cos(2\theta_r) + L_{sm3}\cos12\alpha + L_{rs3}\cos(6\theta_r) + L_{rs5}\cos(10\theta_r - 5\alpha) \\ M_{CF} &= M_{FC} = L_{sm1}\cos5\alpha + L_{rs1}\cos(2\theta_r - \alpha) + L_{sm3}\cos3\alpha + L_{rs3}\cos(6\theta_r - 3\alpha) + L_{rs5}\cos(10\theta_r - 5\alpha) \\ M_{DE} &= M_{ED} = L_{rs1}\cos(2\theta_r - \alpha) + L_{rs3}\cos(6\theta_r - 3\alpha) + L_{rs5}\cos(10\theta_r - 5\alpha) \\ M_{DF} &= M_{FD} = L_{sm1}\cos4\alpha + L_{rs1}\cos(2\theta_r - 2\alpha) + L_{sm3}\cos12\alpha + L_{rs3}\cos(6\theta_r - 6\alpha) + L_{rs5}\cos(10\theta_r - 5\alpha) \\ M_{EF} &= M_{FE} = L_{sm1}\cos\alpha + L_{rs1}\cos(2\theta_r - 5\alpha) + L_{sm3}\cos3\alpha + L_{rs3}\cos(6\theta_r - 3\alpha) + L_{rs5}\cos(10\theta_r - 5\alpha) \end{aligned} \right\}$$

$$\tag{2-100}$$

其中，式（2-99）和式（2-100）中有关变量关系为 $L_{\mathrm{sm}n}=L_{\mathrm{sm}1}/n$，$L_{\mathrm{rs}n}=L_{\mathrm{rs}1}/n$。所以对应的基波及谐波电感幅值 $L_{\mathrm{sm}1}=0.5(L_{\mathrm{dm}1}+L_{\mathrm{qm}1})$，$L_{\mathrm{rs}1}=0.5(L_{\mathrm{dm}1}-L_{\mathrm{qm}1})$，$L_{\mathrm{sm}3}=0.5(L_{\mathrm{dm}1}+L_{\mathrm{qm}1})/3$，$L_{\mathrm{rs}3}=0.5(L_{\mathrm{dm}1}-L_{\mathrm{qm}1})/3$，$L_{\mathrm{sm}5}=0.5(L_{\mathrm{dm}1}+L_{\mathrm{qm}1})/5$，$L_{\mathrm{rs}5}=0.5(L_{\mathrm{dm}1}-L_{\mathrm{qm}1})/5$。

把式（2-99）和式（2-100）代入式（2-98）中，并化简结果如下：

$$L=L_{\mathrm{s}\sigma 1}I_6+L_{\mathrm{sm}1}\boldsymbol{L}_{\mathrm{DC1}}+L_{\mathrm{rs}1}\boldsymbol{L}_{\mathrm{AC1}}+L_{\mathrm{sm}3}\boldsymbol{L}_{\mathrm{DC3}}+L_{\mathrm{rs}3}\boldsymbol{L}_{\mathrm{AC3}}+L_{\mathrm{sm}5}\boldsymbol{L}_{\mathrm{DC5}}+L_{\mathrm{rs}5}\boldsymbol{L}_{\mathrm{AC5}} \tag{2-101}$$

其中，基波平面电感的直流和交流分量系数 $\boldsymbol{L}_{\mathrm{DC1}}$、$\boldsymbol{L}_{\mathrm{AC1}}$ 分别如下：

$$\boldsymbol{L}_{\mathrm{DC1}}=\begin{bmatrix} 1 & \cos\alpha & \cos4\alpha & \cos5\alpha & \cos8\alpha & \cos9\alpha \\ \cos\alpha & 1 & 0 & \cos4\alpha & \cos7\alpha & \cos8\alpha \\ \cos4\alpha & 0 & 1 & \cos\alpha & \cos4\alpha & \cos5\alpha \\ \cos5\alpha & \cos4\alpha & \cos\alpha & 1 & 0 & \cos4\alpha \\ \cos8\alpha & \cos7\alpha & \cos4\alpha & 0 & 1 & \cos\alpha \\ \cos9\alpha & \cos8\alpha & \cos5\alpha & \cos4\alpha & \cos\alpha & 1 \end{bmatrix} \tag{2-102}$$

$$\boldsymbol{L}_{\mathrm{AC1}}=\begin{bmatrix} \cos(2\theta_\mathrm{r}) & \cos(2\theta_\mathrm{r}-\alpha) & \cos(2\theta_\mathrm{r}-4\alpha) & \cos(2\theta_\mathrm{r}-5\alpha) & \cos(2\theta_\mathrm{r}-8\alpha) & \cos(2\theta_\mathrm{r}-9\alpha) \\ \cos(2\theta_\mathrm{r}-\alpha) & \cos(2\theta_\mathrm{r}-2\alpha) & \cos(2\theta_\mathrm{r}-5\alpha) & \cos(2\theta_\mathrm{r}-6\alpha) & \cos(2\theta_\mathrm{r}-9\alpha) & \cos(2\theta_\mathrm{r}-10\alpha) \\ \cos(2\theta_\mathrm{r}-4\alpha) & \cos(2\theta_\mathrm{r}-5\alpha) & \cos(2\theta_\mathrm{r}-8\alpha) & \cos(2\theta_\mathrm{r}-9\alpha) & \cos(2\theta_\mathrm{r}) & \cos(2\theta_\mathrm{r}-\alpha) \\ \cos(2\theta_\mathrm{r}-5\alpha) & \cos(2\theta_\mathrm{r}-6\alpha) & \cos(2\theta_\mathrm{r}-9\alpha) & \cos(2\theta_\mathrm{r}-10\alpha) & \cos(2\theta_\mathrm{r}-\alpha) & \cos(2\theta_\mathrm{r}-2\alpha) \\ \cos(2\theta_\mathrm{r}-8\alpha) & \cos(2\theta_\mathrm{r}-9\alpha) & \cos(2\theta_\mathrm{r}) & \cos(2\theta_\mathrm{r}-\alpha) & \cos(2\theta_\mathrm{r}-4\alpha) & \cos(2\theta_\mathrm{r}-5\alpha) \\ \cos(2\theta_\mathrm{r}-9\alpha) & \cos(2\theta_\mathrm{r}-10\alpha) & \cos(2\theta_\mathrm{r}-\alpha) & \cos(2\theta_\mathrm{r}-2\alpha) & \cos(2\theta_\mathrm{r}-5\alpha) & \cos(2\theta_\mathrm{r}-6\alpha) \end{bmatrix} \tag{2-103}$$

3 次谐波平面电感的直流和交流分量系数 $\boldsymbol{L}_{\mathrm{DC3}}$、$\boldsymbol{L}_{\mathrm{AC3}}$ 分别如下：

$$\boldsymbol{L}_{\mathrm{DC3}}=\begin{bmatrix} 1 & \cos3\alpha & \cos12\alpha & \cos3\alpha & \cos12\alpha & \cos3\alpha \\ \cos3\alpha & 1 & 0 & \cos12\alpha & \cos9\alpha & \cos12\alpha \\ \cos12\alpha & 0 & 1 & \cos3\alpha & \cos12\alpha & \cos3\alpha \\ \cos3\alpha & \cos12\alpha & \cos3\alpha & 1 & 0 & \cos12\alpha \\ \cos12\alpha & \cos9\alpha & \cos12\alpha & 0 & 1 & \cos3\alpha \\ \cos3\alpha & \cos12\alpha & \cos3\alpha & \cos12\alpha & \cos3\alpha & 1 \end{bmatrix} \tag{2-104}$$

$$\boldsymbol{L}_{\mathrm{AC3}}=\begin{bmatrix} \cos(6\theta_\mathrm{r}) & \cos(6\theta_\mathrm{r}-3\alpha) & \cos(6\theta_\mathrm{r}) & \cos(6\theta_\mathrm{r}-3\alpha) & \cos(6\theta_\mathrm{r}) & \cos(6\theta_\mathrm{r}-3\alpha) \\ \cos(6\theta_\mathrm{r}-3\alpha) & \cos(6\theta_\mathrm{r}-6\alpha) & \cos(6\theta_\mathrm{r}-3\alpha) & \cos(6\theta_\mathrm{r}-6\alpha) & \cos(6\theta_\mathrm{r}-3\alpha) & \cos(6\theta_\mathrm{r}-6\alpha) \\ \cos(6\theta_\mathrm{r}) & \cos(6\theta_\mathrm{r}-3\alpha) & \cos(6\theta_\mathrm{r}) & \cos(6\theta_\mathrm{r}-3\alpha) & \cos(6\theta_\mathrm{r}) & \cos(6\theta_\mathrm{r}-3\alpha) \\ \cos(6\theta_\mathrm{r}-3\alpha) & \cos(6\theta_\mathrm{r}-6\alpha) & \cos(6\theta_\mathrm{r}-3\alpha) & \cos(6\theta_\mathrm{r}-3\alpha) & \cos(6\theta_\mathrm{r}-3\alpha) & \cos(6\theta_\mathrm{r}-6\alpha) \\ \cos(6\theta_\mathrm{r}) & \cos(6\theta_\mathrm{r}-3\alpha) & \cos(6\theta_\mathrm{r}) & \cos(6\theta_\mathrm{r}-3\alpha) & \cos(6\theta_\mathrm{r}) & \cos(6\theta_\mathrm{r}-3\alpha) \\ \cos(6\theta_\mathrm{r}-3\alpha) & \cos(6\theta_\mathrm{r}-3\alpha) & \cos(6\theta_\mathrm{r}-3\alpha) & \cos(6\theta_\mathrm{r}-6\alpha) & \cos(2\theta_\mathrm{r}-3\alpha) & \cos(6\theta_\mathrm{r}-6\alpha) \end{bmatrix} \tag{2-105}$$

5 次谐波平面电感的直流和交流分量系数 $\boldsymbol{L}_{\mathrm{DC5}}$、$\boldsymbol{L}_{\mathrm{AC5}}$ 分别如下：

$$L_{DC5} = \begin{bmatrix} 1 & \cos5\alpha & \cos8\alpha & \cos\alpha & \cos4\alpha & \cos9\alpha \\ \cos5\alpha & 1 & 0 & \cos8\alpha & \cos11\alpha & \cos4\alpha \\ \cos8\alpha & 0 & 1 & \cos5\alpha & \cos8\alpha & \cos\alpha \\ \cos\alpha & \cos8\alpha & \cos5\alpha & 1 & 0 & \cos8\alpha \\ \cos4\alpha & \cos11\alpha & \cos8\alpha & 0 & 1 & \cos5\alpha \\ \cos9\alpha & \cos4\alpha & \cos\alpha & \cos8\alpha & \cos5\alpha & 1 \end{bmatrix} \quad (2\text{-}106)$$

$$L_{AC5} = \begin{bmatrix} \cos(10\theta_r) & \cos(10\theta_r-5\alpha) & \cos(10\theta_r-8\alpha) & \cos(10\theta_r-\alpha) & \cos(10\theta_r-4\alpha) & \cos(10\theta_r-9\alpha) \\ \cos(10\theta_r-5\alpha) & \cos(10\theta_r-10\alpha) & \cos(10\theta_r-\alpha) & \cos(10\theta_r-6\alpha) & \cos(10\theta_r-9\alpha) & \cos(10\theta_r-2\alpha) \\ \cos(10\theta_r-8\alpha) & \cos(10\theta_r-\alpha) & \cos(10\theta_r-4\alpha) & \cos(10\theta_r-9\alpha) & \cos(10\theta_r) & \cos(10\theta_r-5\alpha) \\ \cos(10\theta_r-\alpha) & \cos(10\theta_r-6\alpha) & \cos(10\theta_r-9\alpha) & \cos(10\theta_r-2\alpha) & \cos(10\theta_r-5\alpha) & \cos(10\theta_r-10\alpha) \\ \cos(10\theta_r-4\alpha) & \cos(10\theta_r-9\alpha) & \cos(10\theta_r) & \cos(10\theta_r-5\alpha) & \cos(10\theta_r-8\alpha) & \cos(10\theta_r-\alpha) \\ \cos(10\theta_r-9\alpha) & \cos(10\theta_r-2\alpha) & \cos(10\theta_r-5\alpha) & \cos(10\theta_r-10\alpha) & \cos(10\theta_r-\alpha) & \cos(10\theta_r-6\alpha) \end{bmatrix}$$

$$(2\text{-}107)$$

把基波平面上幅值为 ψ_{f1} 的永磁体磁链、3 次谐波平面上幅值为 ψ_{f3} 的永磁体磁链、5 次谐波平面上幅值为 ψ_{f5} 的永磁体磁链分别向各自平面的 A~F 轴线进行投影，然后对应轴线上的投影求和，即可得到 A~F 相绕组耦合的永磁体磁链 ψ_{Af} ~ ψ_{Ff} 分别如下：

$$\psi_r = \begin{bmatrix} \psi_{Af} \\ \psi_{Bf} \\ \psi_{Cf} \\ \psi_{Df} \\ \psi_{Ef} \\ \psi_{Ff} \end{bmatrix} = \psi_{f1} \begin{bmatrix} \cos(\theta_r) \\ \cos\left(\theta_r-\dfrac{\pi}{6}\right) \\ \cos\left(\theta_r-\dfrac{2\pi}{3}\right) \\ \cos\left(\theta_r-\dfrac{5\pi}{6}\right) \\ \cos\left(\theta_r-\dfrac{4\pi}{3}\right) \\ \cos\left(\theta_r-\dfrac{3\pi}{2}\right) \end{bmatrix} + \psi_{f3} \begin{bmatrix} \cos(3\theta_r) \\ \cos\left(3\theta_r-\dfrac{\pi}{2}\right) \\ \cos(3\theta_r) \\ \cos\left(3\theta_r-\dfrac{\pi}{2}\right) \\ \cos(3\theta_r) \\ \cos\left(3\theta_r-\dfrac{\pi}{2}\right) \end{bmatrix} + \psi_{f5} \begin{bmatrix} \cos(5\theta_r) \\ \cos\left(5\theta_r-\dfrac{5\pi}{6}\right) \\ \cos\left(5\theta_r-\dfrac{10\pi}{3}\right) \\ \cos\left(5\theta_r-\dfrac{25\pi}{6}\right) \\ \cos\left(5\theta_r-\dfrac{20\pi}{3}\right) \\ \cos\left(5\theta_r-\dfrac{15\pi}{2}\right) \end{bmatrix}$$

$$(2\text{-}108)$$

式（2-108）左右两边对时间求导数，即可推导出 A ~ F 相绕组中的反电动势如下：

$$
\boldsymbol{e}_r=\begin{bmatrix} e_{Af} \\ e_{Bf} \\ e_{Cf} \\ e_{Df} \\ e_{Ef} \\ e_{Ff} \end{bmatrix}=-\omega_r\psi_{f1}\begin{bmatrix} \sin(\theta_r) \\ \sin\left(\theta_r-\dfrac{\pi}{6}\right) \\ \sin\left(\theta_r-\dfrac{2\pi}{3}\right) \\ \sin\left(\theta_r-\dfrac{5\pi}{6}\right) \\ \sin\left(\theta_r-\dfrac{4\pi}{3}\right) \\ \sin\left(\theta_r-\dfrac{3\pi}{2}\right) \end{bmatrix}-3\omega_r\psi_{f3}\begin{bmatrix} \sin(3\theta_r) \\ \sin\left(3\theta_r-\dfrac{\pi}{2}\right) \\ \sin(3\theta_r) \\ \sin\left(3\theta_r-\dfrac{\pi}{2}\right) \\ \sin(3\theta_r) \\ \sin\left(3\theta_r-\dfrac{\pi}{2}\right) \end{bmatrix}-5\omega_r\psi_{f5}\begin{bmatrix} \sin(5\theta_r) \\ \sin\left(5\theta_r-\dfrac{5\pi}{6}\right) \\ \sin\left(5\theta_r-\dfrac{10\pi}{3}\right) \\ \sin\left(5\theta_r-\dfrac{25\pi}{6}\right) \\ \sin\left(5\theta_r-\dfrac{20\pi}{3}\right) \\ \sin\left(5\theta_r-\dfrac{15\pi}{2}\right) \end{bmatrix}
$$

(2-109)

根据电动机学中磁路耦合原理分析，定子各相绕组磁链等于自感磁链、他相对其产生的互感磁链及永磁体耦合磁链之和，而绕组电流产生的自感磁链及互感磁链可以用上述推导的电感与电流的乘积表示。所以，建立 A ~ F 相绕组磁链 ψ_{sA} ~ ψ_{sF} 数学模型如下：

$$
\begin{bmatrix} \psi_{sA} \\ \psi_{sB} \\ \psi_{sC} \\ \psi_{sD} \\ \psi_{sE} \\ \psi_{sF} \end{bmatrix}=\boldsymbol{L}\begin{bmatrix} i_{sA} \\ i_{sB} \\ i_{sC} \\ i_{sD} \\ i_{sE} \\ i_{sF} \end{bmatrix}+\begin{bmatrix} \psi_{Af} \\ \psi_{Bf} \\ \psi_{Cf} \\ \psi_{Df} \\ \psi_{Ef} \\ \psi_{Ff} \end{bmatrix}
$$

(2-110)

绕组电阻压降、绕组反电动势之和与绕组端电压 u_{sA} ~ u_{sF} 相平衡，从而建立绕组 A ~ F 电压平衡方程式如下：

$$
\begin{bmatrix} u_{sA} \\ u_{sB} \\ u_{sC} \\ u_{sD} \\ u_{sE} \\ u_{sF} \end{bmatrix}=R_s\begin{bmatrix} i_{sA} \\ i_{sB} \\ i_{sC} \\ i_{sD} \\ i_{sE} \\ i_{sF} \end{bmatrix}+\frac{d}{dt}\begin{bmatrix} \psi_{sA} \\ \psi_{sB} \\ \psi_{sC} \\ \psi_{sD} \\ \psi_{sE} \\ \psi_{sF} \end{bmatrix}
$$

(2-111)

为了推导电磁转矩表达式，需建立多相电动机的磁共能表达式。假设电动机磁路为线性磁路，则双三相永磁同步电动机的磁共能 W'_m 如下：

$$W'_{\mathrm{m}} = \frac{1}{2}\boldsymbol{i}_{\mathrm{s}}^{\mathrm{T}}\boldsymbol{L}\boldsymbol{i}_{\mathrm{s}} + \boldsymbol{i}_{\mathrm{s}}^{\mathrm{T}}\boldsymbol{\psi}_{\mathrm{r}}$$

$$= \frac{1}{2}\boldsymbol{i}_{\mathrm{s}}^{\mathrm{T}}(L_{\mathrm{s}\sigma 1}\boldsymbol{I}_6 + L_{\mathrm{sm1}}\boldsymbol{L}_{\mathrm{DC1}} + L_{\mathrm{rs1}}\boldsymbol{L}_{\mathrm{AC1}} + L_{\mathrm{sm3}}\boldsymbol{L}_{\mathrm{DC3}} + L_{\mathrm{rs3}}\boldsymbol{L}_{\mathrm{AC3}} + L_{\mathrm{sm5}}\boldsymbol{L}_{\mathrm{DC1}} + L_{\mathrm{rs5}}\boldsymbol{L}_{\mathrm{AC5}})\boldsymbol{i}_{\mathrm{s}} + \boldsymbol{i}_{\mathrm{s}}^{\mathrm{T}}\boldsymbol{\psi}_{\mathrm{r}}$$

$$(2\text{-}112)$$

式中，$\boldsymbol{i}_{\mathrm{s}} = \begin{bmatrix} i_{\mathrm{sA}} & i_{\mathrm{sB}} & i_{\mathrm{sC}} & i_{\mathrm{sD}} & i_{\mathrm{sE}} & i_{\mathrm{sF}} \end{bmatrix}^{\mathrm{T}}$，$\boldsymbol{\psi}_{\mathrm{r}} = \begin{bmatrix} \psi_{\mathrm{Af}} & \psi_{\mathrm{Bf}} & \psi_{\mathrm{Cf}} & \psi_{\mathrm{Df}} & \psi_{\mathrm{Ef}} & \psi_{\mathrm{Ff}} \end{bmatrix}^{\mathrm{T}}$ 分别为定子电流及相绕组耦合永磁体磁链列矢量。式（2-112）两边对转子位置角的机械角求偏微分得出电磁转矩 T_{e} 如下：

$$T_{\mathrm{e}} = \frac{\partial W'_{\mathrm{m}}}{\partial (\theta_{\mathrm{r}}/p)} = p\left[\frac{1}{2}\boldsymbol{i}_{\mathrm{s}}^{\mathrm{T}}\left(L_{\mathrm{rs1}}\frac{\partial \boldsymbol{L}_{\mathrm{AC1}}}{\partial \theta_{\mathrm{r}}} + L_{\mathrm{rs3}}\frac{\partial \boldsymbol{L}_{\mathrm{AC3}}}{\partial \theta_{\mathrm{r}}} + L_{\mathrm{rs5}}\frac{\partial \boldsymbol{L}_{\mathrm{AC5}}}{\partial \theta_{\mathrm{r}}}\right)\boldsymbol{i}_{\mathrm{s}} + \boldsymbol{i}_{\mathrm{s}}^{\mathrm{T}}\frac{\partial \boldsymbol{\psi}_{\mathrm{r}}}{\partial \theta_{\mathrm{r}}}\right] \quad (2\text{-}113)$$

其中

$$\frac{\partial \boldsymbol{L}_{\mathrm{AC1}}}{\partial \theta_{\mathrm{r}}} = -2\begin{bmatrix} \sin(2\theta_{\mathrm{r}}) & \sin(2\theta_{\mathrm{r}}-\alpha) & \sin(2\theta_{\mathrm{r}}-4\alpha) & \sin(2\theta_{\mathrm{r}}-5\alpha) & \sin(2\theta_{\mathrm{r}}-8\alpha) & \sin(2\theta_{\mathrm{r}}-9\alpha) \\ \sin(2\theta_{\mathrm{r}}-\alpha) & \sin(2\theta_{\mathrm{r}}-2\alpha) & \sin(2\theta_{\mathrm{r}}-5\alpha) & \sin(2\theta_{\mathrm{r}}-6\alpha) & \sin(2\theta_{\mathrm{r}}-9\alpha) & \sin(2\theta_{\mathrm{r}}-10\alpha) \\ \sin(2\theta_{\mathrm{r}}-4\alpha) & \sin(2\theta_{\mathrm{r}}-5\alpha) & \sin(2\theta_{\mathrm{r}}-8\alpha) & \sin(2\theta_{\mathrm{r}}-9\alpha) & \sin(2\theta_{\mathrm{r}}) & \sin(2\theta_{\mathrm{r}}-\alpha) \\ \sin(2\theta_{\mathrm{r}}-5\alpha) & \sin(2\theta_{\mathrm{r}}-6\alpha) & \sin(2\theta_{\mathrm{r}}-9\alpha) & \sin(2\theta_{\mathrm{r}}-10\alpha) & \sin(2\theta_{\mathrm{r}}-\alpha) & \sin(2\theta_{\mathrm{r}}-2\alpha) \\ \sin(2\theta_{\mathrm{r}}-8\alpha) & \sin(2\theta_{\mathrm{r}}-9\alpha) & \sin(2\theta_{\mathrm{r}}) & \sin(2\theta_{\mathrm{r}}-\alpha) & \sin(2\theta_{\mathrm{r}}-4\alpha) & \sin(2\theta_{\mathrm{r}}-5\alpha) \\ \sin(2\theta_{\mathrm{r}}-9\alpha) & \sin(2\theta_{\mathrm{r}}-10\alpha) & \sin(2\theta_{\mathrm{r}}-\alpha) & \sin(2\theta_{\mathrm{r}}-2\alpha) & \sin(2\theta_{\mathrm{r}}-5\alpha) & \sin(2\theta_{\mathrm{r}}-6\alpha) \end{bmatrix}$$

$$(2\text{-}114)$$

$$\frac{\partial \boldsymbol{L}_{\mathrm{AC3}}}{\partial \theta_{\mathrm{r}}} = -6\begin{bmatrix} \sin(6\theta_{\mathrm{r}}) & \sin(6\theta_{\mathrm{r}}-3\alpha) & \sin(6\theta_{\mathrm{r}}) & \sin(6\theta_{\mathrm{r}}-3\alpha) & \sin(6\theta_{\mathrm{r}}) & \sin(6\theta_{\mathrm{r}}-3\alpha) \\ \sin(6\theta_{\mathrm{r}}-3\alpha) & \sin(6\theta_{\mathrm{r}}-6\alpha) & \sin(6\theta_{\mathrm{r}}-3\alpha) & \sin(6\theta_{\mathrm{r}}-6\alpha) & \sin(6\theta_{\mathrm{r}}-3\alpha) & \sin(6\theta_{\mathrm{r}}-6\alpha) \\ \sin(6\theta_{\mathrm{r}}) & \sin(6\theta_{\mathrm{r}}-3\alpha) & \sin(6\theta_{\mathrm{r}}) & \sin(6\theta_{\mathrm{r}}-3\alpha) & \sin(6\theta_{\mathrm{r}}) & \sin(6\theta_{\mathrm{r}}-3\alpha) \\ \sin(6\theta_{\mathrm{r}}-3\alpha) & \sin(6\theta_{\mathrm{r}}-6\alpha) & \sin(6\theta_{\mathrm{r}}-3\alpha) & \sin(6\theta_{\mathrm{r}}-3\alpha) & \sin(6\theta_{\mathrm{r}}-3\alpha) & \sin(6\theta_{\mathrm{r}}-6\alpha) \\ \sin(6\theta_{\mathrm{r}}) & \sin(6\theta_{\mathrm{r}}-3\alpha) & \sin(6\theta_{\mathrm{r}}) & \sin(6\theta_{\mathrm{r}}-3\alpha) & \sin(6\theta_{\mathrm{r}}) & \sin(6\theta_{\mathrm{r}}-3\alpha) \\ \sin(6\theta_{\mathrm{r}}-3\alpha) & \sin(6\theta_{\mathrm{r}}-3\alpha) & \sin(6\theta_{\mathrm{r}}-3\alpha) & \sin(6\theta_{\mathrm{r}}-6\alpha) & \sin(2\theta_{\mathrm{r}}-3\alpha) & \sin(6\theta_{\mathrm{r}}-6\alpha) \end{bmatrix}$$

$$(2\text{-}115)$$

$$\frac{\partial \boldsymbol{L}_{\mathrm{AC5}}}{\partial \theta_{\mathrm{r}}} = -10\begin{bmatrix} \sin(10\theta_{\mathrm{r}}) & \sin(10\theta_{\mathrm{r}}-5\alpha) & \sin(10\theta_{\mathrm{r}}-8\alpha) & \sin(10\theta_{\mathrm{r}}-\alpha) & \sin(10\theta_{\mathrm{r}}-4\alpha) & \sin(10\theta_{\mathrm{r}}-9\alpha) \\ \sin(10\theta_{\mathrm{r}}-5\alpha) & \sin(10\theta_{\mathrm{r}}-10\alpha) & \sin(10\theta_{\mathrm{r}}-\alpha) & \sin(10\theta_{\mathrm{r}}-6\alpha) & \sin(10\theta_{\mathrm{r}}-9\alpha) & \sin(10\theta_{\mathrm{r}}-2\alpha) \\ \sin(10\theta_{\mathrm{r}}-8\alpha) & \sin(10\theta_{\mathrm{r}}-\alpha) & \sin(10\theta_{\mathrm{r}}-4\alpha) & \sin(10\theta_{\mathrm{r}}-9\alpha) & \sin(10\theta_{\mathrm{r}}) & \sin(10\theta_{\mathrm{r}}-5\alpha) \\ \sin(10\theta_{\mathrm{r}}-\alpha) & \sin(10\theta_{\mathrm{r}}-6\alpha) & \sin(10\theta_{\mathrm{r}}-9\alpha) & \sin(10\theta_{\mathrm{r}}-2\alpha) & \sin(10\theta_{\mathrm{r}}-5\alpha) & \sin(10\theta_{\mathrm{r}}-10\alpha) \\ \sin(10\theta_{\mathrm{r}}-4\alpha) & \sin(10\theta_{\mathrm{r}}-9\alpha) & \sin(10\theta_{\mathrm{r}}) & \sin(10\theta_{\mathrm{r}}-5\alpha) & \sin(10\theta_{\mathrm{r}}-8\alpha) & \sin(10\theta_{\mathrm{r}}-\alpha) \\ \sin(10\theta_{\mathrm{r}}-9\alpha) & \sin(10\theta_{\mathrm{r}}-2\alpha) & \sin(10\theta_{\mathrm{r}}-5\alpha) & \sin(10\theta_{\mathrm{r}}-10\alpha) & \sin(10\theta_{\mathrm{r}}-\alpha) & \sin(10\theta_{\mathrm{r}}-6\alpha) \end{bmatrix}$$

$$(2\text{-}116)$$

$$\frac{\partial \boldsymbol{\psi}_r}{\partial \theta_r} = -\psi_{f1}\left[\sin(\theta_r)\quad \sin\left(\theta_r-\frac{\pi}{6}\right)\quad \sin\left(\theta_r-\frac{2\pi}{3}\right)\quad \sin\left(\theta_r-\frac{5\pi}{6}\right)\quad \sin\left(\theta_r-\frac{4\pi}{3}\right)\quad \sin\left(\theta_r-\frac{3\pi}{2}\right)\right]^T$$

$$-3\psi_{f3}\left[\sin(3\theta_r)\quad \sin\left(3\theta_r-\frac{\pi}{2}\right)\quad \sin(3\theta_r)\quad \sin\left(3\theta_r-\frac{\pi}{2}\right)\quad \sin(3\theta_r)\quad \sin\left(3\theta_r-\frac{\pi}{2}\right)\right]^T$$

$$-5\psi_{f5}\left[\sin(5\theta_r)\quad \sin\left(5\theta_r-\frac{5\pi}{6}\right)\quad \sin\left(5\theta_r-\frac{10\pi}{3}\right)\quad \sin\left(5\theta_r-\frac{25\pi}{6}\right)\quad \sin\left(5\theta_r-\frac{20\pi}{3}\right)\quad \sin\left(5\theta_r-\frac{15\pi}{2}\right)\right]^T$$

$$=\frac{1}{\omega_r}\left[e_{Af1}\quad e_{Bf1}\quad e_{Cf1}\quad e_{Df1}\quad e_{Ef1}\quad e_{Ff1}\right]^T+\frac{1}{\omega_r}\left[e_{Af3}\quad e_{Bf3}\quad e_{Cf3}\quad e_{Df3}\quad e_{Ef3}\quad e_{Ff3}\right]^T$$

$$+\frac{1}{\omega_r}\left[e_{Af5}\quad e_{Bf5}\quad e_{Cf5}\quad e_{Df5}\quad e_{Ef5}\quad e_{Ff5}\right]^T$$

$$(2\text{-}117)$$

根据式（2-113）~式（2-117）可见，反电动势中含有 5 次谐波后，两套三相绕组 5 次谐波反电动势对称，所以电动机除了产生基波转矩外，还包括 5 次谐波转矩成分，使得该种电动机产生的转矩更加灵活。反电动势中虽然含有 3 次谐波，但若两套绕组中心点不连接，则由于没有 3 次谐波电流通路，3 次谐波对转矩没有影响；若把两套绕组中心点连接起来，则 3 次谐波电流具备流通通路，所以 3 次谐波会产生转矩脉动。同时，从以上数学模型建立过程及结果可见，由于反电动势含有谐波后，使得自然坐标系中的数学模型更加复杂，因此，如何进一步简化该数学模型，更加方便电动机瞬时转矩控制策略的构建，是实现该类型电动机高性能驱动控制的关键。

为此，采用坐标变换方法，把实际电动机模型映射到 $\alpha_1\beta_1$ 机电能量转换基波平面、$\alpha_5\beta_5$ 机电能量转换 5 次谐波平面及 $\alpha_3\beta_3$ 非机电能量转换平面。根据 2.2 节多相交流电动机多平面分解坐标变换理论，构建六相自然坐标系变量向 $\alpha_1\beta_1\alpha_5\beta_5\alpha_3\beta_3$ 的变换矩阵 $\boldsymbol{T}_6$，该变换同时遵循了变换前后系统功率不变原则。

$$\boldsymbol{T}_6 = \frac{1}{\sqrt{3}}\begin{bmatrix} 1 & \frac{\sqrt{3}}{2} & -\frac{1}{2} & -\frac{\sqrt{3}}{2} & -\frac{1}{2} & 0 \\ 0 & \frac{1}{2} & \frac{\sqrt{3}}{2} & \frac{1}{2} & -\frac{\sqrt{3}}{2} & -1 \\ 1 & -\frac{\sqrt{3}}{2} & -\frac{1}{2} & \frac{\sqrt{3}}{2} & -\frac{1}{2} & 0 \\ 0 & \frac{1}{2} & -\frac{\sqrt{3}}{2} & \frac{1}{2} & \frac{\sqrt{3}}{2} & -1 \\ 1 & 0 & 1 & 0 & 1 & 0 \\ 0 & 1 & 0 & 1 & 0 & 1 \end{bmatrix} \qquad (2\text{-}118)$$

式中，矩阵的第一、二行把基波和 $6k\pm1$（$k=2$，4，6…）次谐波映射到 $\alpha_1\beta_1$ 平面上，矩阵的第三、四行把 $6k\pm1$（$k=1$, 3, 5···）次谐波映射到 $\alpha_5\beta_5$ 平面上，矩阵的最后两行把 $3k$（$k=1$, 2, 3···）次谐波映射到 $\alpha_3\beta_3$ 平面上。同时满足 $\boldsymbol{T}_6^{-1}=\boldsymbol{T}_6^{\mathrm{T}}$。

式（2-110）两边同时左乘变换矩阵 $\boldsymbol{T}_6$，得到 $\alpha_1\beta_1\alpha_5\beta_5\alpha_3\beta_3$ 轴系下的定子磁链表达式如下：

$$
\begin{bmatrix} \psi_{s\alpha1} \\ \psi_{s\beta1} \\ \psi_{s\alpha5} \\ \psi_{s\beta5} \\ \psi_{s\alpha3} \\ \psi_{s\beta3} \end{bmatrix} = \boldsymbol{T}_6 \begin{bmatrix} \psi_{sA} \\ \psi_{sB} \\ \psi_{sC} \\ \psi_{sD} \\ \psi_{sE} \\ \psi_{sF} \end{bmatrix} = \boldsymbol{T}_6\boldsymbol{L} \begin{bmatrix} i_{sA} \\ i_{sB} \\ i_{sC} \\ i_{sD} \\ i_{sE} \\ i_{sF} \end{bmatrix} + \boldsymbol{T}_6 \begin{bmatrix} \psi_{Af} \\ \psi_{Bf} \\ \psi_{Cf} \\ \psi_{Df} \\ \psi_{Ef} \\ \psi_{Ff} \end{bmatrix} = \boldsymbol{T}_6\boldsymbol{L}\boldsymbol{T}_6^{-1} \begin{bmatrix} i_{s\alpha1} \\ i_{s\beta1} \\ i_{s\alpha5} \\ i_{s\beta5} \\ i_{s\alpha3} \\ i_{s\beta3} \end{bmatrix} + \boldsymbol{T}_6 \begin{bmatrix} \psi_{Af} \\ \psi_{Bf} \\ \psi_{Cf} \\ \psi_{Df} \\ \psi_{Ef} \\ \psi_{Ff} \end{bmatrix} \quad (2\text{-}119)
$$

其中，变量在 $\alpha_1\beta_1\alpha_5\beta_5\alpha_3\beta_3$ 轴上分量用下角区分。

把式（2-98）电感矩阵 $\boldsymbol{L}$、变换矩阵 $\boldsymbol{T}_6$ 代入式（2-119）中，进一步推导得

$$
\begin{bmatrix} \psi_{s\alpha1} \\ \psi_{s\beta1} \\ \psi_{s\alpha5} \\ \psi_{s\beta5} \\ \psi_{s\alpha3} \\ \psi_{s\beta3} \end{bmatrix} = \left\{ \boldsymbol{L}_\sigma + 3 \begin{bmatrix} \left(\begin{smallmatrix}L_{sm1}+\\L_{rs1}\cos2\theta_r\end{smallmatrix}\right) & L_{rs1}\sin2\theta_r & 0 & 0 & 0 & 0 \\ L_{rs1}\sin2\theta_r & \left(\begin{smallmatrix}L_{sm1}-\\L_{rs1}\cos2\theta_r\end{smallmatrix}\right) & 0 & 0 & 0 & 0 \\ 0 & 0 & \left(\begin{smallmatrix}L_{sm5}+\\L_{rs5}\cos10\theta_r\end{smallmatrix}\right) & L_{rs5}\sin10\theta_r & 0 & 0 \\ 0 & 0 & L_{rs5}\sin10\theta_r & \left(\begin{smallmatrix}L_{sm5}-\\L_{rs5}\cos10\theta_r\end{smallmatrix}\right) & 0 & 0 \\ 0 & 0 & 0 & 0 & \left(\begin{smallmatrix}L_{sm3}+\\L_{rs3}\cos6\theta_r\end{smallmatrix}\right) & L_{rs3}\sin6\theta_r \\ 0 & 0 & 0 & 0 & L_{rs3}\sin6\theta_r & \left(\begin{smallmatrix}L_{sm3}-\\L_{rs3}\cos6\theta_r\end{smallmatrix}\right) \end{bmatrix} \right\}
$$

$$
\cdot \begin{bmatrix} i_{s\alpha1} \\ i_{s\beta1} \\ i_{s\alpha5} \\ i_{s\beta5} \\ i_{s\alpha3} \\ i_{s\beta3} \end{bmatrix} + \begin{bmatrix} \psi_{r\alpha1} \\ \psi_{r\beta1} \\ \psi_{r\alpha5} \\ \psi_{r\beta5} \\ \psi_{r\alpha3} \\ \psi_{r\beta3} \end{bmatrix}
$$

$$(2\text{-}120)$$

式中，$\psi_{r\alpha1}=\sqrt{3}\psi_{f1}\cos\theta_r$，$\psi_{r\beta1}=\sqrt{3}\psi_{f1}\sin\theta_r$ 分别为转子永磁磁链在 $\alpha_1\beta_1$ 轴上的投影；$\psi_{r\alpha3}=\sqrt{3}\psi_{f3}\cos3\theta_r$，$\psi_{r\beta3}=\sqrt{3}\psi_{f3}\sin3\theta_r$ 分别为转子永磁磁链在 $\alpha_3\beta_3$ 轴上的投

影；$\psi_{r\alpha5} = \sqrt{3}\,\psi_{f5}\cos5\theta_r$，$\psi_{r\beta5} = \sqrt{3}\,\psi_{f5}\sin5\theta_r$ 分别为转子永磁磁链在 $\alpha_5\beta_5$ 轴上的投影。$\boldsymbol{L}_\sigma = L_{s\sigma}\boldsymbol{I}_6$，$L_{s\sigma} = L_{s\sigma1}+L_{s\sigma3}+L_{s\sigma5}$。

令 $\boldsymbol{i}_{s1} = \begin{bmatrix} i_{s\alpha1} & i_{s\beta1} \end{bmatrix}^T$，$\boldsymbol{\psi}_{r1} = \begin{bmatrix} \psi_{r\alpha1} & \psi_{r\beta1} \end{bmatrix}^T$，$\boldsymbol{i}_{s3} = \begin{bmatrix} i_{s\alpha3} & i_{s\beta3} \end{bmatrix}^T$，$\boldsymbol{\psi}_{r3} = \begin{bmatrix} \psi_{r\alpha3} & \psi_{r\beta3} \end{bmatrix}^T$，$\boldsymbol{i}_{s5} = \begin{bmatrix} i_{s\alpha5} & i_{s\beta5} \end{bmatrix}^T$，$\boldsymbol{\psi}_{r5} = \begin{bmatrix} \psi_{r\alpha5} & \psi_{r\beta5} \end{bmatrix}^T$，则 $\boldsymbol{L}_{\theta r1}$、$\boldsymbol{L}_{\theta r3}$、$\boldsymbol{L}_{\theta r5}$ 分别如下：

$$\boldsymbol{L}_{\theta r1} = \begin{bmatrix} L_{s\sigma}+3L_{sm1}+3L_{rs1}\cos(2\theta_r) & 3L_{rs1}\sin(2\theta_r) \\ 3L_{rs1}\sin(2\theta_r) & L_{s\sigma}+3L_{sm1}-3L_{rs1}\cos(2\theta_r) \end{bmatrix} \tag{2-121}$$

$$\boldsymbol{L}_{\theta r3} = \begin{bmatrix} L_{s\sigma}+3L_{sm3}+3L_{rs3}\cos(6\theta_r) & 3L_{rs3}\sin(6\theta_r) \\ 3L_{rs3}\sin(6\theta_r) & L_{s\sigma}+3L_{sm3}-3L_{rs3}\cos(6\theta_r) \end{bmatrix} \tag{2-122}$$

$$\boldsymbol{L}_{\theta r5} = \begin{bmatrix} L_{s\sigma}+3L_{sm5}+3L_{rs5}\cos(10\theta_r) & 3L_{rs5}\sin(10\theta_r) \\ 3L_{rs5}\sin(10\theta_r) & L_{s\sigma}+3L_{sm5}-3L_{rs5}\cos(10\theta_r) \end{bmatrix} \tag{2-123}$$

则式（2-120）进一步简记为

$$\begin{bmatrix} \boldsymbol{\psi}_{s1} \\ \boldsymbol{\psi}_{s5} \\ \boldsymbol{\psi}_{s3} \end{bmatrix} = \begin{bmatrix} \boldsymbol{L}_{\theta r1} & 0 & 0 \\ 0 & \boldsymbol{L}_{\theta r5} & 0 \\ 0 & 0 & \boldsymbol{L}_{\theta r3} \end{bmatrix} \begin{bmatrix} \boldsymbol{i}_{s1} \\ \boldsymbol{i}_{s5} \\ \boldsymbol{i}_{s3} \end{bmatrix} + \begin{bmatrix} \boldsymbol{\psi}_{r1} \\ \boldsymbol{\psi}_{r5} \\ \boldsymbol{\psi}_{r3} \end{bmatrix} \tag{2-124}$$

式（2-111）两边同时左乘变换矩阵 $\boldsymbol{T}_6$，得到 $\alpha_1\beta_1\alpha_5\beta_5\alpha_3\beta_3$ 轴系下的定子电压表达式如下：

$$\begin{bmatrix} u_{s\alpha1} \\ u_{s\beta1} \\ u_{s\alpha5} \\ u_{s\beta5} \\ u_{s\alpha3} \\ u_{s\beta3} \end{bmatrix} = R_s \begin{bmatrix} i_{s\alpha1} \\ i_{s\beta1} \\ i_{s\alpha5} \\ i_{s\beta5} \\ i_{s\alpha3} \\ i_{s\beta3} \end{bmatrix} + \frac{d}{dt} \begin{bmatrix} \psi_{s\alpha1} \\ \psi_{s\beta1} \\ \psi_{s\alpha5} \\ \psi_{s\beta5} \\ \psi_{s\alpha3} \\ \psi_{s\beta3} \end{bmatrix} \tag{2-125}$$

考虑磁路线性的情况下，电动机的磁共能如下：

$$W'_m = \frac{1}{2} \begin{bmatrix} \boldsymbol{i}_{s1} \\ \boldsymbol{i}_{s5} \\ \boldsymbol{i}_{s3} \end{bmatrix}^T \begin{bmatrix} \boldsymbol{L}_{\theta r1} & 0 & 0 \\ 0 & \boldsymbol{L}_{\theta r5} & 0 \\ 0 & 0 & \boldsymbol{L}_{\theta r3} \end{bmatrix} \begin{bmatrix} \boldsymbol{i}_{s1} \\ \boldsymbol{i}_{s5} \\ \boldsymbol{i}_{s3} \end{bmatrix} + \begin{bmatrix} \boldsymbol{i}_{s1} \\ \boldsymbol{i}_{s5} \\ \boldsymbol{i}_{s3} \end{bmatrix}^T \begin{bmatrix} \boldsymbol{\psi}_{r1} \\ \boldsymbol{\psi}_{r5} \\ \boldsymbol{\psi}_{r3} \end{bmatrix} \tag{2-126}$$

$$= \frac{1}{2}(\boldsymbol{i}_{s1}^T\boldsymbol{L}_{\theta r1}\boldsymbol{i}_{s1} + \boldsymbol{i}_{s5}^T\boldsymbol{L}_{\theta r5}\boldsymbol{i}_{s5} + \boldsymbol{i}_{s3}^T\boldsymbol{L}_{\theta r3}\boldsymbol{i}_{s3}) + (\boldsymbol{i}_{s1}^T\boldsymbol{\psi}_{r1} + \boldsymbol{i}_{s5}^T\boldsymbol{\psi}_{r5} + \boldsymbol{i}_{s3}^T\boldsymbol{\psi}_{r3})$$

所以电磁转矩如下：

$$T_e = p \frac{\partial W_m'}{\partial \theta_r} = \frac{1}{2} \left(\boldsymbol{i}_{s1}^T \frac{\partial \boldsymbol{L}_{\theta r1}}{\partial \theta_r} \boldsymbol{i}_{s1} + \boldsymbol{i}_{s5}^T \frac{\partial \boldsymbol{L}_{\theta r5}}{\partial \theta_r} \boldsymbol{i}_{s5} + \boldsymbol{i}_{s3}^T \frac{\partial \boldsymbol{L}_{\theta r3}}{\partial \theta_r} \boldsymbol{i}_{s3} \right) + \left(\boldsymbol{i}_{s1}^T \frac{\partial \boldsymbol{\psi}_{r1}}{\partial \theta_r} + \boldsymbol{i}_{s5}^T \frac{\partial \boldsymbol{\psi}_{r5}}{\partial \theta_r} + \boldsymbol{i}_{s3}^T \frac{\partial \boldsymbol{\psi}_{r3}}{\partial \theta_r} \right)$$

$$= p \boldsymbol{i}_{s1}^T \left(\begin{bmatrix} -3L_{rs1}\sin(2\theta_r) & 3L_{rs1}\cos(2\theta_r) \\ 3L_{rs1}\cos(2\theta_r) & 3L_{rs1}\sin(2\theta_r) \end{bmatrix} \boldsymbol{i}_{s1} + \begin{bmatrix} -\sqrt{3}\psi_{f1}\sin\theta_r \\ \sqrt{3}\psi_{f1}\cos\theta_r \end{bmatrix} \right)$$

$$+ 5p \boldsymbol{i}_{s5}^T \left(\begin{bmatrix} -3L_{rs5}\sin(10\theta_r) & 3L_{rs5}\cos(10\theta_r) \\ 3L_{rs5}\cos(10\theta_r) & 3L_{rs5}\sin(10\theta_r) \end{bmatrix} \boldsymbol{i}_{s5} + \begin{bmatrix} -\sqrt{3}\psi_{f5}\sin5\theta_r \\ \sqrt{3}\psi_{f5}\cos5\theta_r \end{bmatrix} \right)$$

$$+ 3p \boldsymbol{i}_{s3}^T \left(\begin{bmatrix} -3L_{rs3}\sin(6\theta_r) & 3L_{rs3}\cos(6\theta_r) \\ 3L_{rs3}\cos(6\theta_r) & 3L_{rs3}\sin(6\theta_r) \end{bmatrix} \boldsymbol{i}_{s3} + \begin{bmatrix} -\sqrt{3}\psi_{f3}\sin3\theta_r \\ \sqrt{3}\psi_{f3}\cos3\theta_r \end{bmatrix} \right)$$

$$= p \boldsymbol{i}_{s1}^T \left\{ \left(\begin{bmatrix} -3L_{rs1}\sin(2\theta_r) & 3L_{rs1}\cos(2\theta_r) \\ 3L_{rs1}\cos(2\theta_r) & 3L_{rs1}\sin(2\theta_r) \end{bmatrix} + (L_{s\sigma}+3L_{sm1}) \begin{bmatrix} 0 & -1 \\ 1 & 0 \end{bmatrix} \right) \boldsymbol{i}_{s1} + \begin{bmatrix} -\sqrt{3}\psi_{f1}\sin\theta_r \\ \sqrt{3}\psi_{f1}\cos\theta_r \end{bmatrix} \right\}$$

$$+ 5p \boldsymbol{i}_{s5}^T \left\{ \left(\begin{bmatrix} -3L_{rs5}\sin(10\theta_r) & 3L_{rs5}\cos(10\theta_r) \\ 3L_{rs5}\cos(10\theta_r) & 3L_{rs5}\sin(10\theta_r) \end{bmatrix} + (L_{s\sigma}+3L_{sm5}) \begin{bmatrix} 0 & -1 \\ 1 & 0 \end{bmatrix} \right) \boldsymbol{i}_{s5} + \begin{bmatrix} -\sqrt{3}\psi_{f5}\sin5\theta_r \\ \sqrt{3}\psi_{f5}\cos5\theta_r \end{bmatrix} \right\}$$

$$+ 3p \boldsymbol{i}_{s3}^T \left\{ \left(\begin{bmatrix} -3L_{rs3}\sin(6\theta_r) & 3L_{rs3}\cos(6\theta_r) \\ 3L_{rs3}\cos(6\theta_r) & 3L_{rs3}\sin(6\theta_r) \end{bmatrix} + (L_{s\sigma}+3L_{sm3}) \begin{bmatrix} 0 & -1 \\ 1 & 0 \end{bmatrix} \right) \boldsymbol{i}_{s3} + \begin{bmatrix} -\sqrt{3}\psi_{f3}\sin3\theta_r \\ \sqrt{3}\psi_{f3}\cos3\theta_r \end{bmatrix} \right\}$$

$$= p \boldsymbol{i}_{s1}^T \begin{bmatrix} -\psi_{s\beta1} \\ \psi_{s\alpha1} \end{bmatrix} + 5p \boldsymbol{i}_{s5}^T \begin{bmatrix} -\psi_{s\beta5} \\ \psi_{s\alpha5} \end{bmatrix} + 3p \boldsymbol{i}_{s3}^T \begin{bmatrix} -\psi_{s\beta3} \\ \psi_{s\alpha3} \end{bmatrix}$$

$$= p(\psi_{s\alpha1} i_{s\beta1} - \psi_{s\beta1} i_{s\alpha1}) + 5p(\psi_{s\alpha5} i_{s\beta5} - \psi_{s\beta5} i_{s\alpha5}) + 3p(\psi_{s\alpha3} i_{s\beta3} - \psi_{s\beta3} i_{s\alpha3})$$

$$(2\text{-}127)$$

从式（2-127）可见，反电动势含有 5 次谐波的五相对称绕组永磁同步电动机机电能量转换同时处于 $\alpha_1\beta_1$ 平面和 $\alpha_5\beta_5$ 平面上，电磁转矩是两个平面上的定子磁链矢量与定子电流矢量的叉乘之和；而由式（2-125）进一步可见，两个平面上的定子磁链与该平面上的定子电压和定子电流有关，若忽略定子电阻压降，则各平面上的定子磁链直接由该平面的定子电压控制。3 次谐波平面不参与机电能量转换，但两套绕组中若有 3 次谐波流过，则会在总转矩上产生转矩脉动。

2.5.2　旋转坐标系数学模型

为了进一步简化机电能量转换平面数学模型，采用以下形式的 $\alpha_1\beta_1$，$\alpha_5\beta_5$，$\alpha_3\beta_3$ 平面向 d_1q_1，d_5q_5，d_3q_3 平面的变换矩阵 $\boldsymbol{T}(\theta_r)$：

$$\boldsymbol{T}(\theta_r)=\begin{bmatrix} \cos\theta_r & \sin\theta_r & 0 & 0 & 0 & 0 \\ -\sin\theta_r & \cos\theta_r & 0 & 0 & 0 & 0 \\ 0 & 0 & \cos5\theta_r & \sin5\theta_r & 0 & 0 \\ 0 & 0 & -\sin5\theta_r & \cos5\theta_r & 0 & 0 \\ 0 & 0 & 0 & 0 & \cos3\theta_r & \sin3\theta_r \\ 0 & 0 & 0 & 0 & -\sin3\theta_r & \cos3\theta_r \end{bmatrix} \quad (2\text{-}128)$$

$$\boldsymbol{T}^{-1}(\theta_r)=\begin{bmatrix} \cos\theta_r & -\sin\theta_r & 0 & 0 & 0 & 0 \\ \sin\theta_r & \cos\theta_r & 0 & 0 & 0 & 0 \\ 0 & 0 & \cos5\theta_r & -\sin5\theta_r & 0 & 0 \\ 0 & 0 & \sin5\theta_r & \cos5\theta_r & 0 & 0 \\ 0 & 0 & 0 & 0 & \cos3\theta_r & -\sin3\theta_r \\ 0 & 0 & 0 & 0 & \sin3\theta_r & \cos3\theta_r \end{bmatrix} \quad (2\text{-}129)$$

式（2-120）中的 $\boldsymbol{\psi}_s$ 表达式左右两边同乘变换矩阵 $\boldsymbol{T}(\theta_r)$，得到 $d_1q_1d_5q_5d_3q_3$ 坐标系定子磁链如下：

$$\begin{bmatrix} \psi_{sd1} \\ \psi_{sq1} \\ \psi_{sd5} \\ \psi_{sq5} \\ \psi_{sd3} \\ \psi_{sq3} \end{bmatrix} = \left(\boldsymbol{L}_\sigma + \begin{bmatrix} 3L_{sm1}+3L_{rs1} & 0 & 0 & 0 & 0 & 0 \\ 0 & 3L_{sm1}-3L_{rs1} & 0 & 0 & 0 & 0 \\ 0 & 0 & 3L_{sm5}+3L_{rs5} & 0 & 0 & 0 \\ 0 & 0 & 0 & 3L_{sm5}-3L_{rs5} & 0 & 0 \\ 0 & 0 & 0 & 0 & 3L_{sm3}+3L_{rs3} & 0 \\ 0 & 0 & 0 & 0 & 0 & 3L_{sm3}-3L_{rs3} \end{bmatrix} \right)$$

$$\cdot \begin{bmatrix} i_{sd1} \\ i_{sq1} \\ i_{sd5} \\ i_{sq5} \\ i_{sd3} \\ i_{sq3} \end{bmatrix} + \sqrt{3}\begin{bmatrix} \psi_{f1} \\ 0 \\ \psi_{f5} \\ 0 \\ \psi_{f3} \\ 0 \end{bmatrix} = \begin{bmatrix} L_{d1} & 0 & 0 & 0 & 0 & 0 \\ 0 & L_{q1} & 0 & 0 & 0 & 0 \\ 0 & 0 & L_{d5} & 0 & 0 & 0 \\ 0 & 0 & 0 & L_{q5} & 0 & 0 \\ 0 & 0 & 0 & 0 & L_{d3} & 0 \\ 0 & 0 & 0 & 0 & 0 & L_{q3} \end{bmatrix} \begin{bmatrix} i_{sd1} \\ i_{sq1} \\ i_{sd5} \\ i_{sq5} \\ i_{sd3} \\ i_{sq3} \end{bmatrix} + \sqrt{3}\begin{bmatrix} \psi_{f1} \\ 0 \\ \psi_{f5} \\ 0 \\ \psi_{f3} \\ 0 \end{bmatrix}$$

$$(2\text{-}130)$$

其中

$$\begin{cases}L_{d1}=L_{s\sigma}+3\left(L_{sm1}+L_{rs1}\right)\\ L_{q1}=L_{s\sigma}+3\left(L_{sm1}-L_{rs1}\right)\\ L_{d5}=L_{s\sigma}+3\left(L_{sm5}+L_{rs5}\right)\\ L_{q5}=L_{s\sigma}+3\left(L_{sm5}-L_{rs5}\right)\\ L_{d3}=L_{s\sigma}+3\left(L_{sm3}+L_{rs3}\right)\\ L_{q3}=L_{s\sigma}+3\left(L_{sm3}-L_{rs3}\right)\end{cases}\tag{2-131}$$

同理，根据式（2-125）中 $\alpha\beta$ 平面的电压方程，推导出 dq 平面定子电压平衡方程式如下：

$$\begin{bmatrix}u_{sd1}\\u_{sq1}\\u_{sd5}\\u_{sq5}\\u_{sd3}\\u_{sq3}\end{bmatrix}=\boldsymbol{T}(\theta_{r1})\begin{bmatrix}u_{s\alpha1}\\u_{s\beta1}\\u_{s\alpha5}\\u_{s\beta5}\\u_{s\alpha3}\\u_{s\beta3}\end{bmatrix}=R_s\boldsymbol{T}(\theta_{r1})\begin{bmatrix}i_{s\alpha1}\\i_{s\beta1}\\i_{s\alpha5}\\i_{s\beta5}\\i_{s\alpha3}\\i_{s\beta3}\end{bmatrix}+\boldsymbol{T}(\theta_{r1})\frac{\mathrm{d}}{\mathrm{d}t}\begin{bmatrix}\psi_{s\alpha1}\\\psi_{s\beta1}\\\psi_{s\alpha5}\\\psi_{s\beta5}\\\psi_{s\alpha3}\\\psi_{s\beta3}\end{bmatrix}$$

$$=R_s\boldsymbol{T}(\theta_r)\boldsymbol{T}^{-1}(\theta_r)\begin{bmatrix}i_{sd1}\\i_{sq1}\\i_{sd5}\\i_{sq5}\\i_{sd3}\\i_{sq3}\end{bmatrix}+\boldsymbol{T}(\theta_{r1})\frac{\mathrm{d}}{\mathrm{d}t}\left(\boldsymbol{T}^{-1}(\theta_r)\begin{bmatrix}\psi_{sd1}\\\psi_{sq1}\\\psi_{sd5}\\\psi_{sq5}\\\psi_{sd3}\\\psi_{sq3}\end{bmatrix}\right)$$

$$=R_s\begin{bmatrix}i_{sd1}\\i_{sq1}\\i_{sd5}\\i_{sq5}\\i_{sd3}\\i_{sq3}\end{bmatrix}+\frac{\mathrm{d}}{\mathrm{d}t}\begin{bmatrix}\psi_{sd1}\\\psi_{sq1}\\\psi_{sd5}\\\psi_{sq5}\\\psi_{sd3}\\\psi_{sq3}\end{bmatrix}+\begin{bmatrix}0&-\omega_r&0&0&0&0\\\omega_r&0&0&0&0&0\\0&0&0&-5\omega_r&0&0\\0&0&5\omega_r&0&0&0\\0&0&0&0&0&-3\omega_r\\0&0&0&0&3\omega_r&0\end{bmatrix}\begin{bmatrix}\psi_{sd1}\\\psi_{sq1}\\\psi_{sd5}\\\psi_{sq5}\\\psi_{sd3}\\\psi_{sq3}\end{bmatrix}$$

$$\tag{2-132}$$

与静止坐标系 $\alpha_1\beta_1\alpha_5\beta_5\alpha_3\beta_3$ 类似，$d_1q_1d_5q_5d_3q_3$ 旋转坐标系下的转矩方程为

$$\begin{aligned}T_e&=p\left(i_{sq1}\psi_{sd1}-i_{sd1}\psi_{sq1}\right)+5p\left(i_{sq5}\psi_{sd5}-i_{sd5}\psi_{sq5}\right)+3p\left(i_{sq3}\psi_{sd3}-i_{sd3}\psi_{sq3}\right)\\ &=p\left[\left|\boldsymbol{\psi}_{r1}\right|i_{sq1}+\left(L_{d1}-L_{q1}\right)i_{sd1}i_{sq1}\right]+5p\left[\left|\boldsymbol{\psi}_{r5}\right|i_{sq5}+\left(L_{d5}-L_{q5}\right)i_{sd5}i_{sq5}\right]+\\ &\quad3p\left[\left|\boldsymbol{\psi}_{r3}\right|i_{sq3}+\left(L_{d3}-L_{q3}\right)i_{sd3}i_{sq3}\right]\\ &=T_{e1}+T_{e5}+T_{e3}\end{aligned}$$

$$\tag{2-133}$$

同样，类似于六相永磁同步电动机数学模型的推导，建立电磁转矩与定子磁链幅值、永磁体磁链幅值及转矩角关系如下：

$$
\begin{aligned}
T_e = &\mid \boldsymbol{\psi}_{s1} \mid p \left[\frac{\sqrt{3}}{L_{d1}} \psi_{f1} \sin\delta_1 + \frac{1}{2} \mid \boldsymbol{\psi}_{s1} \mid \left(\frac{1}{L_{q1}} - \frac{1}{L_{d1}} \right) \sin2\delta_1 \right] \\
&+5 \mid \boldsymbol{\psi}_{s5} \mid p \left[\frac{\sqrt{3}}{L_{d5}} \psi_{f5} \sin\delta_5 + \frac{1}{2} \mid \boldsymbol{\psi}_{s5} \mid \left(\frac{1}{L_{q5}} - \frac{1}{L_{d5}} \right) \sin2\delta_5 \right] \quad (2\text{-}134) \\
&+3 \mid \boldsymbol{\psi}_{s3} \mid p \left[\frac{\sqrt{3}}{L_{d3}} \psi_{f3} \sin\delta_3 + \frac{1}{2} \mid \boldsymbol{\psi}_{s3} \mid \left(\frac{1}{L_{q3}} - \frac{1}{L_{d3}} \right) \sin2\delta_3 \right]
\end{aligned}
$$

式（2-134）表达形式与三相电动机一样，在各平面上定子磁链幅值控制恒定的情况下，通过对应平面转矩角的控制即可实现电磁转矩的直接控制。但值得注意的是，3次谐波无法产生恒定的电磁转矩，有3次谐波电流时会增大转矩脉动。

2.6　本章小结

本章首先介绍了多相交流电动机多平面分解坐标变换理论，为本章各种电动机数学模型的建立构建基础。虽然多相电动机的种类很多，无法一一列举研究，但本章从多相电动机多自由度控制特点出发，从后续多自由度功能控制策略构建奠定基础角度出发，选择对称六相永磁同步电动机、对称五相永磁同步电动机、双三相永磁同步电动机为对象，详细介绍单平面机电能量转换类电动机、双平面机电能量转换类电动机、两套定子绕组类电动机的数学模型，包括了绕组轴线构成的自然坐标系、两相直角静止坐标系、两相直角旋转坐标系中的磁链模型、电压模型、电磁转矩模型等。

为了配合本书直接转矩控制策略的构建，各种类型的电动机数学模型最终引导到转矩角控制转矩这一模型上。同时，从定子电压、磁链关系，揭示了定子绕组电压矢量可以直接控制定子磁链矢量这一手段。

参 考 文 献

［1］周扬忠，程明，熊先云. 具有零序电流自矫正的六相永磁同步电机直接转矩控制［J］. 中国电机工程学报，2015，35（10）：2504-2512.

［2］ZHOU Y Z, YAN Z, DUAN Q T, et al. Direct torque control strategy of five-phase PMSM with load capacity enhancement［J］. Power Electronics, IET, 2019, 12（3）：598-606.

［3］熊先云. 对称六相永磁同步电机设计及其 DTC 控制研究［D］. 福州：福州大学，2015.

［4］黄志坡. 六相串联三相双同步电机单逆变器供电直接转矩控制研究［D］. 福州：福州大

学，2017.

[5] 闫震. 五相凸极式永磁同步电机直接转矩控制研究 [D]. 福州：福州大学，2018.

[6] 王祖靖. 集中绕组双三相凸极式永磁同步电机直接转矩控制研究 [D]. 福州：福州大学，2018.

[7] 王凌波. 低转矩脉动多相永磁同步电机直接转矩控制研究 [D]. 福州：福州大学，2019.

第3章 单电动机单平面机电能量转换型直接转矩控制

3.1 引言

根据电机学理论，交流电动机主要利用基波分量实现机电能量转换，谐波会引起损耗、转矩脉动等，所以电动机本体设计过程中应尽可能减小磁动势及反电动势中的谐波。根据第 2 章的分析，电动机对象被映射到一个机电能量转换平面和多个零序轴系上。从减小电动机谐波损耗、减小转矩脉动的角度，希望实现可控零序轴系电流等于零。

众所周知，三相电动机绕组若非开绕组结构，则零序电流没有通路，所以零序电流自然为零，无需控制。因此，在实现非开绕组结构的三相交流电动机直接转矩控制时，无需考虑零序分量的控制，仅需关注基波平面上电压矢量对定子磁链及电磁转矩的控制作用。但在研究过程中，同时也发现相对于减小电磁转矩脉动、磁链脉动强力需求而言，三相逆变桥只能提供七个电压矢量，数量明显偏少。而多相电动机采用多相逆变器供电，可以提供更多的电压矢量来实现电磁转矩和定子磁链更加精准的控制。

由于多相电动机存在多个可控零序轴系，所以在用多相逆变器输出电压矢量对基波平面电磁转矩、定子磁链控制的同时，还要对可控制零序轴系进行主动控制。这就要求所选择的电压矢量能够同时实现机电能量转换平面和可控零序轴系的控制。由于零序轴系控制的约束，如何精选电压矢量是多相电动机直接转矩控制的关键。

本章以六相对称绕组永磁同步电动机为研究对象，研究反电动势正弦波的多相电动机单电动机单平面机电能量转换型直接转矩控制策略，从两个方向各自提出两种直接转矩控制思路：一是将控制策略分解到机电能量转换平面和零序轴系上进行；二是在多轴构成的完整多维空间中构建控制策略。

3.2 具有零序电流自调整的直接转矩控制策略

3.2.1 直接转矩控制策略

本书 2.3 节通过详细推导，把六相对称绕组永磁同步电动机数学模型映射到一

个机电能量转换直角坐标平面和四个零序轴系上，其中机电能量转换平面中的电磁转矩、磁链幅值及转矩角满足

$$T_e = p(\psi_{sd}i_{sq} - \psi_{sq}i_{sd})$$

$$= |\psi_s|p\left(\frac{\sqrt{3}}{L_d}\psi_f\sin\delta + \frac{1}{2}|\psi_s|\left(\frac{1}{L_q}-\frac{1}{L_d}\right)\sin2\delta\right)$$

在定子磁链幅值 $|\psi_s|$ 控制恒定的情况下，通过控制转矩角 δ 即可实现电磁转矩的直接控制。为了实现转矩角最大值范围内，转矩角对电磁转矩的正向控制，要求

$$\left.\frac{\partial T_e}{\partial \delta}\right|_{\delta=0} \geq 0 \tag{3-1}$$

即

$$\left.\frac{\partial T_e}{\partial \delta}\right|_{\delta=0} = \left.|\psi_s|p\left(\frac{\sqrt{3}}{L_d}\psi_f\cos\delta + |\psi_s|\left(\frac{1}{L_q}-\frac{1}{L_d}\right)\cos2\delta\right)\right|_{\delta=0} \tag{3-2}$$

$$= |\psi_s|p\left[\frac{\sqrt{3}}{L_d}\psi_f + |\psi_s|\left(\frac{1}{L_q}-\frac{1}{L_d}\right)\right] \geq 0$$

所以定子磁链幅值 $|\psi_s|$ 给定必须满足

$$\begin{cases} |\psi_s| \leq \dfrac{L_q}{L_q-L_d}\left|\sqrt{3}\psi_f\right|, L_q > L_d \\ |\psi_s| \text{任意正值}, L_q < L_d \end{cases} \tag{3-3}$$

本章所研究的六相对称绕组永磁同步电动机空载气隙磁通密度、绕组感应永磁体磁链及经过斜槽设计后的绕组反电动势波形有限元仿真如图 3-1 所示，反电动势波形实验测试及其谐波分析如图 3-2 所示。实验结果表明，基波占比高达 90% 以上，反电动势波形中谐波含量很少，可以忽略不计。所以为了实现该电动机直接转矩控制，需要在满足式（3-3）的前提下，根据式（2-60）所示电磁转矩控制理论，在基波平面上选择合适的电压矢量，实现电磁转矩和定子磁链的控制，同时所选的电压矢量还要对零序电流进行主动控制。

六相对称绕组永磁同步电动机与六相逆变器之间的连接示意图如图 3-3 所示，每一个桥臂上下开关管互补导通，各桥臂开关管开关状态用开关状态变量 S_i（$i=$ a~f）表示，当上桥臂开关管导通、下桥臂开关管关断时，$S_i=1$；反之，当上桥臂开关管关断、下桥臂开关管导通时，$S_i=0$。逆变器开关管组合 $S_aS_bS_cS_dS_eS_f$ = 000000~111111，共计有 $2^6=64$ 种，对应 64 个电压矢量。

根据图 3-3 中电动机与逆变桥臂之间的连接关系，电动机各相绕组相电压 u_{si}（$i=$A~F）等于对应相绕组端点与直流母线负端 N 之间的电压 $U_{DC}S_i$（$i=$ a~f）和 N

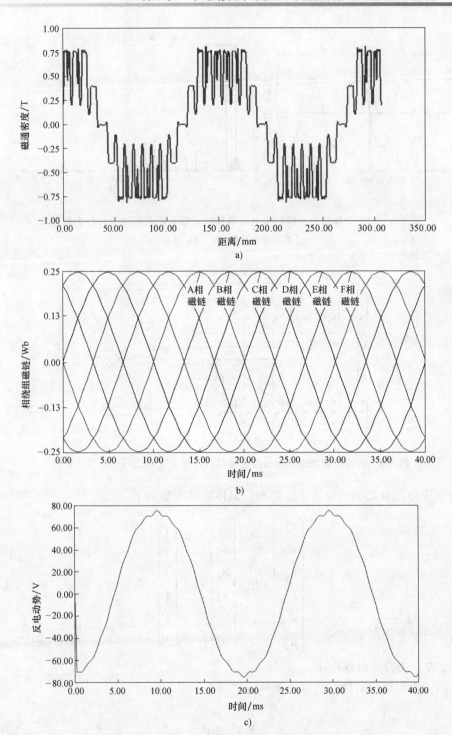

图 3-1　六相对称绕组永磁同步电动机有限元仿真结果

a）空载气隙磁通密度　b）六相绕组耦合永磁体磁链　c）A相空载反电动势

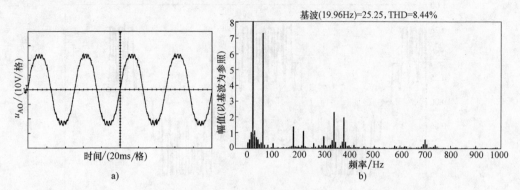

图 3-2 六相对称绕组永磁同步电动机反电动势波形及其谐波分析实验结果

a) 空载相绕组反电动势 b) 谐波分析

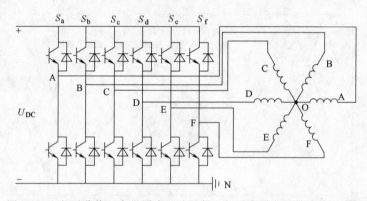

图 3-3 六相对称绕组永磁同步电动机与六相逆变器之间的连接示意图

与绕组中心点 O 之间的电压 u_{NO} 之和，具体数学关系如下：

$$
\begin{bmatrix}
u_{sA} \\
u_{sB} \\
u_{sC} \\
u_{sD} \\
u_{sE} \\
u_{sF}
\end{bmatrix}
= U_{DC}
\begin{bmatrix}
S_a \\
S_b \\
S_c \\
S_d \\
S_e \\
S_f
\end{bmatrix}
+ u_{NO}
\begin{bmatrix}
1 \\
1 \\
1 \\
1 \\
1 \\
1
\end{bmatrix}
\tag{3-4}
$$

式中，U_{DC} 为直流母线电压。

由于六相绕组对称，所以以六相电压之和等于零，即

$$
\sum_{i=A}^{F} u_{si} = 0
\tag{3-5}
$$

联立式（3-4）和式（3-5）可得

$$U_{DC} \sum_{i=a}^{f} S_i + 6u_{NO} = 0 \tag{3-6}$$

根据式（3-6），求解 u_{NO} 得

$$u_{NO} = -\frac{1}{6} U_{DC} \sum_{i=a}^{f} S_i \tag{3-7}$$

式（2-37）变换矩阵 $\boldsymbol{T}_6$ 左乘式（3-4）左右两边得到逆变器在 $\alpha\beta z_1 \sim z_4$ 轴系上的输出电压为

$$\begin{bmatrix} u_{s\alpha} \\ u_{s\beta} \\ u_{sz1} \\ u_{sz2} \\ u_{sz3} \\ u_{sz4} \end{bmatrix} = \boldsymbol{T}_6 \begin{bmatrix} u_{sA} \\ u_{sB} \\ u_{sC} \\ u_{sD} \\ u_{sE} \\ u_{sF} \end{bmatrix} = \frac{U_{DC}}{\sqrt{3}} \begin{bmatrix} S_a + \frac{1}{2}S_b - \frac{1}{2}S_c - S_d - \frac{1}{2}S_e + \frac{1}{2}S_f \\ \frac{\sqrt{3}}{2}S_b + \frac{\sqrt{3}}{2}S_c - \frac{\sqrt{3}}{2}S_e - \frac{\sqrt{3}}{2}S_f \\ S_a - \frac{1}{2}S_b - \frac{1}{2}S_c + S_d - \frac{1}{2}S_e - \frac{1}{2}S_f \\ \frac{\sqrt{3}}{2}S_b - \frac{\sqrt{3}}{2}S_c + \frac{\sqrt{3}}{2}S_e - \frac{\sqrt{3}}{2}S_f \\ \frac{1}{\sqrt{2}}(S_a + S_b + S_c + S_d + S_e + S_f) \\ \frac{1}{\sqrt{2}}(S_a - S_b + S_c - S_d + S_e - S_f) \end{bmatrix} + \frac{1}{\sqrt{3}} \begin{bmatrix} 0 \\ 0 \\ 0 \\ 0 \\ \frac{6}{\sqrt{2}}u_{NO} \\ 0 \end{bmatrix} \tag{3-8}$$

把式（3-7）代入式（3-8）中进一步简化得

$$\begin{bmatrix} u_{s\alpha} \\ u_{s\beta} \\ u_{sz1} \\ u_{sz2} \\ u_{sz3} \\ u_{sz4} \end{bmatrix} = \frac{U_{DC}}{\sqrt{3}} \begin{bmatrix} S_a + \frac{1}{2}S_b - \frac{1}{2}S_c - S_d - \frac{1}{2}S_e + \frac{1}{2}S_f \\ \frac{\sqrt{3}}{2}S_b + \frac{\sqrt{3}}{2}S_c - \frac{\sqrt{3}}{2}S_e - \frac{\sqrt{3}}{2}S_f \\ S_a - \frac{1}{2}S_b - \frac{1}{2}S_c + S_d - \frac{1}{2}S_e - \frac{1}{2}S_f \\ \frac{\sqrt{3}}{2}S_b - \frac{\sqrt{3}}{2}S_c + \frac{\sqrt{3}}{2}S_e - \frac{\sqrt{3}}{2}S_f \\ 0 \\ \frac{1}{\sqrt{2}}(S_a - S_b + S_c - S_d + S_e - S_f) \end{bmatrix} \tag{3-9}$$

从式（3-9）所示逆变器在各轴系上输出电压的表达式可见，零序电压 u_{sz3} 自然等于零，对应的零序回路电流也自然等于零，这种现象是绕组对称特性和非开绕组连接的结果；零序电压 u_{sz1}，u_{sz2}，u_{sz4} 三个分量与开关状态直接相关，也决定了各自零序回路变量可以借助逆变器的开关管来控制；六相对称永磁同步电动机机电能量处于 $\alpha\beta$ 平面上，而 $\alpha\beta$ 平面上逆变器的输出电压矢量直接由开关管决定，所

以可以利用逆变器开关管对电动机的机电能量转换过程进行控制。

式（3-9）可以进一步用 $\alpha\beta$ 平面电压矢量、z_1z_2 零序平面电压矢量、z_3z_4 零序轴系电压表示如下：

$$
\left.
\begin{aligned}
u_{s\alpha}+ju_{s\beta} &= \frac{U_{DC}}{\sqrt{3}}\left[(S_a-S_d)+(S_b-S_e)e^{j\frac{\pi}{3}}+(S_c-S_f)e^{j\frac{2\pi}{3}}\right] \\
u_{sz1}+ju_{sz2} &= \frac{U_{DC}}{\sqrt{3}}\left[(S_a+S_d)+(S_b+S_e)e^{j\frac{2\pi}{3}}+(S_c+S_f)e^{j\frac{4\pi}{3}}\right] \\
u_{sz3} &= 0 \\
u_{sz4} &= \frac{U_{DC}}{\sqrt{6}}(S_a-S_b+S_c-S_d+S_e-S_f)
\end{aligned}
\right\}
\quad (3\text{-}10)
$$

根据式（2-40）中零序磁链、零序电流的关系及式（2-44）中零序电压、零序电流、零序磁链的关系，零序回路可以表示为图3-4，其中第三个零序回路端电压等于零；零序回路仅由电动机的漏电感和相绕组电阻串联而成，对电动机的机电能量转换没有贡献；若要完全消除对应零序回路电流，则只需在对应零序回路端部施加零电压即可，据此及式（3-10），零序电压表达式进一步求解对应的开关管组合约束条件如下：

$$
\begin{cases}
2S_a-S_b-S_c+2S_d-S_e-S_f=0 \\
S_b-S_c+S_e-S_f=0 \\
S_a-S_b+S_c-S_d+S_e-S_f=0
\end{cases}
\quad (3\text{-}11)
$$

显然，64种开关组合中只有一半的电压矢量能实现消除零序电流的目标。所以，机电能量转换平面控制与零序电流轴系控制相互制约；另外，开关组合即使满足式（3-11），但由于逆变器的开关非线性过渡过程、逆变器死区效应等实际情况，在开头管开关动作过程中，实际逆变器开关状态也很难满足式（3-11）的约束条件，这就给零序回路变量的有效控制带来了挑战。

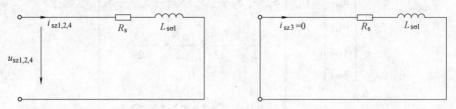

图3-4 六相对称绕组永磁同步电动机四个零序回路

根据式（3-10）可以画出 $\alpha\beta$ 平面电压矢量和 z_1z_2 零序平面电压矢量的分布，如图3-5所示。其中，矢量编号是六个逆变桥臂开关状态组合 $S_aS_bS_cS_dS_eS_f$ 的十进制值。$\alpha\beta$ 平面电压矢量长度有三种，即 $2U_{DC}/\sqrt{3}$，U_{DC}，$U_{DC}/\sqrt{3}$。若用最长电压矢量控制机电能量转换，则在线性调制范围内 $\alpha\beta$ 平面上能够获得的电压最大为

$(2U_{\text{DC}}/\sqrt{3})\cos30°=U_{\text{DC}}$，同理，用长度中等的电压矢量线性调制能够获得的电压最大为 $U_{\text{DC}}\cos30°=U_{\text{DC}}\sqrt{3}/2$，用长度最短的电压矢量线性调制能够获得的电压最大为 $(U_{\text{DC}}/\sqrt{3})\cos30°=U_{\text{DC}}/2$。

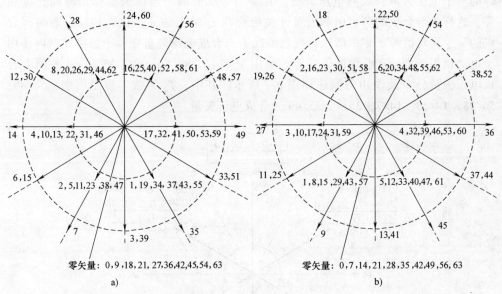

图 3-5　电压矢量分布图

a) $u_{s\alpha}+ju_{s\beta}$ 矢量分布　b) $u_{sz1}+ju_{sz2}$ 矢量分布

从图 3-5 电压矢量分布可见，$\alpha\beta$ 平面零电压矢量是 0，9，18，21，27，36，42，45，54，63；z_1z_2 零序平面零电压矢量是 0，7，14，21，28，35，42，49，56，63。其中，电压矢量 0，21，42，63 矢量在两个平面上均为零电压矢量。为了实现零序电流 i_{sz1}，i_{sz2} 为零控制效果，又兼顾机电能量转换平面的控制，零序平面上可选择的非零电压矢量只能为 7，14，28，35，49，56，并且这六个非零电压矢量开关组合自然满足式（3-11）前两个约束条件，但不满足式（3-11）的最后一个约束条件，即对应 u_{sz4} 零序电压不等于 0。7，14，28，35，49，56 矢量对应的 u_{sz4} 零序电压分布如图 3-6 所示，可见 7，28，49 的 u_{sz4} 零序电压大小均为 $-U_{\text{DC}}/\sqrt{6}$，14，35，56 的 u_{sz4} 零序电压大小均为 $U_{\text{DC}}/\sqrt{6}$。7，14，28，35，49，56 在 $\alpha\beta$ 平面

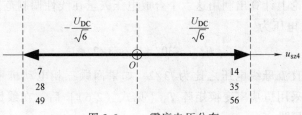

图 3-6　u_{sz4} 零序电压分布

上长度最长，均为 $2U_{DC}/\sqrt{3}$，且依次相隔离 60°电角度。

从以上对 7，14，28，35，49，56 在 $\alpha\beta$ 平面及零序轴系上的分布特征分析可见，为了进一步实现零序电流 i_{sz4} 为零控制，自然想到可以借助这六个电压矢量相邻的两个电压矢量合成新电压矢量，且参与合成的两个电压矢量作用时间长度相等，这样参与合成的两个电压矢量开关组合在 z_4 轴上的 u_{sz4} 极性相反，等时间合成的 u_{sz4} 平均值等于零。所以，理想情况下，合成电压矢量在一个数字控制内作用于电动机引起的 i_{sz4} 平均值等于零。利用 7，14，28，56，49，35 在 $\alpha\beta$ 平面上合成电压矢量分布及作用的顺序如图 3-7 所示。其中，T_s 为数字控制周期；56/49，56/28，14/28，14/7，35/7，35/49 为合成电压矢量。

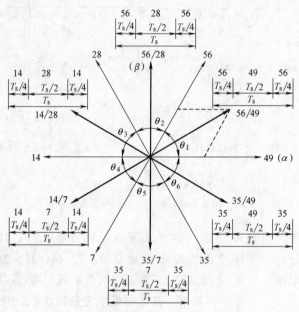

图 3-7 电压矢量合成分布及其作用顺序

新合成的电压矢量长度相等，且相互间隔 60°电角度。根据电压矢量合成过程，可以推导出合成电压矢量长度 $|\boldsymbol{u}_h|$ 如下：

$$|\boldsymbol{u}_h| = \frac{(0.5 \times 2U_{DC}/\sqrt{3})\sin60°}{\sin30°} = U_{DC} \tag{3-12}$$

所以，从理论上计算出利用这六个合成电压矢量在线性调制范围内可以获得的 $\alpha\beta$ 平面上的最大电压为

$$U_{DC}\cos30° = U_{DC}\sqrt{3}/2 \tag{3-13}$$

这一电压与直流母线电压之比为 $\sqrt{3}/2$。如果回顾三相电动机采用三相逆变器供电，则在同样采用恒功率变换矩阵 $\boldsymbol{T}_3$［见式（2-6）］后，在线性调制范围内能够输出的最大电压为

$$\sqrt{2/3}\,U_{DC}\cos30° = U_{DC}\sqrt{2}/2 \tag{3-14}$$

这一电压与直流母线电压之比为$\sqrt{2}/2$。对比式（3-13）和式（3-14）可见，相较于三相电动机，采用以上合成电压矢量作用于六相对称绕组永磁同步电动机的电压利用率提高了 $[(\sqrt{3}/2)/(\sqrt{2}/2)-1]=22.5\%$。

为了便于利用合成电压矢量实现电磁转矩及定子磁链的控制，把 $\alpha\beta$ 平面划分为六个扇区 $\theta_1 \sim \theta_6$，如图 3-7 所示。类似于三相电动机构建最优开关矢量表来构建六相对称绕组永磁同步电动机直接转矩控制策略的最优开关矢量表。

为了根据转矩及定子磁链误差，正确控制电磁转矩、定子磁链幅值增减及减小转矩脉动，除了采用上述的六个合成电压矢量外，同时选择 0，63 两个零电压矢量参与控制电磁转矩及定子磁链。具体构建的最优开关矢量表见表 3-1。

表 3-1　六相对称绕组永磁同步电动机 DTC 最优开关矢量表

ϕ	τ	θ_1	θ_2	θ_3	θ_4	θ_5	θ_6
	$\tau=1$	56/28	14/28	14/7	35/7	35/49	56/49
$\phi=1$	$\tau=0$	0 或 63	0 或 63	0 或 63	0 或 63	0 或 63	0 或 63
	$\tau=-1$	35/49	56/49	56/28	14/28	14/7	35/7
	$\tau=1$	14/28	14/7	35/7	35/49	56/49	56/28
$\phi=-1$	$\tau=0$	0 或 63	0 或 63	0 或 63	0 或 63	0 或 63	0 或 63
	$\tau=-1$	35/7	35/49	56/49	56/28	14/28	14/7

其中，ϕ 及 τ 分别为磁链滞环比较器、转矩滞环比较器的输出，两个比较器的输入、输出特性与三相电动机 DTC 中一样，典型的构成方式如下：

$$\phi = \begin{cases} 1:|\psi_s^*|-|\psi_s|>0 \\ -1:|\psi_s^*|-|\psi_s|<0 \end{cases} \tag{3-15}$$

$$\tau = \begin{cases} 1:T_e^*-T_e>+\Delta T_e \\ 0:|T_e^*-T_e|\leq\Delta T_e \\ -1:T_e^*-T_e<-\Delta T_e \end{cases} \tag{3-16}$$

式中，ΔT_e 为电磁转矩滞环比较器允许的误差带；$|\psi_s^*|$，T_e^* 分别为定子磁链、电磁转矩给定值。

为了实现电磁转矩及定子磁链幅值的正确控制，首先判断定子磁链矢量 ψ_s 所处扇区，从六个非零电压矢量中，扣除被 ψ_s 所处扇区包围的电压矢量及反向电压矢量，利用剩余的四个非零电压矢量及 0，63 两个零电压矢量进行电磁转矩及定子磁链幅值的控制。把非零电压矢量在定子磁链定向坐标系 xy 中进行分解，获得对应轴系分量 u_{sx} 和 u_{sy}。若 $u_{sx}>0$，则电压矢量作用结果使得定子磁链幅值增大；反之，$u_{sx}<0$ 则电压矢量作用结果使得定子磁链幅值减小。若 $u_{sy}>0$，则电压矢量作用结果使得电磁转矩增大；反之，$u_{sy}<0$ 则电压矢量作用结果使得电磁转矩减小。电压矢量在 xy 坐标系中的分解示意图如图 3-8 所示。其中，下角 $k-1$ 和 k 分别表示第 $k-1$ 拍及第 k 拍变量值。

例如，当定子磁链处于第一扇区 θ_1 时，选择 56/28，14/28，35/7，35/49 四个非零合成电压矢量及 0，63 两个零电压矢量对电磁转矩及定子磁链幅值进行控制，非零合成电压矢量控制结果如图 3-9 所示。

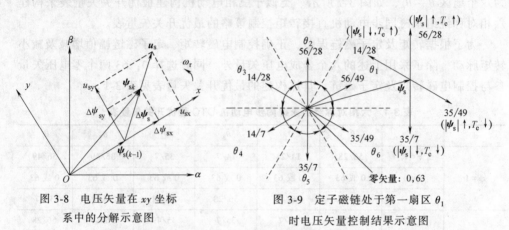

图 3-8 电压矢量在 xy 坐标
系中的分解示意图

图 3-9 定子磁链处于第一扇区 θ_1
时电压矢量控制结果示意图

其中，"↑"和"↓"分别表示电压矢量作用后，变量增大及减小。例如，合成电压矢量 56/28 对应的 $u_{sx}>0$，$u_{sy}>0$，所以其作用结果使得定子磁链幅值、电磁转矩均增大；合成矢量 14/28 对应的 $u_{sx}<0$，$u_{sy}>0$，所以其作用结果使得定子磁链幅值、电磁转矩分别减小和增大；合成矢量 35/7 与合成矢量 56/28 方向相反，所以其作用结果使得定子磁链幅值、电磁转矩均减小；合成矢量 35/49 与合成矢量 14/28 方向相反，所以其作用结果使得定子磁链幅值、电磁转矩分别增大和减小。当 $\tau=0$，即表示电磁转矩误差较小时，为了减小稳态时的转矩脉动，选择零电压矢量 0 或 63 作用于电动机，具体选哪一个则由同一扇区内开关次数最少原则确定。例如在第一扇区合成电压矢量由 56/28 转换至 35/49 对应六相逆变桥的开关状态变化如图 3-10 所示。可见插入 0 电压矢量和 63 电压矢量带来的开关状态变化均为六次，所以选择 0 电压矢量或 63 电压矢量满足开关次数最少原则。同样分析其他情况，获得相同的开关次数均为六次的结论。所以，在表 3-1 中所有的零电压矢量都可以选择 0 电压矢量或 63 电压矢量。

实际开关管存在导通、关断过渡过程，导致相同逆变桥臂开关管之间要插入死区，从而防止开关管直通对直流母线造成短路故障。在死区期间，对应桥臂开关管全部关断，绕组电流通过与开关管并联的二极管进行续流，具体从上、下桥臂哪一个二极管进行续流取决于电流流向。所以在续流期间，对应桥臂输出的电压不受开关管状态控制，使得死区期间实际逆变桥输出的电压矢量超出了表 3-1 的选择范围，从而在一个控制周期内零序电压 u_{sz4} 平均值不等于零，进而产生较大的零序电

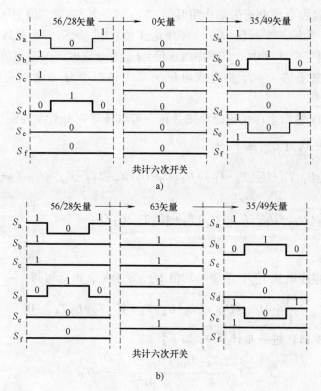

图 3-10 零电压矢量插入开关动作分析示意图

a) 插入 0 电压矢量 b) 插入 63 电压矢量

流 i_{sz4}。为了解决该问题，必须同时考虑死区期间逆变器实际输出的电压矢量和非死区期间由表 3-1 输出的电压矢量，使得在一个控制周期内死区期间输出的 u_{sz4} 和非死区期间输出的 u_{sz4} 的合成等于零，从而保证考虑死区后每一个数字控制周期内 u_{sz4} 的平均值等于零，进一步抑制零序电流 i_{sz4}。考虑死区效应，逆变器的电压矢量输出时序如图 3-11 所示。

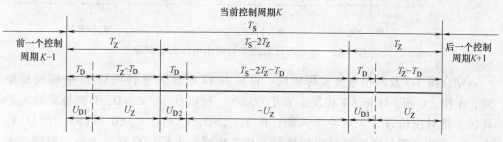

图 3-11 考虑死区后逆变器输出电压矢量时序

其中，T_S 为数字控制周期；T_D 为系统插入死区时间；T_Z 为第一、三段理想情况合成电压矢量作用时间；T_S-2T_Z 为第二段理想情况合成电压矢量作用时间；T_Z-T_D

为第一、三段实际合成电压矢量作用时间；$T_S - 2T_Z - T_D$ 为第二段实际合成电压矢量作用时间；U_{D1} 为第一个死区中 u_{sz4} 零序电压值；U_{D2} 为第二个死区中 u_{sz4} 零序电压值；U_{D3} 为第三个死区中 u_{sz4} 零序电压值；U_Z 为合成电压矢量中第一个分矢量对应的 u_{sz4} 零序电压值；$-U_Z$ 为合成电压矢量中第二个分矢量对应的 u_{sz4} 零序电压值。

根据图 3-11 输出电压矢量时序图分析，可以计算一个数字控制周期 T_S 内，零序电压 u_{sz4} 的平均值 $\overline{U}_{sz4}$ 如下：

$$\overline{U}_{sz4} = \frac{1}{T_S}\left[U_{D1}T_D + U_Z(T_Z - T_D) + U_{D2}T_D - U_Z(T_S - 2T_Z - T_D) + U_{D3}T_D + U_Z(T_Z - T_D) \right]$$

$$= \frac{1}{T_S}\left[(U_{D1} + U_{D2} + U_{D3} - U_Z)T_D + 4U_ZT_Z - U_ZT_S \right]$$

$$(3-17)$$

为了消除零序电流 i_{sz4}，希望平均值 $\overline{U}_{sz4}$ 等于零，由此可得

$$\frac{1}{T_S}\left[(U_{D1} + U_{D2} + U_{D3} - U_Z)T_D + 4U_ZT_Z - U_ZT_S \right] = 0 \qquad (3-18)$$

根据式（3-18）进一步计算 T_Z 如下：

$$T_Z = \frac{T_S}{4} - \frac{U_{D1} + U_{D2} + U_{D3} - U_Z}{4U_Z}T_D \qquad (3-19)$$

例如，在本节 DSP 程序中，数字控制周期 $T_S = 60\mu s$，逆变器桥臂死区插入时间为 $3.2\mu s$，前后两拍作用的合成电压矢量分别为 14/7 和 35/7，当前六相绕组电流 $i_{sA} > 0$，$i_{sB} > 0$，$i_{sC} < 0$，$i_{sD} < 0$，$i_{sE} < 0$，$i_{sF} > 0$ 时，逆变器的电压矢量输出时序如图 3-12 所示。

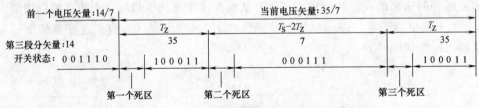

图 3-12　考虑死区后逆变器输出电压矢量时序

结合图 3-3 及六相电流实际流向，可见由 14 电压矢量转换到 35 电压矢量期间，A 相、C 相、D 相、F 相发生了开关动作，所以在 A，C，D，F 相桥臂插入了死区，将对应桥臂开关管全部关断；由于 $i_{sA} > 0$，$i_{sC} < 0$，$i_{sD} < 0$，$i_{sF} > 0$，所以 A，C，D，F 相电流分别通过对应相桥臂下桥二极管、上桥二极管、上桥二极管、下桥二极管进行续流，实际桥臂开关状态 $S_a = 0$，$S_c = 1$，$S_d = 1$，$S_f = 0$。而 B，E 相开关状态仍然维持原值不变，即 $S_b = 0$，$S_e = 1$。这样由 14 电压矢量转换到 35 电压矢量死区期间（第一个死区），逆变器输出的实际电压矢量为 14，对应六个桥臂开关

状态为001110，代入式（3-10）u_{sz4} 零序电压计算公式得到该死区期间

$$U_{D1} = u_{sz4}(0\ 0\ 1\ 1\ 1\ 0) = \frac{U_{DC}}{\sqrt{6}}(0-0+1-1+1-0) = \frac{U_{DC}}{\sqrt{6}} \qquad (3\text{-}20)$$

同理，可以分析第二、第三死区期间逆变桥实际开关状态为000111，从而计算对应的零序电压 u_{sz4} 如下：

$$U_{D2} = U_{D3} = u_{sz4}(0\ 0\ 0\ 1\ 1\ 1) = \frac{U_{DC}}{\sqrt{6}}(0-0+0-1+1-1) = -\frac{U_{DC}}{\sqrt{6}} \qquad (3\text{-}21)$$

U_Z 为合成矢量35/7中35矢量对应的 u_{sz4} 值，计算如下：

$$U_Z = u_{sz4}(35) = \frac{U_{DC}}{\sqrt{6}}(1-0+0-0+1-1) = \frac{U_{DC}}{\sqrt{6}} \qquad (3\text{-}22)$$

把式（3-20）～式（3-22）代入式（3-19）中，计算得

$$T_Z = \frac{60}{4} - \frac{U_{DC}/\sqrt{6} - U_{DC}/\sqrt{6} - U_{DC}/\sqrt{6} - U_{DC}/\sqrt{6}}{4U_{DC}/\sqrt{6}} \times 3.2 = 13.4\mu s \qquad (3\text{-}23)$$

进一步计算

$$T_S - 2T_Z = 60\mu s - 2 \times 13.4\mu s = 33.2\mu s \qquad (3\text{-}24)$$

这样，考虑逆变器死区效应后，三段矢量作用实际时间分别为 13.4μs，33.2μs，13.4μs，显然与理想作用时间 15μs，30μs，15μs 有所偏离。

由于开关管的开关过渡过程的非线性以及死区补偿的不完全精确，仍然会导致零序电流 i_{sz4} 非零现象的出现，因此为了更好地消除该零序分量，利用零序电流 i_{sz4} 闭环结构进一步调节合成电压矢量中两个分矢量作用时间，具体采用 PI 控制器形式，如图 3-13 所示。若零序电流误差 $\Delta i_{sz4} = i_{sz4}^* - i_{sz4} > 0$，表示实际零序电流低于其给定值，则 PI 输出值 $\Delta T_Z > 0$，用此值增大零序电压 u_{sz4} 为正的电压矢量 14，35，46 作用时间，同时减小零序电压 u_{sz4} 为负的电压矢量 7，28，49 作用时间，从而使得数字控制器内零序电压 u_{sz4} 的平均值大于零，以此来增大零序电流 i_{sz4}，缩小零序电流误差；反之，零序电流误差 $\Delta i_{sz4} = i_{sz4}^* - i_{sz4} < 0$ 情况零序电流的调节过程分析类似。

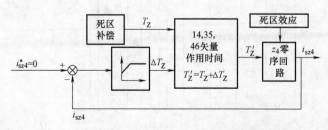

图 3-13　零序电流 i_{sz4} 闭环控制结构

根据上述电压矢量的选择、死区补偿及零序电流闭环控制的阐述，构建起本节

所提出的六相对称绕组永磁同步电动机直接转矩控制系统结构框图，如图 3-14 所示。

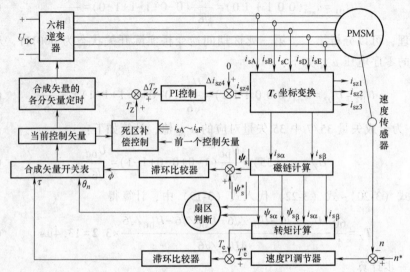

图 3-14 六相对称绕组永磁同步电动机直接转矩控制系统结构框图

3.2.2 控制策略仿真研究

1. 控制系统仿真建模

为了验证上述所提出控制策略的正确性，采用 Matlab/Simulink 模块与 M 函数相结合的方法对所提六相对称绕组永磁同步电动机直接转矩控制系统进行建模。为了更好地逼近实际电动机对象，利用 Simulink Powersystem 模块对六相对称绕组永磁同步电动机定子绕组电路回路进行建模，如图 3-15 所示。

电路输入为六相绕组端电压、转子旋转电角速度 ω_r、转子位置度 θ_r，输出为六相绕组电流。各相绕组反电动势通过受控电压源方法耦合到绕组回路中。根据式（2-30）和式（2-31），定子端电压方程进一步变换为

$$\begin{bmatrix} u_{sA} \\ u_{sB} \\ u_{sC} \\ u_{sD} \\ u_{sE} \\ u_{sF} \end{bmatrix} = R_s \begin{bmatrix} i_{sA} \\ i_{sB} \\ i_{sC} \\ i_{sD} \\ i_{sE} \\ i_{sF} \end{bmatrix} + \frac{\mathrm{d}}{\mathrm{d}t} \boldsymbol{L} \left(\begin{bmatrix} i_{sA} \\ i_{sB} \\ i_{sC} \\ i_{sD} \\ i_{sE} \\ i_{sF} \end{bmatrix} + \begin{bmatrix} \psi_{Af} \\ \psi_{Bf} \\ \psi_{Cf} \\ \psi_{Df} \\ \psi_{Ef} \\ \psi_{Ff} \end{bmatrix} \right) \tag{3-25}$$

$$= R_s \boldsymbol{i}_s + (L_{s\sigma1} + L_{sm}) \frac{\mathrm{d}\boldsymbol{i}_s}{\mathrm{d}t} + \boldsymbol{e}_r + \boldsymbol{K}_e \boldsymbol{i}_s + \Delta \boldsymbol{L}_{rs} \frac{\mathrm{d}\boldsymbol{i}_s}{\mathrm{d}t}$$

式中，六相绕组反电动势矢量 $\boldsymbol{e}_r = \begin{bmatrix} e_{Af} & e_{Bf} & e_{Cf} & e_{Df} & e_{Ef} & e_{Ff} \end{bmatrix}^T$。

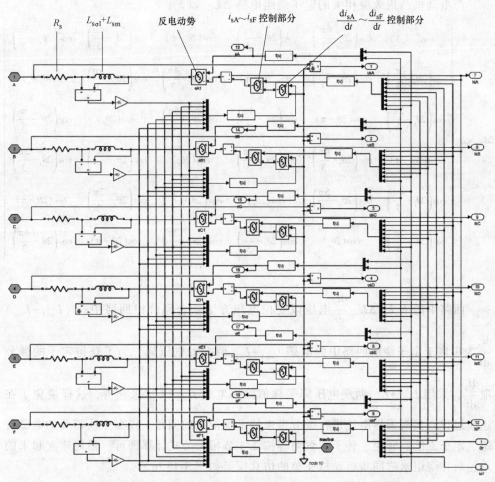

图 3-15   六相对称绕组永磁同步电动机定子绕组回路建模

电动机凸极引起的定子绕组感应电动势系数 K_e 如下：

$$K_e = -2\omega_r L_{rs}
\begin{bmatrix}
\sin(2\theta_r) & \sin\left(2\theta_r - \dfrac{\pi}{3}\right) & \sin\left(2\theta_r - \dfrac{2\pi}{3}\right) & \sin(2\theta_r - \pi) & \sin\left(2\theta_r - \dfrac{4\pi}{3}\right) & \sin\left(2\theta_r - \dfrac{5\pi}{3}\right) \\[10pt]
\sin\left(2\theta_r - \dfrac{\pi}{3}\right) & \sin\left(2\theta_r - \dfrac{2\pi}{3}\right) & \sin(2\theta_r - \pi) & \sin\left(2\theta_r - \dfrac{4\pi}{3}\right) & \sin\left(2\theta_r - \dfrac{5\pi}{3}\right) & \sin(2\theta_r) \\[10pt]
\sin\left(2\theta_r - \dfrac{2\pi}{3}\right) & \sin(2\theta_r - \pi) & \sin\left(2\theta_r - \dfrac{4\pi}{3}\right) & \sin\left(2\theta_r - \dfrac{5\pi}{3}\right) & \sin(2\theta_r) & \sin\left(2\theta_r - \dfrac{\pi}{3}\right) \\[10pt]
\sin(2\theta_r - \pi) & \sin\left(2\theta_r - \dfrac{4\pi}{3}\right) & \sin\left(2\theta_r - \dfrac{5\pi}{3}\right) & \sin(2\theta_r) & \sin\left(2\theta_r - \dfrac{\pi}{3}\right) & \sin\left(2\theta_r - \dfrac{2\pi}{3}\right) \\[10pt]
\sin\left(2\theta_r - \dfrac{4\pi}{3}\right) & \sin\left(2\theta_r - \dfrac{5\pi}{3}\right) & \sin(2\theta_r) & \sin\left(2\theta_r - \dfrac{\pi}{3}\right) & \sin\left(2\theta_r - \dfrac{2\pi}{3}\right) & \sin(2\theta_r - \pi) \\[10pt]
\sin\left(2\theta_r - \dfrac{5\pi}{3}\right) & \sin(2\theta_r) & \sin\left(2\theta_r - \dfrac{\pi}{3}\right) & \sin\left(2\theta_r - \dfrac{2\pi}{3}\right) & \sin(2\theta_r - \pi) & \sin\left(2\theta_r - \dfrac{4\pi}{3}\right)
\end{bmatrix}$$

与电动机凸极效应相关的定子绕组电感 $\Delta \boldsymbol{L}_{rs}$ 如下：

$$\Delta \boldsymbol{L}_{rs} = L_{rs} \begin{bmatrix} \cos(2\theta_r) & \cos\left(2\theta_r - \dfrac{\pi}{3}\right) & \cos\left(2\theta_r - \dfrac{2\pi}{3}\right) & \cos(2\theta_r - \pi) & \cos\left(2\theta_r - \dfrac{4\pi}{3}\right) & \cos\left(2\theta_r - \dfrac{5\pi}{3}\right) \\[2mm] \cos\left(2\theta_r - \dfrac{\pi}{3}\right) & \cos\left(2\theta_r - \dfrac{2\pi}{3}\right) & \cos(2\theta_r - \pi) & \cos\left(2\theta_r - \dfrac{4\pi}{3}\right) & \cos\left(2\theta_r - \dfrac{5\pi}{3}\right) & \cos(2\theta_r) \\[2mm] \cos\left(2\theta_r - \dfrac{2\pi}{3}\right) & \cos(2\theta_r - \pi) & \cos\left(2\theta_r - \dfrac{4\pi}{3}\right) & \cos\left(2\theta_r - \dfrac{5\pi}{3}\right) & \cos(2\theta_r) & \cos\left(2\theta_r - \dfrac{\pi}{3}\right) \\[2mm] \cos(2\theta_r - \pi) & \cos\left(2\theta_r - \dfrac{4\pi}{3}\right) & \cos\left(2\theta_r - \dfrac{5\pi}{3}\right) & \cos(2\theta_r) & \cos\left(2\theta_r - \dfrac{\pi}{3}\right) & \cos\left(2\theta_r - \dfrac{2\pi}{3}\right) \\[2mm] \cos\left(2\theta_r - \dfrac{4\pi}{3}\right) & \cos\left(2\theta_r - \dfrac{5\pi}{3}\right) & \cos(2\theta_r) & \cos\left(2\theta_r - \dfrac{\pi}{3}\right) & \cos\left(2\theta_r - \dfrac{2\pi}{3}\right) & \cos(2\theta_r - \pi) \\[2mm] \cos\left(2\theta_r - \dfrac{5\pi}{3}\right) & \cos(2\theta_r) & \cos\left(2\theta_r - \dfrac{\pi}{3}\right) & \cos\left(2\theta_r - \dfrac{2\pi}{3}\right) & \cos(2\theta_r - \pi) & \cos\left(2\theta_r - \dfrac{4\pi}{3}\right) \end{bmatrix}$$

回路中的 $\boldsymbol{K}_e \boldsymbol{i}_s + \Delta \boldsymbol{L}_{rs} \dfrac{\mathrm{d}\boldsymbol{i}_s}{\mathrm{d}t}$ 电压以受控电压方法耦合到绕组回路中；$(L_{s\sigma 1} + L_{sm})$ $\dfrac{\mathrm{d}\boldsymbol{i}_s}{\mathrm{d}t}$ 为串联于定子绕组回路中的电感 $L_{s\sigma 1} + L_{sm}$ 两端的电压降。为了获得定子的微分项 $\dfrac{\mathrm{d}\boldsymbol{i}_s}{\mathrm{d}t}$，采用 $L_{s\sigma 1} + L_{sm}$ 两端电压降采样值除以电感 $L_{s\sigma 1} + L_{sm}$ 来获得，这样避免了在建模过程直接对采样电流进行微分带来的干扰很大的问题。模型中所需要的电磁转矩、定子磁链、转速、转子位置角等按 2.3 节相关公式计算即可。最终建立起来的六相对称绕组永磁同步电动机完整的仿真模型如图 3-16 所示。

2. 控制系统仿真结果

所采用的六相对称绕组永磁同步电动机参数见附录中的表 A-1，给定定子磁链幅值为 0.33Wb，转矩限幅为 20N·m，逆变桥臂插入死区时间为 3.2μs。若没有死区补偿及零序电流 i_{sz4} 闭环控制，则驱动系统相关电流仿真结果如图 3-17 所示。从仿真结果可见，零序电流 i_{sz1}，i_{sz2} 除了局部的尖峰以外，绝大部分时间均为零；零序电流 i_{sz3} 始终为零；但零序电流 i_{sz4} 却由于逆变器的非线性因数，出现峰值 10A 的三次谐波交流分量。由于 i_{sz4} 的非零特性，导致实际相电流会产生较大的畸变。

为了降低零序电流 i_{sz4} 的幅值，采用本节所提出的具有零序电流控制的直接转矩控制策略进行仿真，负载转矩为 10N·m、转速为 1500r/min，仿真结果如图 3-18 所示。从仿真结果可见，零序 i_{sz4} 中原有的 3 次谐波基本被消除，只存在高频的 PWM 脉动。相绕组电流波形正弦度较好，机电能量转换平面定子磁链幅值和电磁转矩各自跟踪其给定值，磁链幅值控制为 0.33Wb，电流转矩控制为 10N·m。

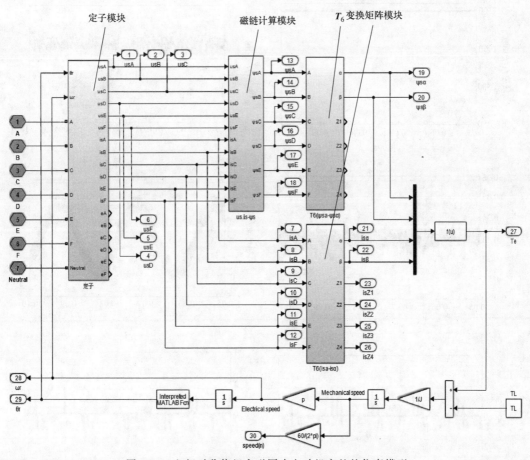

图 3-16　六相对称绕组永磁同步电动机完整的仿真模型

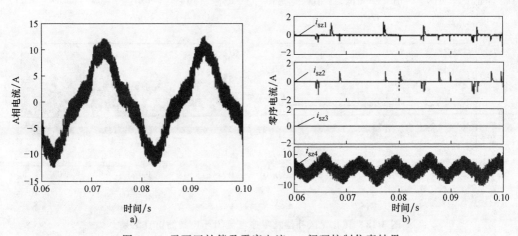

图 3-17　无死区补偿及零序电流 i_{sz4} 闭环控制仿真结果

a）A 相电流波形　b）零序电流波形

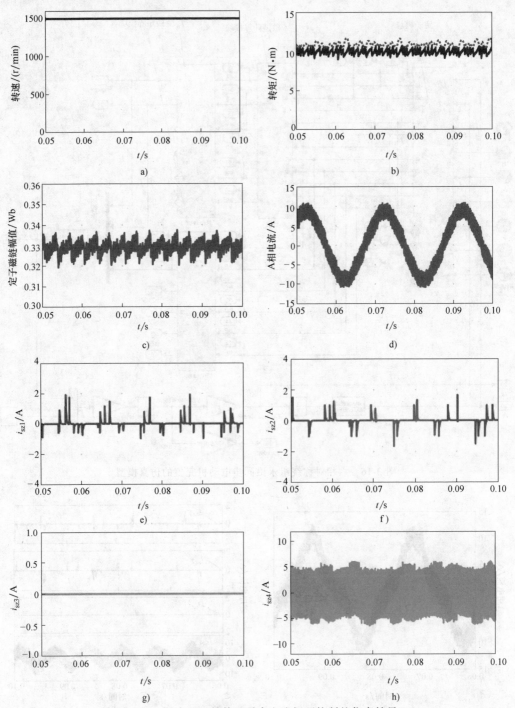

图 3-18 具有死区补偿及零序电流闭环控制的仿真结果

a) 转速 b) 转矩及其给定值 c) 定子磁链幅值 d) A 相电流

e) 零序电流 i_{sz1} f) 零序电流 i_{sz2} g) 零序电流 i_{sz3} h) 零序电流 i_{sz4}

3.2.3 控制策略实验研究

1. 驱动系统硬件

本书所采用的硬件系统平台如图 3-19 所示，是以 TMS320F2812 为核心构建的控制平台。六相对称绕组永磁同步电动机额定参数见附录中的表 A-1。其中，霍尔电流传感器检测定子电流、直流母线电流，输入输出电流比为 1000：1，恒流方式输出，型号为 CSM030AP/30mA；网侧三相交流电压经过三相整流桥（6RI100G_160）整流成不控直流母线电压 U_{DC}，再经过四个额定电压为 450V 的 680μF 电容，以滤波；IGBT 型号为 1MBH60D-100，共计 12 个 IGBT 构成六个桥臂。采用一台额定功率为 1.5kW 的他励式直流电动机作为六相对称绕组永磁同步电动机的负载，同轴安装 2500 线增量式编码器（TRD-272500AF）用于测量六相对称绕组永磁同步电动机的转子位置角。该硬件平台的系统结构框图如图 3-20 所示。

a) b)

c)

图 3-19　硬件系统平台

a）逆变器主电路板　b）DSP（TMS320F2812）控制板　c）实验用机组

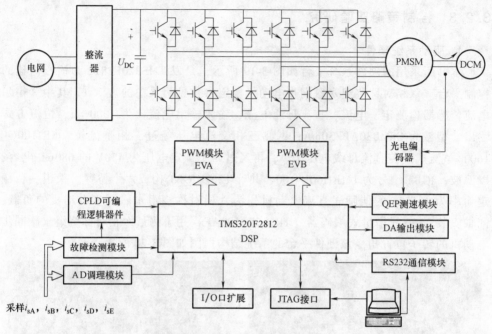

图 3-20　硬件平台系统结构框图

采用 HCPL3120 光耦驱动方式构建 IGBT 驱动电路，具体电路如图 3-21 所示。当 PWM 输入端为低电平时，光耦输出级上管导通，驱动电压 +20V 通过 +5V 稳压管加到 IGBT 的栅极与源极之间，以 +15V 电平驱动 IGBT 导通；当 PWM 输入端为高电平时，光耦输出级下管导通，+5V 电平反向加到 IGBT 的栅极与源极之间，IGBT 关断。

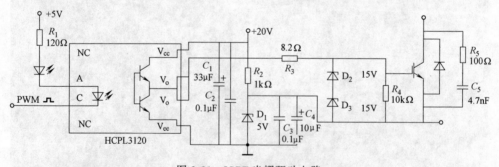

图 3-21　IGBT 光耦驱动电路

采用 LM324 运算放大器构建模拟量采样调理电路，如图 3-22 所示。通过参考电平 1.5V 把交流输入量抬升至 0V 以上并送到 DSP 模-数转换输入脚。

2. 控制策略软件编写

为了用实验验证所提控制策略的可行性，在 CCS3.3 中利用 C 语言编写 DSP 相

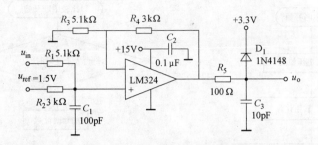

图 3-22　AD 调理电路

关程序，其主程序流程如图 3-23 所示。

该软件系统用到的中断有 AD 中断、T1 比较中断、CAP3 捕获中断、功率保护中断，其中断子程序流程图如图 3-24 所示。

3. 控制系统实验研究

无死区补偿及零序电流 i_{sz4} 闭环控制时实验结果如图 3-25 所示。实验中转速控制在 300r/min，给定定子磁链幅值为 0.33Wb，从实验结果可见，机电能量转换平面定子磁链幅值和电磁转矩均能较好地跟踪各自的给定值；但零序电流 i_{sz4} 出现较大幅值的 3 次谐波分量，而 i_{sz1}，i_{sz2} 被较好地控制在零附近。

为了消除较大的零序电流 i_{sz4}，加入死区补偿和 i_{sz4} 闭环控制结构，在与图 3-25 相同的负载、转速及给定定子磁链幅值的情况下进行实验研究，结果如图 3-26 所示。对比图 3-26 与图 3-25 可见：①两种实验中机电能量转换平面的电磁转矩及定子磁链控制效果基本相同；②考虑死区补偿及 z_4 零序电流控制后，零序电流 i_{sz4} 中低频 3 次谐波明显被消除，基本控制在零附近；③考虑死区补偿及 z_4 零序电流控制后，定子相绕组电流正弦度明显变好，原有的 3 次谐波不再存在。

为了进一步考察本节提出的直接转矩控制系统动态性能，做 300r/min、突加/突卸负载实验，结果如图 3-27 所示。t_1，t_2 时刻分别对应突加负载、突卸负载开始点。由实验结果可见：①转速能够快速控制到稳态 300r/min；②电磁转矩能够始终跟随其给定值变化而变化；③无论动态还是稳态，各零序电流始终控制在零附近，从而使得相绕组电流全部用于控制电磁转矩及定子磁链。从实验结果可见，所提出的控制系统动态响应迅速，稳态性能良好。

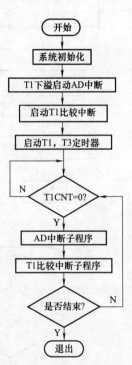

图 3-23　主程序流程图

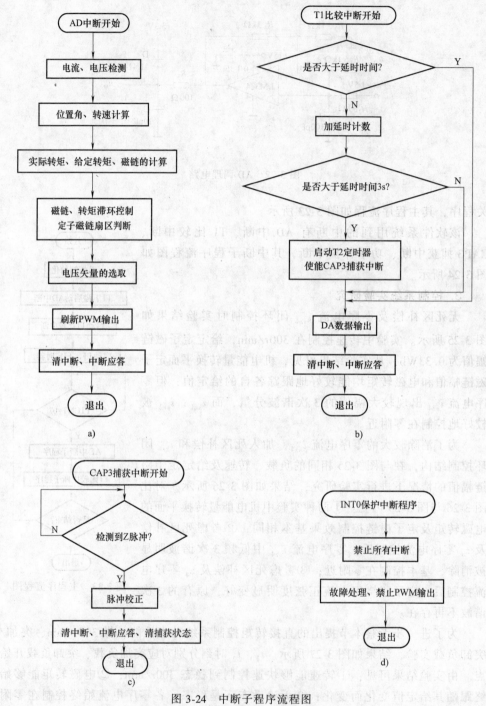

图 3-24 中断子程序流程图

a) AD 中断子程序流程图   b) T1 比较中断子程序流程图

c) CAP3 捕获中断子程序流程图   d) 功率保护中断子程序流程图

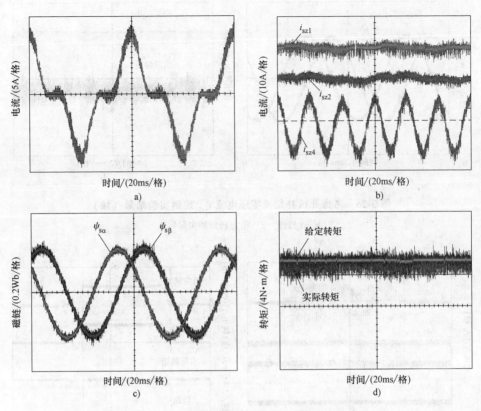

图 3-25 不考虑死区及零序电流 i_{sz4} 控制实验结果

a）A 相电流　b）零序电流　c）$\alpha\beta$ 磁链　d）给定转矩和实际转矩

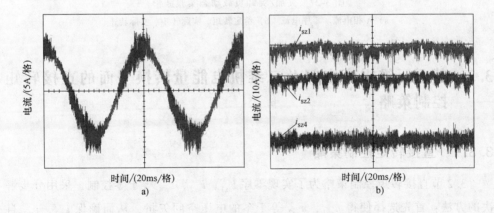

图 3-26 考虑死区补偿及零序电流 i_{sz4} 控制实验结果

a）A 相电流　b）零序电流

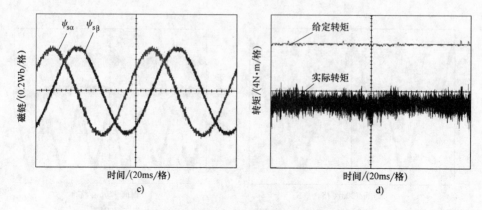

图 3-26 考虑死区补偿及零序电流 i_{sz4} 控制实验结果 （续）

c） $\alpha\beta$ 磁链 d） 给定转矩和实际转矩

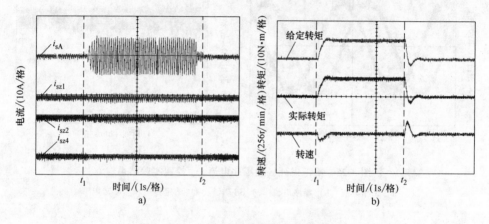

图 3-27 突加/突卸负载动态实验波形

a） A 相电流、零序电流 b） 给定转矩、实际转矩、实际转速

3.3 基于三维零序空间及二维机电能量转换平面的直接转矩控制策略

3.3.1 直接转矩控制策略

3.2 节直接转矩控制策略为了实现零序 i_{sz1}，i_{sz2}，i_{sz4} 等于零控制，采用分步解决的方法：首先选择使得 u_{sz1}，u_{sz2} 等于零的电压空间矢量，从而确保 i_{sz1}，i_{sz2} 自然等于零；然后为了实现 i_{sz4} 等于零的目标，采用以上获得的电压矢量合成方法，实现 u_{sz4} 平均值等于零；最后采用死区补偿及 i_{sz4} 闭环调节合成电压矢量中分矢量

的方法，实现 i_{sz4} 也为零控制的目标。通过以上步骤的解决方案，实现了三个零序电流等于零控制的目标，同时也实现了电动机的机电能量转换控制。显然这种解决方案没有把三个零序分量作为一个整体，算法较为复杂，能否将三个零序分量的控制从一个统一的整体角度进行解决？

从上述零序通道回路的分析可见，零序电压等于零序回路电阻压降和零序回路电感压降之和，所以零序通道是阻感性回路，利用零序电压即可对零序电流进行控制。在此，把 sz_1，sz_2，sz_4 轴组成一个三维坐标系，显然三维坐标系包括八个象限，包括：① $sz_1>0$，$sz_2>0$，$sz_4>0$；② $sz_1<0$，$sz_2>0$，$sz_4>0$……

根据 $S_aS_bS_cS_dS_eS_f$ 各种取值，做出对应的 $u_{sz1}+iu_{sz2}+ju_{sz4}$ 三维空间电压矢量，并且把每一象限的零序电压空间矢量归结为一组，共计有八组这样的零序电压空间矢量。而三个零序电流同样可以作为三维空间矢量来描述。从零序电压空间矢量对零序电流空间矢量控制作用角度来控制三个零序电流，可以简化直接转矩控制的算法。

根据式（3-9）可以建立零序电压空间矢量表达式如下：

$$u_{sz} = u_{sz1}+iu_{sz2}+ju_{sz4} = \frac{U_{DC}}{\sqrt{3}}\left(S_a-\frac{S_b}{2}-\frac{S_c}{2}+S_d-\frac{S_e}{2}-\frac{S_f}{2}\right)$$

$$+i\frac{U_{DC}}{2}(S_b-S_c+S_e-S_f) \quad (3-26)$$

$$+j\frac{U_{DC}}{\sqrt{6}}(S_a-S_b+S_c-S_d+S_e-S_f)$$

矢量长度如下：

$$|u_{sz1}+iu_{sz2}+ju_{sz4}| =$$

$$U_{DC}\sqrt{\frac{1}{3}\left(S_a-\frac{S_b}{2}-\frac{S_c}{2}+S_d-\frac{S_e}{2}-\frac{S_f}{2}\right)^2+\frac{1}{4}(S_b-S_c+S_e-S_f)^2+\frac{1}{6}(S_a-S_b+S_c-S_d+S_e-S_f)^2}$$

$$(3-27)$$

矢量与 sz_1 轴、sz_2 轴、sz_4 轴的夹角 θ_{sz1}，θ_{sz2}，θ_{sz4} 分别如下：

$$\theta_{sz1}=\arccos\left(\frac{\frac{1}{\sqrt{3}}\left(S_a-\frac{S_b}{2}-\frac{S_c}{2}+S_d-\frac{S_e}{2}-\frac{S_f}{2}\right)}{\sqrt{\frac{1}{3}\left(S_a-\frac{S_b}{2}-\frac{S_c}{2}+S_d-\frac{S_e}{2}-\frac{S_f}{2}\right)^2+\frac{1}{4}(S_b-S_c+S_e-S_f)^2+\frac{1}{6}(S_a-S_b+S_c-S_d+S_e-S_f)^2}}\right)$$

$$(3-28)$$

$$\theta_{sz2}=\arccos\left(\frac{\frac{1}{2}(S_b-S_c+S_e-S_f)}{\sqrt{\frac{1}{3}\left(S_a-\frac{S_b}{2}-\frac{S_c}{2}+S_d-\frac{S_e}{2}-\frac{S_f}{2}\right)^2+\frac{1}{4}(S_b-S_c+S_e-S_f)^2+\frac{1}{6}(S_a-S_b+S_c-S_d+S_e-S_f)^2}}\right)$$

$$(3-29)$$

$$\theta_{sz4}=\arccos\left(\frac{\frac{1}{\sqrt{6}}(S_a-S_b+S_c-S_d+S_e-S_f)}{\sqrt{\frac{1}{3}\left(S_a-\frac{S_b}{2}-\frac{S_c}{2}+S_d-\frac{S_e}{2}-\frac{S_f}{2}\right)^2+\frac{1}{4}(S_b-S_c+S_e-S_f)^2+\frac{1}{6}(S_a-S_b+S_c-S_d+S_e-S_f)^2}}\right)$$

$$(3-30)$$

据此，可以获得八个象限零序电压空间矢量组合如下：

第一象限：0,14,35,56,42,46,32,39,60,36,38,54,6,48,62,34,50,63;

第二象限：0,2,3,10,14,18,24,26,27,30,35,42,50,51,56,58,59,63;

第三象限：0,3,8,9,10,11,14,15,24,27,35,41,42,43,56,57,59,63;

第四象限：0,12,14,32,33,35,36,39,40,41,42,44,45,46,47,56,60,63;

第五象限：0,4,6,7,20,21,22,28,36,39,48,49,52,53,54,55,60,63;

第六象限：0,3,7,16,17,18,19,21,22,23,24,27,28,30,31,49,51,63;

第七象限：0,1,3,7,9,13,15,17,21,24,25,27,28,29,31,49,57,63;

第八象限：0,4,5,7,12,13,21,28,33,36,37,39,45,49,53,60,61,63。

以第一象限内零序电压矢量为例，画出其电压矢量分布图，如图 3-28 所示。这 18 个电压矢量均满足 $u_{sz1}>0$，$u_{sz2}>0$，$u_{sz4}>0$，所以根据零序回路的阻感特性，若当前零序电流矢量 i_{sz} 的各分量 $i_{sz1}<0$，$i_{sz2}<0$，$i_{sz4}<0$，则这 18 个电压矢量作用后，均能使得零序电流矢量向坐标零点移动。零序电压矢量、零序电流矢量关系如下：

$$u_{sz}=R_s i_{sz}+L_{s\sigma1}\frac{di_{sz}}{dt}\qquad(3-31)$$

对式（3-31）离散化后

$$u_{szk}=R_s i_{szk}+L_{s\sigma1}\frac{i_{szk+1}-i_{szk}}{T_s}\qquad(3-32)$$

忽略电阻压降后

$$i_{szk+1}-i_{szk}\approx\frac{T_s}{L_{s\sigma1}}u_{szk}\qquad(3-33)$$

所以，零序电流矢量的变化方向与施加的零序电压矢量方向相同，显然施加合适的零序电压矢量即可实现零序电流矢量向零点移动。

在用这 18 个开关组合控制零序电流矢量的同时，还要实现电磁转矩、定子磁链的闭环控制，为此做出第一象限开关组合对应的机电能量转换的二维平面电压矢量，如图 3-29 所示。画出 62 和 46 电压矢量所夹区域的中心线，把相邻电压矢量（包括所夹中心线）所夹区域定义为一个扇区，共计 12 个扇区 $\theta_1 \sim \theta_{12}$。根据电压矢量在定子磁链矢量定向坐标系上的分量即可分析这 18 个电压矢量对定子磁链幅值和电磁转矩的作用效果。例如定子磁链矢量 ψ_s 处于第一扇区 θ_1，则 48、56、60 可以实现定子磁链幅

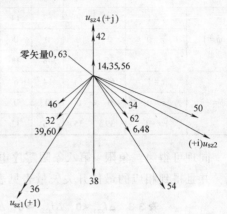

图 3-28　第一象限内零序
电压空间矢量分布

值增大、电磁转矩增大，由于 60 电压矢量与定子磁链矢量夹角最大，其在定子磁链矢量垂直方向分量最大，所以 60 矢量对电磁转矩控制效果最明显。从电磁转矩控制优先角度出发，当定子磁链矢量 ψ_s 处于第一扇区 θ_1 时，优先选择 60 矢量增大电磁转矩及定子磁链幅值。根据图 3-29 机电能量转换平面矢量分布，以电磁转矩控制优先为原则，分析当 $\Delta i_{sz1}=0-i_{sz1}\geq0$，$\Delta i_{sz2}=0-i_{sz2}\geq0$，$\Delta i_{sz4}=0-i_{sz4}\geq0$ 时对应的最优开关矢量表，见表 3-2。

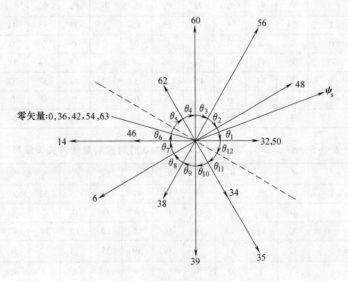

图 3-29　第一象限开关组合对应的机电能量转换二维平面电压矢量 $u_{s\alpha}+ju_{s\beta}$

表 3-2 $\Delta i_{sz1} \geqslant 0$, $\Delta i_{sz2} \geqslant 0$, $\Delta i_{sz4} \geqslant 0$ 时对应的最优开关矢量表

ϕ	τ	θ_1	θ_2	θ_3	θ_4	θ_5	θ_6	θ_7	θ_8	θ_9	θ_{10}	θ_{11}	θ_{12}
$\phi=1$	$\tau=1$	60	60	62	14	6	6	39	35	35	32	48	56
	$\tau=0$	0	0	0	0	0	0	0	0	0	0	0	0
	$\tau=-1$	35	32	48	48	56	60	62	14	14	6	39	39
$\phi=-1$	$\tau=1$	62	14	14	6	39	39	35	32	48	48	56	60
	$\tau=0$	0	0	0	0	0	0	0	0	0	0	0	0
	$\tau=-1$	39	35	35	32	48	56	60	60	62	14	6	6

同理可得第二象限~第八象限零序电压空间矢量在 $u_{s\alpha}+ju_{s\beta}$ 二维平面的分布情况，并且得到相应的最优开关矢量表见表 3-3~表 3-9。

表 3-3 $\Delta i_{sz1} < 0$, $\Delta i_{sz2} \geqslant 0$, $\Delta i_{sz4} \geqslant 0$ 时对应的最优开关矢量表

ϕ	τ	θ_1	θ_2	θ_3	θ_4	θ_5	θ_6	θ_7	θ_8	θ_9	θ_{10}	θ_{11}	θ_{12}
$\phi=1$	$\tau=1$	24	24	30	14	14	2	3	35	51	51	50	56
	$\tau=0$	0	0	0	0	0	0	0	0	0	0	0	0
	$\tau=-1$	35	51	50	56	56	24	30	30	14	2	3	3
$\phi=-1$	$\tau=1$	30	30	14	2	3	3	35	51	50	56	56	24
	$\tau=0$	0	0	0	0	0	0	0	0	0	0	0	0
	$\tau=-1$	3	35	51	51	50	56	24	24	30	14	14	2

表 3-4 $\Delta i_{sz1} < 0$, $\Delta i_{sz2} < 0$, $\Delta i_{sz4} \geqslant 0$ 时对应的最优开关矢量表

ϕ	τ	θ_1	θ_2	θ_3	θ_4	θ_5	θ_6	θ_7	θ_8	θ_9	θ_{10}	θ_{11}	θ_{12}
$\phi=1$	$\tau=1$	24	24	8	14	15	15	3	35	35	41	57	56
	$\tau=0$	0	0	0	0	0	0	0	0	0	0	0	0
	$\tau=-1$	35	41	57	57	56	24	8	14	14	15	3	3
$\phi=-1$	$\tau=1$	8	14	14	15	3	3	35	41	57	57	56	24
	$\tau=0$	0	0	0	0	0	0	0	0	0	0	0	0
	$\tau=-1$	3	35	35	41	57	56	24	24	8	14	15	15

表 3-5 $\Delta i_{sz1} \geqslant 0$, $\Delta i_{sz2} < 0$, $\Delta i_{sz4} \geqslant 0$ 时对应的最优开关矢量表

ϕ	τ	θ_1	θ_2	θ_3	θ_4	θ_5	θ_6	θ_7	θ_8	θ_9	θ_{10}	θ_{11}	θ_{12}
$\phi=1$	$\tau=1$	60	60	12	14	14	47	39	35	33	33	32	56
	$\tau=0$	0	0	0	0	0	0	0	0	0	0	0	0
	$\tau=-1$	35	33	32	56	56	60	12	12	14	47	39	39
$\phi=-1$	$\tau=1$	12	12	14	47	39	39	35	33	32	56	56	60
	$\tau=0$	0	0	0	0	0	0	0	0	0	0	0	0
	$\tau=-1$	39	35	33	33	32	56	60	60	12	14	14	47

表 3-6　$\Delta i_{sz1} \geqslant 0$，$\Delta i_{sz2} \geqslant 0$，$\Delta i_{sz4} < 0$ 时对应的最优开关矢量表

ϕ	τ	θ_1	θ_2	θ_3	θ_4	θ_5	θ_6	θ_7	θ_8	θ_9	θ_{10}	θ_{11}	θ_{12}
	$\tau = 1$	60	28	28	4	6	7	39	39	55	49	48	48
$\phi = 1$	$\tau = 0$	0	0	0	0	0	0	0	0	0	0	0	0
	$\tau = -1$	55	49	49	48	60	60	28	4	6	6	7	39
	$\tau = 1$	28	4	6	6	7	39	55	49	49	48	60	60
$\phi = -1$	$\tau = 0$	0	0	0	0	0	0	0	0	0	0	0	0
	$\tau = -1$	39	39	55	49	48	48	60	60	28	28	4	6	7

表 3-7　$\Delta i_{sz1} < 0$，$\Delta i_{sz2} \geqslant 0$，$\Delta i_{sz4} < 0$ 时对应的最优开关矢量表

ϕ	τ	θ_1	θ_2	θ_3	θ_4	θ_5	θ_6	θ_7	θ_8	θ_9	θ_{10}	θ_{11}	θ_{12}
	$\tau = 1$	24	28	30	30	22	7	3	3	51	49	49	16
$\phi = 1$	$\tau = 0$	0	0	0	0	0	0	0	0	0	0	0	0
	$\tau = -1$	51	51	49	16	24	24	28	30	22	7	7	3
	$\tau = 1$	28	30	22	7	7	3	51	51	49	16	24	24
$\phi = -1$	$\tau = 0$	0	0	0	0	0	0	0	0	0	0	0	0
	$\tau = -1$	3	3	51	49	49	16	24	28	30	30	22	7

表 3-8　$\Delta i_{sz1} < 0$，$\Delta i_{sz2} < 0$，$\Delta i_{sz4} < 0$ 时对应的最优开关矢量表

ϕ	τ	θ_1	θ_2	θ_3	θ_4	θ_5	θ_6	θ_7	θ_8	θ_9	θ_{10}	θ_{11}	θ_{12}
	$\tau = 1$	24	28	28	13	15	7	3	3	1	49	57	57
$\phi = 1$	$\tau = 0$	0	0	0	0	0	0	0	0	0	0	0	0
	$\tau = -1$	1	49	49	57	24	24	28	13	15	15	7	3
	$\tau = 1$	28	13	15	15	7	3	1	49	49	57	24	24
$\phi = -1$	$\tau = 0$	0	0	0	0	0	0	0	0	0	0	0	0
	$\tau = -1$	3	3	1	49	57	57	24	28	28	13	15	7

表 3-9　$\Delta i_{sz1} \geqslant 0$，$\Delta i_{sz2} < 0$，$\Delta i_{sz4} < 0$ 时对应的最优开关矢量表

ϕ	τ	θ_1	θ_2	θ_3	θ_4	θ_5	θ_6	θ_7	θ_8	θ_9	θ_{10}	θ_{11}	θ_{12}
	$\tau = 1$	60	28	12	12	4	7	39	39	33	49	49	61
$\phi = 1$	$\tau = 0$	0	0	0	0	0	0	0	0	0	0	0	0
	$\tau = -1$	33	33	49	61	60	60	28	12	4	7	7	39
	$\tau = 1$	28	12	4	7	7	39	33	33	49	61	60	60
$\phi = -1$	$\tau = 0$	0	0	0	0	0	0	0	0	0	0	0	0
	$\tau = -1$	39	39	33	49	49	61	60	28	12	12	4	7

根据上述分析，画出基于三维零序空间和二维机电能量转换平面构建的六相对

称绕组永磁同步电动机直接转矩控制系统框图，如图 3-30 所示。根据三个零序电流误差组合 Δi_{sz1}，Δi_{sz2}，Δi_{sz4} 符号，确定表 3-2～表 3-9 中的一个表；然后再根据扇区编号 θ_n、转矩滞环比较器输出 τ、磁链滞环比较器输出 ϕ，在前面所确定的最优开关矢量中查找出一个最优电压矢量作用于电动机，同时实现电磁转矩、定子磁链、零序电流的闭环控制。由于该策略不需要死区补偿和零序电流 PI 控制，只需通过查表即可实现变量的闭环控制，所以直接转矩控制算法更加简洁。

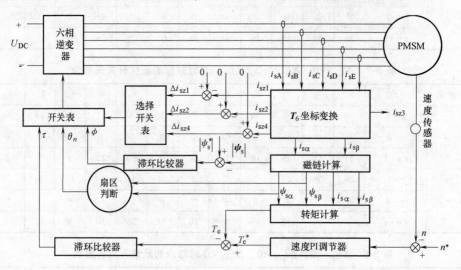

图 3-30　基于三维零序空间及二维机电能量转换平面的直接转矩控制系统框图

3.3.2　控制策略仿真研究

为了验证上述直接转矩控制策略的正确性，采用 Matlab/Simulink 对所提出的控制系统进行建模仿真，IGBT 死区设置为 3.2μs，给定定子磁链幅值为 0.33Wb，负载转矩为 10N·m，给定转速为 1500r/min，六相对称绕组永磁同步电动机参数见附录中的表 A-1，稳态仿真结果如图 3-31 所示。由仿真结果可见：①定子磁链幅值控制在 0.33Wb，电磁转矩控制在 10N·m；②相绕组电流总体为正弦波，三个零序电流控制在零附近高频脉动，零序电流的高频分量叠加到相绕组，使得相绕组电流上存在高频分量。

3.3.3　控制策略实验研究

为了验证所提出的控制策略的稳态性能，做负载转矩 10N·m，转速 300r/min 稳态实验，结果如图 3-32 所示，由实验结果可见：①定子磁链正弦光滑，其幅值控制为 0.33Wb；②电磁转矩平均值控制为 10N·m 左右；③相绕组电流正弦度较好，三个零序电流控制在零附近。所以，所提出的控制系统稳态性能较佳。

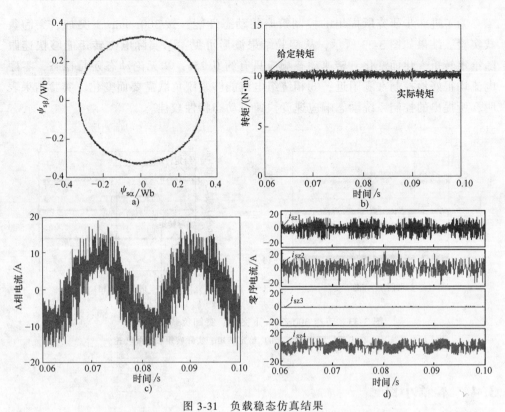

图 3-31　负载稳态仿真结果

a）αβ 磁链　b）转矩波形　c）A 相电流波形　d）零序电流波形

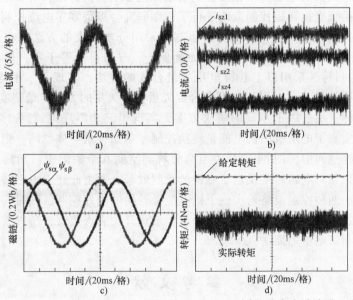

图 3-32　负载转矩 10N·m、转速 300r/min 时的稳态实验波形

a）A 相电流　b）零序电流　c）αβ 磁链　d）给定转矩和实际转矩

为了进一步研究所提出的控制策略的动态性能，做 300r/min 下突加、突卸负载实验，结果如图 3-33 所示，从实验结果波形可见：①实际电磁转矩能够快速跟随给定转矩变化而变化，转速动态响应只有约 0.25s；②无论动态还是稳态，零序电流均很好地控制在零附近；③相绕组电流能够紧跟负载需要而变化。实验结果表明，所提出的控制系统动态响应速度快速，动态特性较佳。

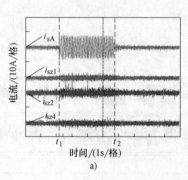 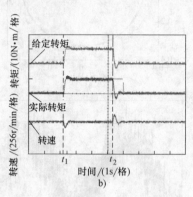

图 3-33　转速 300r/min 下突加、突卸负载实验结果
a）A 相电流、零序电流　b）给定转矩、实际转矩、实际转速

3.4　本章小结

本章以正弦波反电动势六相对称绕组永磁同步电动机为例，对单电动机单平面机电能量转换型直接转矩控制策略进行了详细研究。围绕零序电流控制，提出了两种直接转矩控制策略。第一种是分解思路，采用分步解决的方法，首先选择使得 u_{sz1}，u_{sz2} 等于零的空间电压矢量，从而确保 i_{sz1}，i_{sz2} 自然等于零；然后为了实现 i_{sz4} 等于零的目标，采用以上获得电压矢量合成的方法，实现 u_{sz4} 平均值等于零；最后采用死区补偿及 i_{sz4} 闭环 PI 调节合成矢量中分矢量的方法，最终实现 i_{zs4} 也为零控制的目标。通过以上步骤的解决方案，实现了三个零序电流等于零控制的目标，同时也实现了电动机的机电能量转换控制。第二种是整体思路，把三个零序电流放置在三维空间中，把 64 种开关组合分解到空间八个象限中；然后，研究每一个象限电压矢量对电磁转矩及定子磁链的控制效果，并由此建立电磁转矩优先的直接转矩控制。两种控制策略均实现了机电能量转换的较好控制，同时实现了零序电流的闭环控制。但由于第二种方法完全基于最优开关查表法，所以其算法所需时间较少，控制策略更加简洁。

参 考 文 献

[1]　周扬忠，程明，熊先云. 具有零序电流自矫正的六相永磁同步电机直接转矩控制 [J]. 中

国电机工程学报, 2015, 35（10）: 2504-2512.

[2] 周扬忠, 林晓刚, 熊先云. 基于三维及二维空间的六相永磁同步电机 DTC [J]. 电力电子技术, 2016, 50（06）: 68-70, 73.

[3] 周扬忠, 程明. 具有零序电流自矫正的六相同步电机直接转矩控制方法: 201410610713. X [P]. 2017-02-15.

[4] 熊先云. 对称六相永磁同步电机设计及其 DTC 控制研究 [D]. 福州: 福州大学, 2015.

第4章　单电动机双平面机电能量转换型直接转矩控制

4.1　引言

前面第3章研究了反电动势为正弦波的多相永磁同步电动机直接转矩控制，其只有一个机电能量转换平面，其他轴系均为零序轴系。实际上，随着电动机绕组由三相转为多相后，每一相绕组所占有的定子槽数明显减少，导致定子绕组产生的磁动势及反电动势均具有较大分量的谐波。借助第2章多平面分解坐标变换理论，把实际反电动势非正弦的多相电动机映到多个解耦平面和零序轴系上后，可能存在几个解耦平面上均具备机电能量转换能力的结果。这种现象为多相电动机产生更大的转矩密度提供了有益条件，也是多相电动机多自由度可控的结果。

基于上述现象，为了进一步提高单多相电动机的转矩密度，研究人员有意把电动机的反电动势设计成非正弦波，让其中的某些谐波明显增强，这样在定子绕组中注入对应谐波电流，从而在对应的谐波平面上输出一定的电磁转矩，实现电动机多平面上输出电磁转矩的有益局面。反电动势非正弦为电动机转矩密度的提高创造了条件，但多个平面上机电能量转换的份额如何分配？按照电动机哪种运行性能指标来设计该分配策略？这种分配策略如何与直接转矩控制策略相互融合？这些均是值得研究的科学问题。

随着电动机相数的增多，不仅存在多个机电能量转换平面，同时还存在需要控制的零序轴系。这样，直接转矩控制策略要同时实现多平面机电能量转换和多零序轴系闭环控制，使得控制算法明显变得复杂，如何实现多个机电能量转换控制与零序轴系控制有机融合是期待解决的另外一个科学问题。

为了有效回答上述问题，本章以反电动势含有较大分量的3次谐波的五相永磁同步电动机为研究对象，研究无需零序轴系控制的单电动机双平面机电能量转换型直接转矩控制策略；以反电动势含有较大分量的5次谐波的双三相永磁同步电动机为研究对象，研究需要零序轴系控制的单电动机双平面机电能量转换型直接转矩控制策略。

4.2　五相永磁同步电动机 3 次谐波注入式直接转矩控制

4.2.1　基波和 3 次谐波机电转换能量转换分配

1. 第一种机电能量转换分配（M_1 法）

直接转矩控制策略中每一个平面都依赖电磁转矩和定子磁链双变量控制机电能量转换，不同平面机电能量转换分配问题的实质是不同平面上电磁转矩、定子磁链之间的关系问题。

本节五相永磁同步电动机绕组反电动势波形如图 4-1 所示。可见其相位互差 72°，经过 FFT 分析可知 3 次谐波分量与基波分量的比为 26.09%，3 次谐波分量明显设计较大。

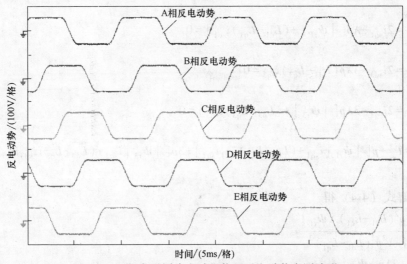

图 4-1　五相永磁同步电动机绕组反电动势实测波形

根据 2.4 节对称五相永磁同步电动机数学模型分析，机电能量转换同时存在于基波平面和 3 次谐波平面，电磁转矩在同步旋转坐标系的表达式如下：

$$T_e = p(i_{sq1}\psi_{sd1} - i_{sd1}\psi_{sq1}) + 3p(i_{sq3}\psi_{sd3} - i_{sd3}\psi_{sq3})$$

$$= p[\,|\psi_{r1}|\,i_{sq1} + (L_{d1} - L_{q1})i_{sd1}i_{sq1}] + 3p[\,|\psi_{r3}|\,i_{sq3} + (L_{d3} - L_{q3})i_{sd3}i_{sq3}]$$

$$= T_{e1} + T_{e3}$$

从提高电动机运行效率的角度，希望电动机产生的铜损耗越小越好，所以在用直接转矩控制策略满足驱动负载转矩 T_L 的同时，希望两个平面上的铜损耗 p_{cur} 最小。

$$p_{cur} = R_s(i_{sd1}^2 + i_{sq1}^2) + R_s(i_{sd3}^2 + i_{sq3}^2) \tag{4-1}$$

根据上述要求，实现基波和 3 次谐波平面机电能量转换分配转换为下列极值求解问题［即最大转矩电流比（MTPA）求解问题］：

最小：$p'_{cur} = i_{sd1}^2 + i_{sq1}^2 + i_{sd3}^2 + i_{sq3}^2$

恒定：$T_e = p[|\boldsymbol{\psi}_{r1}|i_{sq1} + (L_{d1}-L_{q1})i_{sd1}i_{sq1}] + 3p[|\boldsymbol{\psi}_{r3}|i_{sq3} + (L_{d3}-L_{q3})i_{sd3}i_{sq3}] = T_L$

$$(4-2)$$

为了求解上述铜损耗极值条件，引入以下辅助函数：

$$F = i_{sd1}^2 + i_{sq1}^2 + i_{sd3}^2 + i_{sq3}^2 +$$

$$\lambda\{T_e^* - p[|\boldsymbol{\psi}_{r1}|i_{sq1} + (L_{d1}-L_{q1})i_{sd1}i_{sq1}] + 3p[|\boldsymbol{\psi}_{r3}|i_{sq3} + (L_{d3}-L_{q3})i_{sd3}i_{sq3}]\}$$

$$(4-3)$$

式中，λ 为拉格朗日因子；T_e^* 为给定转矩。

若要满足式（4-2）的极值条件，则只需式（4-3）构建的辅助函数对各个电流分量及拉格朗日因子求偏导数，且等于零。

$$\begin{cases} \dfrac{\partial F}{\partial i_{sd1}} = 2i_{sd1} - \lambda p(L_{d1}-L_{q1})i_{sq1} = 0 \\[2mm] \dfrac{\partial F}{\partial i_{sq1}} = 2i_{sq1} - \lambda p[|\boldsymbol{\psi}_{r1}| + (L_{d1}-L_{q1})i_{sd1}] = 0 \\[2mm] \dfrac{\partial F}{\partial i_{sd3}} = 2i_{sd3} - 3\lambda p(L_{d3}-L_{q3})i_{sq3} = 0 \\[2mm] \dfrac{\partial F}{\partial i_{sq3}} = 2i_{sq3} - 3\lambda p[|\boldsymbol{\psi}_{r3}| + (L_{d3}-L_{q3})i_{sd3}] = 0 \\[2mm] \dfrac{\partial F}{\partial \lambda} = T_e^* - p[|\boldsymbol{\psi}_{r1}|i_{sq1} + (L_{d1}-L_{q1})i_{sd1}i_{sq1}] + 3p[|\boldsymbol{\psi}_{r3}|i_{sq3} + (L_{d3}-L_{q3})i_{sd3}i_{sq3}] = 0 \end{cases}$$

$$(4-4)$$

求解式（4-4）得

$$\begin{cases} i_{sd1} = \dfrac{\lambda^2 p^2(L_{d1}-L_{q1})|\boldsymbol{\psi}_{r1}|}{4-\lambda^2 p^2(L_{d1}-L_{q1})^2} \\[4mm] i_{sq1} = \dfrac{2\lambda p|\boldsymbol{\psi}_{r1}|}{4-\lambda^2 p^2(L_{d1}-L_{q1})^2} \\[4mm] i_{sd3} = \dfrac{9\lambda^2 p^2(L_{d3}-L_{q3})|\boldsymbol{\psi}_{r3}|}{4-9\lambda^2 p^2(L_{d3}-L_{q3})^2} \\[4mm] i_{sq3} = \dfrac{6\lambda p|\boldsymbol{\psi}_{r3}|}{4-9\lambda^2 p^2(L_{d3}-L_{q3})^2} \\[4mm] T_e^* = p\left[|\boldsymbol{\psi}_{r1}|\dfrac{2\lambda p|\boldsymbol{\psi}_{r1}|}{4-\lambda^2 p^2(L_{d1}-L_{q1})^2} + (L_{d1}-L_{q1})\dfrac{\lambda^2 p^2(L_{d1}-L_{q1})|\boldsymbol{\psi}_{r1}|}{4-\lambda^2 p^2(L_{d1}-L_{q1})^2}\dfrac{2\lambda p|\boldsymbol{\psi}_{r1}|}{4-\lambda^2 p^2(L_{d1}-L_{q1})^2}\right] \\[4mm] \quad +3p\left[|\boldsymbol{\psi}_{r3}|\dfrac{6\lambda p|\boldsymbol{\psi}_{r3}|}{4-9\lambda^2 p^2(L_{d3}-L_{q3})^2} + (L_{d3}-L_{q3})\dfrac{9\lambda^2 p^2(L_{d3}-L_{q3})|\boldsymbol{\psi}_{r3}|}{4-9\lambda^2 p^2(L_{d3}-L_{q3})^2}\dfrac{6\lambda p|\boldsymbol{\psi}_{r3}|}{4-9\lambda^2 p^2(L_{d3}-L_{q3})^2}\right] \end{cases}$$

$$(4-5)$$

从式（4-5）可见，四个电流分量均是拉格朗日因子 λ 的函数，这样电磁转矩也是拉格朗日因子的函数。直接转矩控制采用定子磁链幅值及电磁转矩闭环控制，由于五相永磁同步电动机采用基波和 3 次谐波双平面机电能量转换，所以具有双平面上的磁链幅值和电磁转矩的闭环。

基波平面上的定子磁链幅值及电磁转矩如下：

$$|\boldsymbol{\psi}_{s1}| = \sqrt{(L_{d1}i_{sd1} + |\boldsymbol{\psi}_{r1}|)^2 + (L_{q1}i_{sq1})^2}$$
$$T_{e1} = p[|\boldsymbol{\psi}_{r1}|i_{sq1} + (L_{d1} - L_{q1})i_{sd1}i_{sq1}] \tag{4-6}$$

3 次谐波平面上的定子磁链幅值及电磁转矩如下：

$$|\boldsymbol{\psi}_{s3}| = \sqrt{(L_{d3}i_{sd3} + |\boldsymbol{\psi}_{r3}|)^2 + (L_{q3}i_{sq3})^2}$$
$$T_{e3} = 3p[|\boldsymbol{\psi}_{r3}|i_{sq3} + (L_{d3} - L_{q3})i_{sd3}i_{sq3}] \tag{4-7}$$

由于四个电流分量均是拉格朗日因子 λ 的函数，所以两个机电能量转换平面上的定子磁链幅值及电磁转矩也是拉格朗日因子 λ 的函数。由于电动机转轴对外输出的总电磁转矩 T_e 要满足驱动负载转矩 T_L 的需要，稳态运行情况下的给定总电磁转矩 T_e^* 等于总电磁转矩 T_e，所以给定总电磁转矩 T_e^* 是已知量。根据给定总电磁转矩 T_e^* 是拉格朗日因子 λ 的函数，可以求解出以给定总电磁转矩 T_e^* 为自变量的拉格朗日因子 λ 函数；然后把 λ 函数代入式（4-5）中四个电流分量的表达式中，可以求解出以给定总电磁转矩 T_e^* 为自变量的四个电流分量的函数；把四个电流分量的函数代入 $|\boldsymbol{\psi}_{s1}|$，$|\boldsymbol{\psi}_{s3}|$ 表达式中，可以求解出以给定总电磁转矩 T_e^* 为自变量的两个机电能量转换平面定子磁链幅值函数；把四个电流分量的函数代入 T_{e1}，T_{e3} 表达式中，可以求解出以给定总电磁转矩 T_e^* 为自变量的两个平面电磁转矩函数。引入变量 $k_3 = T_{e3}^* / T_e^*$，k_3 也是以给定总电磁转矩 T_e^* 为自变量的函数。所以，只要已知总电磁转矩 T_e^*，根据式（4-2）极值条件，两个平面上的定子磁链幅值和电磁转矩均为确定变量。

但由于给定电磁转矩 T_e^* 与拉格朗日因子 λ 之间的关系复杂，难以用显式表示，因此，根据实际五相永磁同步电动机参数，利用 Matlab 中的曲线拟合方法，对以给定电磁转矩 T_e^* 为自变量的拉格朗日因子 λ 函数拟合结果如下：

$$\lambda = -2.43 \times 10^{-5} T_e^{*5} + 1.13 \times 10^{-3} T_e^{*4} - 1.74 \times 10^{-2} T_e^{*3} + 1.57 \times 10^{-3} T_e^{*2} + 4.02 T_e^* - 3.62 \times 10^{-3}$$
$$\tag{4-8}$$

同样，对以给定电磁转矩 T_e^* 为自变量的 $|\boldsymbol{\psi}_{s1}|$，$|\boldsymbol{\psi}_{s3}|$，k_3 函数的拟合结果如下：

$$|\boldsymbol{\psi}_{s1}^*| = f(T_e^*) = -1.292 \times 10^{-5} T_e^{*3} + 5.2372 \times 10^{-4} T_e^{*2} - 1.1587 \times 10^{-4} T_e^* + 0.17085$$

$$|\boldsymbol{\psi}_{s3}^*| = f(T_e^*) = -4.173 \times 10^{-7} T_e^{*3} + 1.0106 \times 10^{-5} T_e^{*2} + 8.4138 \times 10^{-7} T_e^* + 0.01478$$

$$k_3 = f(T_e^*) = 1.0039 \times 10^{-5} T_e^{*3} - 2.1577 \times 10^{-4} T_e^{*2} - 5.0975 \times 10^{-5} T_e^* + 0.06317$$

$$\tag{4-9}$$

根据实际电动机参数，以给定电磁转矩 T_e^* 为自变量的实际 $|\boldsymbol{\psi}_{s1}|$，$|\boldsymbol{\psi}_{s3}|$，k_3 数据与式（4-9）的拟合数据对比如图 4-2 所示，结果可见采用式（4-9）拟合表达式所得数值非常接近实际值，所以采用式（4-9）是可行的。

式（4-2）规定了铜损耗最小原则，在此原则下，A 相电流为

$$i_A = \sqrt{0.4}\left[\sqrt{i_{sd1}^2+i_{sq1}^2}\cos(\theta_r-\varphi_1)+\sqrt{i_{sd3}^2+i_{sq3}^2}\cos(3\theta_r-\varphi_3)\right] \tag{4-10}$$

其中，相位角 φ_1，φ_3 如下：

$$\varphi_1 = \arctan(i_{sq1}/i_{sd1})$$
$$\varphi_3 = \arctan(i_{sq3}/i_{sd3}) \tag{4-11}$$

把式（4-5）中相应电流代入式（4-11）中可得

$$\varphi_1 = \arctan\left[\frac{2}{\lambda p(L_{d1}-L_{q1})}\right]$$
$$\varphi_3 = \arctan\left[\frac{2}{3\lambda p(L_{d3}-L_{q3})}\right] \tag{4-12}$$

φ_1，φ_3 及 $3\varphi_1$ 随转矩变化对比结果如图 4-3 所示。

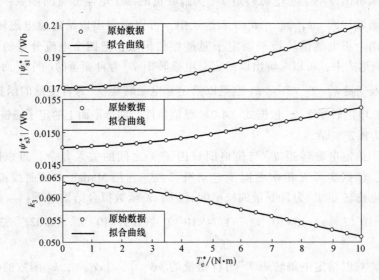

图 4-2 M_1 法中 $|\psi_{s1}^*|$，$|\psi_{s3}^*|$ 与 k_3 随转矩关系对比

显然，$3\varphi_1 \neq \varphi_3$，所以随着负载的变换，基波电流和 3 次谐波电流之间的相位也发生变化，导致相绕组电流可能出现基波电流峰值与 3 次谐波电流峰值叠加，从而导致流过开关管的电流峰值最大，不利于开关管安全工作；同时，这种峰-峰值叠加的结果，会使得电动机铁心局部严重饱和，增大了电动机的铁损耗。

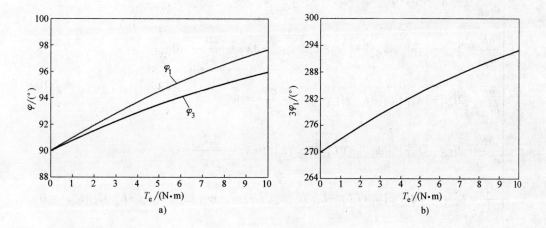

图 4-3　M_1 法基波和 3 次谐波电流相位随转矩关系（包括 φ_1，φ_3 及 $3\varphi_1$ 三条曲线）

a）φ_1，φ_3 曲线　b）$3\varphi_1$ 曲线

2. 第二种机电能量转换分配（M_2 法）

从 M_1 法的分析可见，仅仅规定电动机铜损耗最小还不够全面，为了进一步降低相绕组电流峰值，希望基波和 3 次谐波保持固定的相位关系，实现基波电流与 3 次谐波电流峰-谷叠加，从而降低绕组电流的峰值。为此，需要求解电动机铜损耗最小条件下同时满足负载需要及相位需要的极值问题。

最小：$p'_{\text{cur}} = i_{\text{sd1}}^2 + i_{\text{sq1}}^2 + i_{\text{sd3}}^2 + i_{\text{sq3}}^2$

恒定：$T_e = p [\mid \boldsymbol{\psi}_{\text{r1}} \mid i_{\text{sq1}} + (L_{\text{d1}} - L_{\text{q1}}) i_{\text{sd1}} i_{\text{sq1}}] + 3p [\mid \boldsymbol{\psi}_{\text{r3}} \mid i_{\text{sq3}} + (L_{\text{d3}} - L_{\text{q3}}) i_{\text{sd3}} i_{\text{sq3}}] =$
$T_{\text{L}} 3\arctan(i_{\text{sd1}}/i_{\text{sq1}}) = \arctan(i_{\text{sd3}}/i_{\text{sq3}})$

$$(4-13)$$

为了求解上述极值问题，做辅助函数 F 如下：

$F = i_{\text{sd1}}^2 + i_{\text{sq1}}^2 + i_{\text{sd3}}^2 + i_{\text{sq3}}^2 +$

$\lambda_1 \{ T_e^* - p [\mid \boldsymbol{\psi}_{\text{r1}} \mid i_{\text{sq1}} + (L_{\text{d1}} - L_{\text{q1}}) i_{\text{sd1}} i_{\text{sq1}}] - 3p [\mid \boldsymbol{\psi}_{\text{r3}} \mid i_{\text{sq3}} + (L_{\text{d3}} - L_{\text{q3}}) i_{\text{sd3}} i_{\text{sq3}}] \}$

$\lambda_2 [3\arctan(i_{\text{sd1}}/i_{\text{sq1}}) - \arctan(i_{\text{sd3}}/i_{\text{sq3}})]$

$$(4-14)$$

式中，λ_1，λ_2 均为引入的拉格朗日因子。

辅助函数 F 对四个电流分量、两个拉格朗日因子求偏导数且等于零，结果如下：

$$
\begin{cases}
\dfrac{\partial F}{\partial i_{sd1}} = 2i_{sd1} - \lambda_1 p (L_{d1} - L_{q1}) i_{sq1} + 3\lambda_2 \dfrac{i_{sq1}}{i_{sd1}^2 + i_{sq1}^2} = 0 \\[3mm]
\dfrac{\partial F}{\partial i_{sq1}} = 2i_{sq1} - \lambda_1 p \left[|\psi_{r1}| + (L_{d1} - L_{q1}) i_{sd1} \right] - 3\lambda_2 \dfrac{i_{sd1}}{i_{sd1}^2 + i_{sq1}^2} = 0 \\[3mm]
\dfrac{\partial F}{\partial i_{sd3}} = 2i_{sd3} - 3\lambda_1 p (L_{d3} - L_{q3}) i_{sq3} - \lambda_2 \dfrac{i_{sq3}}{i_{sd3}^2 + i_{sq3}^2} = 0 \\[3mm]
\dfrac{\partial F}{\partial i_{sq3}} = 2i_{sq3} - 3\lambda_1 p \left[|\psi_{r3}| + (L_{d3} - L_{q3}) i_{sd3} \right] + \lambda_2 \dfrac{i_{sd3}}{i_{sd3}^2 + i_{sq3}^2} = 0 \\[3mm]
\dfrac{\partial F}{\partial \lambda_1} = T_e^* - p \left[|\psi_{r1}| i_{sq1} + (L_{d1} - L_{q1}) i_{sd1} i_{sq1} \right] - 3p \left[|\psi_{r3}| i_{sq3} + (L_{d3} - L_{q3}) i_{sd3} i_{sq3} \right] = 0 \\[3mm]
\dfrac{\partial F}{\partial \lambda_2} = 3\arctan(i_{sd1}/i_{sq1}) - \arctan(i_{sd3}/i_{sq3}) = 0
\end{cases}
$$

$$(4\text{-}15)$$

从式（4-15）可见，有六个方程，恰好有六个未知数 $i_{sd1} \sim i_{sq3}$ 及 λ_1，λ_2，只要给定转矩 T_e^* 已知，则这六个未知数就被唯一确定。从而根据式（4-6）和式（4-7），两个平面上的定子磁链幅值和电磁转矩也可以表示成给定转矩 T_e^* 的函数。但由于式（4-15）方程式很复杂，这六个未知数很难用显式表示成给定转矩 T_e^* 的函数，所以为了方便实现两个机电能量转换平面转矩分配，采用 Matlab 中曲线拟合方法对以给定转矩 T_e^* 为自变量的两个平面定子磁链及转矩分配系数 k_3 进行拟合，结果如下：

$$|\psi_{s1}^*| = f(T_e^*) = -1.3445 \times 10^{-5} T_e^{*3} + 5.2189 \times 10^{-4} T_e^{*2} - 1.5729 \times 10^{-4} T_e^* + 0.1709$$

$$|\psi_{s3}^*| = f(T_e^*) = -6.572 \times 10^{-7} T_e^{*3} - 6.5546 \times 10^{-6} T_e^{*2} - 1.9067 \times 10^{-5} T_e^* + 0.01479$$

$$k_3 = f(T_e^*) = -1.228 \times 10^{-5} T_e^{*3} - 1.5727 \times 10^{-5} T_e^{*2} - 3.5046 \times 10^{-4} T_e^* + 0.06332$$

$$(4\text{-}16)$$

根据实际电动机参数，以给定电磁转矩 T_e^* 为自变量的实际 $|\psi_{s1}|$，$|\psi_{s3}|$，k_3 数据与式（4-16）的拟合数据对比如图 4-4 所示，结果可见采用式（4-16）拟合表达式所得数值非常接近实际值，所以采用式（4-16）是可行的，能够同时满足铜损耗最小及定子电流幅值最小的条件。

对比图 4-2 及图 4-4 可见：①随着转矩的增大，3 次谐波平面转矩份额逐渐减小；基波平面转矩份额逐渐增大；②随着转矩的增大，基波平面定子磁链逐渐增大；③随着转矩的增大，M_1 法 3 次谐波平面磁链幅值逐渐增大，而 M_2 法 3 次谐波平面磁链幅值却逐渐减小。所以，从对比可见，两种方法所要遵守的条件差异，带

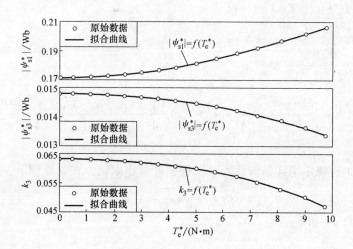

图 4-4 M_2 法中 $|\psi_{s1}^*|$，$|\psi_{s3}^*|$ 与 k_3 随转矩关系对比

来 3 次谐波平面上控制定子磁链幅值的差异。

3. 机电能量转换分配性能对比分析

为了进一步分析上述机电能量转换分配策略性能，首先分析无 3 次谐波注入时最小铜损耗的前提条件下，基波平面机电能量的转换关系。无谐波注入后，最小铜损耗控制策略条件的实质是求解以下极值问题：

$$i^2 = i_{sd1}^2 + i_{sq1}^2$$
$$T_e = T_{e1} = p[\,|\psi_{r1}|\,i_{sq1} + (L_{d1} - L_{q1})\,i_{sd1}i_{sq1}\,] \tag{4-17}$$

为此，做辅助函数 F 如下：

$$F = i_{sd1}^2 + i_{sq1}^2 + \lambda\{T_e^* - p[\,|\psi_{r1}|\,i_{sq1} + (L_{d1} - L_{q1})\,i_{sd1}i_{sq1}\,]\} \tag{4-18}$$

式中，λ 为拉格朗日因子。

式（4-18）对两个电流分量求偏导数，且等于零后

$$\begin{cases} \dfrac{\partial F}{\partial i_{sd1}} = 2i_{sd1} - \lambda p(L_{d1} - L_{q1})\,i_{sq1} = 0 \\[2mm] \dfrac{\partial F}{\partial i_{sq1}} = 2i_{sq1} - \lambda p[\,|\psi_{r1}| + (L_{d1} - L_{q1})\,i_{sd1}\,] = 0 \\[2mm] \dfrac{\partial F}{\partial \lambda} = T_e^* - p[\,|\psi_{r1}|\,i_{sq1} + (L_{d1} - L_{q1})\,i_{sd1}i_{sq1}\,] = 0 \end{cases} \tag{4-19}$$

求解式（4-19）结果如下：

$$\begin{cases} i_{sd1} = \dfrac{\lambda^2 p^2 (L_{d1}-L_{q1}) \mid \boldsymbol{\psi}_{r1} \mid}{4-\lambda^2 p^2 (L_{d1}-L_{q1})^2} \\[4mm] i_{sq1} = \dfrac{2\lambda p \mid \boldsymbol{\psi}_{r1} \mid}{4-\lambda^2 p^2 (L_{d1}-L_{q1})^2} \\[4mm] T_e^* = p \left[\mid \boldsymbol{\psi}_{r1} \mid \dfrac{2\lambda p \mid \boldsymbol{\psi}_{r1} \mid}{4-\lambda^2 p^2 (L_{d1}-L_{q1})^2} + (L_{d1}-L_{q1}) \dfrac{\lambda^2 p^2 (L_{d1}-L_{q1}) \mid \boldsymbol{\psi}_{r1} \mid}{4-\lambda^2 p^2 (L_{d1}-L_{q1})^2} \dfrac{2\lambda p \mid \boldsymbol{\psi}_{r1} \mid}{4-\lambda^2 p^2 (L_{d1}-L_{q1})^2} \right] \end{cases}$$

$$(4-20)$$

式（4-20）规定了无谐波注入情况铜损耗最小原则。在此原则下，A 相电流为

$$i_A = \sqrt{0.4} \sqrt{i_{sd1}^2 + i_{sq1}^2} \cos(\theta_r - \varphi_1) \tag{4-21}$$

其中，相位角 φ_1 如下：

$$\varphi_1 = \arctan(i_{sq1}/i_{sd1}) = \arctan \dfrac{2}{\lambda p(L_{d1}-L_{q1})} \tag{4-22}$$

采用 Matlab 中曲线拟合方法，对无谐波注入时基波平面定子磁链幅值与转矩关系进行拟合，结果如式（4-23）所示。

$$\mid \psi_{s1}^* \mid = f(T_e^*) = -1.068 \times 10^{-5} T_e^{*3} + 4.469 \times 10^{-4} T_e^{*2} - 8.86 \times 10^{-5} T_e^* + 0.17085$$

$$(4-23)$$

实际定子磁链与拟合结果对比如图 4-5 所示。

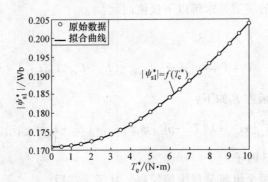

图 4-5 $\mid \psi_{s1}^* \mid = f(T_e^*)$ 实际值与曲线拟合结果对比

对比图 4-2、图 4-4、图 4-5 的基波磁链幅值可见，无谐波注入时定子磁链幅值最小。

根据上述 M_1 法、M_2 法及无谐波注入最小铜损耗策略分析，采用附录中的表 A-2 五相永磁同步电动机参数，分析三种方案相绕组电流峰值、有效值与电磁转矩关系，如图 4-6 所示。根据结果可见：①随着负载转矩增大，定子相绕组电流幅值均增大；②无谐波注入时相绕组电流峰值最大，而 M_2 法策略电流峰值最小；③三

种方案中无谐波注入时电流有效值最小；④相同定子电流峰值的情况下，M_2 法电动机负载能力最强。

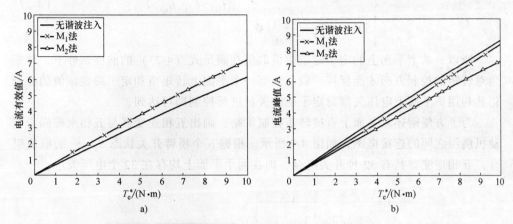

图 4-6 M_1 法、M_2 法及无谐波注入最小铜损耗策略绕组电流峰值、有效值分析

a) 有效值 b) 峰值

4.2.2 电压矢量对双机电能量转换平面及零序轴系的控制

根据 2.4 节对称五相永磁同步电动机数学模型分析，基波和 3 次谐波平面上的电磁转矩分别可以表示为对应的转矩角函数，其结果如下：

$$T_{e1} = \mid \boldsymbol{\psi}_{s1} \mid p \left[\frac{\sqrt{3}}{L_{d1}} \psi_{f1} \sin\delta_1 + \frac{1}{2} \mid \boldsymbol{\psi}_{s1} \mid \left(\frac{1}{L_{q1}} - \frac{1}{L_{d1}} \right) \sin2\delta_1 \right] \qquad (4\text{-}24)$$

$$T_{e3} = 3 \mid \boldsymbol{\psi}_{s3} \mid p \left[\frac{\sqrt{3}}{L_{d3}} \psi_{f3} \sin\delta_3 + \frac{1}{2} \mid \boldsymbol{\psi}_{s3} \mid \left(\frac{1}{L_{q3}} - \frac{1}{L_{d3}} \right) \sin2\delta_3 \right] \qquad (4\text{-}25)$$

所以，只要把对应平面上定子磁链幅值控制为恒定，则仍然可以利用对应平面的转矩角来控制该平面的电磁转矩，而转矩角及定子磁链幅值均依赖该平面的逆变器输出电压矢量进行控制。

为了保证转矩角对电磁转矩控制方向的一致性，要求式（4-24）和式（4-25）对转矩角的偏微分值大于零，即

$$\begin{cases} \dfrac{\partial T_{e1}}{\partial \delta_1} = \left[\dfrac{p}{L_{d1}} \mid \boldsymbol{\psi}_{s1} \mid \mid \boldsymbol{\psi}_{r1} \mid \cos\delta_1 + p \mid \boldsymbol{\psi}_{s1} \mid^2 \left(\dfrac{1}{L_{q1}} - \dfrac{1}{L_{d1}} \right) \cos(2\delta_1) \right] \Bigg|_{\delta_1=0} \geqslant 0 \\[4mm] \dfrac{\partial T_{e3}}{\partial \delta_3} = 3 \left[\dfrac{p}{L_{d_3}} \mid \boldsymbol{\psi}_{s3} \mid \mid \boldsymbol{\psi}_{r3} \mid \cos\delta_3 + p \mid \boldsymbol{\psi}_{s3} \mid^2 \left(\dfrac{1}{L_{q3}} - \dfrac{1}{L_{d3}} \right) \cos(2\delta_3) \right] \Bigg|_{\delta_3=0} \geqslant 0 \end{cases}$$

$$(4\text{-}26)$$

其中，$\mid \boldsymbol{\psi}_{r1} \mid = \sqrt{3} \psi_{f1}$，$\mid \boldsymbol{\psi}_{r3} \mid = \sqrt{3} \psi_{f3}$。求解式（4-26）不等式组，结果如下：

$$\begin{cases} |\boldsymbol{\psi}_{s1}| \leq \dfrac{L_{q1}}{L_{q1}-L_{d1}}|\boldsymbol{\psi}_{r1}| \\[3mm] |\boldsymbol{\psi}_{s3}| \leq \dfrac{L_{q3}}{L_{q3}-L_{d3}}|\boldsymbol{\psi}_{r3}| \end{cases}, L_{q1}>L_{d1}, L_{q3}>L_{d3} \qquad (4\text{-}27)$$

所以，两个平面上的定子磁链幅值取值在满足式（4-27）的前提条件下，转矩角对转矩的控制方向才能保持一致。而每一个平面上转矩角和定子磁链幅值的控制仍然利用该平面上电压矢量对定子磁链矢量进行控制即可达到。

为了方便阐述双平面上直接转矩控制策略，画出五相逆变器与五相永磁同步电动机绕组之间的连接框图，如图 4-7 所示。根据五个桥臂开关状态 $S_a \sim S_e$ 的取值组合，五相逆变器共有 32 种开关组合，即在两个平面上均存在 32 个电压矢量。

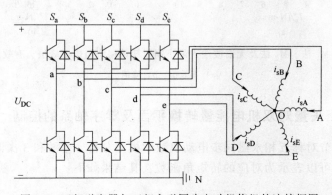

图 4-7　五相逆变器与五相永磁同步电动机绕组的连接框图

根据图 4-7 所示的连接框图，五相绕组相电压 $u_{sA} \sim u_{sE}$ 与开关状态、直流母线电压 U_{DC} 及中点电压 u_{NO} 之间关系如下：

$$\begin{bmatrix} u_{sA} \\ u_{sB} \\ u_{sC} \\ u_{sD} \\ u_{sE} \end{bmatrix} = U_{DC}\begin{bmatrix} S_a \\ S_b \\ S_c \\ S_d \\ S_e \end{bmatrix} + u_{NO}\begin{bmatrix} 1 \\ 1 \\ 1 \\ 1 \\ 1 \end{bmatrix} \qquad (4\text{-}28)$$

由于绕组采用了星形联结，五相绕组电流之和等于零，从而导致绕组端电压之和也等于零，即

$$u_{sA}+u_{sB}+u_{sC}+u_{sD}+u_{sE}=0 \qquad (4\text{-}29)$$

把式（4-29）条件代入式（4-28）中得

$$u_{NO}=-\frac{1}{5}U_{DC}[S_a+S_b+S_c+S_d+S_e] \qquad (4\text{-}30)$$

把式（4-30）代入式（4-28）中，式（4-28）进一步变换为

$$
\begin{bmatrix} u_{sA} \\ u_{sB} \\ u_{sC} \\ u_{sD} \\ u_{sE} \end{bmatrix} = U_{DC} \begin{bmatrix} \dfrac{4}{5} & -\dfrac{1}{5} & -\dfrac{1}{5} & -\dfrac{1}{5} & -\dfrac{1}{5} \\ -\dfrac{1}{5} & \dfrac{4}{5} & -\dfrac{1}{5} & -\dfrac{1}{5} & -\dfrac{1}{5} \\ -\dfrac{1}{5} & -\dfrac{1}{5} & \dfrac{4}{5} & -\dfrac{1}{5} & -\dfrac{1}{5} \\ -\dfrac{1}{5} & -\dfrac{1}{5} & -\dfrac{1}{5} & \dfrac{4}{5} & -\dfrac{1}{5} \\ -\dfrac{1}{5} & -\dfrac{1}{5} & -\dfrac{1}{5} & -\dfrac{1}{5} & \dfrac{4}{5} \end{bmatrix} \begin{bmatrix} S_a \\ S_b \\ S_c \\ S_d \\ S_e \end{bmatrix} \tag{4-31}
$$

式（4-31）两边左乘式（2-81）变换矩阵 T_5，从而把式（4-31）变换至 $\alpha_1\beta_1\alpha_3\beta_3 z$ 轴系上

$$
\begin{bmatrix} u_{s\alpha1} \\ u_{s\beta1} \\ u_{s\alpha3} \\ u_{s\beta3} \\ u_{sz} \end{bmatrix} = \sqrt{\dfrac{2}{5}} U_{DC} \begin{bmatrix} S_a + S_b\cos\dfrac{2\pi}{5} + S_c\cos\dfrac{4\pi}{5} + S_d\cos\dfrac{6\pi}{5} + S_e\cos\dfrac{8\pi}{5} \\ S_b\sin\dfrac{2\pi}{5} + S_c\sin\dfrac{4\pi}{5} + S_d\sin\dfrac{6\pi}{5} + S_e\sin\dfrac{8\pi}{5} \\ S_a + S_b\cos\dfrac{6\pi}{5} + S_c\cos\dfrac{2\pi}{5} + S_d\cos\dfrac{8\pi}{5} + S_e\cos\dfrac{4\pi}{5} \\ S_b\sin\dfrac{6\pi}{5} + S_c\sin\dfrac{2\pi}{5} + S_d\sin\dfrac{8\pi}{5} + S_e\sin\dfrac{4\pi}{5} \\ 0 \end{bmatrix} \tag{4-32}
$$

式中，u_{sz} 为零序电压。从式（4-32）结果可见，五相逆变器输出的零序电压始终等于零，所以零序电流一直等于零，无需对零序轴系进行控制。根据式（4-32）的结果，可以进一步写出 $\alpha_1\beta_1$ 平面、$\alpha_3\beta_3$ 平面上的电压矢量表达式如下：

$$
u_{s\alpha1} + ju_{s\beta1} = \sqrt{\dfrac{2}{5}} U_{DC}\left(S_a + S_b e^{j\frac{2\pi}{5}} + S_c e^{j\frac{4\pi}{5}} + S_d e^{j\frac{6\pi}{5}} + S_e e^{j\frac{8\pi}{5}}\right) \tag{4-33}
$$

$$
u_{s\alpha3} + ju_{s\beta3} = \sqrt{\dfrac{2}{5}} U_{DC}\left(S_a + S_b e^{j\frac{6\pi}{5}} + S_c e^{j\frac{2\pi}{5}} + S_d e^{j\frac{8\pi}{5}} + S_e e^{j\frac{4\pi}{5}}\right) \tag{4-34}
$$

根据式（4-33）和式（4-34）分别画出 $\alpha_1\beta_1$ 平面、$\alpha_3\beta_3$ 平面电压矢量分布图，如图 4-8 所示。根据 $S_a \sim S_e$ 开关状态取值组合，两个平面上均存在 32 个电压矢量。由于在开关矢量选择过程中，个别扇区中不存在同时满足两个平面上的机电能量转换的开关组合，因此采用基本电压矢量合成出新的电压矢量：50(4,23),51(17,28),52(8,27),53(3,14),54(1,15),55(12,25),56(16,30),57(6,19),58(4,29),59(7,17),60(2,27),61(14,24),62(8,15),63(3,25),64(16,23),65(6,28),66(1,29),67(7,12),68(2,30),69(19,24)。新合成的 50~69 电压矢量均由两个等长电压矢量各作用一半的数字控制周期合成。例如合成电压矢量 67 是由基本电压

矢量 7 和 12 分别作用一半的控制周期 $T_s/2$ 形成的，它在 $\alpha_1\beta_1$ 平面和 $\alpha_3\beta_3$ 平面上位置、大小及 PWM 时序如图 4-8 所示。

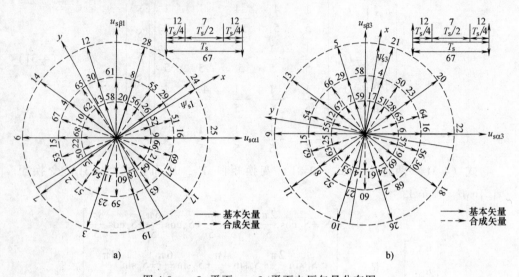

图 4-8　$\alpha_1\beta_1$ 平面、$\alpha_3\beta_3$ 平面电压矢量分布图

a) 基波平面电压矢量 $u_{s\alpha1}+ju_{s\beta1}$　b) 3 次谐波平面电压矢量 $u_{s\alpha3}+ju_{s\beta3}$

在利用电压矢量对两平面电磁转矩及定子磁链控制过程中，优先选择单电压矢量；若没有合适的单电压矢量，则从合成的电压矢量中选出最优的电压矢量作用于电动机。为了实现两个平面机电能量转换的同时控制，本节的五相永磁同步电动机直接转矩控制逆变器最优开关矢量选择过程如下：

1）把图 4-8a 中相邻两个电压矢量（包括合成电压矢量）所夹区域划分为一个扇区，每一个扇区对应角度为 18°，共计 20 个扇区，扇区用 θ_{si}（$i=1$，2，3，…，20）表示，这样 $\theta_{s1}\in[0°,18°]$，$\theta_{s2}\in[18°,36°]$，…，$\theta_{s20}\in[342°,360°]$。

2）类似于图 4-8a 基波平面扇区的划分，对图 4-8b 中的 3 次谐波平面扇区进行划分，每一个扇区对应角度为 18°，共计 20 个扇区，扇区用 θ_{xi}（$i=1$，2，3，…，20）表示，这样 $\theta_{x1}\in[0°,18°]$，$\theta_{x2}\in[18°,36°]$，…，$\theta_{x20}\in[342°,360°]$。

3）确定 3 次谐波平面定子磁链矢量 $\boldsymbol{\psi}_{s3}$ 所处扇区 θ_{si}，并定义定子磁链定向坐标系 xy，将全部非零电压矢量划分到 xy 坐标系的四个象限中。其中，第一象限电压矢量实现定子磁链幅值和电磁转矩均增大；第二象限电压矢量实现定子磁链幅值减小、电磁转矩增大；第三象限电压矢量实现定子磁链幅值和电磁转矩均减小；第四象限电压矢量实现定子磁链幅值增大、电磁转矩减小。从图 4-8b 矢量夹角关系可见，当定子磁链处于某个扇区时，无论定子磁链矢量处于该扇区的什么位置，四个象限所包括的电压矢量都是确定的。

4）确定基波平面定子磁链 $\boldsymbol{\psi}_{s1}$ 所处扇区 θ_{xi}，并定义定子磁链定向坐标系 xy，将全部非零电压矢量划分到 xy 坐标系的四个象限中。其中，第一象限电压矢量实现定子磁链幅值和转矩均增大；第二象限电压矢量实现定子磁链幅值减小、电磁转矩增大；第三象限电压矢量实现定子磁链幅值和转矩均减小；第四象限电压矢量实现定子磁链幅值增大、电磁转矩减小。同样从图 4-8a 矢量夹角关系可见，当定子磁链处于某个扇区时，尽管定子磁链矢量处于该扇区的位置可能不同，但四个象限所包括的电压矢量都是确定的。

5）根据 3）和 4）分析结果，以基波平面定子磁链 $\boldsymbol{\psi}_{s1}$ 所处扇区 θ_{xi}、基波平面定子磁链幅值和转矩控制需要、3 次谐波平面定子磁链矢量 $\boldsymbol{\psi}_{s3}$ 所处扇区 θ_{si}、3 次谐波平面定子磁链幅值和转矩控制需要作为输入量，可以确定出基波平面上应该选择的电压矢量组和 3 次谐波平面上应该选择的电压矢量组，然后进一步选出这两组电压矢量中的交集矢量作为最终的最优电压矢量输出，从而构建出最优开关矢量表。

6）在上述步骤中，交集中优先选择单电压矢量；若交集中没有单电压矢量，则再选择满足控制需要的合成电压矢量。

对于最优开关矢量确定方法进一步举例说明如下：例如，当 3 次谐波平面定子磁链矢量处于 $\theta_{x5} \in [72°, 90°]$ 扇区、基波平面定子磁链矢量处于 $\theta_{s2} \in [18°, 36°]$ 时，3 次谐波平面上第一象限电压矢量包括单电压矢量 7,29,5,12,1,13 及合成电压矢量 59,58,67,66,55,54；第二象限电压矢量包括单电压矢量 25,15,9,3,8,11,4,27,10 及合成电压矢量 63,62,53,52；第三象限电压矢量包括单电压矢量 24,2,19,30,18 及合成电压矢量 61,60,68,69,56,57；第四象限电压矢量包括单电压矢量 6,16,22,28,23,20,17,4,21 及合成电压矢量 65,64,50,51。基波平面上第一象限电压矢量包括单电压矢量 26,29,24,20,8,28,13,30,12 及合成电压矢量 56,55,58,61；第二象限电压矢量包括单电压矢量 10,4,14,22,15,6 及合成电压矢量 62,65,68,67,50,53；第三象限电压矢量包括单电压矢量 5,2,7,11,23,3,18,1,19 及合成电压矢量 54,57,60,59；第四象限电压矢量包括单电压矢量 21,27,17,9,16,25 及合成电压矢量 64,63,66,69,51,52。若需要 3 次谐波平面磁链幅值和电磁转矩均增大，则应该首先选择 3 次谐波平面第一象限中的单电压矢量 7,29,5,12,1,13，但显然根据图 4-8a 及上述基波平面四象限所属电压矢量分析，这六个单电压矢量分布在基波平面的第一象限和第三象限中，这样若此时需要实现基波平面定子磁链幅值减小、电磁转矩增大；或实现基波平面定子磁链幅值增大、电磁转矩减小，则没有单电压矢量可选择。为了能够同时兼顾基波平面的磁链幅值及电磁转矩的上述控制要求，需要选择合成电压矢量 59,58,67,66,55,54。其中矢量 67 处于基波平面第二象限，可以实现基波平面定子磁链幅值减小、电磁转矩增大的要求；矢量 66 处于基波平面第四象限，可以实现基波平面定子磁链幅值增大、电磁转矩减小的要求。

对于定子磁链幅值及电磁转矩控制的增减要求，可以把对应变量的控制误差送给滞环比较器来实现，磁链和电磁转矩滞环比较器的输入-输出关系如下：

$$\phi_1 = \begin{cases} 1 : |\psi_{s1}^*| - |\psi_{s1}| > 0 \\ 0 : |\psi_{s1}^*| - |\psi_{s1}| < 0 \end{cases} \quad (4\text{-}35)$$

$$\tau_1 = \begin{cases} 1 : T_{e1}^* - T_{e1} > +\Delta T_{e1} \\ -1 : T_{e1}^* - T_{e1} < -\Delta T_{e1} \end{cases} \quad (4\text{-}36)$$

式中，ΔT_{e1} 为基波平面电磁转矩误差带；$|\psi_{s1}^*|$，T_{e1}^* 分别为基波平面定子磁链幅值及电磁转矩给定值；ϕ_1，τ_1 分别为基波平面磁链及电磁转矩滞环比较器输出，表示控制变量的增减要求信息。

类似于基波平面，定义 3 次谐波平面磁链及电磁转矩滞环比较器的输入-输出关系如下：

$$\phi_3 = \begin{cases} 1 : |\psi_{s3}^*| - |\psi_{s3}| > 0 \\ 0 : |\psi_{s3}^*| - |\psi_{s3}| < 0 \end{cases} \quad (4\text{-}37)$$

$$\tau_3 = \begin{cases} 1 : T_{e3}^* - T_{e3} > +\Delta T_{e3} \\ -1 : T_{e3}^* - T_{e3} < -\Delta T_{e3} \end{cases} \quad (4\text{-}38)$$

类似于上述分析，可以建立当 3 次谐波平面定子磁链矢量处于 $\theta_{x1}(0°, 18°)$ 时，最优开关矢量表，见表 4-1。

表 4-1 ψ_{s3} 处于扇区 θ_{x1}（0°，18°）最优开关矢量表

ϕ_3	τ_3	ϕ_1	τ_1	ψ_{s3} 处于扇区 $\theta_{x1}(0°,18°)$ ψ_{s1} 处于扇区				
				$\theta_{s1}(0°,18°)$	$\theta_{s2}(18°,36°)$	$\theta_{s3}(36°,54°)$	$\theta_{s4}(54°,72°)$	$\theta_{s5}(72°,90°)$
1	1	1	1	28	28	28	28	4
			-1	17	17	17	51	28
		0	1	4	4	4	50	23
			-1	23	23	23	23	17
	-1	1	1	24	24	30	30	30
			-1	19	16	16	24	24
		0	1	30	6	6	6	6
			-1	2	19	19	19	19

（续）

ψ_{s3} 处于扇区 $\theta_{x1}(0°,18°)$								
ϕ_3	τ_3	ϕ_1	τ_1	ψ_{s1} 处于扇区				
				$\theta_{s1}(0°,18°)$	$\theta_{s2}(18°,36°)$	$\theta_{s3}(36°,54°)$	$\theta_{s4}(54°,72°)$	$\theta_{s5}(72°,90°)$
0	1	1	1	29	29	12	12	12
			-1	25	25	25	25	25
		0	1	12	15	15	7	7
			-1	7	7	1	1	1
	-1	1	1	8	8	8	8	14
			-1	27	27	27	52	8
		0	1	14	14	14	53	3
			-1	3	3	3	3	27

ϕ_3	τ_3	ϕ_1	τ_1	ψ_{s1} 处于扇区				
				$\theta_{s6}(90°,108°)$	$\theta_{s7}(108°,126°)$	$\theta_{s8}(126°,144°)$	$\theta_{s9}(144°,162°)$	$\theta_{s10}(162°,180°)$
1	1	1	1	4	4	4	50	23
			-1	28	28	28	28	4
		0	1	23	23	23	17	17
			-1	17	17	17	51	28
	-1	1	1	30	6	6	6	6
			-1	24	24	30	30	30
		0	1	2	19	19	19	19
			-1	19	16	16	24	24
0	1	1	1	12	15	15	7	7
			-1	29	29	12	12	12
		0	1	7	7	1	1	1
			-1	25	25	25	25	25
	-1	1	1	14	14	14	53	3
			-1	8	8	8	8	14
		0	1	3	3	3	3	27
			-1	27	27	27	52	8

ϕ_3	τ_3	ϕ_1	τ_1	ψ_{s1} 处于扇区				
				$\theta_{s11}(180°,198°)$	$\theta_{s12}(198°,216°)$	$\theta_{s13}(216°,234°)$	$\theta_{s14}(234°,252°)$	$\theta_{s15}(252°,270°)$
1	1	1	1	23	23	23	17	17
			-1	4	4	4	50	23
		0	1	17	17	17	51	28
			-1	28	28	28	28	4

（续）

				ψ_{s3} 处于扇区 $\theta_{x1}(0°,18°)$				
ϕ_3	τ_3	ϕ_1	τ_1	ψ_{s1} 处于扇区				
				$\theta_{s11}(180°,198°)$	$\theta_{s12}(198°,216°)$	$\theta_{s13}(216°,234°)$	$\theta_{s14}(234°,252°)$	$\theta_{s15}(252°,270°)$
1	-1	1	1	2	2	19	19	19
			-1	30	6	6	6	6
		0	1	19	16	16	24	24
			-1	24	24	30	30	30
0	1	1	1	7	7	1	1	1
			-1	12	15	15	7	7
		0	1	1	25	25	25	25
			-1	29	12	12	12	12
	-1	1	1	3	3	3	3	27
			-1	14	14	14	53	3
		0	1	27	27	27	52	8
			-1	8	8	8	14	14

ϕ_3	τ_3	ϕ_1	τ_1	ψ_{s1} 处于扇区				
				$\theta_{s16}(270°,288°)$	$\theta_{s17}(288°,306°)$	$\theta_{s18}(306°,324°)$	$\theta_{s19}(324°,342°)$	$\theta_{s20}(342°,360°)$
1	1	1	1	17	17	17	51	28
			-1	23	23	23	17	17
		0	1	28	28	28	28	4
			-1	4	4	4	50	23
	-1	1	1	19	16	16	24	24
			-1	2	19	19	19	19
		0	1	24	24	30	30	30
			-1	30	6	6	6	6
0	1	1	1	1	25	25	25	25
			-1	7	7	1	1	1
		0	1	29	29	12	12	12
			-1	12	15	7	7	7
	-1	1	1	27	27	27	52	8
			-1	3	3	3	3	27
		0	1	8	8	8	14	14
			-1	14	14	14	53	3

根据上述双平面上电压矢量选择及双平面机电能量转换分配分析，可以构建出

无 3 次谐波注入和有 3 次谐波注入时的五相永磁同步电动机直接转矩控制结构框图，分别如图 4-9 和图 4-10 所示。五相绕组电流经过 T_5 变换后，得到 $\alpha\beta$ 基波分量 $i_{s\alpha1}$，$i_{s\beta1}$ 和 3 次谐波分量 $i_{s\alpha3}$，$i_{s\beta3}$；根据双平面上的电流及转子位置角计算出双平面上的定子磁链 $\psi_{s\alpha1}$，$\psi_{s\beta1}$ 和 $\psi_{s\alpha3}$，$\psi_{s\beta3}$；分别根据基波平面扇区判断和 3 次谐波平面扇区判断，获得双平面上的扇区号 θ_{si} 和 θ_{xi}；根据获得的电流及磁链，分别计算出基波平面和 3 次谐波平面上的电磁转矩 T_{e1} 和 T_{e3}；根据最大转矩电流比（Maximum Torque Per Ampere，MTPA）控制策略获得双平面上的给定定子磁链幅值；转矩误差及定子磁链误差送入对应的滞环比较器，输出转矩及定子磁链幅值控制变量 τ，ϕ；通过最优开关矢量表获得的电压矢量加到定子绕组端部，实现磁链和转矩的闭环控制。

对比图 4-9 和图 4-10 可见，当 3 次谐波注入时，需要对总电磁转矩进行分配，获得双平面上的给定转矩分量 T_{e1}^* 和 T_{e3}^*。

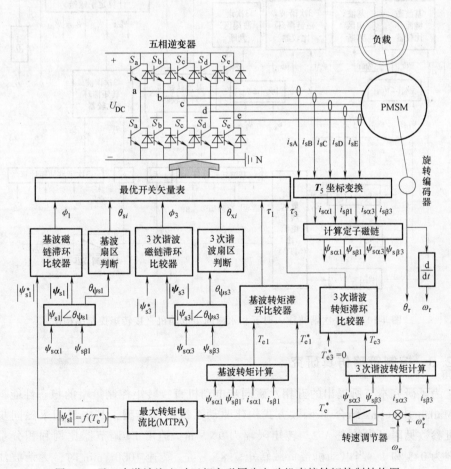

图 4-9　无 3 次谐波注入时五相永磁同步电动机直接转矩控制结构图

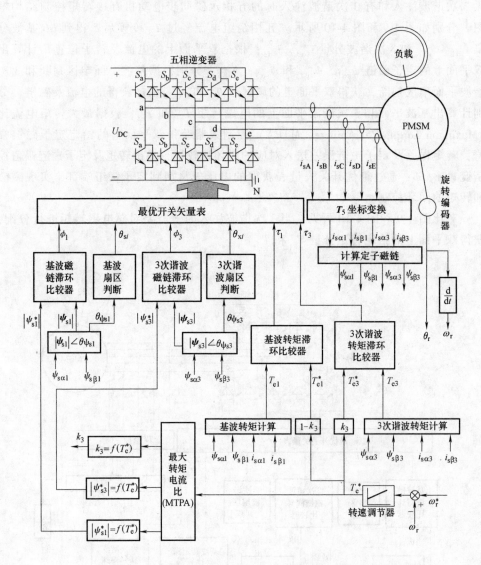

图 4-10 有 3 次谐波注入时五相永磁同步电动机直接转矩控制结构图

4.2.3 控制策略仿真研究

为了研究本节所提出的五相永磁同步电动机直接转矩控制策略的稳态性能，利用 Matlab/Simulink 结合 M 函数方式构建驱动系统仿真模型，其中五相永磁同步电动机参数见附录中的表 A-2。转矩限幅为 9N·m，速度 PI 调节器比例和积分系数分别为 0.3 和 1。当电动机带负载转矩 7.8N·m、转速 1000r/min 时，无谐波注入 DTC、M_1 法分配 DTC、M_2 法分配 DTC 稳态仿真结果如图 4-11~图 4-13 所示。

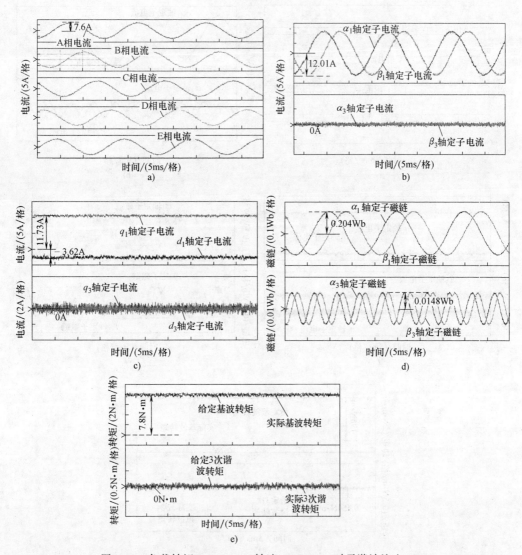

图 4-11　负载转矩 7.8N·m、转速 1000r/min 时无谐波注入 DTC
a) 五相电流　b) 静止坐标系电流　c) 旋转坐标系电流　d) 磁链　e) 转矩

从三种 DTC 系统稳态仿真结果可见：

1) 无 3 次谐波注入 DTC 相绕组电流为幅值 7.6A 的纯正弦波；而 M_1 法 DTC 相绕组电流波形峰值点左右不对称，电流峰值约为 6.9A，相较于无谐波注入 DTC，绕组电流峰值减小约 9.2%；M_2 法 DTC 相绕组电流顶部平坦，且峰值点左右对称，电流峰值约为 6A，相较于无谐波注入 DTC，绕组电流峰值减小约 21%。所以，引入谐波注入后有利于减小相绕组电流峰值，且在基波和 3 次谐波相位约束条件下的 M_2 法 DTC 电流峰值最小。

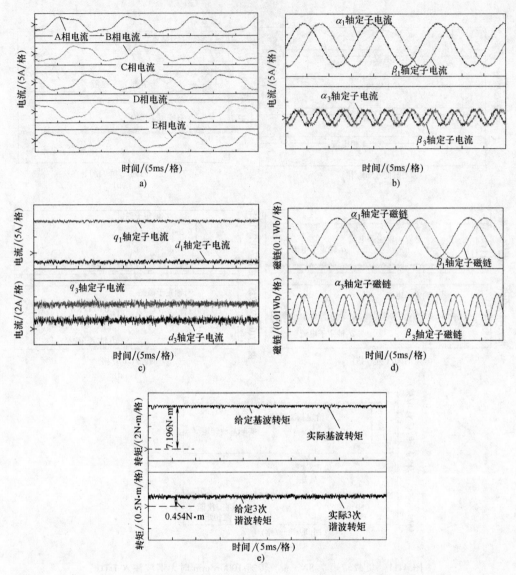

图 4-12 负载转矩 7.8N·m、转速 1000r/min 时 M_1 法分配 DTC

a) 五相电流 b) 静止坐标系电流 c) 旋转坐标系电流 d) 磁链 e) 转矩

2) 无谐波注入 DTC 策略、M_1 法 DTC 策略、M_2 法 DTC 策略 $\alpha_1\beta_1$ 基波平面定子电流峰值分别为 12.01A，11.61A，11.68A；而 $\alpha_3\beta_3$ 谐波平面定子电流峰值分别为 0A，2.45A，2.98A，由此可以计算无谐波注入 DTC 策略、M_1 法 DTC 策略、M_2 法 DTC 策略相绕组电流有效值分别为 5.37A，5.30A，5.39A，M_1 法 DTC 策略相绕组电流有效值比无谐波注入 DTC 策略减小了 1.3%，而 M_2 法 DTC 策略相绕组电流有效值比无谐波注入 DTC 策略增大了 0.37%。所以，这三种 DTC 策略相绕组电

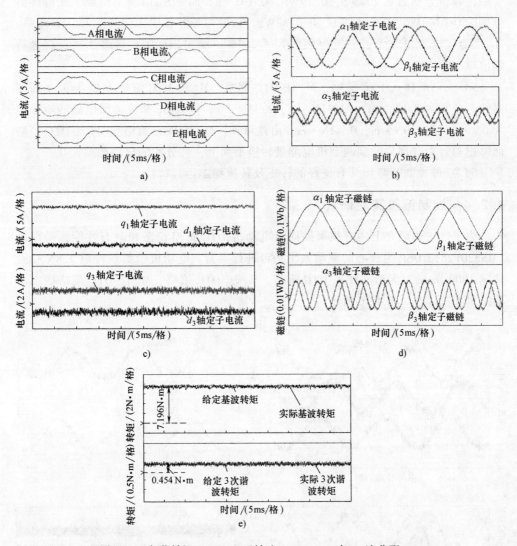

图 4-13 负载转矩 7.8N·m、转速 1000r/min 时 M₂ 法分配 DTC

a) 五相电流 b) 静止坐标系电流 c) 旋转坐标系电流 d) 磁链 e) 转矩

流有效值相差不明显。

3) 无谐波注入 DTC 策略、M_1 法 DTC 策略、M_2 法 DTC 策略 d_1q_1 轴电流分量分别为 -2.92A/12.05A，-2.45A/11.13A，-2.23A/11.5A；而 d_3q_3 轴电流分量分别为 0A/0A，-0.31A/2.62A，-1.37A/2.28A。由于五相永磁同步电动机 q 轴电感大于 d 轴电感，所以机电能量转换平面上产生反向的 d 轴电流以增强电动机带负载能力。

4) 无谐波注入 DTC 策略、M_1 法 DTC 策略、M_2 法 DTC 策略 $\alpha_1\beta_1$ 基波平面定

子磁链幅值分别为 0.204Wb，0.19Wb，0.193Wb，而 $\alpha_3\beta_3$ 谐波平面定子磁链幅值分别为 0.0148Wb，0.0152Wb，0.0138Wb，由此可见相较于无谐波注入 DTC 策略，M_1 法 DTC 策略 3 次谐波磁链幅值增大了 2.7%，而 M_2 法 DTC 策略 3 次谐波磁链幅值减小了 6.7%。

5）无谐波注入 DTC 策略、M_1 法 DTC 策略、M_2 法 DTC 策略 $\alpha_1\beta_1$ 基波平面电磁转矩分别为 7.8N·m，7.371N·m，7.38N·m，而 $\alpha_3\beta_3$ 基波平面电磁转矩分别为 0N·m，0.429N·m，0.42N·m，由此可见，M_1 法 DTC 策略和 M_2 法 DTC 策略能够把总转矩合理分配到两个机电能量转换平面上，且分配的比例相差无几。

6）三种控制策略均具有良好的转矩及转速稳态运行特性。

4.2.4　控制策略实验研究

为了进一步研究上述五相永磁同步电动机 DTC 策略稳态和动态性能，采用以 TMS320F2812 DSP 为核心的驱动系统平台进行实验。电动机带负载转矩 7.8N·m、转速 1000r/min 时无谐波注入 DTC 策略、M_1 法 DTC 策略、M_2 法 DTC 策略稳态实验结果如图 4-14～图 4-16 所示。

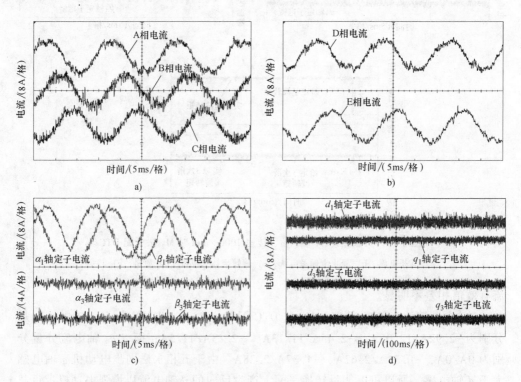

图 4-14　带负载转矩 7.8N·m、转速 1000r/min 时无谐波注入 DTC 策略稳态实验波形
a）A，B，C 相电流　b）D，E 相电流　c）静止坐标系电流　d）旋转坐标系电流

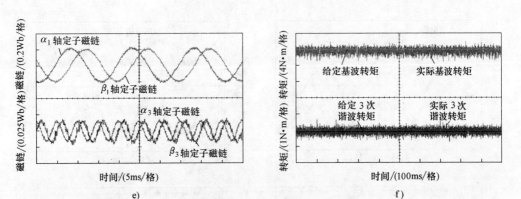

图 4-14　带负载转矩 7.8N·m、转速 1000r/min 时无谐波注入 DTC 策略稳态实验波形（续）

e）磁链　f）基波、3 次谐波平面转矩

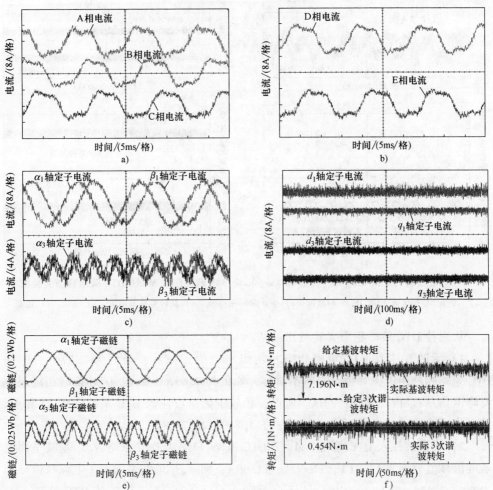

图 4-15　带负载转矩 7.8N·m、转速 1000r/min 时 3 次谐波注入 M₁ 法 DTC 策略稳态实验波形

a）A，B，C 相电流　b）D，E 相电流　c）静止坐标系电流　d）旋转坐标系电流　e）磁链　f）转矩

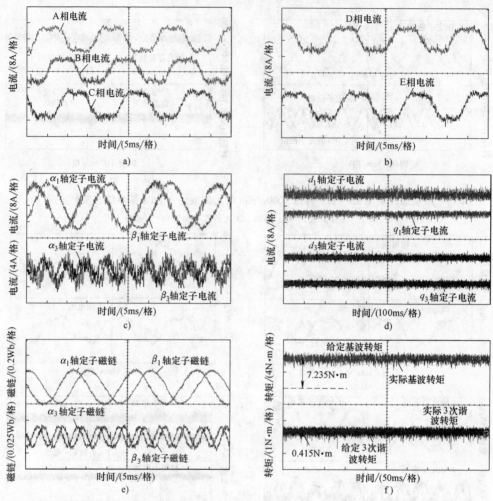

图 4-16 带负载转矩 7.8N·m、转速 1000r/min 时 3 次谐波注入 M_2 法 DTC 策略稳态实验波形
a) A, B, C 相电流 b) D, E 相电流 c) 静止坐标系电流 d) 旋转坐标系电流 e) 磁链 f) 转矩

从三种 DTC 策略稳态实验对比可见:

1) 无谐波注入 DTC 策略稳态相绕组电流为正弦波,峰值为 7.77A; M_1 法 DTC 策略相绕组电流峰值点左右不对称,峰值为 7.63A; M_2 法 DTC 策略相绕组电流峰值点左右对称,峰值为 6A。所以,相较于无谐波注入 DTC 策略,M_1 法和 M_2 法 DTC 策略相绕组电流峰值分别减小了 1.8%, 22.78%。

2) 无谐波注入 DTC 策略、M_1 法 DTC 策略、M_2 法 DTC 策略 $\alpha_1\beta_1$ 基波平面定子电流峰值分别为 12.01A, 11.60A, 11.69A; 而 $\alpha_3\beta_3$ 谐波平面定子电流峰值分别为 0A, 2.47A, 2.97A, 由此可以计算无谐波注入 DTC 策略、M_1 法 DTC 策略、M_2 法 DTC 策略相绕组电流有效值分别为 5.495A, 5.29A, 5.39A。

3）无谐波注入 DTC 策略、M_1 法 DTC 策略、M_2 法 DTC 策略基波平面定子磁链分别控制为 0.204Wb，0.193Wb，0.193Wb，而 3 次谐波平面分别控制为 0.0148Wb，0.0152Wb，0.0138Wb；基波平面电磁转矩分别控制为 7.8N·m、7.37N·m，7.395N·m，而 3 次谐波平面电磁转矩分别为 0N·m，0.43N·m，0.405N·m。由此可见三种控制策略基波平面定子磁链幅值相差不大，但 M_1 法和 M_2 法 3 次谐波平面定子磁链幅值分别比无谐波注入的 DTC 增大了 2.7%，-6.76%，从而配合两个平面上的电磁转矩分配。

为了进一步研究所提 DTC 策略的动态响应特性，电动机 1000r/min 时无谐波注入 DTC 策略、M_1 法 DTC 策略、M_2 法 DTC 策略负载阶跃实验结果如图 4-17~图 4-19 所示。

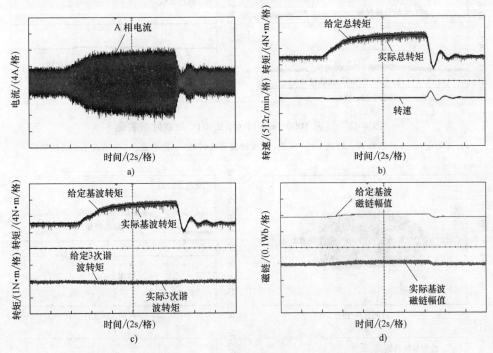

图 4-17 转速 1000r/min 时无谐波注入 DTC 负载阶跃实验

a）A 相电流 b）总转矩、转速 c）基波、3 次谐波平面转矩 d）基波平面磁链幅值

从动态对比实验结果可见：

1）随负载转矩增大，无谐波注入 DTC 策略、M_1 法 DTC 策略、M_2 法 DTC 策略基波平面定子磁链分别由 0.172Wb 升至 0.19Wb，0.172Wb 升至 0.19Wb，0.173Wb 升至 0.193Wb；而 M_1 法和 M_2 法三次谐波平面定子磁链幅值由 0.0148Wb 升至 0.0157Wb，0.0147Wb 升至 0.0138Wb。表明 M_2 法 DTC 策略 d 轴反方向电流大于 M_1 法 DTC。

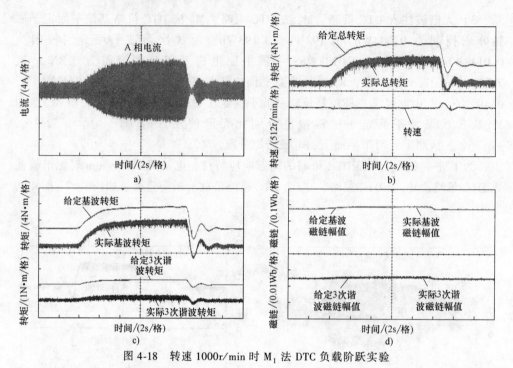

图 4-18 转速 1000r/min 时 M_1 法 DTC 负载阶跃实验

a) A 相电流 b) 总转矩、转速 c) 基波、3 次谐波平面转矩 d) 基波、3 次谐波平面磁链幅值

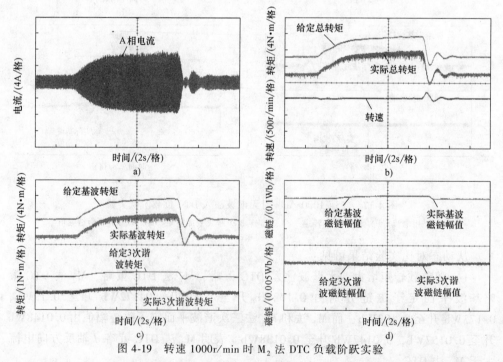

图 4-19 转速 1000r/min 时 M_2 法 DTC 负载阶跃实验

a) A 相电流 b) 总转矩、转速 c) 基波、3 次谐波平面转矩 d) 基波、3 次谐波平面磁链幅值

2）转速能够很快恢复至稳态，电磁转矩及定子磁链幅值动态响应迅速。

4.2.5　转矩提升能力分析

当电动机定子铜损耗相同时，对比无谐波注入 DTC 策略、M_1 法 DTC 策略、M_2 法 DTC 策略三种方案的最大转矩能力实验结果如图 4-20 所示。由此可见，三种 DTC 能够输出的最大转矩分别为 7.8N·m，8.08N·m，8.04N·m，M_1 法 DTC、M_2 法 DTC 分别比无谐波注入转矩提升了 3.59%，3.077%，所以引入基波和 3 次谐波电流相位约束条件的 M_2 法 DTC 转矩提升能力有所降低，但流过绕组及开关管电流峰值 M_2 法 DTC 最小。

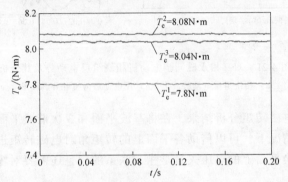

图 4-20　铜耗相同时无谐波注入 DTC 策略、M_1 法 DTC 策略、

M_2 法 DTC 策略带负载能力对比实验

4.3　双三相永磁同步电动机 5 次谐波注入式直接转矩控制

4.3.1　电压矢量对双机电能量转换平面及零序轴系的控制

4.2 节研究了反电动势非正弦的对称五相永磁同步电动机 DTC 控制策略，实际工业中还存在非对称绕组多相电动机，本节以反电动势非正弦的双三相永磁同步电动机为例，研究其直接转矩控制策略。该电动机机电能量转换仍然可以映射到两个直角坐标系平面上，但两套三相绕组之间偏置 30°，所以若从六相绕组角度来看，该电动机绕组不对称。所研究的双三相永磁同步电动机额定参数见附录中的表 A-3，其相绕组反电动势实测波形及其傅里叶分解如图 4-21 所示。从图 4-21 傅里叶分解结果可见，反电动势中 3 次谐波含量为 30.96%，5 次谐波含量为 16.81%。对于两套三相绕组，希望抑制 3 次谐波电流，以减小转矩脉动，但 5 次谐波电流可以用来产生有效转矩来增强电动机的带负载能力。所以可以借助 2.5 节双三相永磁同步电动机数学模型分析结果把所研究的双三相永磁同步电动机映射到基波平面、5 次谐波平面和零序轴系。该电动机需要实现双机电能量转换平面上的

直接转矩控制。

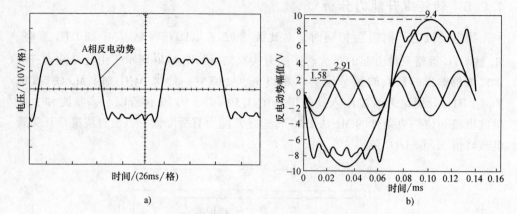

图 4-21 双三相永磁同步电动机相绕组反电动势及其分析

a) 相绕组反电动势波形 b) 反电动势傅里叶分解波形

根据 2.5 节电磁转矩分析结果，在将基波平面和 3 次谐波平面上的定子磁链幅值控制为恒定的情况下，可以借助各平面上的转矩角对电磁转矩进行直接控制，但两个机电能量转换平面上的电压矢量是相互联系的，且还需要对零序轴系（3 次谐波轴系）进行控制。

根据式（2-133）推导，若机电能量转换同时处于基波平面和 5 次谐波平面，则电磁转矩如下：

$$T_e = p\left[\left|\boldsymbol{\psi}_{r1}\right| i_{sq1} + (L_{d1} - L_{q1}) i_{sd1} i_{sq1}\right] + 5p\left[\left|\boldsymbol{\psi}_{r5}\right| i_{sq5} + (L_{d5} - L_{q5}) i_{sd5} i_{sq5}\right] \quad (4\text{-}39)$$

忽略电动机凸极，且采用 $i_d = 0$ 控制后

$$\begin{aligned}T_e &= p\left|\boldsymbol{\psi}_{r1}\right| i_{sq1} + 5p\left|\boldsymbol{\psi}_{r5}\right| i_{sq5} \\ &= K_{T1} i_{sq1} + K_{T5} i_{sq5}\end{aligned} \quad (4\text{-}40)$$

式中，K_{T1} 为基波平面电磁转矩系数，$K_{T1} = p\left|\boldsymbol{\psi}_{r1}\right|$；$K_{T5}$ 为 5 次谐波平面电磁转矩系数，$K_{T5} = 5p\left|\boldsymbol{\psi}_{r5}\right|$。构建基波平面和 5 次谐波平面电磁转矩分配关系如下：

$$T_{e1}^* = \frac{K_{T1}}{K_{T1} + K_{T5}} T_e^* \quad (4\text{-}41)$$

$$T_{e5}^* = \frac{K_{T5}}{K_{T1} + K_{T5}} T_e^* \quad (4\text{-}42)$$

根据式（2-125）和式（2-120）可以得到 $\alpha_3\beta_3$ 轴上电压平衡方程式如下：

$$u_{s\alpha3} = R_s i_{s\alpha3} + \frac{d}{dt}\left[(L_\sigma + L_{sm3} + L_{rs3}\cos6\theta_r) i_{s\alpha3} + (L_{rs3}\sin6\theta_r) i_{s\beta3}\right] + \frac{d}{dt}\psi_{r\alpha3} \quad (4\text{-}43)$$

$$\approx R_s i_{s\alpha3} + (L_\sigma + L_{sm3})\frac{di_{s\alpha3}}{dt} + \frac{d}{dt}\psi_{r\alpha3}$$

$$u_{s\beta3} = R_s i_{s\beta3} + \frac{d}{dt}\left[\left(L_\sigma + L_{sm3} - L_{rs3}\cos6\theta_r\right)i_{s\beta3} + \left(L_{rs3}\sin6\theta_r\right)i_{s\alpha3}\right] + \frac{d}{dt}\psi_{r\beta3}$$

$$(4\text{-}44)$$

$$\approx R_s i_{s\beta3} + \left(L_\sigma + L_{sm3}\right)\frac{di_{s\beta3}}{dt} + \frac{d}{dt}\psi_{r\beta3}$$

由于电动机的机电时间常数远大于电气时间常数，所以极短时间内可以认为转子位置角不变，对应的转子永磁磁链也不变。这样，假设 $\alpha_3\beta_3$ 轴上电流给定值 $i_{s\alpha3}^*$，$i_{s\beta3}^*$ 对应的电压为 $u_{s\alpha3}^*$，$u_{s\beta3}^*$，则根据式（4-43）和式（4-44）得

$$u_{s\alpha3}^* \approx R_s i_{s\alpha3}^* + \left(L_\sigma + L_{sm3}\right)\frac{di_{s\alpha3}^*}{dt} + \frac{d}{dt}\psi_{r\alpha3}$$

$$(4\text{-}45)$$

$$u_{s\beta3}^* \approx R_s i_{s\beta3}^* + \left(L_\sigma + L_{sm3}\right)\frac{di_{s\beta3}^*}{dt} + \frac{d}{dt}\psi_{r\beta3}$$

$$(4\text{-}46)$$

这样，式（4-45）-式（4-43）、式（4-46）-式（4-44），得到

$$u_{s\alpha3}^* - u_{s\alpha3} \approx R_s\left(i_{s\alpha3}^* - i_{s\alpha3}\right) + \left(L_\sigma + L_{sm3}\right)\frac{d\left(i_{s\alpha3}^* - i_{s\alpha3}\right)}{dt}$$

$$(4\text{-}47)$$

$$= R_s\Delta i_{s\alpha3} + \left(L_\sigma + L_{sm3}\right)\frac{d\Delta i_{s\alpha3}}{dt}$$

$$u_{s\beta3}^* - u_{s\beta3} \approx R_s\left(i_{s\beta3}^* - i_{s\beta3}\right) + \left(L_\sigma + L_{sm3}\right)\frac{d\left(i_{s\beta3}^* - i_{s\beta3}\right)}{dt}$$

$$(4\text{-}48)$$

$$= R_s\Delta i_{s\beta3} + \left(L_\sigma + L_{sm3}\right)\frac{d\Delta i_{s\beta3}}{dt}$$

式中，$\Delta i_{s\alpha3} = i_{s\alpha3}^* - i_{s\alpha3}$，$\Delta i_{s\beta3} = i_{s\beta3}^* - i_{s\beta3}$ 分别为 $\alpha_3\beta_3$ 轴上的电流控制误差。

从式（4-47）和式（4-48）可见，若在 $\alpha_3\beta_3$ 轴上施加零电压，则对应电流控制误差减小；利用正确施加 $\alpha_3\beta_3$ 轴上的非零电压，可以实现 3 次谐波平面上的电流误差等于零控制的目标。

双三相永磁同步电动机与六相逆变器之间的连接关系用图 4-22 表示。为了实

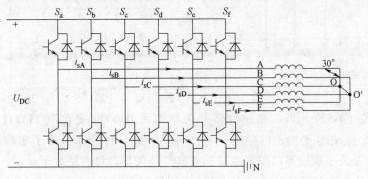

图 4-22 双三相永磁同步电动机与六相逆变器之间的连接

现 5 次谐波产生有效的电磁转矩，把两套三相绕组中心点 O 和 O′ 连接在一起。类似于前面章节分析，定义六相桥臂开关状态 $S_a \sim S_f$，其变化范围为 000000 ～ 111111，共计决定了 64 个电压矢量。

根据图 4-22 中电动机和逆变器之间的连接关系，六相绕组相电压 $u_{sA} \sim u_{sF}$ 建立结果如下：

$$\begin{bmatrix} u_{sA} \\ u_{sB} \\ u_{sC} \\ u_{sD} \\ u_{sE} \\ u_{sF} \end{bmatrix} = U_{DC} \begin{bmatrix} S_a \\ S_b \\ S_c \\ S_d \\ S_e \\ S_f \end{bmatrix} + u_{NO} \begin{bmatrix} 1 \\ 1 \\ 1 \\ 1 \\ 1 \\ 1 \end{bmatrix} \tag{4-49}$$

由于双三相永磁同步电动机每一套三相绕组对称，所以各套三相绕组端电压之和等于零，从而得

$$u_{sA} + u_{sB} + u_{sC} + u_{sD} + u_{sE} + u_{sF} = 0 \tag{4-50}$$

把式（4-50）代入式（4-49）中解得

$$u_{NO} = -\frac{1}{6} U_{DC}(S_a + S_b + S_c + S_d + S_e + S_f) \tag{4-51}$$

把式（4-51）代入式（4-49）后，再左乘式（2-118）矩阵 $\boldsymbol{T}_6$，把逆变器输出相电压变换至 $\alpha_1\beta_1$，$\alpha_5\beta_5$ 及 $\alpha_3\beta_3$ 平面上的结果如下：

$$\begin{bmatrix} u_{s\alpha1} \\ u_{s\beta1} \\ u_{s\alpha5} \\ u_{s\beta5} \\ u_{s\alpha3} \\ u_{s\beta3} \end{bmatrix} = \boldsymbol{T}_6 \begin{bmatrix} u_{sA} \\ u_{sB} \\ u_{sC} \\ u_{sD} \\ u_{sE} \\ u_{sF} \end{bmatrix} = \frac{U_{DC}}{\sqrt{3}} \begin{bmatrix} S_a + \frac{\sqrt{3}}{2}S_b - \frac{1}{2}S_c - \frac{\sqrt{3}}{2}S_d - \frac{1}{2}S_e \\ \frac{1}{2}S_b + \frac{\sqrt{3}}{2}S_c + \frac{1}{2}S_d - \frac{\sqrt{3}}{2}S_e - S_f \\ S_a - \frac{\sqrt{3}}{2}S_b - \frac{1}{2}S_c + \frac{\sqrt{3}}{2}S_d - \frac{1}{2}S_e \\ \frac{1}{2}S_b - \frac{\sqrt{3}}{2}S_c + \frac{1}{2}S_d + \frac{\sqrt{3}}{2}S_e - S_f \\ \frac{1}{2}S_a - \frac{1}{2}S_b + \frac{1}{2}S_c - \frac{1}{2}S_d + \frac{1}{2}S_e - \frac{1}{2}S_f \\ -\frac{1}{2}S_a + \frac{1}{2}S_b - \frac{1}{2}S_c + \frac{1}{2}S_d - \frac{1}{2}S_e + \frac{1}{2}S_f \end{bmatrix} \tag{4-52}$$

根据式（4-52），当六相逆变器开关状态由 000000 变化至 111111 时，画出 $\alpha_1\beta_1$，$\alpha_5\beta_5$ 及 $\alpha_3\beta_3$ 平面上的电压矢量，结果如图 4-23 所示。为了实现基波平面、5 次谐波平面及 3 次轴系的控制，对逆变器开关矢量选择方法如下：

1）划分基波平面扇区：以图 4-23a 中相邻两个电压矢量所夹区域为一个扇区，

把基波平面划分为 24 个扇区，每一个扇区用 θ_{si}（$i=1$，2，$\cdots$，24）表示，每一个扇区所夹角度为 15°，从第一扇区开始，每一个扇区对应角度范围为 $\theta_{s1} \in [0°$，15°]，$\theta_{s2} \in [15°$，30°]，$\theta_{s3} \in [30°$，45°]，$\cdots$，$\theta_{s24} \in [345°$，360°]。若取基波平面上的定子磁链定向坐标系，则该坐标系将基波平面的电压矢量划分至四个象限中，每一个象限中对应的电压矢量固定。其中，第一扇区电压矢量实现磁链幅值和电磁转矩均增大；第二扇区电压矢量实现定子磁链幅值减小、电磁转矩增大；第三扇区电压矢量实现定子磁链幅值和电磁转矩均减小；第四扇区电压矢量实现定子磁链幅值增大、电磁转矩减小。

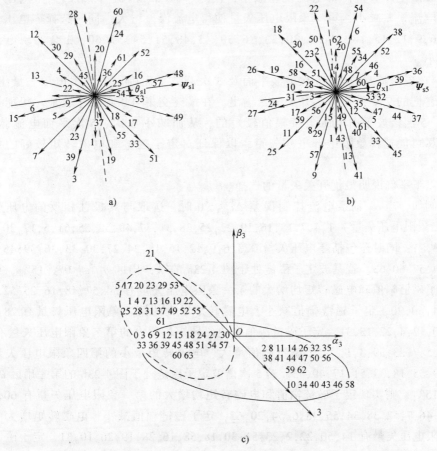

图 4-23　双三相电动机三个平面电压矢量图

a）$\alpha_1\beta_1$ 平面电压矢量　b）$\alpha_5\beta_5$ 平面电压矢量　c）$\alpha_3\beta_3$ 平面电压矢量

2）划分 5 次谐波平面扇区：类似于基波平面扇区划分，以图 4-23b 中相邻两个电压矢量所夹区域为一个扇区，把基波平面划分为 24 个扇区，每一个扇区用 θ_{xi}（$i=1$，2，$\cdots$，24）表示，每一个扇区所夹角度为 15°，从第一扇区开始，每一个扇区对应角度范围为 $\theta_{x1}\in[0°，15°]$，$\theta_{x2}\in[15°，30°]$，$\theta_{x3}\in[30°，45°]$，…，$\theta_{x24}\in[345°，360°]$。同样把 5 次谐波平面的电压矢量划分至定子磁链定向的四个象限中，各个象限内的电压矢量对 5 次谐波定子磁链幅值和电磁转矩的控制效果同基波平面。

3）电动机定子绕组虽然为两套三相，但中心点连接在一起，所以只有五个可控自由度，选择 α_3 轴系电流作为一个自由度进行控制。根据 α_3 轴系电流控制误差 $\Delta i_{s\alpha3}$ 极性，把图 4-23c 中的 3 次谐波平面电压矢量分为两组，即第二象限电压矢量、第四象限电压矢量。若 $\Delta i_{s\alpha3}>0$，则第四象限电压矢量使得电流误差增大，第二象限电压矢量使得电流误差减小；反之，若 $\Delta i_{s\alpha3}<0$，则第四象限电压矢量使得电流误差减小，第二象限电压矢量使得电流误差增大。同时选择零电压矢量 0,3,6,9,12,15,18,24,27,30,33,36,39,45,48,51,54,57,60,63 会实现电流缓慢减小。

4）根据基波平面、5 次谐波平面及 3 次谐波平面确定的象限电压矢量组合，确定它们的交集作为最优开关矢量输出。在最终交集电压矢量中，应尽可能选择 3 次、5 次谐波平面电压矢量幅值较短的，从而减小 3 次、5 次平面电流脉动。同时尽可能选择象限中部电压矢量，以保证对定子磁链和电磁转矩较好的控制效果。

以下举例说明最优开关矢量的选择。

例如，当 α_3 轴系电流控制误差 $\Delta i_{s\alpha3}>0$ 时，选取与其极性相反的电压矢量（第二象限电压矢量）1,4,7,13,16,19,22,25,28,31,37,49,52,55,61,5,17,20,23,29,53,21；同时还包括零电压矢量 0,3,6,9,12,15,18,24,27,30,33,36,39,45,48,51,54,57,60,63。若基波定子磁链处于图 4-23a 的第一扇区 $\theta_{s1}\in[0°，15°]$，则实现定子磁链幅值和电磁转矩均增大的第一象限电压矢量有 54,57,48,16,25,52,61,36,24,60,20，定子磁链幅值减小、电磁转矩增大的第二象限电压矢量有 28,29,45,30,12,4,22,13,31，定子磁链幅值和电磁转矩均增大的第三象限电压矢量有 9,6,15,5,7,23,39,3,1，定子磁链幅值增大、电磁转矩减小的第四象限电压矢量有 37,19,55,18,33,51,17,49,53。若 5 次谐波定子磁链处于图 4-23b 的第一扇区 $\theta_{x1}\in[0°,15°]$，则实现定子磁链幅值和电磁转矩均增大的第一象限电压矢量有 60,39,36,4,46,7,52,38,34,55,48,6,54,20,62，定子磁链幅值减小、电磁转矩增大的第二象限电压矢量有 14,50,22,2,23,51,30,18,58,16,28,19,26,10,31，定子磁链幅值和电磁转矩均增大的第三象限电压矢量有 3,24,27,17,59,56,11,25,8,29,15,57,9,1,43，定子磁链幅值增大、电磁转矩减小的第四象限电压矢量有 49,13,41,40,61,12,33,45,5,47,35,44,37,53,32。若要求 $\Delta i_{s\alpha3}>0$，同时希望基波平面磁链幅值和电磁转矩均增大，则对应的电压矢量交集为 54,57,48,16,25,52,61,36,24,20。同时要求 5 次谐波磁链和电磁转矩均增大的矢量为 48；5 次谐波平面磁链减小、电磁转矩增大的矢量为 16；5 次谐波平面磁链幅值减小、电磁转矩减小的矢量为 57；

5 次谐波平面磁链幅值增大、电磁转矩减小的矢量为 61。同理，可以分析定子磁链处于其他象限时的电压矢量的选择。根据上述分析，归纳基波磁链处于第一扇区 $\theta_{s1} \in [0°, 15°]$ 时的最优开关矢量表，见表 4-2。类似于表 4-2，同样可以获得基波磁链处于第二扇区 $\theta_{s2} \in [15°, 30°]$、第三扇区 $\theta_{s3} \in [30°, 45°]$，…，第 24 扇区 $\theta_{s24} \in [345°, 360°]$ 的最优开关矢量表。

表 4-2　基波磁链处于第一扇区 $\theta_{s1} \in [0°, 15°]$ 时最优开关矢量表

$\Delta i_{s\alpha3} \geqslant 0, \psi_{s1}$ 处于扇区 $(0°,15°)$

ϕ_1	τ_1	ϕ_5	τ_5	ψ_{s5} 处于扇区											
				θ_{s1} (0°,15°)	θ_{s2} (15°,30°)	θ_{s3} (30°,45°)	θ_{s4} (45°,60°)	θ_{s5} (60°,75°)	θ_{s6} (75°,90°)	θ_{s7} (90°,105°)	θ_{s8} (105°,120°)	θ_{s9} (120°,135°)	θ_{s10} (135°,150°)	θ_{s11} (150°,165°)	θ_{s12} (165°,180°)
1	1	1	1	48	20	20	20	16	16	16	16	16	16	24	24
			−1	16	16	16	16	24	24	57	57	61	61	61	61
		0	1	61	61	60	60	60	60	48	20	20	20	16	16
			−1	57	57	61	61	61	61	61	61	60	60	60	60
	−1	1	1	4	4	22	30	30	28	28	30	28	28	28	31
			−1	28	30	28	28	28	31	28	29	13	12	12	12
		0	1	12	12	12	4	4	4	4	4	22	30	30	28
			−1	29	29	13	12	12	12	12	12	4	4	4	12
0	1	1	1	55	55	55	51	51	51	51	51	51	19	19	17
			−1	51	51	51	19	19	17	17	49	49	49	49	49
		0	1	49	33	33	53	53	53	55	55	55	51	51	51
			−1	17	49	49	49	49	49	49	33	33	53	53	53
	−1	1	1	7	6	23	23	23	23	23	23	3	3	3	3
			−1	23	23	3	3	3	3	15	1	1	15	5	5
		0	1	5	5	5	39	7	7	6	23	3	23	23	23
			−1	15	1	1	15	5	5	5	5	5	5	5	39

ϕ_1	τ_1	ϕ_5	τ_5	ψ_{s5} 处于扇区											
				θ_{s13} (180°,195°)	θ_{s14} (195°,210°)	θ_{s15} (210°,225°)	θ_{s16} (225°,240°)	θ_{s17} (240°,255°)	θ_{s18} (255°,270°)	θ_{s19} (270°,285°)	θ_{s20} (285°,300°)	θ_{s21} (300°,315°)	θ_{s22} (315°,330°)	θ_{s23} (330°,345°)	θ_{s24} (345°,360°)
1	1	1	1	57	57	61	61	61	61	61	61	60	60	60	60
			−1	61	61	60	60	60	60	48	20	20	20	16	16
		0	1	16	16	16	16	24	24	57	57	61	61	61	61
			−1	48	20	20	20	16	16	16	16	16	16	24	24

（续）

$\Delta i_{s\alpha3} \geq 0, \psi_{s1}$ 处于扇区（0°,15°）

ϕ_1	τ_1	ϕ_5	τ_5	ψ_{s5} 处于扇区											
				θ_{s13} (180°,195°)	θ_{s14} (195°,210°)	θ_{s15} (210°,225°)	θ_{s16} (225°,240°)	θ_{s17} (240°,255°)	θ_{s18} (255°,270°)	θ_{s19} (270°,285°)	θ_{s20} (285°,300°)	θ_{s21} (300°,315°)	θ_{s22} (315°,330°)	θ_{s23} (330°,345°)	θ_{s24} (345°,360°)
1	-1	1	1	29	29	13	12	12	12	12	12	12	4	4	4
			-1	12	12	12	4	4	4	4	4	22	30	30	28
		0	1	28	30	28	28	28	31	29	29	13	12	12	12
			-1	4	4	22	30	30	28	28	30	28	28	28	31
0	1	1	1	17	49	49	49	49	49	49	33	33	53	53	53
			-1	49	33	33	53	53	53	55	55	55	51	51	51
		0	1	51	51	51	19	19	17	17	49	49	49	49	49
			-1	55	55	55	51	51	51	51	51	51	19	19	17
	-1	1	1	15	1	1	15	5	5	5	5	5	5	39	7
			-1		5	5	5	39	7	7	6	23	23	23	23
		0	1	23	23	3	3	3	3	15	1	1	15	5	5
			-1	7	6	23	23	23	23	23	23	3	3	3	3

$\Delta i_{s\alpha3} < 0, \psi_{s1}$ 处于扇区（0°,15°）

ϕ_1	τ_1	ϕ_5	τ_5	ψ_{s5} 处于扇区											
				θ_{s1} (0°,15°)	θ_{s2} (15°,30°)	θ_{s3} (30°,45°)	θ_{s4} (45°,60°)	θ_{s5} (60°,75°)	θ_{s6} (75°,90°)	θ_{s7} (90°,105°)	θ_{s8} (105°,120°)	θ_{s9} (120°,135°)	θ_{s10} (135°,150°)	θ_{s11} (150°,165°)	θ_{s12} (165°,180°)
1	1	1	1	48	62	62	62	58	58	58	58	58	58	24	24
			-1	58	58	58	58	24	24	57	57	40	40	40	40
		0	1	40	40	60	60	60	60	48	62	62	62	58	58
			-1	57	57	40	40	40	40	40	40	60	60	60	60
	-1	1	1	46	14	14	30	30	30	30	30	30	10	10	10
			-1	30	30	30	10	10	10	8	8	8	12	12	12
		0	1	12	12	12	44	44	46	46	14	14	30	30	30
			-1	8	8	8	12	12	12	12	12	12	44	44	46
0	1	1	1	34	50	50	51	51	51	50	51	51	59	59	59
			-1	50	51	51	59	59	59	59	41	41	33	33	35
		0	1	33	33	33	35	35	32	34	50	50	51	51	51
			-1	59	41	41	33	33	35	33	33	33	35	35	32

（续）

				Δ$i_{sα3}$ < 0，$ψ_{s1}$ 处于扇区(0°,15°)											
				$ψ_{s5}$ 处于扇区											
$φ_1$	$τ_1$	$φ_5$	$τ_5$	$θ_{s1}$ (0°,15°)	$θ_{s2}$ (15°,30°)	$θ_{s3}$ (30°,45°)	$θ_{s4}$ (45°,60°)	$θ_{s5}$ (60°,75°)	$θ_{s6}$ (75°,90°)	$θ_{s7}$ (90°,105°)	$θ_{s8}$ (105°,120°)	$θ_{s9}$ (120°,135°)	$θ_{s10}$ (135°,150°)	$θ_{s11}$ (150°,165°)	$θ_{s12}$ (165°,180°)
0	−1	1	1	6	6	2	2	2	2	2	2	3	3	3	3
		1	−1	2	2	3	3	3	3	15	43	43	43	47	47
		0	1	47	47	47	47	39	39	6	6	2	2	2	2
		0	−1	15	43	43	43	47	47	47	47	47	47	39	39

				$ψ_{s5}$ 处于扇区											
$φ_1$	$τ_1$	$φ_5$	$τ_5$	$θ_{s13}$ (180°,195°)	$θ_{s14}$ (195°,210°)	$θ_{s15}$ (210°,225°)	$θ_{s16}$ (225°,240°)	$θ_{s17}$ (240°,255°)	$θ_{s18}$ (255°,270°)	$θ_{s19}$ (270°,285°)	$θ_{s20}$ (285°,300°)	$θ_{s21}$ (300°,315°)	$θ_{s22}$ (315°,330°)	$θ_{s23}$ (330°,345°)	$θ_{s24}$ (345°,360°)
1	1	1	1	57	57	40	40	40	40	40	40	60	60	60	40
		1	−1	40	40	60	60	60	60	48	62	62	62	58	58
		0	1	58	58	58	58	24	24	57	57	40	40	40	40
		0	−1	48	62	62	62	58	58	58	58	58	58	24	24
	−1	1	1	8	8	8	12	12	12	46	14	14	30	30	30
		1	−1	46	14	14	30	30	30	30	30	30	10	10	10
		0	1	12	12	12	44	44	46	2	8	8	12	12	12
		0	−1	30	30	30	10	10	10	12	12	12	44	44	46
0	1	1	1	59	41	41	33	33	35	33	33	33	35	35	32
		1	−1	33	33	33	35	35	32	34	50	50	51	51	51
		0	1	50	51	51	59	59	59	59	41	41	33	33	35
		0	−1	34	50	50	51	51	51	50	51	51	59	59	59
	−1	1	1	15	43	43	43	47	47	47	47	47	47	39	39
		1	−1	47	47	47	47	39	39	6	6	2	2	2	2
		0	1	2	2	2	3	3	3	2	2	43	43	47	47
		0	−1	6	6	2	2	2	2	2	2	3	3	3	3

注：$τ$=1或−1分别表示电磁转矩增大或减小；$φ$=1或0分别表示定子磁链幅值增大或减小。

这样，根据上述直接转矩控制策略分析，画出本节提出的双三相永磁同步电动机直接转矩控制框图，如图4-24所示。六相绕组电流 i_{sA} ~ i_{sF} 经过矩阵 $\boldsymbol{T}_6$ 变换后，输出基波平面电流 $i_{sα1}$，$i_{sβ1}$、5次谐波平面电流 $i_{sα5}$，$i_{sβ5}$ 及 $α_3$ 轴电流 $i_{sα3}$；根据式（2-120）计算基波平面磁链 $ψ_{sα1}$，$ψ_{sβ1}$、5次谐波平面磁链 $ψ_{sα5}$，$ψ_{sβ5}$；根据式（2-127）计算基波平面电磁转矩 T_{e1}、5次谐波平面电磁转矩 T_{e5}；根据式（4-41）

和式（4-42）对给定总电磁转矩进行分配，获得基波平面和给定 5 次谐波平面电磁转矩 T_{e1}^*，T_{e2}^*；把电磁转矩和给定电磁转矩送给转矩滞环比较器，输出基波平面和 5 次谐波平面电磁转矩控制量 τ_1，τ_5；定子磁链幅值及给定定子磁链幅值送给磁链滞环比较器，输出磁链幅值控制量 ϕ_1，ϕ_5；定子磁链辐角送给扇区判断环节，输出基波磁链和 5 次谐波磁链所处扇区 θ_{si}，θ_{xi}；把 α_3 轴电流误差送给比较器，输出控制变量 i；把上述磁链、电磁转矩、电流控制变量及扇区号送给最优开关矢量表，通过六相逆变器在电动机端部施加一个最优电压矢量，从而实现基波平面和 5 次谐波平面的机电能量转换闭环控制。

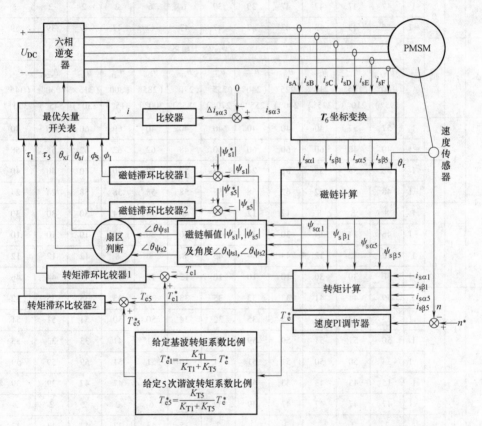

图 4-24　双三相永磁同步电动机直接转矩控制系统结构框图

4.3.2　控制策略仿真研究

为了研究本节所提出的双三相永磁同步电动机直接转矩控制策略的稳态性能，利用 Matlab/Simulink 结合 M 函数对驱动系统进行建模仿真，采用附录中的表 A-3 双三相永磁同步电动机参数。电动机带负载转矩 6N·m、转速 200r/min 时的稳态仿真结果如图 4-25 所示。

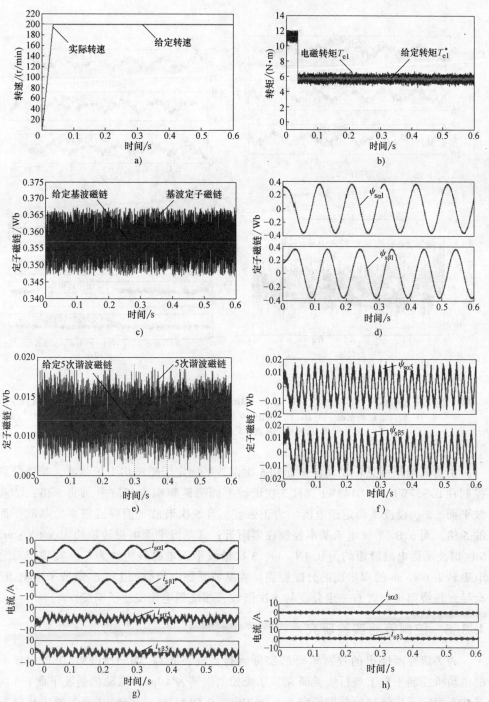

图 4-25　双三相永磁同步电动机 DTC 转速 200r/min，负载转矩 6N·m 时的稳态仿真

a）实际转速与给定转速　　b）电磁转矩与给定转矩　　c）定子基波磁链幅值与给定基波磁链

d）基波定子磁链波形　e）5 次谐波磁链幅值与给定 5 次谐波磁链　f）5 次谐波磁链波形

g）基波电流 $i_{s\alpha1}$，$i_{s\beta1}$ 与 5 次谐波平面电流 $i_{s\alpha5}$，$i_{s\beta5}$　h）3 次谐波平面电流 $i_{s\alpha3}$，$i_{s\beta3}$

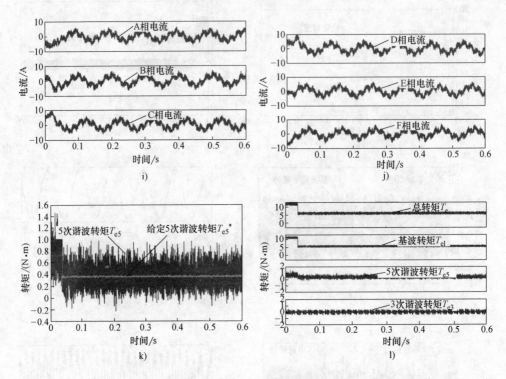

图 4-25 双三相永磁同步电动机 DTC 转速 200r/min，负载转矩 6N·m 时的稳态仿真（续）
i）A，B，C 相电流 j）D，E，F 相电流 k）5 次谐波转矩与给定 5 次谐波转矩
l）总转矩、基波、5 次和 3 次谐波转矩

由仿真结果可见：①基波平面和 5 次谐波平面定子磁链均为正弦波，幅值分别控制在 0.357Wb，0.0143Wb，且 5 次谐波平面磁链频率为基波平面的 5 倍；②基波平面、5 次谐波平面定子电流均为正弦波，且 5 次谐波平面磁链频率为基波平面的 5 倍，而 $\alpha_3\beta_3$ 平面电流基本控制在零附近；③基波平面电磁转矩约为 5.6N·m、5 次谐波平面电磁转矩约为 0.4N·m、3 次谐波平面电磁转矩约为零，实现了对总电磁转矩 6N·m 的双平面的分配控制；④基波平面电流叠加上 5 次谐波平面电流，会导致相绕组电流含有一定分量的 5 次谐波，相绕组电流发生了畸变。

4.3.3 控制策略实验研究

为了研究所提出的控制策略的实际运行性能，在以 TMS320F2812DSP 为核心的电动机控制平台上进行实验研究。系统控制周期为 40μs，电动机基波平面、5 次谐波平面定子磁链幅值分别给定为 0.357Wb，0.0143Wb，转速 PI 调节器中比例系数和积分系数分别为 0.015，0.025。电动机转速 200r/min，负载转矩 6N·m 时的稳态实验波形如图 4-26 所示。

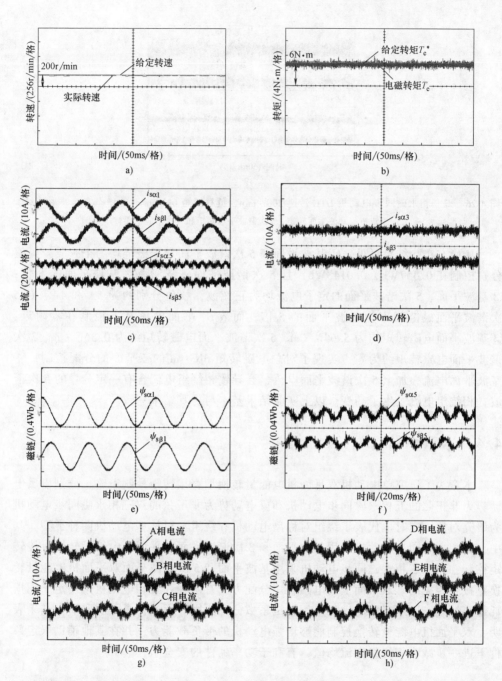

图 4-26 双三相永磁同步电动机 DTC 转速 200r/min，负载转矩 6N·m 时的稳态实验波形

a）实际转速与给定转速 b）电磁转矩与给定转矩 c）基波电流 $i_{s\alpha1}$，$i_{s\beta1}$ 与 5 次平面电流 $i_{s\alpha5}$，$i_{s\beta5}$

d）3 次谐波平面电流 $i_{s\alpha3}$，$i_{s\beta3}$ e）基波定子磁链波形 f）5 次谐波定子磁链

g）A，B，C 相电流 h）D，E，F 相电流

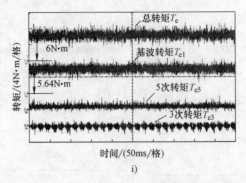

图 4-26　双三相永磁同步电动机 DTC 转速 200r/min，负载转矩 6N·m 时的稳态实验波形（续）
i）总转矩、基波平面转矩、5 次谐波平面转矩和 3 次谐波平面转矩

从稳态实验结果可见：①基波平面和 5 次谐波平面定子磁链均为正弦波，幅值分别控制在 0.357Wb，0.0143Wb，且 5 次谐波平面磁链频率为基波平面的 5 倍；②基波平面、5 次谐波平面的定子电流均为正弦波，幅值分别约为 5A 和 4A，且 5 次谐波平面磁链频率为基波平面的 5 倍，而 $\alpha_3\beta_3$ 平面电流基本控制在零附近；③基波平面电磁转矩约为 5.64N·m、5 次谐波平面电磁转矩约为 0.36N·m、3 次谐波平面电磁转矩约为零，实现了对总电磁转矩 6N·m 的双平面的分配控制；④基波平面电流叠加上 5 次谐波平面电流，会导致相绕组电流含有一定分量的 5 次谐波，相绕组电流发生了畸变。以上实验结果基本与仿真结果一致。

4.4　本章小结

本章为了研究单电动机双平面机电能量转换型直接转矩控制策略，分别以反电动势为非正弦的五相永磁同步电动机和反电动势为非正弦的双三相永磁同步电动机为研究对象，同时也代表了绕组对称型电动机和绕组不对称型电动机两种类型。其中，五相永磁同步电动机采用基波平面和 3 次谐波平面双平面机电能量转换直接转矩控制；而双三相永磁同步电动机采用基波平面和 5 次谐波平面双平面机电能量转换直接转矩控制。双平面上的电磁转矩分配方式有两种：五相电动机采用定子铜损耗最小原则，而双三相电动机采用转矩系数分配原则。通过仿真及实验研究结果表明，双平面机电能量转换控制能够增强电动机的带负载能力，并在其他辅助限定条件下进一步减小相绕组电流峰值，有利于功率器件的安全工作。

参 考 文 献

[1]　闫震，周扬忠. 三次谐波注入式五相永磁同步电机 DTC [J]. 电力电子技术，2018，52（07）：16-19.

［2］　ZHOU Y Z, YAN Z, DUAN Q T, et al. Direct torque control strategy of five-phase PMSM with load capacity enhancement ［J］. Power Electronics, IET, 2019, 12 （3）：598-606.

［3］　王凌波，闫震，周扬忠. 低转矩脉动五相永磁同步电机直接转矩控制 ［J］. 电力电子技术，2019，53 （03）：10-13，77.

［4］　周扬忠，闫震，钟天云. 五相永磁同步电机高负载能力的直接转矩控制方法：201710635756. 7 ［P］. 2020-03-10.

［5］　周扬忠，王祖靖，钟天云. 双三相永磁同步电机高负载能力的直接转矩控制方法：201710635749. 7 ［P］. 2019-06-07.

［6］　闫震. 五相凸极式永磁同步电机直接转矩控制研究 ［D］. 福州：福州大学，2018.

［7］　王祖靖. 集中绕组双三相凸极式永磁同步电机直接转矩控制研究 ［D］. 福州：福州大学，2018.

［8］　王凌波. 低转矩脉动多相永磁同步电机直接转矩控制研究 ［D］. 福州：福州大学，2019.

第5章　单电动机驱动系统缺相容错型直接转矩控制

5.1　引言

电动机驱动系统功率部分由电动机和逆变器组成，任何一方出现故障都会引起该驱动系统的非正常运行。对于电动机，绕组的接线端使用时间长了以后，会出现接触电阻增大或接线端松动，甚至绕组内部出现熔断故障等，这些故障均可以归结为绕组开路故障；逆变器是由开关管构成的，由于电压过高或电流过大导致开关管熔断，或者开关管驱动发生故障等，均会出现开关管断路，从而影响对应桥臂工作不正常。

若电动机为三相绕组，则出现上述逆变器断路故障或绕组断路故障后，可以采用电动机与逆变器之间的连接关系重构方式进行容错运行，这样增加了系统的成本和控制的复杂性。而对于通用的逆变器驱动系统并没有配置重构电路，无法实现驱动系统容错运行。

多相电动机具有多自由度控制特点，在对电动机机电能量转换进行控制的同时，还有可能存在多余的自由度需要控制，可以借助这些多余的自由度实现电动机容错运行控制。尽管电动机侧可能会发生绕组断路故障，逆变器侧也有可能会发生开关管断路故障，但在用多相逆变器控制多相电动机的驱动系统中，均可以把这两种故障统一到绕组缺相故障上来，在无需重构电路的情况下，实现电动机缺相容错运行，从而提高了多相电动机驱动系统的可靠性。

对于正常无故障电动机，电动机绕组处于对称状态，电动机数学模型处于自然对称状态，例如多相绕组中流过对称电流，自然会产生圆形轨迹的定子磁动势及定子磁链；但当绕组缺相故障后，剩余的健康相绕组即使流过同样的电流，也不会产生圆形的定子磁动势，从而导致电动机出现较大的电磁转矩脉动，甚至无法正常工作。从本质上，出现这些不正常的运行情况是由于绕组故障后，剩余健康相构成的电动机结构不对称，数学模型也随之不对称，从而在不采用特殊容错控制策略的情况下，剩余健康相绕组无法产生圆形旋转的定子磁动势。

所以，对于多相电动机驱动系统，如何建立剩余健康相构成的电动机对称数学模型、产生圆形轨迹旋转的定子磁动势是解决该类型电动机驱动系统绕组缺相容错运行的关键。本章以绕组对称的六相永磁同步电动机为研究对象，采用六相逆变器驱动，对该电动机驱动系统出现一相绕组开路或多相绕组开路后提出一系列基于虚拟变量定义的直接转矩控制策略。

5.2 多相永磁同步电动机绕组缺一相容错型直接转矩控制

5.2.1 缺一相电动机数学模型

本节以缺 A 相绕组为例，讨论电动机缺一相绕组时的数学模型。根据 2.3 节六相对称绕组永磁同步电动机绕组无故障时的数学模型分析，容易建立剩余健康相 B~F 相电压、磁链平衡方程式如下：

$$
\begin{bmatrix} u_{sB} \\ u_{sC} \\ u_{sD} \\ u_{sE} \\ u_{sF} \end{bmatrix} = \begin{bmatrix} R_s & 0 & 0 & 0 & 0 \\ 0 & R_s & 0 & 0 & 0 \\ 0 & 0 & R_s & 0 & 0 \\ 0 & 0 & 0 & R_s & 0 \\ 0 & 0 & 0 & 0 & R_s \end{bmatrix} \begin{bmatrix} i_{sB} \\ i_{sC} \\ i_{sD} \\ i_{sE} \\ i_{sF} \end{bmatrix} + \frac{d}{dt} \begin{bmatrix} \psi_{sB} \\ \psi_{sC} \\ \psi_{sD} \\ \psi_{sE} \\ \psi_{sF} \end{bmatrix} \tag{5-1}
$$

$$
\begin{bmatrix} \psi_{sB} \\ \psi_{sC} \\ \psi_{sD} \\ \psi_{sE} \\ \psi_{sF} \end{bmatrix} = L_5 \begin{bmatrix} i_{sB} \\ i_{sC} \\ i_{sD} \\ i_{sE} \\ i_{sF} \end{bmatrix} + \begin{bmatrix} \psi_{Bf} \\ \psi_{Cf} \\ \psi_{Df} \\ \psi_{Ef} \\ \psi_{Ff} \end{bmatrix} \tag{5-2}
$$

其中，缺相后的电感矩阵 L_5、电感中与转子位置无关电感分量系数阵 L_{DC5} 和与转子位置有关电感分量系数阵 L_{AC5} 如下：

$$
L_5 = \begin{bmatrix} L_{BB} & M_{BC} & M_{BD} & M_{BE} & M_{BF} \\ M_{CB} & L_{CC} & M_{CD} & M_{CE} & M_{CF} \\ M_{DB} & M_{DC} & L_{DD} & M_{DE} & M_{DF} \\ M_{EB} & M_{EC} & M_{ED} & L_{EE} & M_{EF} \\ M_{FB} & M_{BC} & M_{BC} & M_{BC} & L_{FF} \end{bmatrix} = L_{s\sigma1} I_5 + L_{sm} L_{DC5} + L_{rs} L_{AC5} \tag{5-3}
$$

$$
L_{DC5} = \begin{bmatrix} 1 & 0.5 & -0.5 & -1 & -0.5 \\ 0.5 & 1 & 0.5 & -0.5 & -1 \\ -0.5 & 0.5 & 1 & 0.5 & -0.5 \\ -1 & -0.5 & 0.5 & 1 & 0.5 \\ -0.5 & -1 & -0.5 & 0.5 & 1 \end{bmatrix} \tag{5-4}
$$

$$L_{AC5} = \begin{bmatrix} \cos\left(2\theta_r - \dfrac{2\pi}{3}\right) & \cos\left(2\theta_r - \dfrac{3\pi}{3}\right) & \cos\left(2\theta_r - \dfrac{4\pi}{3}\right) & \cos\left(2\theta_r - \dfrac{5\pi}{3}\right) & \cos(2\theta_r) \\[2mm] \cos\left(2\theta_r - \dfrac{3\pi}{3}\right) & \cos\left(2\theta_r - \dfrac{4\pi}{3}\right) & \cos\left(2\theta_r - \dfrac{5\pi}{3}\right) & \cos(2\theta_r) & \cos\left(2\theta_r - \dfrac{\pi}{3}\right) \\[2mm] \cos\left(2\theta_r - \dfrac{4\pi}{3}\right) & \cos\left(2\theta_r - \dfrac{5\pi}{3}\right) & \cos(2\theta_r) & \cos\left(2\theta_r - \dfrac{\pi}{3}\right) & \cos\left(2\theta_r - \dfrac{2\pi}{3}\right) \\[2mm] \cos\left(2\theta_r - \dfrac{5\pi}{3}\right) & \cos(2\theta_r) & \cos\left(2\theta_r - \dfrac{\pi}{3}\right) & \cos\left(2\theta_r - \dfrac{2\pi}{3}\right) & \cos\left(2\theta_r - \dfrac{3\pi}{3}\right) \\[2mm] \cos(2\theta_r) & \cos\left(2\theta_r - \dfrac{\pi}{3}\right) & \cos\left(2\theta_r - \dfrac{2\pi}{3}\right) & \cos\left(2\theta_r - \dfrac{3\pi}{3}\right) & \cos\left(2\theta_r - \dfrac{4\pi}{3}\right) \end{bmatrix} \tag{5-5}$$

剩余健康相绕组耦合的永磁体磁链如下：

$$\boldsymbol{\psi}_{r5} = \begin{bmatrix} \psi_{Bf} \\ \psi_{Cf} \\ \psi_{Df} \\ \psi_{Ef} \\ \psi_{Ff} \end{bmatrix} = \begin{bmatrix} \cos(\theta_r - \pi/3) \\ \cos(\theta_r - 2\pi/3) \\ \cos(\theta_r - 3\pi/3) \\ \cos(\theta_r - 4\pi/3) \\ \cos(\theta_r - 5\pi/3) \end{bmatrix} \psi_f \tag{5-6}$$

根据磁共能对机械位置角求偏微分，获得电动机缺相后的电磁转矩 T_e 表达式如下：

$$T_e = \frac{\partial W'_m}{\partial(\theta_r/p)} = p\left(\frac{1}{2}\boldsymbol{i}_s^T L_{rs} \frac{\partial L_{AC5}}{\partial \theta_r} \boldsymbol{i}_s + \boldsymbol{i}_s^T \frac{\partial \boldsymbol{\psi}_{r5}}{\partial \theta_r}\right) \tag{5-7}$$

其中

$$\frac{\partial L_{AC5}}{\partial \theta_r} = -2 \begin{bmatrix} \sin\left(2\theta_r - \dfrac{2\pi}{3}\right) & \sin\left(2\theta_r - \dfrac{3\pi}{3}\right) & \sin\left(2\theta_r - \dfrac{4\pi}{3}\right) & \sin\left(2\theta_r - \dfrac{5\pi}{3}\right) & \sin(2\theta_r) \\[2mm] \sin\left(2\theta_r - \dfrac{3\pi}{3}\right) & \sin\left(2\theta_r - \dfrac{4\pi}{3}\right) & \sin\left(2\theta_r - \dfrac{5\pi}{3}\right) & \sin(2\theta_r) & \sin\left(2\theta_r - \dfrac{\pi}{3}\right) \\[2mm] \sin\left(2\theta_r - \dfrac{4\pi}{3}\right) & \sin\left(2\theta_r - \dfrac{5\pi}{3}\right) & \sin(2\theta_r) & \sin\left(2\theta_r - \dfrac{\pi}{3}\right) & \sin\left(2\theta_r - \dfrac{2\pi}{3}\right) \\[2mm] \sin\left(2\theta_r - \dfrac{5\pi}{3}\right) & \sin(2\theta_r) & \sin\left(2\theta_r - \dfrac{\pi}{3}\right) & \sin\left(2\theta_r - \dfrac{2\pi}{3}\right) & \sin\left(2\theta_r - \dfrac{3\pi}{3}\right) \\[2mm] \sin(2\theta_r) & \sin\left(2\theta_r - \dfrac{\pi}{3}\right) & \sin\left(2\theta_r - \dfrac{2\pi}{3}\right) & \sin\left(2\theta_r - \dfrac{3\pi}{3}\right) & \sin\left(2\theta_r - \dfrac{4\pi}{3}\right) \end{bmatrix} \tag{5-8}$$

$$\frac{\partial \boldsymbol{\psi}_{r5}}{\partial \theta_r} = -\psi_f \left[\sin\left(\theta_r - \frac{\pi}{3}\right) \quad \sin\left(\theta_r - \frac{2\pi}{3}\right) \quad \sin\left(\theta_r - \frac{3\pi}{3}\right) \quad \sin\left(\theta_r - \frac{4\pi}{3}\right) \quad \sin\left(\theta_r - \frac{5\pi}{3}\right) \right]^T$$

$$= \frac{1}{\omega_r} \left[e_{Bf} \quad e_{Cf} \quad e_{Df} \quad e_{Ef} \quad e_{Ff} \right]^T \tag{5-9}$$

$$\boldsymbol{i}_s = \left[i_{sB} \quad i_{sC} \quad i_{sD} \quad i_{sE} \quad i_{sF} \right]^T$$

为了简化自然坐标系中的数学模型，需要建立静止坐标变换矩阵 $\boldsymbol{T}_5$，把缺相后的电动机模型映射到正交解耦的平面 $\alpha_1\beta_1 z_1 z_2 z_3$ 中。采用类似于 2.2 节的方法建立恒功率变换矩阵 $\boldsymbol{T}_5$ 如下：

$$\boldsymbol{T}_5 = \begin{bmatrix} \dfrac{1}{2\sqrt{2}} & -\dfrac{1}{2\sqrt{2}} & -\dfrac{1}{\sqrt{2}} & -\dfrac{1}{2\sqrt{2}} & \dfrac{1}{2\sqrt{2}} \\ 0.5 & 0.5 & 0 & -0.5 & -0.5 \\ 0.5704 & -0.4102 & 0.6602 & -0.0898 & 0.25 \\ 0.5469 & 0.2265 & -0.2265 & 0.7735 & 0 \\ -0.0235 & 0.6367 & 0.1133 & -0.1367 & 0.75 \end{bmatrix}$$

$$= \begin{bmatrix} 0.3536 & -0.3536 & -7071 & -0.3536 & 0.3536 \\ 0.5 & 0.5 & 0 & -0.5 & -0.5 \\ 0.5704 & -0.4102 & 0.6602 & -0.0898 & 0.25 \\ 0.5469 & 0.2265 & -0.2265 & 0.7735 & 0 \\ -0.0235 & 0.6367 & 0.1133 & -0.1367 & 0.75 \end{bmatrix} \tag{5-10}$$

其逆矩阵等于其转置矩阵

$$\boldsymbol{T}_5^{-1} = \boldsymbol{T}_5^T = \begin{bmatrix} 0.3536 & 0.5 & 0.5704 & 0.5469 & -0.0235 \\ -0.3536 & 0.5 & -0.4102 & 0.2265 & 0.6367 \\ -0.7071 & 0 & 0.6602 & -0.2265 & 0.1133 \\ -0.3536 & -0.5 & -0.0898 & 0.7735 & -0.1367 \\ 0.3536 & -0.5 & 0.25 & 0 & 0.75 \end{bmatrix} \tag{5-11}$$

对式（5-2）左右两边左乘矩阵 $\boldsymbol{T}_5$ 后，把自然坐标系定子磁链变换至 $\alpha\beta z_1 z_2 z_3$ 轴系上，其中 $\alpha\beta$ 平面磁链 $\psi_{s\alpha}\psi_{s\beta}$ 及三个零序轴系磁链 ψ_{sz1}，ψ_{sz2}，ψ_{sz3} 分别如下：

$$\begin{bmatrix} \psi_{s\alpha} \\ \psi_{s\beta} \end{bmatrix} = \begin{bmatrix} L_{s\sigma1} + 2L_{sm} + 2L_{rs}\cos(2\theta_r) & \sqrt{6}L_{rs}\sin(2\theta_r) \\ \sqrt{6}L_{rs}\sin(2\theta_r) & L_{s\sigma1} + 3L_{sm} - 3L_{rs}\cos(2\theta_r) \end{bmatrix} \begin{bmatrix} i_{s\alpha} \\ i_{s\beta} \end{bmatrix} + \begin{bmatrix} \psi_{r\alpha} \\ \psi_{r\beta} \end{bmatrix}$$

$$\tag{5-12}$$

$$\begin{bmatrix} \psi_{sz1} \\ \psi_{sz2} \\ \psi_{sz3} \end{bmatrix} = L_{s\sigma1} \begin{bmatrix} i_{sz1} \\ i_{sz2} \\ i_{sz3} \end{bmatrix} \tag{5-13}$$

式中，$\psi_{r\alpha} = \sqrt{2}\psi_f\cos\theta_r$，$\psi_{r\beta} = \sqrt{3}\psi_f\sin\theta_r$。

从式（5-12）$\alpha\beta$平面磁链及式（5-13）零序轴系磁链构成可见，零序轴系与转子位置角没有关系，而$\alpha\beta$平面磁链含有转子位置角变量，$\alpha\beta$平面承担着电动机机电能量转换任务。另外，进一步对比式（5-12）的两个对角线元素可知，$\alpha\beta$平面定子磁链数学模型不对称。

对式（5-1）左右两边左乘矩阵$\boldsymbol{T}_5$后，把自然坐标系定子电压变换至$\alpha\beta z_1 z_2 z_3$轴系上，结果如下：

$$
\begin{bmatrix} u_{s\alpha} \\ u_{s\beta} \\ u_{sz1} \\ u_{sz2} \\ u_{sz3} \end{bmatrix} = R_s \begin{bmatrix} i_{s\alpha} \\ i_{s\beta} \\ i_{sz1} \\ i_{sz2} \\ i_{sz3} \end{bmatrix} + \frac{\mathrm{d}}{\mathrm{d}t} \begin{bmatrix} \psi_{s\alpha} \\ \psi_{s\beta} \\ \psi_{sz1} \\ \psi_{sz2} \\ \psi_{sz3} \end{bmatrix}
\tag{5-14}
$$

由于机电能量转换处于$\alpha\beta$平面，故根据式（5-12）可得电动机的磁共能W'_m如下：

$$
W'_m = \frac{1}{2} \begin{bmatrix} i_{s\alpha} \\ i_{s\beta} \end{bmatrix}^T \begin{bmatrix} L_{s\sigma 1}+2L_{sm}+2L_{rs}\cos(2\theta_r) & \sqrt{6}L_{rs}\sin(2\theta_r) \\ \sqrt{6}L_{rs}\sin(2\theta_r) & L_{s\sigma 1}+3L_{sm}-3L_{rs}\cos(2\theta_r) \end{bmatrix} \begin{bmatrix} i_{s\alpha} \\ i_{s\beta} \end{bmatrix} + \begin{bmatrix} i_{s\alpha} \\ i_{s\beta} \end{bmatrix}^T \begin{bmatrix} \psi_{r\alpha} \\ \psi_{r\beta} \end{bmatrix}
\tag{5-15}
$$

式（5-15）两边对转子位置角的机械角求偏微分，得出电磁转矩T_e如下：

$$
T_e = \frac{\partial W'_m}{\partial(\theta_r/p)}
$$

$$
= p\left(\frac{1}{2}\begin{bmatrix} i_{s\alpha} \\ i_{s\beta} \end{bmatrix}^T \frac{\partial \begin{bmatrix} L_{s\sigma 1}+2L_{sm}+2L_{rs}\cos(2\theta_r) & \sqrt{6}L_{rs}\sin(2\theta_r) \\ \sqrt{6}L_{rs}\sin(2\theta_r) & L_{s\sigma 1}+3L_{sm}-3L_{rs}\cos(2\theta_r) \end{bmatrix}}{\partial\theta_r} \begin{bmatrix} i_{s\alpha} \\ i_{s\beta} \end{bmatrix} + \begin{bmatrix} i_{s\alpha} \\ i_{s\beta} \end{bmatrix}^T \frac{\partial \begin{bmatrix} \psi_{r\alpha} \\ \psi_{r\beta} \end{bmatrix}}{\partial\theta_r} \right)
$$

$$
= p\left(\sqrt{\frac{3}{2}}\psi_{s\alpha}i_{s\beta} - \sqrt{\frac{2}{3}}\psi_{s\beta}i_{s\alpha} \right) - \frac{1}{\sqrt{6}}pL_{s\sigma 1}i_{s\alpha}i_{s\beta}
\tag{5-16}
$$

从式（5-16）可见：①电磁转矩不仅与磁链有关，还与$\alpha\beta$轴电流乘积有关，从而产生转矩脉动；②与定子磁链相关的两个乘积项的系数不相同，从而导致电磁转矩也不对称。

类似于绕组无故障情况，利用式（2-47）变换矩阵$\boldsymbol{T}(\theta_r)$把$\alpha\beta$平面电压及磁链变换至dq坐标系得

$$
\begin{bmatrix} u_{sd} \\ u_{sq} \end{bmatrix} = R_s \begin{bmatrix} i_{sd} \\ i_{sq} \end{bmatrix} + \omega_r \begin{bmatrix} 0 & -1 \\ 1 & 0 \end{bmatrix} \begin{bmatrix} \psi_{sd} \\ \psi_{sq} \end{bmatrix} + \frac{\mathrm{d}}{\mathrm{d}t} \begin{bmatrix} \psi_{sd} \\ \psi_{sq} \end{bmatrix}
\tag{5-17}
$$

$$\begin{bmatrix} \psi_{\text{sd}} \\ \psi_{\text{sq}} \end{bmatrix} = \boldsymbol{T}(\theta_{\text{r}}) \begin{bmatrix} L_{\text{s}\sigma 1} + 2L_{\text{sm}} + 2L_{\text{rs}}\cos(2\theta_{\text{r}}) & \sqrt{6}\,L_{\text{rs}}\sin(2\theta_{\text{r}}) \\ \sqrt{6}\,L_{\text{rs}}\sin(2\theta_{\text{r}}) & L_{\text{s}\sigma 1} + 3L_{\text{sm}} - 3L_{\text{rs}}\cos(2\theta_{\text{r}}) \end{bmatrix} \boldsymbol{T}^{-1}(\theta_{\text{r}}) \begin{bmatrix} i_{\text{sd}} \\ i_{\text{sq}} \end{bmatrix} + \begin{bmatrix} \psi_{\text{rd}} \\ \psi_{\text{rq}} \end{bmatrix}$$

$$= \begin{bmatrix} Y_1 & X \\ X & Y_2 \end{bmatrix} \begin{bmatrix} i_{\text{sd}} \\ i_{\text{sq}} \end{bmatrix} + \begin{bmatrix} \psi_{\text{rd}} \\ \psi_{\text{rq}} \end{bmatrix}$$

$$(5\text{-}18)$$

其中

$$X = \frac{1}{2}\cos(2\theta_{\text{r}})L_{\text{sm}} + L_{\text{rs}}\left[-\frac{5}{2}(\cos 2\theta_{\text{r}})^2 + \sqrt{6}\sin(2\theta_{\text{r}})(\cos\theta_{\text{r}})^2 - \sqrt{6}\sin(2\theta_{\text{r}})(\sin\theta_{\text{r}})^2 \right]$$

$$(5\text{-}19)$$

$$Y_1 = L_{\text{s}\sigma 1} + \left[2(\cos\theta_{\text{r}})^2 + 3(\sin\theta_{\text{r}})^2 \right]L_{\text{sm}} +$$

$$L_{\text{rs}}\left[2(\cos\theta_{\text{r}})^2\cos(2\theta_{\text{r}}) + \frac{\sqrt{6}}{2}\cos(4\theta_{\text{r}}) - 3(\sin\theta_{\text{r}})^2\cos(2\theta_{\text{r}}) \right]$$

$$(5\text{-}20)$$

$$Y_2 = L_{\text{s}\sigma 1} + \left[3(\cos\theta_{\text{r}})^2 + 2(\sin\theta_{\text{r}})^2 \right]L_{\text{sm}} +$$

$$L_{\text{rs}}\left[-3\cos(2\theta_{\text{r}})(\cos\theta_{\text{r}})^2 - \frac{\sqrt{6}}{4}\cos(4\theta_{\text{r}}) + 2\cos(2\theta_{\text{r}})(\sin\theta_{\text{r}})^2 + \sqrt{6}\sin(2\theta_{\text{r}})(\sin\theta_{\text{r}})^2 \right]$$

$$(5\text{-}21)$$

由此可见，由于 $\alpha\beta$ 平面定子磁链数学模型的不对称，导致 dq 坐标系中的定子磁链数学模型中仍然含有转子位置角变量，无法对其进行化简。dq 坐标系中的定子磁链数学模型仍然不对称，这种不对称特性妨碍了数学模型的简化，同时也妨碍了定子磁链与电磁转矩的解耦控制策略的建立。

5.2.2 缺一相容错型直接转矩控制

1. 直接转矩控制原理

为了便于利用 $\alpha\beta$ 平面磁链对电磁转矩进行控制，需要构建电动机缺相情况下的对称数学模型。显然上述分析的数学模型均是不对称的，从而导致无法实现定子磁链圆形轨迹的直接转矩控制策略。为此，提出基于虚拟变量的新的缺相电动机对称数学模型。在上述分析的不对称数学模型基础上，定义虚拟定子磁链 $\psi_{\text{xs}\alpha}\psi_{\text{xs}\beta}$ 如下：

$$\psi_{\text{xs}\alpha} = \frac{(\psi_{\text{s}\alpha} - L_{\text{s}\sigma 1}i_{\text{s}\alpha})}{\sqrt{2}}$$

$$(5\text{-}22)$$

$$\psi_{\text{xs}\beta} = \frac{(\psi_{\text{s}\beta} - L_{\text{s}\sigma 1}i_{\text{s}\beta})}{\sqrt{3}}$$

定义虚拟转子磁链 $\psi_{\text{xr}\alpha}$，$\psi_{\text{xr}\beta}$ 如下：

$$\begin{bmatrix} \psi_{\text{xr}\alpha} \\ \psi_{\text{xr}\beta} \end{bmatrix} = \begin{bmatrix} \sqrt{3}\,\psi_{\text{r}\alpha} \\ \sqrt{2}\,\psi_{\text{r}\beta} \end{bmatrix} = \sqrt{6}\,\psi_{\text{f}} \begin{bmatrix} \cos\theta_{\text{r}} \\ \sin\theta_{\text{r}} \end{bmatrix}$$

$$(5\text{-}23)$$

构建虚拟定子电流 $i_{xs\alpha}$，$i_{xs\beta}$ 如下：

$$i_{xs\alpha} = \frac{i_{s\alpha}}{\sqrt{3}}$$

$$i_{xs\beta} = \frac{i_{s\beta}}{\sqrt{2}} \tag{5-24}$$

结合式（5-12）及式（5-22）~式（5-24）可得基于式（5-22）~式（5-24）所定义的虚拟变量的缺相电动机定子磁链数学模型如下：

$$\begin{bmatrix} \psi_{xs\alpha} \\ \psi_{xs\beta} \end{bmatrix} = \sqrt{6} \begin{bmatrix} L_{sm} + L_{rs}\cos(2\theta_r) & L_{rs}\sin(2\theta_r) \\ L_{rs}\sin(2\theta_r) & L_{sm} - L_{rs}\cos(2\theta_r) \end{bmatrix} \begin{bmatrix} i_{xs\alpha} \\ i_{xs\beta} \end{bmatrix} + \sqrt{6} \begin{bmatrix} \cos\theta_r\psi_f \\ \sin\theta_r\psi_f \end{bmatrix} \tag{5-25}$$

从新构建的定子磁链数学模型式（5-25）可见，电感矩阵四个元素中的常数系数均为 $\sqrt{6}$，所以基于虚拟磁链及虚拟电流的 $\alpha\beta$ 平面定子磁链变成对称数学模型，若将虚拟磁链控制为圆形轨迹，则对应的虚拟定子电流轨迹也为圆形。圆形虚拟定子磁链轨迹为电磁转矩的直接控制奠定了基础。

结合式（5-16）及式（5-22）~式（5-24）可得基于式（5-22）~式（5-24）所定义的虚拟变量的缺相电动机电磁转矩数学模型如下：

$$\begin{aligned} T_e &= p\left[\sqrt{\frac{3}{2}}(\psi_{s\alpha} - L_{s\sigma1}i_{s\alpha})i_{s\beta} - \sqrt{\frac{2}{3}}(\psi_{s\beta} - L_{s\sigma1}i_{s\beta})i_{s\alpha}\right] \\ &= p\left[\sqrt{\frac{3}{2}}(\sqrt{2}\psi_{xs\alpha})(\sqrt{2}i_{xs\beta}) - \sqrt{\frac{2}{3}}(\sqrt{3}\psi_{xs\beta})(\sqrt{3}i_{xs\alpha})\right] \\ &= \sqrt{6}p(\psi_{xs\alpha}i_{xs\beta} - \psi_{xs\beta}i_{xs\alpha}) \end{aligned} \tag{5-26}$$

由式（5-26）可见，基于虚拟变量的电磁转矩变成对称数学模型，为圆形虚拟定子磁链轨迹的直接转矩控制奠定了基础。

利用式（2-47）变换矩阵 $T(\theta_r)$ 把基于虚拟变量的 $\alpha\beta$ 定子磁链（5-25）变换至 dq 坐标系中如下：

$$T^{-1}(\theta_r)\begin{bmatrix} \psi_{xsd} \\ \psi_{xsq} \end{bmatrix} = \sqrt{6}\begin{bmatrix} L_{sm} + L_{rs}\cos(2\theta_r) & L_{rs}\sin(2\theta_r) \\ L_{rs}\sin(2\theta_r) & L_{sm} - L_{rs}\cos(2\theta_r) \end{bmatrix} T^{-1}(\theta_r)\begin{bmatrix} i_{xsd} \\ i_{xsq} \end{bmatrix} + \sqrt{6}\begin{bmatrix} \cos\theta_r\psi_f \\ \sin\theta_r\psi_f \end{bmatrix} \tag{5-27}$$

式（5-27）进一步简化为

$$\begin{bmatrix} \psi_{xsd} \\ \psi_{xsq} \end{bmatrix} = \begin{bmatrix} L_{xd} & 0 \\ 0 & L_{xq} \end{bmatrix}\begin{bmatrix} i_{xsd} \\ i_{xsq} \end{bmatrix} + \begin{bmatrix} \psi_{xrd} \\ \psi_{xrq} \end{bmatrix} \tag{5-28}$$

式中，L_{xd}，L_{xq} 分别为电动机缺相后的 dq 轴电感

$$L_{xd} = \sqrt{6}(L_{sm} + L_{rs}) \tag{5-29}$$

$$L_{xq} = \sqrt{6}(L_{sm} - L_{rs}) \tag{5-30}$$

$$\begin{bmatrix} \psi_{xrd} \\ \psi_{xrq} \end{bmatrix} = T(\theta_r)\begin{bmatrix} \psi_{xr\alpha} \\ \psi_{xr\beta} \end{bmatrix} = T(\theta_r)\sqrt{6}\begin{bmatrix} \cos\theta_r\psi_f \\ \sin\theta_r\psi_f \end{bmatrix} = \begin{bmatrix} \sqrt{6}\psi_f \\ 0 \end{bmatrix} \tag{5-31}$$

利用式（2-47）变换矩阵 $\boldsymbol{T}(\theta_r)$ 把基于虚拟变量的 $\alpha\beta$ 电磁转矩式（5-26）变换至 dq 坐标系中如下：

$$T_e = \sqrt{6}p(\psi_{xsd}i_{xsq} - \psi_{xsq}i_{xsd}) \tag{5-32}$$

定义虚拟磁链矢量 $\boldsymbol{\psi}_{xs}$ 与 d 轴之间的夹角 δ 为转矩角，则

$$\begin{cases} \psi_{xsd} = |\boldsymbol{\psi}_{xs}|\cos\delta \\ \psi_{xsq} = |\boldsymbol{\psi}_{xs}|\sin\delta \end{cases} \tag{5-33}$$

根据式（5-28）~式（5-31）及式（5-33），dq 轴电流可以进一步推导为

$$i_{xsd} = \frac{\psi_{xsd} - \psi_{xrd}}{L_{xd}} = \frac{|\boldsymbol{\psi}_{xs}|\cos\delta - |\boldsymbol{\psi}_{xr}|}{L_{xd}} \tag{5-34}$$

$$i_{xsq} = \frac{\psi_{xsq} - \psi_{xrq}}{L_{xq}} = \frac{|\boldsymbol{\psi}_{xs}|\sin\delta}{L_{xq}} \tag{5-35}$$

把式（5-33）~式（5-35）代入式（5-32）中得

$$T_e = \sqrt{6}p\left(|\boldsymbol{\psi}_{xs}|\cos\delta\frac{|\boldsymbol{\psi}_{xs}|\sin\delta}{L_{xq}} - |\boldsymbol{\psi}_{xs}|\sin\delta\frac{|\boldsymbol{\psi}_{xs}|\cos\delta - |\boldsymbol{\psi}_{xr}|}{L_{xd}}\right) \tag{5-36}$$

$$= \sqrt{6}p|\boldsymbol{\psi}_{xs}||\boldsymbol{\psi}_{xr}|\frac{1}{L_{xd}}\sin\delta + 0.5\sqrt{6}p_n|\boldsymbol{\psi}_{xs}|^2\left(\frac{1}{L_{xq}} - \frac{1}{L_{xd}}\right)\sin2\delta$$

式中，$|\boldsymbol{\psi}_{xr}| = \sqrt{6}\psi_f$。显然，将式（5-36）与绕组无故障的电磁转矩表达式（2-60）对比可见，两者除了个别系数不同外，形式完全一样。将式（5-36）中的虚拟定子磁链幅值 $|\boldsymbol{\psi}_{xs}|$ 控制为恒定值后，可以利用转矩角 δ 对电磁转矩进行快速控制。而转矩角对电磁转矩的控制均可以借助缺相后逆变器输出电压矢量对虚拟定子磁链矢量的控制实现。

以上基于虚拟变量定义的电动机数学模型各变量之间的关系可以用矢量图 5-1 表示。

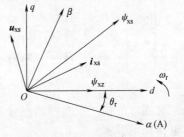

图 5-1 基于虚拟变量定义的电动机数学模型各变量之间关系

电动机缺一相后，逆变器桥臂与电动机绕组之间的连接关系如图 5-2 所示。

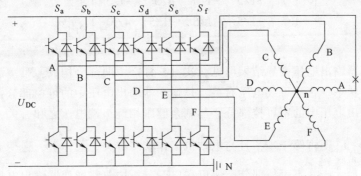

图 5-2 缺一相时逆变器桥臂与电动机绕组之间的连接关系

A 相开路后，剩余健康相 B~F 相绕组电压表示如下：

$$\begin{cases} u_{sB} = S_b U_{DC} + U_{nN} \\ u_{sC} = S_c U_{DC} + U_{nN} \\ u_{sD} = S_d U_{DC} + U_{nN} \\ u_{sE} = S_e U_{DC} + U_{nN} \\ u_{sF} = S_f U_{DC} + U_{nN} \end{cases} \tag{5-37}$$

根据式（5-37），把剩余健康五相相绕组电压求和如下：

$$u_{sB} + u_{sC} + u_{sD} + u_{sE} + u_{sF} = (S_b + S_c + S_d + S_e + S_f) U_{DC} + 5U_{nN} = \sum_{i=B}^{F} u_{si}$$

$$\tag{5-38}$$

根据式（5-38）不难求出 U_{nN} 电压如下：

$$U_{nN} = \frac{1}{5} \Big[\sum_{i=B}^{F} u_{si} - (S_b + S_c + S_d + S_e + S_f) U_{DC} \Big] \tag{5-39}$$

这样，把式（5-39）代入式（5-37）中得

$$\begin{bmatrix} u_{sB} \\ u_{sC} \\ u_{sD} \\ u_{sE} \\ u_{sF} \end{bmatrix} = U_{DC} \begin{bmatrix} 4/5 & -1/5 & -1/5 & -1/5 & -1/5 \\ -1/5 & 4/5 & -1/5 & -1/5 & -1/5 \\ -1/5 & -1/5 & 4/5 & -1/5 & -1/5 \\ -1/5 & -1/5 & -1/5 & 4/5 & -1/5 \\ -1/5 & -1/5 & -1/5 & -1/5 & 4/5 \end{bmatrix} \begin{bmatrix} S_b \\ S_c \\ S_d \\ S_e \\ S_f \end{bmatrix} + \frac{1}{5} \sum_{i=B}^{F} u_{si} \begin{bmatrix} 1 \\ 1 \\ 1 \\ 1 \\ 1 \end{bmatrix}$$

$$\tag{5-40}$$

对式（5-40）左右两边左乘式（5-10）矩阵 $\boldsymbol{T}_5$ 得 $\alpha\beta z_1 z_2 z_3$ 轴系上的逆变器输出电压如下：

$$\begin{bmatrix} u_{s\alpha} \\ u_{s\beta} \\ u_{sz1} \\ u_{sz2} \\ u_{sz3} \end{bmatrix} = \boldsymbol{T}_5 U_{DC} \begin{bmatrix} 4/5 & -1/5 & -1/5 & -1/5 & -1/5 \\ -1/5 & 4/5 & -1/5 & -1/5 & -1/5 \\ -1/5 & -1/5 & 4/5 & -1/5 & -1/5 \\ -1/5 & -1/5 & -1/5 & 4/5 & -1/5 \\ -1/5 & -1/5 & -1/5 & -1/5 & 4/5 \end{bmatrix} \begin{bmatrix} S_b \\ S_c \\ S_d \\ S_e \\ S_f \end{bmatrix} + \frac{1}{5} \sum_{i=B}^{F} u_{si} \boldsymbol{T}_5 \begin{bmatrix} 1 \\ 1 \\ 1 \\ 1 \\ 1 \end{bmatrix}$$

$$\tag{5-41}$$

从逆变器输出电压推导结果可见，式（5-41）由两部分构成：第一部分仅仅与逆变器开关状态、直流母线电压有关，是逆变器输出电压中的可控部分；第二部分是逆变器输出电压中的不可控部分，与剩余健康相绕组端电压之和有关，由于电动机缺相后 $\sum\limits_{i=B}^{F} u_{si}$ 不再等于零，且与电动机工作状态有关。总体上，逆变器输出电压中可控部分远大于其不可控部分，所以在以下分析中忽略逆变器输出电压中的不可

控部分。忽略逆变器输出电压中的不可控部分后，式（5-41）进一步表示成

$$\begin{cases} u_{s\alpha} = \dfrac{1}{2\sqrt{2}}\left[\dfrac{1}{5}(7S_b - 3S_c - 8S_d - 3S_e + 7S_f)U_{DC} - \dfrac{2}{5}\sum_{i=B}^{F} u_{si}\right] \\[2mm] \qquad \approx \dfrac{1}{2\sqrt{2}}\left[\dfrac{1}{5}(7S_b - 3S_c - 8S_d - 3S_e + 7S_f)U_{DC}\right] \\[2mm] u_{s\beta} = \dfrac{1}{2}(S_b + S_c - S_e - S_f)U_{DC} \end{cases} \quad (5\text{-}42)$$

$$\begin{cases} u_{sz1} = 0.3743S_b - 0.6063S_c + 0.4641S_d - 0.2859S_e + 0.0539S_f \\ u_{sz2} = 0.2828S_b - 0.0376S_c - 0.4906S_d + 0.5094S_e - 0.2641S_f \\ u_{sz2} = -0.2915S_b + 0.3687S_c - 0.1547S_d - 0.4047S_e + 0.4820S_f \end{cases} \quad (5\text{-}43)$$

由于磁链的微分对应定子电压，所以为了利用逆变器输出电压实现虚拟定子磁链的控制，采用与式（5-22）类似的虚拟变量定义虚拟逆变器 $\alpha\beta$ 平面电压矢量 $u_{xs\alpha} + ju_{xs\beta}$ 如下：

$$\begin{cases} u_{xs\alpha} = \dfrac{1}{\sqrt{2}}u_{s\alpha} = \dfrac{1}{4}\left[\dfrac{1}{5}(7S_b - 3S_c - 8S_d - 3S_e + 7S_f)U_{DC} - \dfrac{2}{5}\sum_{i=B}^{F} u_{si}\right] \\[2mm] \qquad \approx \dfrac{1}{20}(7S_b - 3S_c - 8S_d - 3S_e + 7S_f)U_{DC} \\[2mm] u_{xs\beta} = \dfrac{1}{\sqrt{3}}u_{s\beta} = \dfrac{1}{2\sqrt{3}}(S_b + S_c - S_e - S_f)U_{DC} \end{cases}$$

$$(5\text{-}44)$$

根据式（5-14）、式（5-44）、式（5-22）、式（5-24）可以进一步推导

$$u_{xs\alpha} = \frac{1}{\sqrt{2}}\left(R_s i_{s\alpha} + \frac{\mathrm{d}}{\mathrm{d}t}\psi_{s\alpha}\right) = \left(\sqrt{\frac{3}{2}}R_s i_{xs\alpha} + \sqrt{\frac{3}{2}}L_{s\sigma1}\frac{\mathrm{d}}{\mathrm{d}t}i_{xs\alpha}\right) + \frac{\mathrm{d}}{\mathrm{d}t}\psi_{xs\alpha} \quad (5\text{-}45)$$

$$u_{xs\beta} = \frac{1}{\sqrt{3}}\left(R_s i_{s\beta} + \frac{\mathrm{d}}{\mathrm{d}t}\psi_{s\beta}\right) = \left(\sqrt{\frac{2}{3}}R_s i_{xs\beta} + \sqrt{\frac{2}{3}}L_{s\sigma1}\frac{\mathrm{d}}{\mathrm{d}t}i_{xs\beta}\right) + \frac{\mathrm{d}}{\mathrm{d}t}\psi_{xs\beta} \quad (5\text{-}46)$$

由于实际电动机相绕组电阻及漏电抗均较小，所以式（5-45）和式（5-46）中电阻和漏电抗上的压降远小于虚拟定子磁链的微分产生的感应电动势，这样利用虚拟定子电压 $u_{xs\alpha} + ju_{xs\beta}$ 可以快速控制虚拟定子磁链 $\psi_{xs\alpha} + j\psi_{xs\beta}$，从而达到对虚拟定子磁链幅值及电磁转矩的快速控制。而由式（5-44）可知虚拟定子电压矢量由逆变器开关组合快速控制，所以即使缺 A 相后，电动机的电磁转矩及虚拟定子磁链幅值也可以借助剩余健康相桥臂的开关组合进行快速控制。

当电动机缺 A 相后，只有四个自由度可控。$\alpha\beta$ 平面机电能量转换控制已经占用两个自由度（虚拟定子磁链幅值、电磁转矩），还需控制两个自由度。本节选择 z_1 和 z_2 两个零序轴系，将这两个零序轴系电流误差控制为零。

假设 z_1z_2 平面零序电流矢量给定值 i_{sz}^* 及其对应的零序电压矢量给定值 u_{sz}^* 满足以上分析的零序回路电压平衡方程式，即

$$u_{sz}^* = R_s i_{sz}^* + L_{s\sigma1}\frac{\mathrm{d}}{\mathrm{d}t}i_{sz}^* \tag{5-47}$$

结合实际零序回路电压平衡式，得到零序电压矢量误差 $\Delta u_{sz}=u_{sz}^*-u_{sz}$、零序电流矢量误差 $\Delta i_{sz}=i_{sz}^*-i_{sz}$ 关系如下：

$$u_{sz}^*-u_{sz} = R_s(i_{sz}^*-i_{sz}) + L_{s\sigma1}\frac{\mathrm{d}}{\mathrm{d}t}(i_{sz}^*-i_{sz}) \tag{5-48}$$

一般定子电阻及漏电抗较小，所以实际零序电压幅值也较小，这样式（5-48）进一步近似为

$$u_{sz}^* \approx L_{s\sigma1}\frac{\mathrm{d}}{\mathrm{d}t}\Delta i_{sz} \tag{5-49}$$

从式（5-49）可见，若要实现零序电流误差收敛到零控制的目标，则施加的零序电压矢量 u_{sz}^* 与零序电流误差矢量 $\Delta i_{sz}=i_{sz}^*-i_{sz}$ 的夹角应该小于90°，而根据式（5-43）可见，零序电压矢量可以借助逆变器开关组合对其进行控制。

根据式（5-44）和式（5-43）可以画出不同开关组合时，虚拟定子电压矢量 $u_{xs\alpha}+ju_{xs\beta}$ 和零序电压矢量 $u_{sz1}+ju_{sz2}$ 如图5-3所示。

为了同时实现虚拟定子磁链、电磁转矩及零序电流误差的控制，本节采用的最优剩余五相逆变桥臂开关组合的具体选择方法如下：

1）将图5-3a中的机电能量转换平面划分为36个扇区，用 θ_{xsi} 表示，$i=1,2,\cdots,36$。每一个扇区均处于图5-3a中相邻且不同方向的两个虚拟电压矢量所夹区域中，且同时要保证当虚拟定子磁链矢量处于该扇区内旋转时，与其垂直线必须始终处于相同的相邻两个虚拟电压矢量所夹区域中。

2）将图5-3b中零序平面划分为46个扇区，用 θ_{szi} 表示，$i=1,2,\cdots,46$，每一个扇区确定方法与1）中相同。

3）根据零序电压平面中零序电流误差矢量 $\Delta i_{sz}=i_{sz}^*-i_{sz}$ 所处扇区 θ_{szi}，确定出一组可以实现该误差矢量减小的逆变器开关组合。

4）判断虚拟定子磁链矢量 ψ_{xs} 所处扇区 θ_{xsi}，并根据此分析3）中各种开关组合引起的虚拟定子磁链幅值及电磁转矩控制效果，即增大或减小。

5）根据4）的分析结果，以虚拟定子磁链幅值控制需要、电磁转矩控制需要、虚拟定子磁链矢量 ψ_{xs} 所处扇区 θ_{xsi}、零序电流误差矢量 $\Delta i_{sz}=i_{sz}^*-i_{sz}$ 所处扇区 θ_{szi} 作为输入变量，根据4）判断的开关组合输出变量，列表获得最优开关矢量，根据该表获得最优开关组合，实现虚拟定子磁链幅值及电磁转矩控制，同时零序电流误差矢量控制为零。

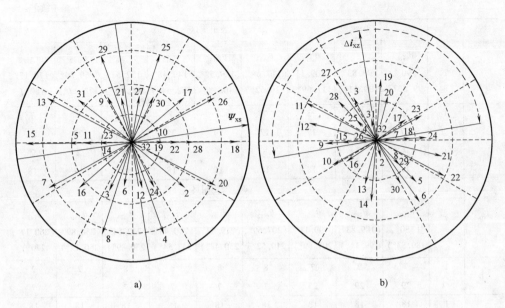

图 5-3　缺一相逆变器输出的电压矢量

a) $\alpha\beta$ 平面虚拟定子电压矢量 $u_{xs\alpha}+ju_{xs\beta}$　b) z_1z_2 平面零序电压矢量 $u_{sz1}+ju_{sz2}$

对于最优开关矢量获取方法进一步举例说明如下：例如图 5-3b 中若零序电流误差矢量 Δi_{sz} 所处位置 θ_{szi}（0，3.55°），与 Δi_{sz} 正交的直线上方区域中开关组合均能满足减小 Δi_{sz} 的要求，具体有 2,30,6,5,8,29,22,21,24,18,7,23,17,2,20,19，若此时虚拟定子磁链处于图 5-3a 中的扇区 θ_{xs1}（0，9.83°）内，则实现虚拟定子磁链幅值和电磁转矩均增大的开关组合有 17,27,25,26 等，实现虚拟定子磁链幅值增大、电磁转矩减小的开关组合有 20,19,18,24 等，实现虚拟定子磁链幅值减小、电磁转矩增大的开关组合有：29,31,11,9,15 等，同时实现虚拟定子磁链幅值和电磁转矩减小的开关组合有 7,16,3,8,6 等。根据上述分析，当 Δi_{sz} 处于 θ_{sz1}（0,3.55°）时最优开关矢量表见表 5-1，其中 τ 取 1 表示增大转矩，反之取 −1；ϕ 取 1 表示增大磁链幅值，反之取 0。

表 5-1　Δi_{sz} 处于 θ_{sz1}（0，3.55°）时最优开关矢量表

ϕ	τ	ψ_{xs} 处于扇区								
		θ_{xs1} (0°, 9.83°)	θ_{xs2} (9.83°, 19.11°)	θ_{xs3} (19.11°, 27.69°)	θ_{xs4} (27.69°, 39.52°)	θ_{xs5} (39.52°, 50.48°)	θ_{xs6} (50.48°, 62.54°)	θ_{xs7} (62.54°, 70.89°)	θ_{xs8} (70.89°, 80.17°)	θ_{xs9} (80.17°, 90°)
1	1	17	17	17	17	29	29	29	29	29
	−1	18	18	18	18	18	18	18	18	18
0	1	29	29	23	7	7	7	7	7	7
	−1	7	7	7	8	8	8	8	8	2

（续）

ϕ	τ	ψ_{xs} 处于扇区								
		θ_{xs10} (90°, 99.83°)	θ_{xs11} (99.83°, 109.11°)	θ_{xs12} (109.11°, 117.69°)	θ_{xs13} (117.69°, 129.52°)	θ_{xs14} (129.52°, 140.48°)	θ_{xs15} (140.48°, 152.54°)	θ_{xs16} (152.54°, 160.89°)	θ_{xs17} (160.89°, 170.17°)	θ_{xs18} (170.17°, 180°)
1	1	29	29	23	7	7	7	7	7	7
1	-1	17	17	17	17	29	29	29	29	29
0	1	7	7	7	8	8	8	8	2	2
0	-1	18	18	18	18	18	18	18	18	18

ϕ	τ	ψ_{xs} 处于扇区								
		θ_{xs19} (180°, 189.83°)	θ_{xs20} (189.83°, 199.11°)	θ_{xs21} (199.11°, 207.69°)	θ_{xs22} (207.69°, 219.52°)	θ_{xs23} (219.52°, 230.48°)	θ_{xs24} (230.48°, 242.54°)	θ_{xs25} (242.54°, 250.89°)	θ_{xs26} (250.89°, 260.17°)	θ_{xs27} (260.17°, 270°)
1	1	7	7	7	8	8	8	8	2	2
1	-1	29	29	23	7	7	7	7	7	7
0	1	18	18	18	18	18	18	18	18	18
0	-1	17	17	17	17	29	29	29	29	29

ϕ	τ	ψ_{xs} 处于扇区								
		θ_{xs28} (270°, 279.83°)	θ_{xs29} (279.83°, 289.11°)	θ_{xs30} (289.11°, 297.69°)	θ_{xs31} (297.69°, 309.52°)	θ_{xs32} (309.52°, 320.48°)	θ_{xs33} (320.48°, 332.54°)	θ_{xs34} (332.54°, 340.89°)	θ_{xs35} (340.89°, 350.17°)	θ_{xs36} (350.17°, 360°)
1	1	18	18	18	18	18	18	18	18	18
1	-1	7	7	7	8	8	8	8	2	2
0	1	17	17	17	17	29	29	29	29	29
0	-1	29	29	23	7	7	7	7	7	7

　　根据上述分析，画出本节提出的六相对称绕组永磁同步电动机缺一相容错型直接转矩控制策略结构框图，如图 5-4 所示。剩余健康相 B～F 相电流 i_{sB}～i_{sF} 送给变换矩阵 $\boldsymbol{T}_5$，输出 $\alpha\beta$ 平面电流 $i_{s\alpha}$，$i_{s\beta}$ 及 z_1z_2 平面电流 i_{sz1}，i_{sz2}；$\alpha\beta$ 平面电流送给定子磁链计算环节，输出虚拟定子磁链 $\psi_{xs\alpha}$，$\psi_{xs\beta}$ 及 $\alpha\beta$ 平面定子磁链 $\psi_{s\alpha}$，$\psi_{s\beta}$；根据虚拟磁链相位，通过虚拟磁链扇区判断环节输出 θ_{xsi}；虚拟磁链幅值通过磁链滞环比较器，输出控制磁链幅值变量 ϕ；$\alpha\beta$ 平面定子磁链 $\psi_{s\alpha}$，$\psi_{s\beta}$、电流 $i_{s\alpha}$，$i_{s\beta}$ 送给电磁转矩计算环节，输出电磁转矩 T_e；电磁转矩通过转子滞环比较器，输出控制电磁转矩变量 τ；零序电流 i_{sz1}，i_{sz2} 及其给定值送给零序电流误差计算环节，输出零序电流误差矢量 $\Delta\boldsymbol{i}_{sz}$；把零序电流误差矢量 $\Delta\boldsymbol{i}_{sz}$ 送给扇区判断环节，输出零序电流误差扇区 θ_{szi}；把 τ，ϕ，θ_{szi}，θ_{xsi} 送给最优开关矢量表，获得最优开关组合通过剩余五相健康相桥臂输出最优开关矢量作用于电动机。其中给定零序电流环节将在下一节仔细讲解。

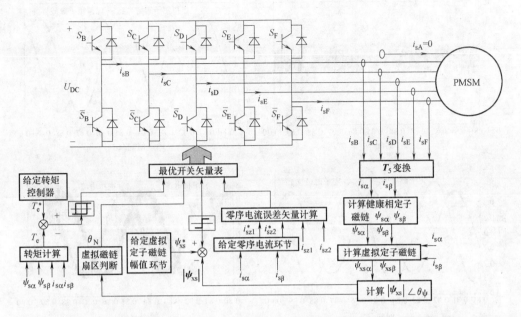

图 5-4 六相对称绕组永磁同步电动机缺一相容错型直接转矩控制策略结构框图

2. 缺一相容错型 DTC 方案仿真研究

为了验证本节所提出的控制策略的稳态和动态性能，采用 Matlab/Simulink 对缺一相 DTC 系统进行建模仿真。电动机额定参数见附录中的表 A-1，控制周期为 $40\mu s$，速度环 PI 中比例系数、积分系数分别为 0.15，0.6，虚拟定子磁链幅值给定为 0.19Wb，转矩限幅为 $\pm 10N \cdot m$。

首先进行系统稳态性能仿真，负载转矩 $6.0N \cdot m$，转速 750r/min 系统稳态仿真结果如图 5-5 所示。由仿真结果可见：①转速空载在 750r/min，对应磁链及电流电周期为 0.04s，频率为 25Hz；②虚拟定子磁链 $\alpha\beta$ 轴分量同频、同幅值（0.19Wb），且正交；实际定子磁链 $\alpha\beta$ 轴分量分别为 0.27Wb 和 0.33Wb，符合上述分析的虚拟定子磁链定义的数量关系；③虚拟定子电流 $\alpha\beta$ 轴分量同频、同幅值（6.2A），且正交；实际定子电流 $\alpha\beta$ 轴分量分别为 10.7A 和 8.7A，符合上述分析的虚拟定子电流定义数量关系；④电磁转矩跟踪其给定值 $6.0N \cdot m$；⑤零序电流基本控制在零附近。仿真结果表明，仿真数量关系与上述理论分析一致，系统稳定性能较佳。

3. 缺一相容错型 DTC 方案实验研究

为了进一步研究所提 DTC 控制策略的可行性，在以 TMS320F2812DSP 为核心的电动机控制平台上进行实验研究。给定虚拟定子磁链幅值为 0.19Wb，转矩限幅为 $\pm 10N \cdot m$，控制周期为 $40\mu s$，速度闭环 PI 调节器中比例系数和积分系数分别为 0.1 和 0.6。

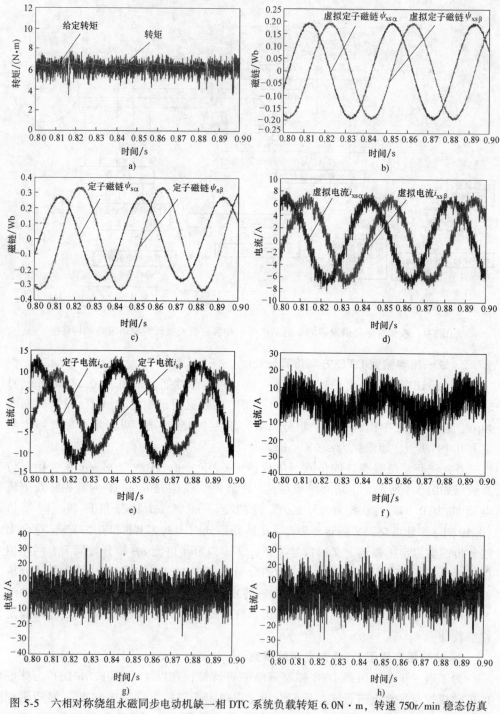

图 5-5　六相对称绕组永磁同步电动机缺一相 DTC 系统负载转矩 6.0N·m，转速 750r/min 稳态仿真

a）转矩与给定转矩　b）虚拟定子磁链 $\psi_{xs\alpha}$，$\psi_{xs\beta}$　c）定子磁链 $\psi_{s\alpha}$，$\psi_{s\beta}$　d）虚拟定子电流 $i_{xs\alpha}$，$i_{xs\beta}$

e）定子电流 $i_{s\alpha}$，$i_{s\beta}$　f）B 相电流　g）零序电流 i_{sz1}　h）零序电流 i_{sz2}

当电动机转速 750r/min、负载转矩 6.0N·m 时的稳态实验结果如图 5-6 所示。从实验结果可见：①虚拟定子磁链 $\alpha\beta$ 轴分量同频率（25Hz）、同幅值（0.19Wb）、正交；而实际定子磁链 $\alpha\beta$ 轴分量幅值分别为 0.27Wb，0.32Wb；②虚拟定子电流

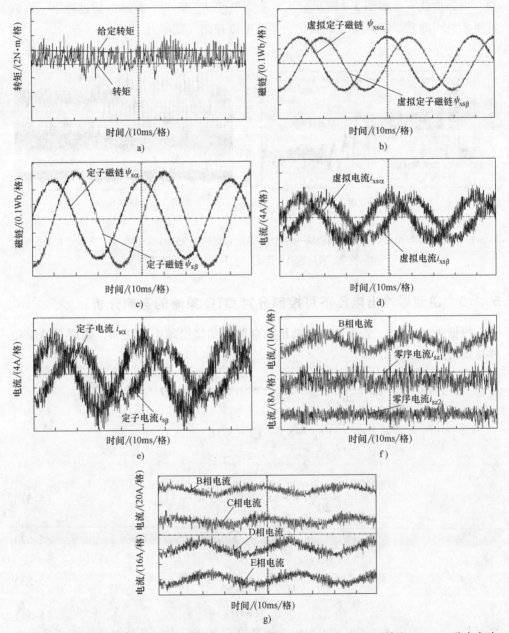

图 5-6 六相对称绕组永磁同步电动机缺一相 DTC 系统负载转矩 6.0N·m，转速 750r/min 稳态实验

a) 转矩与给定转矩 b) 虚拟定子磁链 $\psi_{xs\alpha}$，$\psi_{xs\beta}$ c) 定子磁链 $\psi_{s\alpha}$，$\psi_{s\beta}$ d) 虚拟定子电流 $i_{xs\alpha}$，$i_{xs\beta}$

e) 定子电流 $i_{s\alpha}$，$i_{s\beta}$ f) 零序电流与 B 相电流 g) B，C，D，E 四相电流

$\alpha\beta$ 轴分量同频率（25Hz）、同幅值（5.5A）、正交；而实际定子电流 $\alpha\beta$ 轴分量幅值分别为7.8A，9.53A；③电磁转矩控制在 $6.0\mathrm{N\cdot m}$；④零序电流控制在零附近。

为了进一步研究所提出的控制策略的动态响应特性，电动机在 750r/min 时突加、突卸负载实验如图5-7所示。从实验结果可见，突加、突卸负载过程中，电磁转矩始终跟随其给定值变化而变化，零序电流控制在零附近。

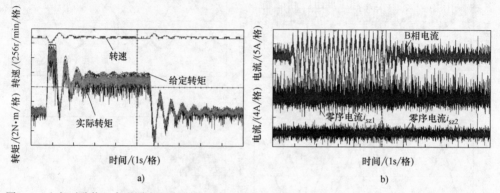

a)   b)

图5-7 六相对称绕组永磁同步电动机缺一相 DTC 系统负载转矩 750r/min 时突加、突卸负载动态实验

a）给定转矩、实际转矩及转速   b）B 相定子电流和零序电流

5.2.3 逆变器输出电压不可控部分对 DTC 策略的影响分析

根据式（5-44），若不忽略电动机剩余健康相绕组端电压之和，则剩余健康相桥臂输出虚拟电压如下：

$$\begin{cases} u_{xs\alpha} = \dfrac{1}{\sqrt{2}}u_{s\alpha} = \dfrac{1}{20}(7S_b - 3S_c - 8S_d - 3S_e + 7S_f)U_{DC} - \dfrac{1}{10}\sum_{i=B}^{F} u_{si} \\ u_{xs\beta} = \dfrac{1}{\sqrt{3}}u_{s\beta} = \dfrac{1}{2\sqrt{3}}(S_b + S_c - S_e - S_f)U_{DC} \end{cases} \quad (5\text{-}50)$$

令

$$u_{xs\alpha1} = \dfrac{1}{20}(7S_b - 3S_c - 8S_d - 3S_e + 7S_f)U_{DC} \quad (5\text{-}51)$$

$$u_{xs\alpha0} = -\dfrac{1}{10}\sum_{i=B}^{F} u_{si} \quad (5\text{-}52)$$

$$u_{xs\beta1} = \dfrac{1}{2\sqrt{3}}(S_b + S_c - S_e - S_f)U_{DC} \quad (5\text{-}53)$$

$$u_{xs\beta0} = 0 \quad (5\text{-}54)$$

式中，$u_{xs\alpha1}$，$u_{xs\beta1}$ 为 $\alpha\beta$ 平面虚拟电压中的可控部分，由剩余健康相桥臂开关组合决定；$u_{xs\alpha0}$，$u_{xs\beta0}$ 为 $\alpha\beta$ 平面虚拟电压中的不可控部分，由缺相后电动机工作状态决定。

这样，剩余健康相桥臂在 $\alpha\beta$ 平面上输出的虚拟电压由可控的虚拟电压 $u_{xs\alpha 1}$，$u_{xs\beta 1}$ 和不可控的虚拟电压 $u_{xs\alpha 0}$，$u_{xs\beta 0}$ 构成

$$\begin{cases} u_{xs\alpha} = u_{xs\alpha 1} + u_{xs\alpha 0} \\ u_{xs\beta} = u_{xs\beta 1} + u_{xs\beta 0} \end{cases} \tag{5-55}$$

借鉴前面分析内容可知，虚拟定子电压对应虚拟定子磁链，所以假设可控虚拟电压 $u_{xs\alpha 1}$，$u_{xs\beta 1}$ 对应的可控虚拟磁链为 $\psi_{xs\alpha 1}$，$\psi_{xs\beta 1}$，而不可控虚拟电压 $u_{xs\alpha 0}$，$u_{xs\beta 0}$ 对应的不可控虚拟磁链为 $\psi_{xs\alpha 0}$，$\psi_{xs\beta 0}$，根据磁链与电压的积分关系以及式（5-1）~式（5-5）得到不可控虚拟磁链 $\psi_{xs\alpha 0}$，$\psi_{xs\beta 0}$ 为

$$\begin{aligned} \psi_{xs\alpha 0} &= \int u_{xs\alpha 0} \mathrm{d}t \\ &= -\frac{1}{10} \int \left(\sum_{i=B}^{F} u_{si} \right) \mathrm{d}t \\ &= -\frac{1}{10} L_{sm} \left(-\frac{1}{2} i_{sB} + \frac{1}{2} i_{sC} + i_{sD} + \frac{1}{2} i_{sE} - \frac{1}{2} i_{sF} \right) \\ &\quad + \frac{1}{10} L_{rs} \left[\begin{array}{l} \cos\left(2\theta_r - \dfrac{1}{3}\pi\right) i_{sB} + \cos\left(2\theta_r - \dfrac{2}{3}\pi\right) i_{sC} + \cos(2\theta_r - \pi) i_{sD} \\ + \cos\left(2\theta_r - \dfrac{4}{3}\pi\right) i_{sE} + \cos\left(2\theta_r - \dfrac{5}{3}\pi\right) i_{sF} \end{array} \right] \\ &\quad + \frac{1}{10} \psi_f \cos\theta_r \end{aligned}$$

$$\tag{5-56}$$

$$\psi_{xs\beta 0} = \int u_{xs\beta 0} \mathrm{d}t = 0 \tag{5-57}$$

则

$$\psi_{xs\alpha} = \psi_{xs\alpha 1} + \psi_{xs\alpha 0} \tag{5-58}$$

$$\psi_{xs\beta} = \psi_{xs\beta 1} + \psi_{xs\beta 0} \tag{5-59}$$

根据式（5-56）~式（5-59），可以计算

$$(\psi_{xs\alpha})^2 + (\psi_{xs\beta})^2 = (\psi_{xs\alpha 1})^2 + (\psi_{xs\beta 1})^2 + (\psi_{xs\alpha 0})^2 + 2\psi_{xs\alpha 1}\psi_{xs\alpha 0} \tag{5-60}$$

由此可以进一步推导出虚拟定子磁链中可控部分的幅值如下：

$$\sqrt{(\psi_{xs\alpha 1})^2 + (\psi_{xs\beta 1})^2} = \sqrt{(\psi_{xs\alpha})^2 + (\psi_{xs\beta})^2 - (\psi_{xs\alpha 0})^2 - 2\psi_{xs\alpha 1}\psi_{xs\alpha 0}} \tag{5-61}$$

当把虚拟定子磁链矢量幅值控制为 ψ_{xs}^* 时，对应的虚拟定子磁链中可控部分幅值 ψ_{xs1}^* 如下：

$$\psi_{xs1}^* = \sqrt{|\psi_{xs}|^2 - (\psi_{xs\alpha 0})^2 - 2\psi_{xs\alpha 1}\psi_{xs\alpha 0}} \tag{5-62}$$

由于虚拟磁链中的可控部分可以直接利用逆变器输出电压中的可控部分进行控制。当把虚拟定子磁链矢量控制为圆形轨迹时，虚拟磁链中不可控制部分为时变部分。虚拟定子磁链及其各部分关系如图 5-8 所示。

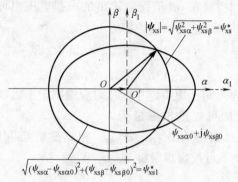

图 5-8　缺一相时虚拟定子磁链及其各部分关系示意图

既然不可控虚拟磁链无法利用逆变器进行控制，那么可以利用逆变器输出可控电压对可控虚拟磁链进行直接控制，以期达到对虚拟定子磁链及电磁转矩的控制。根据上述控制思路，构建基于虚拟定子磁链可控部分的缺一相直接转矩控制系统框图如图 5-9 所示。根据电动机采样电流、参数及式（5-56）等计算出虚拟磁链中不可控制部分 $\psi_{xs\alpha0}$，$\psi_{xs\beta0}$；根据式（5-58）和式（5-59）计算出虚拟磁链中的可控部分 $\psi_{xs\alpha1}$，$\psi_{xs\beta1}$；然后基于可控部分虚拟磁链构建磁链闭环，其他部分与图 5-4 完全一样。

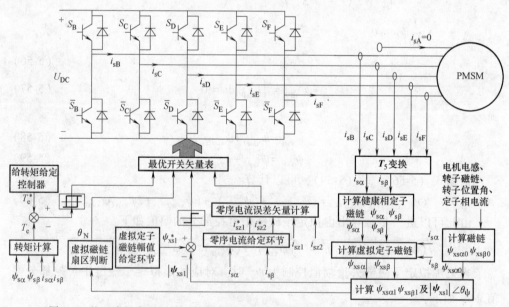

图 5-9　基于虚拟定子磁链可控部分的六相对称绕组缺一相直接转矩控制系统框图

为了进一步研究考虑不可控电压对 DTC 系统的影响，对系统进行稳态实验研究。750r/min，6.0N·m 稳态实验结果如图 5-10 所示。虚拟定子磁链、控制器参数等与图 5-6 一样。不可控制部分磁链幅值约为虚拟定子磁链幅值控制值

（0.19Wb）的 10%，所以虚拟磁链不可控制部分只占总虚拟磁链的很少部分。与图 5-6 相比，实验结果基本相同。

所以从上述分析可见，电动机缺一相后，导致逆变器输出电压中存在不可控制部分，但由于不可控制部分所占份额较小，因此对电动机稳态运行性能影响不大。

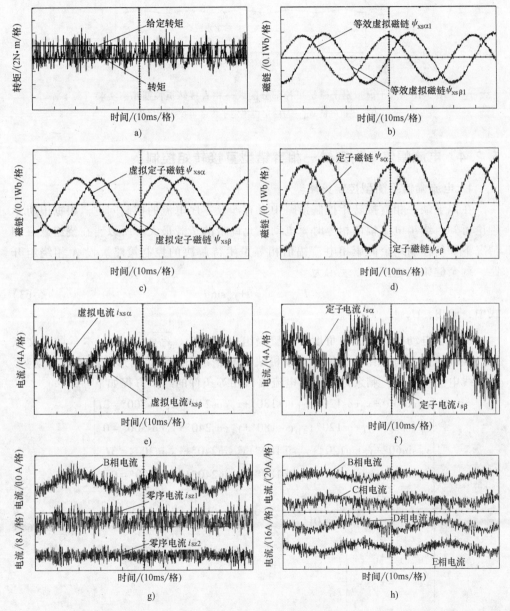

图 5-10　基于虚拟定子磁链可控部分的缺一相直接转矩控制稳态实验

a）转矩与给定转矩　b）等效虚拟磁链 $\psi_{xs\alpha1}$，$\psi_{xs\beta1}$　c）虚拟定子磁链 $\psi_{xs\alpha}$，$\psi_{xs\beta}$　d）定子磁链 $\psi_{s\alpha}$，$\psi_{s\beta}$
e）虚拟定子电流 $i_{xs\alpha}$，$i_{xs\beta}$　f）定子电流 $i_{s\alpha}$，$i_{s\beta}$　g）零序电流与 B 相电流　h）B，C，D，E 四相电流

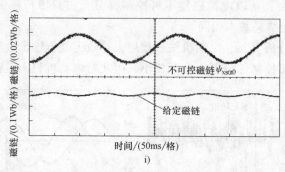

图 5-10　基于虚拟定子磁链可控部分的缺一相直接转矩控制稳态实验（续）

i）虚拟磁链 $\psi_{xs\alpha0}$ 与给定虚拟定子磁链可控部分幅值

5.2.4　电流幅值平衡型缺一相容错型直接转矩控制

1. 电流幅值平衡型控制策略

在以上缺一相直接转矩控制策略中没有涉及零序电流的控制问题。根据电机学理论可知，绕组电流幅值相等时，电动机允许带的负载最大。所以，在绕组缺一相情况下如何控制剩余健康相电流幅值相等是亟待解决的控制策略。设 A 相绕组开路，剩余健康相电流可以表示为

$$I_{sn} = x_n\cos\theta + y_n\sin\theta \tag{5-63}$$

式中，$n = $ B，C，D，E，F。

从减小电动机铜损耗的角度，希望绕组电流幅值 $\sqrt{x_n^2 + y_n^2}$ 最小。本章参考文献 [1] 得出六相对称绕组永磁同步电动机缺 A 相情况下的满足圆形轨迹旋转磁动势、中心线电流等于零、剩余健康五相电流幅值相等条件的约束方程如下：

$$\left.\begin{cases} x_B\cos60° + x_C\cos120° + x_D\cos180° + x_E\cos240° + x_F\cos300° = 3I \\ y_B\cos60° + y_C\cos120° + y_D\cos180° + y_E\cos240° + y_F\cos300° = 0 \\ y_B\sin60° + y_C\sin120° + y_D\sin180° + y_E\sin240° + y_F\sin300° = 3I \\ x_B\sin60° + x_C\sin120° + x_D\sin180° + x_E\sin240° + x_F\sin300° = 0 \end{cases}\right\}① \\ \left.\begin{cases} x_B + x_C + x_D + x_E + x_F = 0 \\ y_B + y_C + y_D + y_E + y_F = 0 \end{cases}\right\}② \\ \left.\begin{cases} x_B^2 + y_B^2 = x_C^2 + y_C^2 \\ x_C^2 + y_C^2 = x_D^2 + y_D^2 \\ x_D^2 + y_D^2 = x_E^2 + y_E^2 \\ x_E^2 + y_E^2 = x_F^2 + y_F^2 \end{cases}\right\}③ \tag{5-64}$$

其中，第①部分四个方程满足剩余健康五相电流产生圆形磁动势的轨迹条件，磁动势幅值由相绕组电流幅值 I 决定；第②部分两个方程满足剩余健康五相绕组无中心线的特征要求；第③部分四个方程满足剩余健康五相绕组电流幅值相等的要求。

当 $I=1$ 时，求解式（5-64）的方程组，得到满足剩余五相绕组电流幅值最小的解如下：

$$
\begin{bmatrix}
x_{\mathrm{B}} \\
x_{\mathrm{C}} \\
x_{\mathrm{D}} \\
x_{\mathrm{E}} \\
x_{\mathrm{F}} \\
y_{\mathrm{B}} \\
y_{\mathrm{C}} \\
y_{\mathrm{D}} \\
y_{\mathrm{E}} \\
y_{\mathrm{F}}
\end{bmatrix}
=
\begin{bmatrix}
1.1758 \\
-0.5273 \\
-1.2969 \\
-0.5273 \\
1.1758 \\
0.5472 \\
1.1848 \\
0 \\
-1.1848 \\
-0.5473
\end{bmatrix}
\tag{5-65}
$$

这样，剩余健康五相 B~F 电流表达式如下：

$$
\begin{cases}
i_{\mathrm{sB}} = 1.297 I\cos(\theta-24.96°) \\
i_{\mathrm{sC}} = 1.297 I\cos(\theta-114°) \\
i_{\mathrm{sD}} = 1.297 I\cos(\theta+\pi) \\
i_{\mathrm{sE}} = 1.297 I\cos(\theta+114°) \\
i_{\mathrm{sF}} = 1.297 I\cos(\theta+24.96°)
\end{cases}
\tag{5-66}
$$

剩余健康相电流矢量图如图 5-11 所示。由此可见幅值相同，但相位差不再相等。

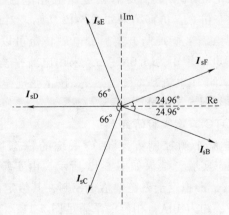

图 5-11　缺一相剩余健康相电流矢量图

利用 T_5 矩阵把式（5-66）剩余健康五相电流变换至 $\alpha\beta z_1 z_2 z_3$ 轴系上得

$$\begin{cases} i_{s\alpha} = \dfrac{1}{2\sqrt{2}}i_{sB} - \dfrac{1}{2\sqrt{2}}i_{sC} - \dfrac{1}{\sqrt{2}}i_{sD} - \dfrac{1}{2\sqrt{2}}i_{sE} + \dfrac{1}{2\sqrt{2}}i_{sF} \\ i_{s\beta} = 0.5i_{sB} + 0.5i_{sC} - 0.5i_{sE} - 0.5i_{sF} \\ i_{sz1} = 0.5704i_{sB} - 0.4102i_{sC} + 0.6602i_{sD} - 0.0898i_{sE} + 0.25i_{sF} \\ i_{sz2} = 0.5469i_{sB} + 0.2265i_{sC} - 0.2265i_{sD} + 0.7735i_{sE} \\ i_{sz3} = -0.0235i_{sB} + 0.6367i_{sC} + 0.1133i_{sD} - 0.1367i_{sE} + 0.75i_{sF} \end{cases} \quad (5\text{-}67)$$

把式（5-66）具体表达式代入式（5-67）中得

$$\begin{cases} I\cos\theta = \dfrac{\sqrt{2}}{3}i_{s\alpha} \\ I\sin\theta = \dfrac{\sqrt{3}}{3}i_{s\beta} \end{cases} \quad (5\text{-}68)$$

$$\begin{cases} i_{sz1} = 0.17544i_{s\alpha} - 0.11794i_{s\beta} \\ i_{sz2} = 0.19295i_{s\alpha} - 0.19106i_{s\beta} \\ i_{sz3} = 0.20908i_{s\alpha} + 0.28464i_{s\beta} \end{cases} \quad (5\text{-}69)$$

按照直接转矩控制策略思想，$\alpha\beta$ 平面上的定子磁链及电磁转矩受控情况下，$\alpha\beta$ 平面定子电流分量 $i_{s\alpha}$、$i_{s\beta}$ 随之确定，这样式（5-68）中电流幅值 I 及相位角 θ 也随之确定；同时式（5-69）中三个零序电流也随之确定。所以，若零序电流按照式（5-69）形式进行控制，则可以实现剩余健康五相绕组电流幅值相等、幅值最小的控制目标。具有以上零序电流控制环节的直接转矩控制系统框图如图5-4所示，其中 $z_1 z_2$ 轴电流和给定电流根据式（5-69）进行计算。

2. 缺一相容错型 DTC 方案仿真研究

采用与图5-5相同的仿真参数，对剩余健康五相电流平衡型 DTC 系统进行 750r/min，7.5N·m 稳态仿真，仿真结果如图5-12所示。对比图5-5，相绕组电流幅值几乎一样，但采用电流平衡控制方案后，电磁转矩可以达到 7.5N·m，而没有电流平衡控制策略的电磁转矩为 6.0N·m；采用电流平衡控制方案后，相绕组电流幅值几乎相等，$z_1 z_2$ 零序电流基本随 $i_{s\alpha}$、$i_{s\beta}$ 按正弦规律控制变化；电磁转矩、定子磁链控制性能基本与图5-5相同。

3. 缺一相容错型 DTC 方案实验研究

为了进一步验证电流平衡控制方案 DTC 系统的稳态特性，对 DTC 系统做 750r/min，7.5N·m 稳态实验，结果如图5-13所示。由实验结果可见：①电磁转矩控制在 7.5N·m 左右，虚拟定子磁链幅值也控制在其给定值 0.19Wb；②剩余健康相绕组电流幅值相等，约为 10A，相位关系满足图5-11；③$z_1 z_2$ 零序电流不再控制在 0 附近，而是按照正弦规律变化。

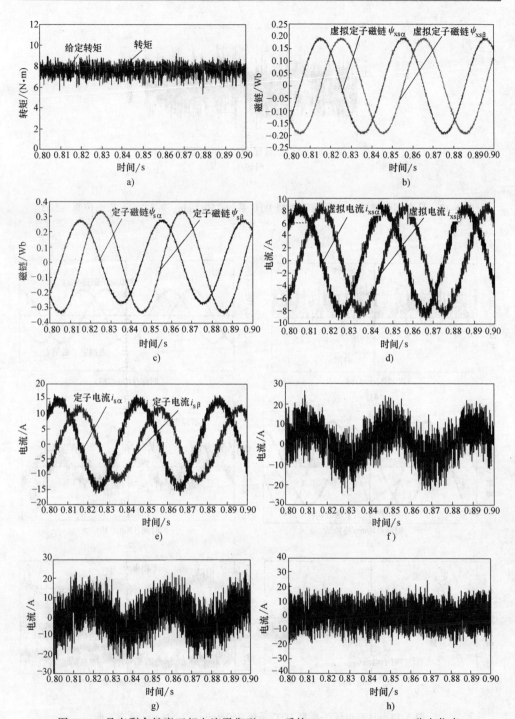

图 5-12　具有剩余健康五相电流平衡型 DTC 系统 750r/min，7.5N·m 稳态仿真

a）转矩与给定转矩　b）虚拟定子磁链 $\psi_{xs\alpha}$，$\psi_{xs\beta}$　c）定子磁链 $\psi_{s\alpha}$，$\psi_{s\beta}$　d）虚拟定子电流 $i_{xs\alpha}$，$i_{xs\beta}$

e）定子电流 $i_{s\alpha}$，$i_{s\beta}$　f）B 相电流　g）C 相电流　h）零序电流 i_{sz1}

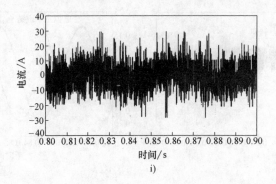

图 5-12　具有剩余健康五相电流平衡型 DTC 系统 750r/min，7.5N·m 稳态仿真（续）

i) 零序电流 i_{sz2}

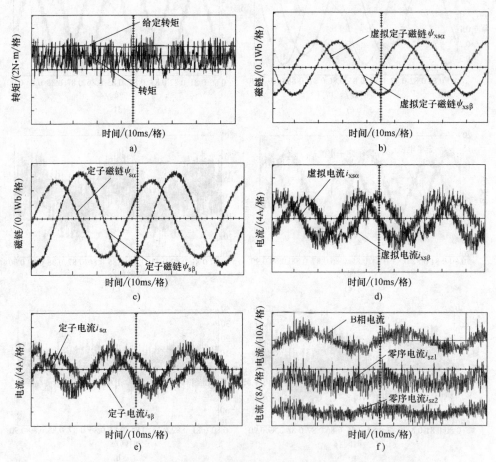

图 5-13　具有电流平衡型 DTC 系统 750r/min，7.5N·m 稳态实验

a) 转矩与给定转矩　b) 虚拟定子磁链 $\psi_{xs\alpha}$，$\psi_{xs\beta}$　c) 定子磁链 $\psi_{s\alpha}$，$\psi_{s\beta}$　d) 虚拟定子电流 $i_{xs\alpha}$，$i_{xs\beta}$

e) 定子电流 $i_{s\alpha}$，$i_{s\beta}$　f) 零序电流与 B 相电流

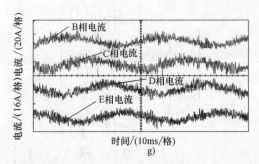

图 5-13　具有电流平衡型 DTC 系统 750r/min，7.5N·m 稳态实验（续）

g）B，C，D，E 四相电流

5.3　多相永磁同步电动机绕组缺任意两相容错型直接转矩控制

5.3.1　缺相隔 60°电角度两相容错型直接转矩控制

1. 缺 AB 两相数学模型

　　六相对称绕组永磁同步电动机任意两相开路有三种情况，分别是相隔 60°电角度的两相绕组开路、相隔 120°电角度的两相绕组开路和相隔 180°电角度的两相绕组开路。下面对 A，B 相开路情况，即相隔 60°电角度的两相绕组开路的情况进行直接转矩控制分析。当电动机缺 AB 相绕组后，为了方便分析，采用如图 5-14 所示变量及坐标系关系示意图。各变量含义同前面章节分析，但 dq 坐标系定义在超前虚拟转子磁链矢量 $\pi/6$ 的位置，虚拟转子磁链矢量定向坐标系为 MT。缺两相后，电动机可控制自由度降为三个，所以虽然有两个零序轴系 $z_1 z_2$，但只需要控制其中一个零序轴系即可满足自由度受控要求。

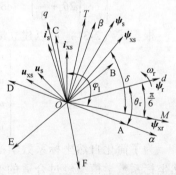

图 5-14　A，B 相开路变量及坐标系定义

　　根据 2.3 节绕组无故障时的数学模型分析，从式（2-25）~式（2-28）及式（2-30）不难推导出缺 A，B 相绕组后，剩余 C~F 四相绕组磁链如下：

$$\begin{bmatrix} \psi_{sC} \\ \psi_{sD} \\ \psi_{sE} \\ \psi_{sF} \end{bmatrix} = L \begin{bmatrix} i_{sC} \\ i_{sD} \\ i_{sE} \\ i_{sF} \end{bmatrix} + \begin{bmatrix} \psi_{Cf} \\ \psi_{Df} \\ \psi_{Ef} \\ \psi_{Ff} \end{bmatrix} \tag{5-70}$$

其中

$$\begin{bmatrix} \psi_{\mathrm{Cf}} \\ \psi_{\mathrm{Df}} \\ \psi_{\mathrm{Ef}} \\ \psi_{\mathrm{Ff}} \end{bmatrix} = \psi_{\mathrm{f}} \begin{bmatrix} \cos\left(\theta_{\mathrm{r}} - \dfrac{2\pi}{3}\right) \\ \cos(\theta_{\mathrm{r}} - \pi) \\ \cos\left(\theta_{\mathrm{r}} - \dfrac{4\pi}{3}\right) \\ \cos\left(\theta_{\mathrm{r}} - \dfrac{5\pi}{3}\right) \end{bmatrix} \tag{5-71}$$

$$\boldsymbol{L} = L_{s\sigma1}\begin{bmatrix} 1 & 0 & 0 & 0 \\ 0 & 1 & 0 & 0 \\ 0 & 0 & 1 & 0 \\ 0 & 0 & 0 & 1 \end{bmatrix} + L_{sm}\begin{bmatrix} 1 & 0.5 & -0.5 & -1 \\ 0.5 & 1 & 0.5 & -0.5 \\ -0.5 & 0.5 & 1 & 0.5 \\ -1 & -0.5 & 0.5 & 1 \end{bmatrix} +$$

$$L_{rs}\begin{bmatrix} \cos\left(2\theta_{\mathrm{r}} - \dfrac{4\pi}{3}\right) & \cos\left(2\theta_{\mathrm{r}} - \dfrac{5\pi}{3}\right) & \cos(2\theta_{\mathrm{r}}) & \cos\left(2\theta_{\mathrm{r}} - \dfrac{\pi}{3}\right) \\ \cos\left(2\theta_{\mathrm{r}} - \dfrac{5\pi}{3}\right) & \cos(2\theta_{\mathrm{r}}) & \cos\left(2\theta_{\mathrm{r}} - \dfrac{\pi}{3}\right) & \cos\left(2\theta_{\mathrm{r}} - \dfrac{2\pi}{3}\right) \\ \cos(2\theta_{\mathrm{r}}) & \cos\left(2\theta_{\mathrm{r}} - \dfrac{\pi}{3}\right) & \cos\left(2\theta_{\mathrm{r}} - \dfrac{2\pi}{3}\right) & \cos(2\theta_{\mathrm{r}} - \pi) \\ \cos\left(2\theta_{\mathrm{r}} - \dfrac{\pi}{3}\right) & \cos\left(2\theta_{\mathrm{r}} - \dfrac{2\pi}{3}\right) & \cos(2\theta_{\mathrm{r}} - \pi) & \cos\left(2\theta_{\mathrm{r}} - \dfrac{4\pi}{3}\right) \end{bmatrix} \tag{5-72}$$

根据式（2-31）可以建立缺 A，B 相绕组后的定子电压方程如下：

$$\begin{bmatrix} u_{s\mathrm{C}} \\ u_{s\mathrm{D}} \\ u_{s\mathrm{E}} \\ u_{s\mathrm{F}} \end{bmatrix} = R_s \begin{bmatrix} i_{s\mathrm{C}} \\ i_{s\mathrm{D}} \\ i_{s\mathrm{E}} \\ i_{s\mathrm{F}} \end{bmatrix} + \frac{\mathrm{d}}{\mathrm{d}t} \begin{bmatrix} \psi_{s\mathrm{C}} \\ \psi_{s\mathrm{D}} \\ \psi_{s\mathrm{E}} \\ \psi_{s\mathrm{F}} \end{bmatrix} \tag{5-73}$$

为了简化自然坐标系数学模型，同时解释电动机机电能量转换本质，需要把自然坐标系数学模型经过合适的变换矩阵 $\boldsymbol{T}_c$ 变换至 $\alpha\beta z_1 z_2$ 轴系上，其中 $\alpha\beta$ 仍然为机电能量转换平面，$z_1 z_2$ 为零序轴系。如何寻找缺相后的变换矩阵？可以借鉴 2.2 节多相交流电动机多平面分解变换理论及本章参考文献 [2，3] 来确定。当电动机绕组无故障时，变换矩阵 $\boldsymbol{T}_c$ 包括以下两个行向量：

$$[\boldsymbol{\alpha}_0] = [\cos(\gamma_0+\gamma_1) \quad \cos(\gamma_0+\gamma_2) \quad \cos(\gamma_0+\gamma_3) \quad \cos(\gamma_0+\gamma_4) \quad \cos(\gamma_0+\gamma_5) \quad \cos(\gamma_0+\gamma_6)]$$
$$[\boldsymbol{\beta}_0] = [\sin(\gamma_0+\gamma_1) \quad \sin(\gamma_0+\gamma_2) \quad \sin(\gamma_0+\gamma_3) \quad \sin(\gamma_0+\gamma_4) \quad \sin(\gamma_0+\gamma_5) \quad \sin(\gamma_0+\gamma_6)]$$
$$\tag{5-74}$$

其中，γ_0 计算如下：

$$\gamma_0 = -\frac{1}{2}\arctan\left(\frac{\sum\limits_j \sin(2\gamma_j)}{\sum\limits_j \cos(2\gamma_j)}\right) (j=1,2,\cdots,6) \tag{5-75}$$

$$\gamma_i = \frac{i-1}{3}\pi\,(i = 1, 2, \cdots, 6) \tag{5-76}$$

当电动机绕组发生开路故障后，把式（5-74）~式（5-76）中对应的相元素去掉，然后将所求得的两个行向量单位化，再求剩余维数的单位正交基，即可获得变换矩阵 $\boldsymbol{T}_\mathrm{c}$。当 A，B 相绕组开路后，根据式（5-75）计算 γ_0 如下：

$$
\begin{aligned}
\gamma_0 &= -\frac{1}{2}\arctan\left(\frac{\sum\limits_j \sin(2\gamma_j)}{\sum\limits_j \cos(2\gamma_j)}\right)(j = 3, 4, \cdots, 6)\\[2mm]
&= -\frac{1}{2}\arctan\left[\frac{\sin\left(2\,\dfrac{2\pi}{3}\right) + \sin(2\pi) + \sin\left(2\,\dfrac{4\pi}{3}\right) + \sin\left(2\,\dfrac{5\pi}{3}\right)}{\cos\left(2\,\dfrac{2\pi}{3}\right) + \cos(2\pi) + \cos\left(2\,\dfrac{4\pi}{3}\right) + \cos\left(2\,\dfrac{5\pi}{3}\right)}\right]\\[2mm]
&= -\frac{\pi}{6}
\end{aligned}
\tag{5-77}
$$

把式（5-77）代入式（5-74），并去掉 A，B 两相对应的元素后得

$$
\begin{aligned}
\left[\boldsymbol{\alpha}_0\right] &= \left[\cos(\gamma_0+\gamma_3)\quad \cos(\gamma_0+\gamma_4)\quad \cos(\gamma_0+\gamma_5)\quad \cos(\gamma_0+\gamma_6)\right] = \left[0\quad -\frac{\sqrt{3}}{2}\quad -\frac{\sqrt{3}}{2}\quad 0\right]\\[2mm]
\left[\boldsymbol{\beta}_0\right] &= \left[\sin(\gamma_0+\gamma_3)\quad \sin(\gamma_0+\gamma_4)\quad \sin(\gamma_0+\gamma_5)\quad \sin(\gamma_0+\gamma_6)\right] = \left[1\quad \frac{1}{2}\quad -\frac{1}{2}\quad -1\right]
\end{aligned}
\tag{5-78}
$$

将式（5-78）单位化，并求取与之正交的二维单位正交基，得到 A，B 相绕组开路后变换矩阵 $\boldsymbol{T}_\mathrm{AB}$ 如下：

$$
\boldsymbol{T}_\mathrm{AB} = \begin{bmatrix} 0 & -\dfrac{1}{\sqrt{2}} & -\dfrac{1}{\sqrt{2}} & 0 \\[2mm] \sqrt{\dfrac{2}{5}} & \dfrac{1}{\sqrt{10}} & -\dfrac{1}{\sqrt{10}} & -\sqrt{\dfrac{2}{5}} \\[2mm] 0.6076 & -0.5606 & 0.5606 & 0.0470 \\[1mm] 0.4804 & 0.2927 & -0.2927 & 0.7732 \end{bmatrix}
\tag{5-79}
$$

式（5-70）和式（5-73）两边同时左乘式（5-79）矩阵 $\boldsymbol{T}_\mathrm{AB}$，并经过变换后结果如下：

$$
\begin{bmatrix} u_{s\alpha} \\ u_{s\beta} \end{bmatrix} = R_s \begin{bmatrix} i_{s\alpha} \\ i_{s\beta} \end{bmatrix} + \frac{\mathrm{d}}{\mathrm{d}t}\begin{bmatrix} \psi_{s\alpha} \\ \psi_{s\beta} \end{bmatrix}
\tag{5-80}
$$

$$
\begin{bmatrix} u_{sz1} \\ u_{sz2} \end{bmatrix} = R_s \begin{bmatrix} i_{sz1} \\ i_{sz2} \end{bmatrix} + L_{s\sigma1}\frac{\mathrm{d}}{\mathrm{d}t}\begin{bmatrix} i_{sz1} \\ i_{sz2} \end{bmatrix}
\tag{5-81}
$$

$$
\begin{bmatrix} \psi_{s\alpha} \\ \psi_{s\beta} \end{bmatrix} = \begin{bmatrix} L_{s\sigma1} + 1.5L_{sm} + 1.5L_{rs}\cos\left(2\theta_r - \dfrac{\pi}{3}\right) & \sqrt{3.75}\,L_{rs}\sin\left(2\theta_r - \dfrac{\pi}{3}\right) \\ \sqrt{3.75}\,L_{rs}\sin\left(2\theta_r - \dfrac{\pi}{3}\right) & L_{s\sigma1} + 2.5L_{sm} - 2.5L_{rs}\cos\left(2\theta_r - \dfrac{\pi}{3}\right) \end{bmatrix} \begin{bmatrix} i_{s\alpha} \\ i_{s\beta} \end{bmatrix} + \begin{bmatrix} \psi_{r\alpha} \\ \psi_{r\beta} \end{bmatrix}
$$

$$(5\text{-}82)$$

$$
\begin{bmatrix} \psi_{sz1} \\ \psi_{sz2} \end{bmatrix} = L_{s\sigma1} \begin{bmatrix} i_{sz1} \\ i_{sz2} \end{bmatrix}
\tag{5-83}
$$

其中，$\alpha\beta$ 平面永磁体磁链如下：

$$
\begin{bmatrix} \psi_{r\alpha} \\ \psi_{r\beta} \end{bmatrix} = \psi_f \begin{bmatrix} \sqrt{1.5}\cos\left(\theta_r - \dfrac{\pi}{6}\right) \\ \sqrt{2.5}\sin\left(\theta_r - \dfrac{\pi}{6}\right) \end{bmatrix}
\tag{5-84}
$$

由式（5-80）~式（5-83）可见，转子位置角信息隐含在 $\alpha\beta$ 平面磁链中，而 z_1z_2 平面磁链中无转子位置角信息。所以，$\alpha\beta$ 平面承担着电动机机电能量转换的任务。另外，从式（5-82）进一步可见，$\alpha\beta$ 平面定子磁链数学模型同样不对称，导致基于 $\alpha\beta$ 的上述数学模型实现直接转矩控制时会带来一定的困难。

根据磁共能对转子位置机械角求偏微分获得电磁转矩，推导电磁转矩表达式如下：

$$
\begin{aligned}
T_e &= \frac{1}{2}p\begin{bmatrix} i_{s\alpha} & i_{s\beta} \end{bmatrix} L_{rs} \frac{\partial \begin{bmatrix} \dfrac{3}{2}\cos\left(2\theta_r - \dfrac{\pi}{3}\right) & \sqrt{3.75}\sin\left(2\theta_r - \dfrac{\pi}{3}\right) \\ \sqrt{3.75}\sin\left(2\theta_r - \dfrac{\pi}{3}\right) & -\dfrac{5}{2}\cos\left(2\theta_r - \dfrac{\pi}{3}\right) \end{bmatrix}}{\partial \theta_r} \begin{bmatrix} i_{s\alpha} \\ i_{s\beta} \end{bmatrix} + p\begin{bmatrix} i_{s\alpha} & i_{s\beta} \end{bmatrix} \frac{\partial}{\partial \theta_r} \begin{bmatrix} \psi_{r\alpha} \\ \psi_{r\beta} \end{bmatrix} \\
&= pL_{rs}\left[\sin\left(2\theta_r - \frac{\pi}{3}\right)\left(\frac{5}{2}i_{s\beta}^2 - \frac{3}{2}i_{s\alpha}^2\right) + 2\sqrt{3.75}\cos\left(2\theta_r - \frac{\pi}{3}\right)i_{s\alpha}i_{s\beta} \right] \\
&\quad + p\psi_f\left[-\sqrt{1.5}\sin\left(\theta_r - \frac{\pi}{6}\right)i_{s\alpha} + \sqrt{2.5}\cos\left(\theta_r - \frac{\pi}{6}\right)i_{s\beta} \right] \\
&= p\left[\sqrt{\frac{5}{3}}(\psi_{s\alpha} - L_{s\sigma1}i_{s\alpha})i_{s\beta} - \sqrt{\frac{3}{5}}(\psi_{s\beta} - L_{s\sigma1}i_{s\beta})i_{s\alpha} \right]
\end{aligned}
$$

$$(5\text{-}85)$$

从式（5-85）电磁转矩表达式可见，电磁转矩同样不对称，存在漏电感耦合的交变脉动分量。

为了便于实现圆形磁链轨迹的直接转矩控制策略，需要对以上推导的 $\alpha\beta$ 平面电动机数学模型进行改进，构造如下的虚拟定子磁链 $\psi_{xs\alpha}/\psi_{xs\beta}$、虚拟定子电流 $i_{xs\alpha}/i_{xs\beta}$ 及虚拟转子磁链 $\psi_{xr\alpha}/\psi_{xr\beta}$：

$$
\begin{bmatrix} \psi_{xs\alpha} \\ \psi_{xs\beta} \\ i_{xs\alpha} \\ i_{xs\beta} \\ \psi_{xr\alpha} \\ \psi_{xr\beta} \end{bmatrix} = \begin{bmatrix} (\psi_{s\alpha}-L_{s\sigma1}i_{s\alpha})/\sqrt{3} \\ (\psi_{s\beta}-L_{s\sigma1}i_{s\beta})/\sqrt{5} \\ i_{s\alpha}/\sqrt{5} \\ i_{s\beta}/\sqrt{3} \\ \sqrt{5}\,\psi_{r\alpha} \\ \sqrt{3}\,\psi_{r\beta} \end{bmatrix} = \begin{bmatrix} (\psi_{s\alpha}-L_{s\sigma1}i_{s\alpha})/\sqrt{3} \\ (\psi_{s\beta}-L_{s\sigma1}i_{s\beta})/\sqrt{5} \\ i_{s\alpha}/\sqrt{5} \\ i_{s\beta}/\sqrt{3} \\ \sqrt{7.5}\,\psi_{f}\cos\left(\theta_{r}-\dfrac{\pi}{6}\right) \\ \sqrt{7.5}\,\psi_{f}\sin\left(\theta_{r}-\dfrac{\pi}{6}\right) \end{bmatrix} \tag{5-86}
$$

根据上述虚拟变量的定义，对式（5-82）和式（5-85）进行变形后获得基于虚拟变量的虚拟定子磁链及电磁转矩数学模型如下：

$$
\begin{aligned}
\begin{bmatrix} \psi_{xs\alpha} \\ \psi_{xs\beta} \end{bmatrix} &= \frac{\sqrt{15}}{2}\begin{bmatrix} L_{sm}+L_{rs}\cos2\left(\theta_{r}-\dfrac{\pi}{6}\right) & L_{rs}\sin2\left(\theta_{r}-\dfrac{\pi}{6}\right) \\ L_{rs}\sin2\left(\theta_{r}-\dfrac{\pi}{6}\right) & L_{sm}-L_{rs}\cos2\left(\theta_{r}-\dfrac{\pi}{6}\right) \end{bmatrix}\begin{bmatrix} i_{xs\alpha} \\ i_{xs\beta} \end{bmatrix} + \frac{1}{\sqrt{15}}\begin{bmatrix} \psi_{xr\alpha} \\ \psi_{xr\beta} \end{bmatrix} \\
&= \frac{\sqrt{15}}{2}\begin{bmatrix} L_{sm}+L_{rs}\cos2\left(\theta_{r}-\dfrac{\pi}{6}\right) & L_{rs}\sin2\left(\theta_{r}-\dfrac{\pi}{6}\right) \\ L_{rs}\sin2\left(\theta_{r}-\dfrac{\pi}{6}\right) & L_{sm}-L_{rs}\cos2\left(\theta_{r}-\dfrac{\pi}{6}\right) \end{bmatrix}\begin{bmatrix} i_{xs\alpha} \\ i_{xs\beta} \end{bmatrix} + \frac{1}{\sqrt{15}}\begin{bmatrix} \sqrt{7.5}\,\psi_{f}\cos\left(\theta_{r}-\dfrac{\pi}{6}\right) \\ \sqrt{7.5}\,\psi_{f}\sin\left(\theta_{r}-\dfrac{\pi}{6}\right) \end{bmatrix}
\end{aligned} \tag{5-87}
$$

$$
T_{e} = \sqrt{15}\,p\left(\psi_{xs\alpha}i_{xs\beta}-\psi_{xs\beta}i_{xs\alpha}\right) \tag{5-88}
$$

定义 MT 坐标系，该坐标系与 $\alpha\beta$ 坐标系的夹角为 $\theta_{r}-\dfrac{\pi}{6}$，则 MT 坐标系变换至 $\alpha\beta$ 坐标系所需的变换矩阵如下：

$$
T_{AB}(\theta_{r}) = \begin{bmatrix} \cos\left(\theta_{r}-\dfrac{\pi}{6}\right) & -\sin\left(\theta_{r}-\dfrac{\pi}{6}\right) \\ \sin\left(\theta_{r}-\dfrac{\pi}{6}\right) & \cos\left(\theta_{r}-\dfrac{\pi}{6}\right) \end{bmatrix} \tag{5-89}
$$

利用式（5-89），把式（5-87）和式（5-88）变换至 MT 坐标系中得

$$
\begin{aligned}
\begin{bmatrix} \psi_{xsM} \\ \psi_{xsT} \end{bmatrix} &= \frac{\sqrt{15}}{2}\begin{bmatrix} L_{sm}+L_{rs} & 0 \\ 0 & L_{sm}-L_{rs} \end{bmatrix}\begin{bmatrix} i_{xsM} \\ i_{xsT} \end{bmatrix} + \frac{1}{\sqrt{15}}\begin{bmatrix} \psi_{xrM} \\ \psi_{xrT} \end{bmatrix} \\
&= \frac{\sqrt{15}}{2}\begin{bmatrix} L_{sm}+L_{rs} & 0 \\ 0 & L_{sm}-L_{rs} \end{bmatrix}\begin{bmatrix} i_{xsM} \\ i_{xsT} \end{bmatrix} + \frac{\psi_{f}}{\sqrt{2}}\begin{bmatrix} 1 \\ 0 \end{bmatrix}
\end{aligned} \tag{5-90}
$$

$$
T_{e} = \sqrt{15}\,p\left(\psi_{xsM}i_{xsT}-\psi_{xsT}i_{xsM}\right) \tag{5-91}
$$

2. 缺 A，B 两相容错型直接转矩控制原理

根据图 5-14，利用转矩角 δ 把式（5-90）和式（5-91）变换至虚拟定子磁链定

向坐标系中，并结合变形后的两个表达式求解得

$$T_e=\frac{2p}{\sqrt{15}}\frac{1}{L_{sm}+L_{rs}}\mid\psi_{xs}\mid\mid\psi_{xr}\mid\sin\delta+\frac{2pL_{rs}}{L_{sm}^2-L_{rs}^2}\mid\psi_{xs}\mid^2\sin2\delta \qquad (5\text{-}92)$$

式中，虚拟转子磁链幅值 $\mid\psi_{xr}\mid=\dfrac{\psi_f}{\sqrt{2}}$。由式（5-92）可见，若将虚拟定子磁链 $\mid\psi_{xs}\mid$ 控制为恒定，则类似于绕组无故障状态，可以利用转矩角 δ 对电磁转矩进行快速控制。

根据式（5-86）的虚拟变量定义，对式（5-80）定子电压方程进行变换，可以建立基于虚拟变量的虚拟定子电压平衡方程式如下：

$$\begin{bmatrix}u_{xs\alpha}\\u_{xs\beta}\end{bmatrix}=\begin{bmatrix}u_{s\alpha}/\sqrt{3}\\u_{s\beta}/\sqrt{5}\end{bmatrix}=\begin{bmatrix}\dfrac{d\psi_{xs\alpha}}{dt}+\sqrt{\dfrac{5}{3}}\left(R_si_{xs\alpha}+L_{s\sigma1}\dfrac{di_{xs\alpha}}{dt}\right)\\\dfrac{d\psi_{xs\beta}}{dt}+\sqrt{\dfrac{3}{5}}\left(R_si_{xs\beta}+L_{s\sigma1}\dfrac{di_{s\beta}}{dt}\right)\end{bmatrix} \qquad (5\text{-}93)$$

由推导结果可见，虚拟定子电压由虚拟定子磁链的微分获得的感应电动势、电阻压降及漏电抗压降构成。由于实际电动机绕组电阻及漏电抗均较小，所以式（5-93）虚拟定子电压可以直接控制虚拟定子磁链，进而可以实现转矩角的快速控制。

缺 A，B 相绕组电动机与逆变器连接示意图如图 5-15 所示，剩余健康相为 C~F 相。根据电路连接关系，可以建立剩余健康相绕组相电压与桥臂开关状态和直流母线电压的关系式如下：

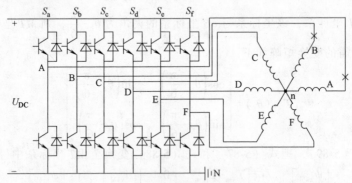

图 5-15　缺 A，B 相时逆变桥臂与电动机绕组之间的连接关系

$$\begin{cases}u_{sC}=S_cU_{DC}+U_{nN}\\u_{sD}=S_dU_{DC}+U_{nN}\\u_{sE}=S_eU_{DC}+U_{nN}\\u_{sF}=S_fU_{DC}+U_{nN}\end{cases} \qquad (5\text{-}94)$$

根据式（5-94）求取剩余健康四相端电压之和为

$$\sum_{k=\mathrm{C}}^{\mathrm{F}} u_{sk} = (S_c + S_d + S_e + S_f)U_{\mathrm{DC}} + 4U_{\mathrm{nN}} \qquad (5\text{-}95)$$

从式（5-95）解得 U_{nN} 得

$$U_{\mathrm{nN}} = \frac{1}{4}\Big[\sum_{k=\mathrm{C}}^{\mathrm{F}} u_{sk} - (S_c + S_d + S_e + S_f)U_{\mathrm{DC}}\Big] \qquad (5\text{-}96)$$

把式（5-96）代入式（5-94）得

$$\begin{bmatrix} u_{s\mathrm{C}} \\ u_{s\mathrm{D}} \\ u_{s\mathrm{E}} \\ u_{s\mathrm{F}} \end{bmatrix} = \begin{bmatrix} 3/4 & -1/4 & -1/4 & -1/4 \\ -1/4 & 3/4 & -1/4 & -1/4 \\ -1/4 & -1/4 & 3/4 & -1/4 \\ -1/4 & -1/4 & -1/4 & 3/4 \end{bmatrix} \begin{bmatrix} S_c \\ S_d \\ S_e \\ S_f \end{bmatrix} + \frac{1}{4}\sum_{k=\mathrm{C}}^{\mathrm{F}} u_{sk} \begin{bmatrix} 1 \\ 1 \\ 1 \\ 1 \end{bmatrix} \qquad (5\text{-}97)$$

利用 $\boldsymbol{T}_{\mathrm{AB}}$ 矩阵将式（5-97）变换至 $\alpha\beta z_1 z_2$ 轴系如下：

$$\begin{cases} u_{s\alpha} = -\dfrac{1}{\sqrt{2}}(u_{s\mathrm{D}} + u_{s\mathrm{E}}) = -\dfrac{1}{2\sqrt{2}}\Big[(S_c - S_d - S_e + S_f)U_{\mathrm{DC}} - \sum_{k=\mathrm{C}}^{\mathrm{F}} u_{sk}\Big] \\[4mm] u_{s\beta} = \Big(\sqrt{\dfrac{2}{5}}u_{s\mathrm{B}} + \sqrt{\dfrac{1}{10}}u_{s\mathrm{D}} - \sqrt{\dfrac{1}{10}}u_{s\mathrm{E}} - \sqrt{\dfrac{2}{5}}u_{s\mathrm{F}}\Big) = \dfrac{1}{\sqrt{10}}(2S_c + S_d - S_e - 2S_f)U_{\mathrm{DC}} \end{cases} \qquad (5\text{-}98)$$

$$\begin{cases} u_{sz1} = U_{\mathrm{DC}}(0.444S_c - 0.7243S_d + 0.3969S_e - 0.1167S_f) + 0.16365\sum_{k=\mathrm{C}}^{\mathrm{F}} u_{sk} \\[4mm] u_{sz2} = U_{\mathrm{DC}}(0.167S_c - 0.0207S_d - 0.6061S_e + 0.4598S_f) + 0.3134\sum_{k=\mathrm{C}}^{\mathrm{F}} u_{sk} \end{cases} \qquad (5\text{-}99)$$

根据式（5-93）对虚拟定子电压的定义，基于式（5-98）且忽略健康四相电压之和的影响，可以求解出虚拟定子电压如下：

$$\begin{cases} u_{\mathrm{xs}\alpha} \approx \dfrac{1}{2\sqrt{6}}(S_c - S_d - S_e + S_f)U_{\mathrm{DC}} \\[4mm] u_{\mathrm{xs}\beta} = \dfrac{\sqrt{2}}{10}(2S_c + S_d - S_e - 2S_f)U_{\mathrm{DC}} \end{cases} \qquad (5\text{-}100)$$

结合式（5-93）和式（5-100）可见，只要选择合适的剩余健康四相桥臂开关组合，即可以对虚拟定子磁链进行快速准确的控制，从而实现电磁转矩的直接控制。

3. 缺 A，B 两相零序电流控制

类似于缺一相 DTC 中给定零序电流的控制分析，这里希望剩余健康四相电流幅值相同，且电流幅值最小。剩余健康四相绕组电流可以写成

$$\begin{cases} i_{sC} = I[\, x_C \cos(\theta_r + \varphi_1) + y_C \sin(\theta_r + \varphi_1)\,] \\ i_{sD} = I[\, x_D \cos(\theta_r + \varphi_1) + y_D \sin(\theta_r + \varphi_1)\,] \\ i_{sE} = I[\, x_E \cos(\theta_r + \varphi_1) + y_E \sin(\theta_r + \varphi_1)\,] \\ i_{sF} = I[\, x_F \cos(\theta_r + \varphi_1) + y_F \sin(\theta_r + \varphi_1)\,] \end{cases} \tag{5-101}$$

为了实现圆形磁动势轨迹控制、绕组无中心线引出、剩余健康四相绕组电流幅值相等，对应的约束方程列写如下：

$$\begin{cases} x_C \cos120° + x_D \cos180° + x_E \cos240° + x_F \cos300° = 3I \\ y_C \cos120° + y_D \cos180° + y_E \cos240° + y_F \cos300° = 0 \\ x_C \sin120° + x_D \sin180° + x_E \sin240° + x_F \sin300° = 0 \\ y_C \sin120° + y_D \sin180° + y_E \sin240° + y_F \sin300° = 3I \\ x_C + x_D + x_E + x_F = 0 \\ y_C + y_D + y_E + y_F = 0 \\ x_C^2 + y_C^2 = x_D^2 + y_D^2 \\ x_D^2 + y_D^2 = x_E^2 + y_E^2 \\ x_E^2 + y_E^2 = x_F^2 + y_F^2 \end{cases} \tag{5-102}$$

据此，可以求解出满足四相电流幅值最小的一组解如下：

$$\begin{bmatrix} x_C \\ x_D \\ x_E \\ x_F \\ y_C \\ y_D \\ y_E \\ y_F \end{bmatrix} = \begin{bmatrix} 1 \\ -2 \\ -1 \\ 2 \\ \sqrt{3} \\ 0 \\ -\sqrt{3} \\ 0 \end{bmatrix} \tag{5-103}$$

根据求解结果式（5-103）及式（5-101），可以写出剩余健康相绕组电流表达式如下：

$$\begin{cases} i_{sC} = 2I\cos(\theta_r + \phi_1 - 60°) \\ i_{sD} = 2I\cos(\theta_r + \phi_1 + 180°) \\ i_{sE} = 2I\cos(\theta_r + \phi_1 + 120°) \\ i_{sF} = 2I\cos(\theta_r + \phi_1) \end{cases} \tag{5-104}$$

利用 T_{AB} 矩阵，把式（5-104）变换至 $\alpha\beta z_1 z_2$ 坐标轴系如下：

$$\begin{cases} i_{s\alpha} = -\sqrt{\dfrac{1}{2}}\,i_{sD} - \sqrt{\dfrac{1}{2}}\,i_{sE} = \sqrt{6}\,I\cos\left(\theta_r + \phi_1 - 30°\right) \\[3mm] i_{s\beta} = \sqrt{\dfrac{2}{5}}\,i_{sC} + \sqrt{\dfrac{1}{10}}\,i_{sD} - \sqrt{\dfrac{1}{10}}\,i_{sE} - \sqrt{\dfrac{2}{5}}\,i_{sF} = \dfrac{3\sqrt{10}}{5}\,I\sin\left(\theta_r + \phi_1 - 30°\right) \end{cases}$$
(5-105)

$$i_{z1} = 0.4628 i_{s\alpha} - 0.2954 i_{s\beta}$$
(5-106)

由此可见，只要 $\alpha\beta$ 平面定子磁链和电磁转矩受控，则对应的 $\alpha\beta$ 平面电流也随之确定；在此情况下，只要 z_1 轴电流按照式（5-106）跟随变化即可达到定子绕组电流幅值最小的控制目的。而 z_1 轴电流跟踪控制利用逆变器开关组合控制 z_1 轴电压 u_{sz1} 即可实现，零序电压对零序电流的控制原理与前述缺一相直接转矩控制策略类似。

4. 缺 A，B 两相容错型直接转矩控制逆变桥开关组合确定

根据式（5-99）和式（5-100），在忽略剩余健康四相端电压之和的影响后，画出虚拟定子电压矢量 $u_{xs\alpha} + ju_{xs\beta}$ 和零序电压 u_{sz1}，如图 5-16 所示。为了获得最优开关矢量表，本节选择逆变器开关组合如下：

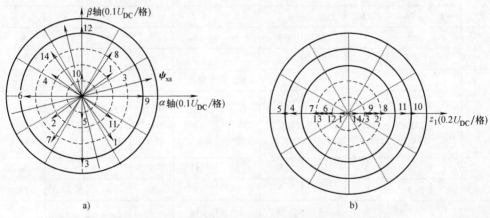

图 5-16　缺 A，B 相逆变器输出电压

a) $\alpha\beta$ 平面虚拟定子电压矢量 $u_{xs\alpha} + ju_{xs\beta}$　b) z_1 轴系零序电压矢量 u_{sz1}

1）将图 5-16a 中的 $\alpha\beta$ 平面划分为 20 个扇区，扇区编号记为 θ_{xsi}（$i = 1, 2, \cdots$, 20）。从 0° 开始为第 1 扇区，以逆时针方向扇区编号增大，虚拟定子磁链处于某个扇区内移动时，要求总是处于同一相邻的两个虚拟电压矢量所夹区域，且虚拟定子磁链垂线也总处于某相邻两个虚拟定子电压矢量所夹区间内。依次确定出 20 个扇区。

2）判断虚拟定子磁链所处扇区 θ_{xsi}，并取虚拟定子磁链矢量定向坐标系，该坐标系将 $\alpha\beta$ 平面电压矢量划分到四个象限内，构成四组电压矢量，其中第一象限电压矢量实现虚拟定子磁链幅值及电磁转矩均增大；第二象限电压矢量实现虚拟定子磁链幅值减小、电磁转矩增大效果；第三象限电压矢量实现虚拟定子磁链幅值及电磁转矩均减小效果；第四象限电压矢量实现虚拟定子磁链幅值增大、电磁转矩减小效果。

3）判断 2）中四个象限中电压矢量对零序电流误差 Δi_{sz1} 增大及减小作用，合理选择零序电压 u_{sz1}，可以实现零序电流误差收敛至零的目标。

4）结合 2）3）电压矢量判断，可以获得本节最优开关矢量表，见表 5-2。其中 $\tau = 1$，-1 分别表示增大电磁转矩及减小电磁转矩；$\phi = 1$，0 分别表示增大虚拟定子磁链幅值及减小虚拟定子磁链幅值。

表 5-2 六相对称绕组永磁同步电动机 DTC 系统缺 A，B 相绕组最优开关矢量表

ϕ	τ	$\Delta i_{sz1} > 0$									
		ψ_{xs} 处于扇区									
		θ_{xs1} $(0°,$ $34.7°)$	θ_{xs2} $(34.7°,$ $35.8°)$	θ_{xs3} $(35.8°,$ $54.2°)$	θ_{xs4} $(54.2°,$ $55.3°)$	θ_{xs5} $(55.3°,$ $90°)$	θ_{xs6} $(90°,$ $124.7°)$	θ_{xs7} $(124.7°,$ $125.8°)$	θ_{xs8} $(125.8°,$ $144.2°)$	θ_{xs9} $(144.2°,$ $145.3°)$	θ_{xs10} $(145.3°,$ $180°)$
1	1	8	8	14	14	14	14	2	2	2	2
	-1	14	14	2	2	2	2	3	3	3	3
0	1	3	3	3	3	3	9	9	9	9	9
	-1	9	9	9	9	8	8	8	8	14	14
		ψ_{xs} 处于扇区									
		θ_{xs11} $(180°,$ $214.7°)$	θ_{xs12} $(214.7°,$ $215.8°)$	θ_{xs13} $(215.8°,$ $234.2°)$	θ_{xs14} $(234.2°,$ $235.3°)$	θ_{xs15} $(235.3°,$ $270°)$	θ_{xs16} $(270°,$ $304.7°)$	θ_{xs17} $(304.7°,$ $305.8°)$	θ_{xs18} $(305.8°,$ $324.2°)$	θ_{xs19} $(324.2°,$ $325.3°)$	θ_{xs20} $(325.3°,$ $360°)$
1	1	2	3	3	3	3	11	9	9	9	9
	-1	9	9	9	9	8	8	8	8	14	14
0	1	8	8	14	14	14	14	2	2	2	2
	-1	14	14	2	2	2	2	3	3	3	3
ϕ	τ	$\Delta i_{sz1} < 0$									
		ψ_{xs} 处于扇区									
		θ_{xs1} $(0°,$ $34.7°)$	θ_{xs2} $(34.7°,$ $35.8°)$	θ_{xs3} $(35.8°,$ $54.2°)$	θ_{xs4} $(54.2°,$ $55.3°)$	θ_{xs5} $(55.3°,$ $90°)$	θ_{xs6} $(90°,$ $124.7°)$	θ_{xs7} $(124.7°,$ $125.8°)$	θ_{xs8} $(125.8°,$ $144.2°)$	θ_{xs9} $(144.2°,$ $145.3°)$	θ_{xs10} $(145.3°,$ $180°)$
1	1	13	12	12	12	4	4	6	6	6	7
	-1	6	6	6	6	6	7	7	7	1	1
0	1	7	7	7	7	7	13	13	13	13	13
	-1	1	1	13	13	13	13	12	12	12	12

（续）

		$\Delta i_{sz1}<0$									
		ψ_{xs} 处于扇区									
ϕ	τ	θ_{xs11} (180°, 214.7°)	θ_{xs12} (214.7°, 215.8°)	θ_{xs13} (215.8°, 234.2°)	θ_{xs14} (234.2°, 235.3°)	θ_{xs15} (235.3°, 270°)	θ_{xs16} (270°, 304.7°)	θ_{xs17} (304.7°, 305.8°)	θ_{xs18} (305.8, °324.2°)	θ_{xs19} (324.2°, 325.3°)	θ_{xs20} (325.3°, 360°)
1	1	7	7	1	1	1	1	13	13	13	13
1	-1	1	1	13	13	13	13	12	12	12	12
0	1	12	12	12	12	12	6	6	6	6	6
0	-1	6	6	6	6	7	5	7	7	1	1

　　根据上述分析，画出本节提出的六相对称绕组永磁同步电动机缺 AB 相绕组直接转矩控制系统结构框图，如图 5-17 所示。按照式（5-82）计算 $\alpha\beta$ 平面定子磁链 $\psi_{s\alpha}$，$\psi_{s\beta}$，根据式（5-86）计算虚拟定子磁链 $\psi_{xs\alpha}$，$\psi_{xs\beta}$；根据式（5-106）计算给定零序电流 i_{sz1}^*；其他环节类似于前面章节中介绍的直接转矩控制系统。

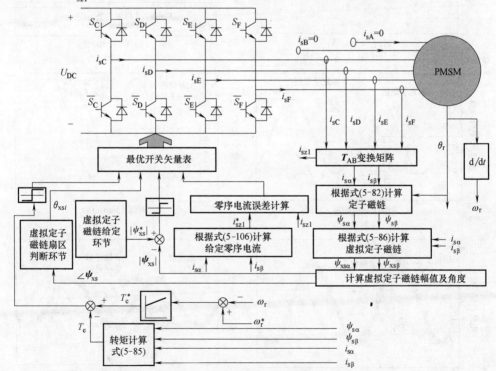

图 5-17　六相对称绕组永磁同步电动机缺 A、B 相绕组直接转矩控制系统结构框图

5. 控制策略仿真研究

为了研究所提出的 DTC 系统的运行性能，采用 Matlab/Simulink 对系统进行建

模仿真。给定虚拟定子磁链幅值为 0.134Wb，控制周期为 60μs，转速环的比例和积分系数分别为 0.1 和 1，转矩限幅为 ±12N·m。电动机负载转矩 5.57N·m，转速 750r/min 时的稳态运行仿真结果如图 5-18 所示。从仿真结果可见：①电磁转矩能够稳定跟踪其给定值 5.57N·m；②剩余健康四相电流幅值均相等，且约为 10A；③αβ 虚拟定子磁链幅值相等（0.134Wb），且正交；而 αβ 定子磁链幅值分别为 0.232Wb，0.3Wb，满足式（5-86）虚拟定子磁链的定义关系；④αβ 虚拟定子电流幅值相等（5.4A），且正交；而 αβ 定子电流幅值分别为 12.1A，9.4A，满足式（5-86）虚拟定子电流的定义关系；⑤零序电流按正弦规律变化，剩余健康四相电流幅值相等。仿真结果表明，所提出的控制策略稳态性能较佳，且仿真波形与前述理论分析一致。

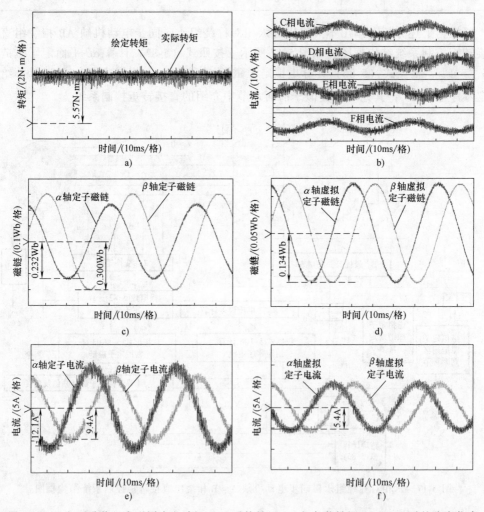

图 5-18 六相对称绕组永磁同步电动机 DTC 系统缺 A，B 相负载转矩 750r/min 时的稳态仿真
a）电磁转矩 b）四相电流 c）αβ 定子磁链 d）αβ 虚拟定子磁链 e）αβ 定子电流 f）αβ 虚拟定子电流

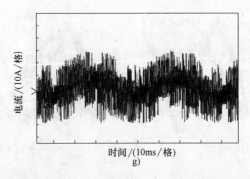

图 5-18　六相对称绕组永磁同步电动机 DTC 系统缺 A，B 相负载转矩 750r/min 时的稳态仿真（续）

g）零序电流

6. 控制策略实验研究

在 TMS320F2812 平台上对所提出的控制系统进行实验研究，750r/min，5.57N·m 时 DTC 系统的稳态实验结果如图 5-19 所示。从实验结果可见：①电磁转矩能够稳定跟踪其给定值 5.57N·m；②剩余健康四相电流幅值均相等，且约为 10A；③$\alpha\beta$ 虚拟定子磁链幅值相等（0.134Wb），且正交；而 $\alpha\beta$ 定子磁链幅值分别为 0.232Wb，0.3Wb，满足式（5-86）虚拟定子磁链的定义关系；④$\alpha\beta$ 虚拟定子电流幅值相等（5.4A），且正交；而 $\alpha\beta$ 定子电流幅值分别为 12.1A，9.4A，满足式（5-86）虚拟

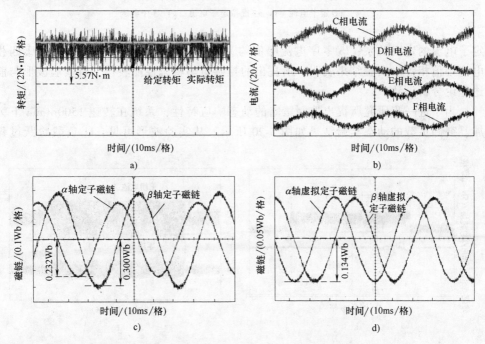

图 5-19　六相对称绕组永磁同步电动机 DTC 系统缺 A，B 相负载转矩 750r/min 时的稳态实验

a）电磁转矩　b）四相电流　c）$\alpha\beta$ 定子磁链　d）$\alpha\beta$ 虚拟定子磁链

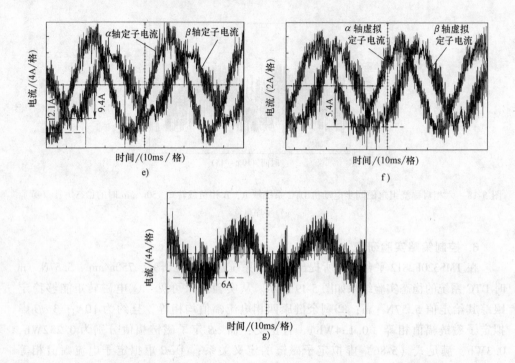

图 5-19 六相对称绕组永磁同步电动机 DTC 系统缺 A，B 相负载转矩 750r/min 时的稳态实验（续）

e）$\alpha\beta$ 定子电流　f）$\alpha\beta$ 虚拟定子电流　g）零序电流

定子电流的定义关系；⑤零序电流幅值约为 6A，按正弦规律变化，剩余健康四相电流幅值相等。实验结果表明，所提出的控制策略稳态性能较佳，且实验波形与前述理论分析一致。

为了进一步研究所提出控制策略的动态响应特性，系统在转速 1500r/min 下突加、突卸负载的动态实验结果如图 5-20 所示。从实验波形可见：①负载阶跃过程

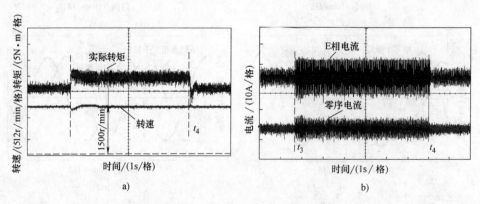

图 5-20 六相对称绕组永磁同步电动机 DTC 系统缺 A，B 相负载转矩 1500r/min 时的阶跃实验

a）转矩及转速　b）相电流及零序电流

中，零序电流能够快速变化，以实现剩余健康相电流幅值相等的目标；②尽管缺失了两相，但电磁转矩能够快速响应，随其给定值变化而变化。因此可以判定所提出的控制系统动态响应优良。

为了进一步验证所提出的控制系统能否由绕组无故障不间断过渡至绕组缺 AB 相容错运行，在 t_5 时刻绕组由无故障突变至缺相故障运行的实验结果如图 5-21 所示。从实验结果可见：①在故障前后，电磁转矩基本相同，保证了电动机不间断平

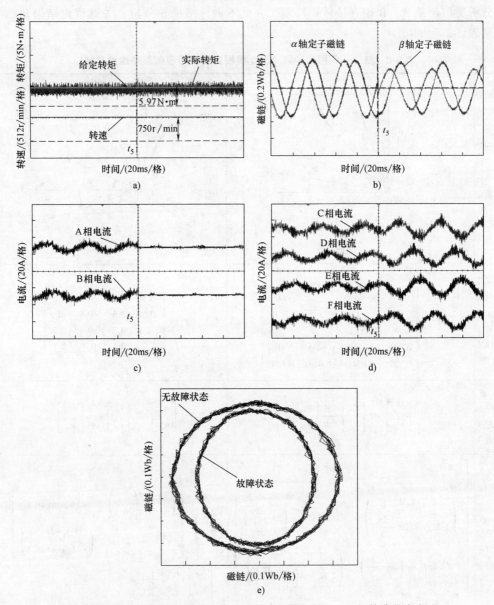

图 5-21 所提出的控制系统由绕组无故障切换至缺 A，B 相故障状态实验

a）转矩及转速　b）$\alpha\beta$ 定子磁链　c）故障相电流　d）健康相电流　e）定子磁链轨迹

稳运行的能力；②故障前 $\alpha\beta$ 平面磁链为圆形轨迹，但故障发生后磁链轨迹为椭圆，对应的虚拟定子磁链控制为圆形轨迹。

5.3.2 缺失两相的其他两种情况容错型直接转矩控制理论概括

除了缺 A，B 相直接转矩控制策略外，还存在缺相隔 120°电角度两相（以缺 A，C 相为例）、缺相隔 180°电角度两相（以缺 A，D 相为例）情况。这两种情况分析类似于缺 A，B 相直接转矩控制，在此不做详细推导分析，关键理论结果总结见表 5-3。

表 5-3　缺 A，C 两相和缺 A，D 两相直接转矩控制策略理论总结

	缺 A,C 相	缺 A,D 相
所采用的坐标系定义	（矢量坐标图）	（矢量坐标图）
采用的静止坐标变换矩阵	$T_{AC} = \begin{bmatrix} 0 & -\dfrac{1}{\sqrt{2}} & 0 & \dfrac{1}{\sqrt{2}} \\ \sqrt{\dfrac{2}{5}} & -\dfrac{1}{\sqrt{10}} & -\sqrt{\dfrac{2}{5}} & -\dfrac{1}{\sqrt{10}} \\ 0.7491 & 0.1028 & 0.6463 & 0.1028 \\ 0.1971 & 0.6241 & -0.4269 & 0.6241 \end{bmatrix}$	$T_{AD} = \begin{bmatrix} 0.5 & -0.5 & -0.5 & 0.5 \\ 0.5 & 0.5 & -0.5 & -0.5 \\ -0.1 & 0.7 & -0.1 & 0.7 \\ 0.7 & 0.1 & 0.7 & 0.1 \end{bmatrix}$
$\alpha\beta$ 平面定子电压	$\begin{bmatrix} u_{s\alpha} \\ u_{s\beta} \end{bmatrix} = R_s \begin{bmatrix} i_{s\alpha} \\ i_{s\beta} \end{bmatrix} + \dfrac{d}{dt}\begin{bmatrix} \psi_{s\alpha} \\ \psi_{s\beta} \end{bmatrix}$	$\begin{bmatrix} u_{s\alpha} \\ u_{s\beta} \end{bmatrix} = R_s \begin{bmatrix} i_{s\alpha} \\ i_{s\beta} \end{bmatrix} + \dfrac{d}{dt}\begin{bmatrix} \psi_{s\alpha} \\ \psi_{s\beta} \end{bmatrix}$
$\alpha\beta$ 平面定子磁链	$\begin{bmatrix} \psi_{s\alpha} \\ \psi_{s\beta} \end{bmatrix} = \begin{bmatrix} \left(\begin{array}{c} L_{s\sigma1}+1.5L_{sm}- \\ 1.5L_{rs}\cos\left(2\theta_r-\dfrac{2\pi}{3}\right) \end{array}\right) & -\sqrt{3.75}L_{rs}\sin\left(2\theta_r-\dfrac{2\pi}{3}\right) \\ -\sqrt{3.75}L_{rs}\sin\left(2\theta_r-\dfrac{2\pi}{3}\right) & \left(\begin{array}{c} L_{s\sigma1}+2.5L_{sm}+ \\ 2.5L_{rs}\cos\left(2\theta_r-\dfrac{2\pi}{3}\right) \end{array}\right) \end{bmatrix}$ $\cdot \begin{bmatrix} i_{s\alpha} \\ i_{s\beta} \end{bmatrix} + \begin{bmatrix} \psi_{r\alpha} \\ \psi_{r\beta} \end{bmatrix}$	$\begin{bmatrix} \psi_{s\alpha} \\ \psi_{s\beta} \end{bmatrix} = \begin{pmatrix} \left(\begin{array}{c} L_{s\sigma1}+L_{sm} \\ +L_{rs}\cos(2\theta_r) \end{array}\right) & \sqrt{3}L_{rs}\sin(2\theta_r) \\ \sqrt{3}L_{rs}\sin(2\theta_r) & \left(\begin{array}{c} L_{s\sigma1}+3L_{sm} \\ -3L_{rs}\cos(2\theta_r) \end{array}\right) \end{pmatrix}$ $\cdot \begin{bmatrix} i_{s\alpha} \\ i_{s\beta} \end{bmatrix} + \begin{bmatrix} \psi_{r\alpha} \\ \psi_{r\beta} \end{bmatrix}$

（续）

	缺 A,C 相	缺 A,D 相
$\alpha\beta$ 平面 转子 磁链	$\begin{bmatrix} \psi_{r\alpha} \\ \psi_{r\beta} \end{bmatrix} = \psi_f \begin{bmatrix} \sqrt{1.5}\cos\left(\theta_r + \dfrac{\pi}{6}\right) \\ \sqrt{2.5}\sin\left(\theta_r + \dfrac{\pi}{6}\right) \end{bmatrix}$	$\begin{bmatrix} \psi_{r\alpha} \\ \psi_{r\beta} \end{bmatrix} = \psi_f \begin{bmatrix} \cos\theta_r \\ \sqrt{3}\sin\theta_r \end{bmatrix}$
$\alpha\beta$ 平面 电磁 转矩	$T_e = p\left[\sqrt{\dfrac{5}{3}}(\psi_{s\alpha} - L_{s\sigma1}i_{s\alpha})i_{s\beta} - \sqrt{\dfrac{3}{5}}(\psi_{s\beta} - L_{s\sigma1}i_{s\beta})i_{s\alpha}\right]$	$T_e = p\left[\sqrt{3}(\psi_{s\alpha} - L_{s\sigma1}i_{s\alpha})i_{s\beta} - \sqrt{\dfrac{1}{3}}(\psi_{s\beta} - L_{s\sigma1}i_{s\beta})i_{s\alpha}\right]$
虚拟 变量 定义	$\begin{bmatrix} \psi_{xs\alpha} \\ \psi_{xs\beta} \\ i_{xs\alpha} \\ i_{xs\beta} \\ \psi_{xr\alpha} \\ \psi_{xr\beta} \end{bmatrix} = \begin{bmatrix} (\psi_{s\alpha} - L_{s\sigma1}i_{s\alpha})/\sqrt{3} \\ (\psi_{s\beta} - L_{s\sigma1}i_{s\beta})/\sqrt{5} \\ i_{s\alpha}/\sqrt{5} \\ i_{s\beta}/\sqrt{3} \\ \sqrt{5}\,\psi_{r\alpha} \\ \sqrt{3}\,\psi_{r\beta} \end{bmatrix} = \begin{bmatrix} (\psi_{s\alpha} - L_{s\sigma1}i_{s\alpha})/\sqrt{3} \\ (\psi_{s\beta} - L_{s\sigma1}i_{s\beta})/\sqrt{5} \\ i_{s\alpha}/\sqrt{5} \\ i_{s\beta}/\sqrt{3} \\ \sqrt{7.5}\,\psi_f\cos\left(\theta_r + \dfrac{\pi}{6}\right) \\ \sqrt{7.5}\,\psi_f\sin\left(\theta_r + \dfrac{\pi}{6}\right) \end{bmatrix}$	$\begin{bmatrix} \psi_{xs\alpha} \\ \psi_{xs\beta} \\ i_{xs\alpha} \\ i_{xs\beta} \\ \psi_{xr\alpha} \\ \psi_{xr\beta} \end{bmatrix} = \begin{bmatrix} \dfrac{\sqrt{3}}{2}(\psi_{s\alpha} - L_{s\sigma1}i_{s\alpha}) \\ \dfrac{1}{2}(\psi_{s\beta} - L_{s\sigma1}i_{s\beta}) \\ \dfrac{1}{2}i_{s\alpha} \\ \dfrac{\sqrt{3}}{2}i_{s\beta} \\ 2\psi_{r\alpha} \\ \dfrac{2}{\sqrt{3}}\psi_{r\beta} \end{bmatrix} = \begin{bmatrix} \dfrac{\sqrt{3}}{2}(\psi_{s\alpha} - L_{s\sigma1}i_{s\alpha}) \\ \dfrac{1}{2}(\psi_{s\beta} - L_{s\sigma1}i_{s\beta}) \\ \dfrac{1}{2}i_{s\alpha} \\ \dfrac{\sqrt{3}}{2}i_{s\beta} \\ 2\psi_f\cos(\theta_r) \\ 2\psi_f\sin(\theta_r) \end{bmatrix}$
零序 电压	$\begin{bmatrix} u_{sz1} \\ i_{sz2} \end{bmatrix} = R_s\begin{bmatrix} i_{sz1} \\ i_{sz2} \end{bmatrix} + L_{s\sigma1}\dfrac{d}{dt}\begin{bmatrix} i_{sz1} \\ i_{sz2} \end{bmatrix}$	$\begin{bmatrix} u_{sz1} \\ u_{sz2} \end{bmatrix} = R_s\begin{bmatrix} i_{sz1} \\ i_{sz2} \end{bmatrix} + L_{s\sigma1}\dfrac{d}{dt}\begin{bmatrix} i_{sz1} \\ i_{sz2} \end{bmatrix}$
$\alpha\beta$ 虚拟 定子 磁链	$\begin{bmatrix} \psi_{xs\alpha} \\ \psi_{xs\beta} \end{bmatrix} = \dfrac{\sqrt{15}}{2}\begin{bmatrix} L_{sm} - L_{rs}\cos\left(2\theta_r - \dfrac{2\pi}{3}\right) & -L_{rs}\sin\left(2\theta_r - \dfrac{2\pi}{3}\right) \\ -L_{rs}\sin\left(2\theta_r - \dfrac{2\pi}{3}\right) & L_{sm} + L_{rs}\cos\left(2\theta_r - \dfrac{2\pi}{3}\right) \end{bmatrix} \begin{bmatrix} i_{xs\alpha} \\ i_{xs\beta} \end{bmatrix} + \dfrac{1}{\sqrt{15}}\begin{bmatrix} \psi_{xr\alpha} \\ \psi_{xr\beta} \end{bmatrix}$	$\begin{bmatrix} \psi_{xs\alpha} \\ \psi_{xs\beta} \end{bmatrix} = \sqrt{3}\begin{bmatrix} L_{sm} + L_{rs}\cos(2\theta_r) & L_{rs}\sin(2\theta_r) \\ L_{rs}\sin(2\theta_r) & L_{sm} - L_{rs}\cos(2\theta_r) \end{bmatrix} \begin{bmatrix} i_{xs\alpha} \\ i_{xs\beta} \end{bmatrix} + \dfrac{\sqrt{3}}{4}\begin{bmatrix} \psi_{xr\alpha} \\ \psi_{xr\beta} \end{bmatrix}$
dq 虚拟 定子 磁链	$\begin{bmatrix} \psi_{xsM} \\ \psi_{xsT} \end{bmatrix} = \dfrac{\sqrt{15}}{2}\begin{bmatrix} L_{sm} + L_{rs} & 0 \\ 0 & L_{sm} - L_{rs} \end{bmatrix}\begin{bmatrix} i_{xsM} \\ i_{xsT} \end{bmatrix} + \dfrac{\psi_f}{\sqrt{2}}\begin{bmatrix} 1 \\ 0 \end{bmatrix}$	$\begin{bmatrix} \psi_{xsd} \\ \psi_{xsq} \end{bmatrix} = \sqrt{3}\begin{bmatrix} L_{sm} + L_{rs} & 0 \\ 0 & L_{sm} - L_{rs} \end{bmatrix}\begin{bmatrix} i_{xsd} \\ i_{xsq} \end{bmatrix} + \dfrac{\sqrt{3}\psi_f}{2}\begin{bmatrix} 1 \\ 0 \end{bmatrix}$
dq 电磁 转矩	$T_e = \sqrt{15}\,p[\psi_{xsM}i_{xsT} - \psi_{xsT}i_{xsM}]$	$T_e = \dfrac{4}{\sqrt{3}}p[\psi_{xsd}i_{xsq} - \psi_{xsq}i_{xsd}]$

（续）

	缺 A,C 相	缺 A,D 相
电磁转矩与转矩角关系	$T_e = \dfrac{2p}{\sqrt{15}} \dfrac{1}{L_{sm}+L_{rs}} \mid \boldsymbol{\psi}_{xs} \mid \mid \boldsymbol{\psi}_{xr} \mid \sin\delta + \dfrac{2pL_{rs}}{L_{sm}^2-L_{rs}^2} \mid \boldsymbol{\psi}_{xs} \mid^2 \sin2\delta$	$T_e = \dfrac{2p}{\sqrt{15}} \dfrac{1}{L_{sm}+L_{rs}} \mid \boldsymbol{\psi}_{xs} \mid \mid \boldsymbol{\psi}_{xr} \mid \sin\delta$ $+ \dfrac{2pL_{rs}}{L_{sm}^2-L_{rs}^2} \mid \boldsymbol{\psi}_{xs} \mid^2 \sin2\delta$
$\alpha\beta$ 虚拟定子电压	$\begin{bmatrix} u_{xs\alpha} \\ u_{xs\beta} \end{bmatrix} = \begin{bmatrix} u_{s\alpha}/\sqrt{3} \\ u_{s\beta}/\sqrt{5} \end{bmatrix} =$ $\begin{bmatrix} \dfrac{d\psi_{xs\alpha}}{dt} + R_s \dfrac{i_{s\alpha}}{\sqrt{3}} + \dfrac{L_{s\sigma1}}{\sqrt{3}} \dfrac{di_{s\alpha}}{dt} \\ \dfrac{d\psi_{xs\beta}}{dt} + R_s \dfrac{i_{s\beta}}{\sqrt{5}} + \dfrac{L_{s\sigma1}}{\sqrt{5}} \dfrac{di_{s\beta}}{dt} \end{bmatrix}$	$\begin{bmatrix} u_{xs\alpha} \\ u_{xs\beta} \end{bmatrix} = \begin{bmatrix} \dfrac{\sqrt{3}}{2} u_{s\alpha} \\ \dfrac{1}{2} u_{s\beta} \end{bmatrix} =$ $\begin{bmatrix} \dfrac{d\psi_{xs\alpha}}{dt} + R_s \dfrac{\sqrt{3} i_{s\alpha}}{2} + \dfrac{\sqrt{3} L_{s\sigma1}}{2} \dfrac{di_{s\alpha}}{dt} \\ \dfrac{d\psi_{xs\beta}}{dt} + R_s \dfrac{i_{s\beta}}{2} + \dfrac{L_{s\sigma1}}{2} \dfrac{di_{s\beta}}{dt} \end{bmatrix}$
$\alpha\beta$ 逆变器虚拟电压	$\begin{cases} u_{xs\alpha} = -\dfrac{1}{\sqrt{6}}(S_d - S_f) U_{DC} \\ u_{xs\beta} \approx \dfrac{\sqrt{2}}{20}(5S_b - S_d - 3S_e - S_f) U_{DC} \end{cases}$	$\begin{cases} u_{xs\alpha} = \dfrac{\sqrt{3}}{4}(S_b - S_c - S_e + S_f) U_{DC} \\ u_{xs\beta} = \dfrac{1}{4}(S_b + S_c - S_e - S_f) U_{DC} \end{cases}$
逆变器零序电压	$u_{sz2} \approx (-0.06S_b + 0.37S_d - 0.68S_e + 0.37S_f) U_{DC}$	$\begin{cases} u_{sz1} = (-0.4S_b + 0.4S_c - 0.4S_e + 0.4S_f) U_{DC} \\ u_{sz2} = (0.3S_b - 0.3S_c + 0.3S_e - 0.3S_f) U_{DC} \end{cases}$
逆变器输出虚拟电压矢量 $u_{xs\alpha} + ju_{xs\beta}$		

（续）

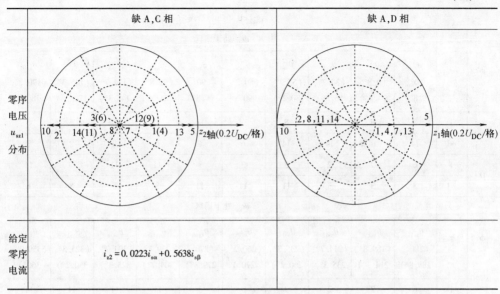

	缺 A, C 相	缺 A, D 相
零序电压 u_{sz1} 分布		
给定零序电流	$i_{z2} = 0.0223 i_{s\alpha} + 0.5638 i_{s\beta}$	

类似于缺 A，B 相直接转矩控制策略最优开关矢量表，推导缺 A，C 相和缺 A，D 相两种情况最优开关矢量表，见表 5-4 和表 5-5。

表 5-4　缺 A，C 相直接转矩控制最优开关矢量表

		$\Delta i_{sz2} > 0$									
		ψ_{xs} 处于扇区									
ϕ	τ	θ_{xs1} $(0°,$ $9.8°)$	θ_{xs2} $(9.8°,$ $34.7°)$	θ_{xs3} $(34.7°,$ $55.3°)$	θ_{xs4} $(55.3°,$ $80.2°)$	θ_{xs5} $(80.2°,$ $90°)$	θ_{xs6} $(90°,$ $99.8°)$	θ_{xs7} $(99.8°,$ $124.7°)$	θ_{xs8} $(124.7°,$ $145.3°)$	θ_{xs9} $(145.3°,$ $170.2°)$	θ_{xs10} $(170.2°,$ $180°)$
1	1	9	13	13	13	12	12	4	4	4	4
	−1	12	12	12	12	4	4	7	7	7	7
0	1	7	7	7	7	7	9	9	9	9	9
	−1	1	1	1	1	1	9	9	13	13	12
		ψ_{xs} 处于扇区									
ϕ	τ	θ_{xs11} $(180°,$ $189.8°)$	θ_{xs12} $(189.8°,$ $214.7°)$	θ_{xs13} $(214.7°,$ $235.3°)$	θ_{xs14} $(235.3°,$ $260.2°)$	θ_{xs15} $(260.2°,$ $270°)$	θ_{xs16} $(270°,$ $279.8°)$	θ_{xs17} $(279.8°,$ $304.7°)$	θ_{xs18} $(304.7°,$ $325.3°)$	θ_{xs19} $(325.3°,$ $350.2°)$	θ_{xs20} $(350.2°,$ $360°)$
1	1	7	7	7	7	1	1	9	9	9	9
	−1	1	1	1	1	9	9	9	13	13	14
0	1	13	13	13	12	12	12	4	4	4	2
	−1	12	12	12	14	14	14	7	7	7	3

（续）

		\(\Delta i_{sz2}<0\)									
		ψ_{xs} 处于扇区									
ϕ	τ	θ_{xs1} (0°, 9.8°)	θ_{xs2} (9.8°, 34.7°)	θ_{xs3} (34.7°, 55.3°)	θ_{xs4} (55.3°, 80.2°)	θ_{xs5} (80.2°, 90°)	θ_{xs6} (90°, 99.8°)	θ_{xs7} (99.8°, 124.7°)	θ_{xs8} (124.7°, 145.3°)	θ_{xs9} (145.3°, 170.2°)	θ_{xs10} (170.2°, 180°)
1	1	8	8	8	8	14	14	14	6	6	6
1	−1	14	14	14	14	6	6	6	2	2	3
0	1	6	2	2	3	3	3	11	11	11	11
0	−1	3	3	3	11	11	11	8	8	8	8
		ψ_{xs} 处于扇区									
ϕ	τ	θ_{xs11} (180°, 189.8°)	θ_{xs12} (189.8°, 214.7°)	θ_{xs13} (214.7°, 235.3°)	θ_{xs14} (235.3°, 260.2°)	θ_{xs15} (260.2°, 270°)	θ_{xs16} (270°, 279.8°)	θ_{xs17} (279.8°, 304.7°)	θ_{xs18} (304.7°, 325.3°)	θ_{xs19} (325.3°, 350.2°)	θ_{xs20} (350.2°, 360°)
1	1	6	2	2	3	3	3	11	11	11	11
1	−1	3	3	3	11	11	11	8	8	8	8
0	1	8	8	8	8	14	14	14	6	6	6
0	−1	14	14	14	14	6	6	6	2	2	2

表 5-5　缺 A，D 相直接转矩控制最优开关矢量表

ϕ	τ	$\theta_{xs1}(0°,90°)$	$\theta_{xs2}(90°,180°)$	$\theta_{xs3}(180°,270°)$	$\theta_{xs4}(270°,360°)$
1	1	12	6	3	9
1	−1	6	3	9	12
0	1	3	9	12	6
0	−1	9	12	6	3

　　缺 A，C 相和缺 A，D 相直接转矩控制系统绕组无故障不间断过渡缺相运行实验结果分别如图 5-22 和图 5-23 所示。从实验结果可见：①在故障前后，电磁转矩基本相同，保证了电动机不间断平稳运行的能力；②故障前 $\alpha\beta$ 平面磁链为圆形轨迹，但故障发生后磁链轨迹为椭圆，对应的虚拟定子磁链控制为圆形轨迹。

5.3.3　缺任意两相带负载能力分析

　　根据上述分析可见，六相对称绕组永磁同步电动机缺任意两相绕组后，dq 坐标系中的电磁转矩表达式可以用以下通式表示：

$$T_e = k_1 p \left[k_2 \psi_f i_{k3q} + (L_d - L_q) i_{k3d} i_{k3q} \right] \tag{5-107}$$

式中，$L_d = k_4 L_{s\sigma 1} + k_1 k_2^2 (L_{sm} + L_{rs})$，$L_q = k_4 L_{s\sigma 1} + k_1 k_2^2 (L_{sm} - L_{rs})$。当 k_3 取 s 时，i_{k3} 表示实际定子电流；当 k_3 取 xs 时，i_{k3} 表示虚拟定子电流。

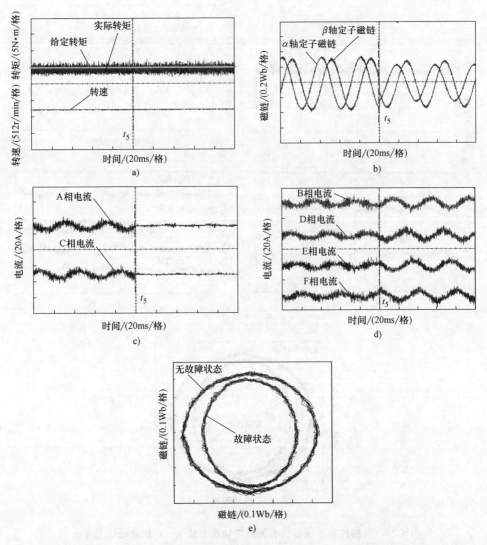

图 5-22　所提控制系统由绕组无故障切换至缺 A，C 相故障状态实验

a) 转矩及转速　b) $\alpha\beta$ 定子磁链　c) 故障相电流　d) 健康相电流　e) 定子磁链轨迹

dq 坐标系中的定子电流 i_{k3d}，i_{k3q} 表示成

$$\begin{cases} i_{k3d} = -|\boldsymbol{i}_{k3}|\sin\alpha_1 \\ i_{k3q} = |\boldsymbol{i}_{k3}|\cos\alpha_1 \\ \alpha_1 = \varphi_1 - 90° \end{cases} \tag{5-108}$$

式中，α_1 为定子电流与 q 轴之间的夹角。

将式（5-108）代入式（5-107）中得

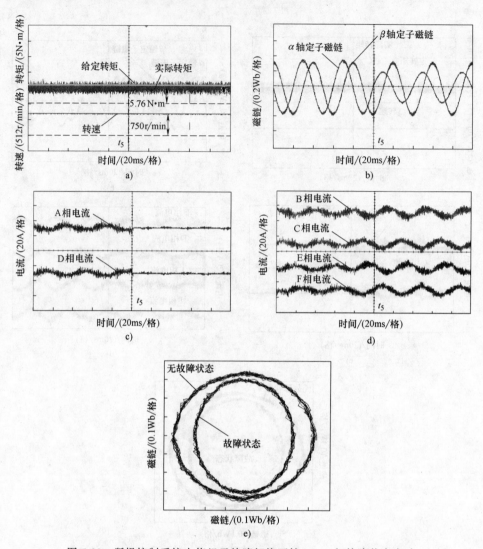

图 5-23 所提控制系统由绕组无故障切换至缺 A, D 相故障状态实验

a) 转矩及转速 b) αβ 定子磁链 c) 故障相电流 d) 健康相电流 e) 定子磁链轨迹

$$T_e = k_1 p \left[k_2 \psi_f \left| \boldsymbol{i}_{k3} \right| \cos\alpha_1 - \frac{1}{2} (L_d - L_q) \left| \boldsymbol{i}_{k3} \right|^2 \sin2\alpha_1 \right] \qquad (5\text{-}109)$$

在定子电流幅值恒定的情况下, 调整 α_1 角大小可以使得式 (5-109) 获得最大的电磁转矩, 所以求解每安培最大转矩控制条件需满足以下不等式:

$$\frac{\mathrm{d}T_e}{\mathrm{d}\alpha_1} = k_1 p \left[-k_2 \psi_f \left| \boldsymbol{i}_{k3} \right| \sin\alpha_1 - (L_d - L_q) \left| \boldsymbol{i}_{k3} \right|^2 \cos2\alpha_1 \right] = 0 \qquad (5\text{-}110)$$

$$\frac{\mathrm{d}^2 T_e}{\mathrm{d}\alpha_1^2} = k_1 p \left[-k_2 \psi_f \left| \boldsymbol{i}_{k3} \right| \cos\alpha_1 + 2 (L_d - L_q) \left| \boldsymbol{i}_{k3} \right|^2 \sin2\alpha_1 \right] < 0 \qquad (5\text{-}111)$$

这样求得式（5-109）产生最大值的情况下 i_{k3d}，i_{k3q} 应该满足的条件如下：

$$2i_{k3d}^2+\frac{k_2\psi_f}{L_d-L_q}i_{k3d}-|i_{k3}|^2=0 \qquad (5-112)$$

由 $\dfrac{\mathrm{d}^2T_e}{\mathrm{d}\alpha_1^2}<0$，且 $L_d<L_q$，则 $i_{k3d}<\dfrac{k_2\psi_f}{4(L_q-L_d)}$，求解得

$$\begin{cases} i_{k3d}=\dfrac{k_2\psi_f-\sqrt{k_2^2\psi_f^2+8(L_d-L_q)^2|i_{k3}|^2}}{4(L_q-L_d)} \\[4mm] i_{k3q}=\sqrt{|i_{k3}|^2-\left(\dfrac{k_2\psi_f-\sqrt{k_2^2\psi_f^2+8(L_d-L_q)^2|i_{k3}|^2}}{4(L_q-L_d)}\right)^2} \end{cases} \qquad (5-113)$$

根据剩余健康相电流幅值不超过 $|i_{k3}|$ 的最大值，将电动机的参数及 $|i_{k3}|$ 代入式（5-113）中，计算出电磁转矩最大时的 i_{k3d}，i_{k3q} 值。将计算出的 dq 电流代入式（5-107）中，计算出电动机所能产生的最大电磁转矩，见表5-6。

表 5-6　六相对称绕组永磁同步电动机缺任意两相直接转矩控制系统带载能力分析

	全相	AB 开路	AC 开路	AD 开路
k_1	1	$\sqrt{15}$	$\sqrt{15}$	$\dfrac{4\sqrt{3}}{3}$
k_2	$\sqrt{3}$	$\dfrac{\sqrt{2}}{2}$	$\dfrac{\sqrt{2}}{2}$	$\dfrac{\sqrt{3}}{2}$
k_3	s	xs	xs	xs
k_4	1	0	0	0
输出最大转矩/(N·m)	11.4353	6.3734	6.8283	6.5924
实际转矩/(N·m)	10	5.57	5.97	5.76

5.4　多相永磁同步电动机绕组缺任意三相容错型直接转矩控制

5.4.1　缺 A，B，C 三相容错型直接转矩控制

虽然电动机缺任意三相有很多种情况，但可以归结为缺 A，B，C 相、A，B，D 相、A，B，E 相、A，C，E 相四种情况，本节以 A，B，C 相开路为例进行分析，并对其他三种情况给出总结性的结论。

1. 缺 A，B，C 三相数学模型

为了分析问题方便，定义如图 5-24 所示的坐标系及变量关系示意图。其中变量含义类似

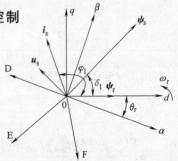

图 5-24　六相对称绕组永磁同步电动机缺 A，B，C 相坐标系及变量定义

于前面章节。根据 2.3 节绕组无故障电动机数学模型分析，可以建立电动机缺 A，B，C 相后剩余健康相 D~F 相的定子相绕组磁链 $\psi_{sD} \sim \psi_{sF}$ 如下：

$$\psi_s = \begin{bmatrix} \psi_{sD} \\ \psi_{sE} \\ \psi_{sF} \end{bmatrix} = L \begin{bmatrix} i_{sD} \\ i_{sE} \\ i_{sF} \end{bmatrix} + \begin{bmatrix} \psi_{Df} \\ \psi_{Ef} \\ \psi_{Ff} \end{bmatrix} \tag{5-114}$$

其中，剩余健康三相绕组永磁体磁链 $\psi_{Df} \sim \psi_{Ff}$ 如下：

$$\begin{bmatrix} \psi_{Df} \\ \psi_{Ef} \\ \psi_{Ff} \end{bmatrix} = \psi_f \begin{bmatrix} \cos(\theta_r - \pi) \\ \cos\left(\theta_r - \dfrac{4\pi}{3}\right) \\ \cos\left(\theta_r - \dfrac{5\pi}{3}\right) \end{bmatrix} \tag{5-115}$$

电感矩阵 L 如下：

$$L = L_{s\sigma1} \begin{bmatrix} 1 & 0 & 0 \\ 0 & 1 & 0 \\ 0 & 0 & 1 \end{bmatrix} + L_{sm} \begin{bmatrix} 1 & \dfrac{1}{2} & -\dfrac{1}{2} \\ \dfrac{1}{2} & 1 & \dfrac{1}{2} \\ -\dfrac{1}{2} & \dfrac{1}{2} & 1 \end{bmatrix} + L_{rs} \begin{bmatrix} \cos(2\theta_r) & \cos\left(2\theta_r - \dfrac{\pi}{3}\right) & \cos\left(2\theta_r - \dfrac{2\pi}{3}\right) \\ \cos\left(2\theta_r - \dfrac{\pi}{3}\right) & \cos\left(2\theta_r - \dfrac{2\pi}{3}\right) & \cos(2\theta_r - \pi) \\ \cos\left(2\theta_r - \dfrac{2\pi}{3}\right) & \cos(2\theta_r - \pi) & \cos\left(2\theta_r - \dfrac{4\pi}{3}\right) \end{bmatrix} \tag{5-116}$$

根据剩余健康三相绕组端电压与定子电阻压降和定子感应电动势平衡原理建立剩余健康三相绕组端电压 $u_{sD} \sim u_{sF}$ 如下：

$$\begin{bmatrix} u_{sD} \\ u_{sE} \\ u_{sF} \end{bmatrix} = R_s \begin{bmatrix} i_{sD} \\ i_{sE} \\ i_{sF} \end{bmatrix} + \frac{d}{dt} \begin{bmatrix} \psi_{sD} \\ \psi_{sE} \\ \psi_{sF} \end{bmatrix} \tag{5-117}$$

类似于 5.3 节建立自然坐标系向直角坐标系变换 T_{ABC} 在遵循功率不变情况下的矩阵形式如下：

$$T_{ABC} = \begin{bmatrix} -0.8165 & -0.4082 & 0.4082 \\ 0 & -0.7071 & -0.7071 \\ 0.5774 & -0.5774 & 0.5774 \end{bmatrix} \tag{5-118}$$

利用式（5-118），把式（5-114）和式（5-117）变换至 $\alpha\beta$ 静止直角坐标系中如下：

$$\begin{bmatrix} u_{s\alpha} \\ u_{s\beta} \end{bmatrix} = R_s \begin{bmatrix} i_{s\alpha} \\ i_{s\beta} \end{bmatrix} + \frac{d}{dt} \begin{bmatrix} \psi_{s\alpha} \\ \psi_{s\beta} \end{bmatrix} \tag{5-119}$$

$$\begin{bmatrix} \psi_{s\alpha} \\ \psi_{s\beta} \end{bmatrix} = \begin{bmatrix} L_{s\sigma1} + 1.5[L_{sm} + L_{rs}\cos(2\theta_r)] & 1.5L_{rs}i_{s\beta}\sin(2\theta_r) \\ 1.5L_{rs}i_{s\beta}\sin(2\theta_r) & L_{s\sigma1} + 1.5[L_{sm} - L_{rs}\cos(2\theta_r)] \end{bmatrix} \begin{bmatrix} i_{s\alpha} \\ i_{s\beta} \end{bmatrix} + \begin{bmatrix} \psi_{r\alpha} \\ \psi_{r\beta} \end{bmatrix} \tag{5-120}$$

式中，$\alpha\beta$ 轴系转子磁链分别为 $\psi_{r\alpha}=\sqrt{1.5}\,\psi_f\cos\theta_r$，$\psi_{r\beta}=\sqrt{1.5}\,\psi_f\sin\theta_r$。可见缺 A，B，C 三相绕组后，定子磁链数学模型对称，无需定义虚拟变量。

忽略电动机磁路饱和效应，利用电动机磁共能对转子位置机械角求偏导数，得出缺 A，B，C 相情况下的电磁转矩 T_e 如下：

$$
\begin{aligned}
T_e &= \frac{1}{2}p\begin{bmatrix} i_{s\alpha} & i_{s\beta} \end{bmatrix}L_{rs}\frac{\partial\begin{bmatrix} 1.5\cos(2\theta_r) & 1.5\sin(2\theta_r) \\ 1.5\sin(2\theta_r) & -1.5\cos(2\theta_r) \end{bmatrix}}{\partial\theta_r}\begin{bmatrix} i_{s\alpha} \\ i_{s\beta} \end{bmatrix}+p\begin{bmatrix} i_{s\alpha} & i_{s\beta} \end{bmatrix}\frac{\partial}{\partial\theta_r}\begin{bmatrix} \psi_{r\alpha} \\ \psi_{r\beta} \end{bmatrix} \\
&= pL_{rs}[1.5\sin(2\theta_r)(i_{s\beta}^2-i_{s\alpha}^2)+3i_{s\alpha}i_{s\beta}\cos(2\theta_r)]+p\psi_f(-\sqrt{1.5}\,i_{s\alpha}\sin\theta_r+\sqrt{1.5}\,i_{s\beta}\cos\theta_r) \\
&= p(\psi_{s\alpha}i_{s\beta}-\psi_{s\beta}i_{s\alpha})
\end{aligned}
$$

(5-121)

可见缺 ABC 三相绕组后，电磁转矩数学模型对称，无需定义虚拟变量。

为了进一步揭示电动机缺相后机电能量的转换情况，采用式（5-122）dq 同步旋转坐标系向 $\alpha\beta$ 静止坐标系变换矩阵，把式（5-120）变换至 dq 坐标系中得

$$
\boldsymbol{T}_{ABC}(\theta_r)=\begin{bmatrix} \cos\theta_r & -\sin\theta_r \\ \sin\theta_r & \cos\theta_r \end{bmatrix}
$$

(5-122)

$$
\boldsymbol{T}_{ABC}(\theta_r)\begin{bmatrix} \psi_{sd} \\ \psi_{sq} \end{bmatrix}=\begin{bmatrix} L_{s\sigma1}+1.5[L_{sm}+L_{rs}\cos(2\theta_r)] & 1.5L_{rs}i_{s\beta}\sin(2\theta_r) \\ 1.5L_{rs}i_{s\beta}\sin(2\theta_r) & L_{s\sigma1}+1.5[L_{sm}-L_{rs}\cos(2\theta_r)] \end{bmatrix}
$$

$$
\cdot\,\boldsymbol{T}_{ABC}(\theta_r)\begin{bmatrix} i_{sd} \\ i_{sq} \end{bmatrix}+\boldsymbol{T}_{ABC}(\theta_r)\begin{bmatrix} \psi_{rd} \\ \psi_{rq} \end{bmatrix}
$$

(5-123)

对式（5-123）进一步简化结果如下：

$$
\begin{bmatrix} \psi_{sd} \\ \psi_{sq} \end{bmatrix}=\begin{bmatrix} L_{s\sigma1}+1.5L_{sm}+1.5L_{rs} & 0 \\ 0 & L_{s\sigma1}+1.5L_{sm}-1.5L_{rs} \end{bmatrix}\begin{bmatrix} i_{sd} \\ i_{sq} \end{bmatrix}+\begin{bmatrix} \psi_{rd} \\ \psi_{rq} \end{bmatrix}=\begin{bmatrix} L_{d1} & 0 \\ 0 & L_{q1} \end{bmatrix}\begin{bmatrix} i_{sd} \\ i_{sq} \end{bmatrix}+\begin{bmatrix} \psi_{rd} \\ \psi_{rq} \end{bmatrix}
$$

(5-124)

式中，L_{d1}，L_{q1} 分别为缺相后的 dq 轴电感，$L_{d1}=L_{s\sigma1}+1.5(L_{sm}+L_{rs})$，$L_{q1}=L_{s\sigma1}+1.5(L_{sm}-L_{rs})$。

dq 坐标系中的转子磁链 ψ_{rd}，ψ_{rq} 变换结果如下：

$$
\begin{bmatrix} \psi_{rd} \\ \psi_{rq} \end{bmatrix}=\begin{bmatrix} \sqrt{1.5}\,\psi_f \\ 0 \end{bmatrix}
$$

(5-125)

利用式（5-122）将式（5-121）电磁转矩变换至 dq 坐标系中得

$$
T_e=p(\psi_{sd}i_{sq}-\psi_{sq}i_{sd})=p[\sqrt{1.5}\,\psi_f i_{sq}+(L_{d1}-L_{q1})i_{sd}i_{sq}]
$$

(5-126)

根据图 5-24 的变量定义，dq 坐标系中定子磁链分别表示如下：

$$\begin{bmatrix} \psi_{sd} \\ \psi_{sq} \end{bmatrix} = |\boldsymbol{\psi}_s| \begin{bmatrix} \cos\delta_1 \\ \sin\delta_1 \end{bmatrix} \tag{5-127}$$

结合式（5-126）、式（5-124）、式（5-127）可以将电磁转矩进一步变形为

$$T_e = p\left(\frac{L_{d1}-L_{q1}}{2L_{d1}L_{q1}} |\boldsymbol{\psi}_s|^2 \sin2\delta_1 + \frac{1}{L_{d1}} |\boldsymbol{\psi}_s| |\boldsymbol{\psi}_r| \sin\delta_1 \right) \tag{5-128}$$

由此可见，即使缺失了 A，B，C 相绕组，但只要将定子磁链幅值 $|\boldsymbol{\psi}_s|$ 控制为恒定，再利用转矩角 δ_1 即可实现电磁转矩的快速控制。

2. 缺 A，B，C 三相容错型直接转矩控制原理

为了进一步方便建立逆变器电压矢量对定子磁链幅值及电磁转矩控制规律，画出缺 A，B，C 三相电动机与逆变桥臂之间的电路连接示意图，如图 5-25 所示。有关变量定义同前面章节，A，B，C 相绕组与对应桥臂断路。

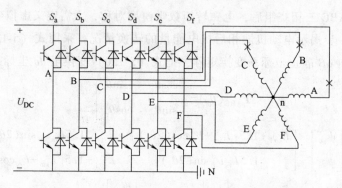

图 5-25　缺 A，B，C 三相的六相电动机与逆变桥臂连接示意图

根据图 5-25 中电动机与逆变桥臂之间的连接关系，可以建立剩余健康三相 D～F 相端电压与开关状态和直流母线电压之间的关系如下：

$$\begin{cases} u_{sD} = S_d U_{DC} + U_{nN} \\ u_{sE} = S_e U_{DC} + U_{nN} \\ u_{sF} = S_f U_{DC} + U_{nN} \end{cases} \tag{5-129}$$

对上述剩余健康三相端电压求和求解出电压 U_{nN} 如下：

$$U_{nN} = \frac{1}{3}\left[\sum_{k=D}^{F} u_{sk} - (S_d + S_e + S_f)U_{DC} \right] \tag{5-130}$$

把式（5-130）代入式（5-129）中得

$$\begin{bmatrix} u_{sD} \\ u_{sE} \\ u_{sF} \end{bmatrix} = \begin{bmatrix} 2/3 & -1/3 & -1/3 \\ -1/3 & 2/3 & -1/3 \\ -1/3 & -1/3 & 2/3 \end{bmatrix} \begin{bmatrix} S_d \\ S_e \\ S_f \end{bmatrix} + \frac{1}{3}\sum_{k=D}^{F} u_{sk} \begin{bmatrix} 1 \\ 1 \\ 1 \end{bmatrix} \tag{5-131}$$

利用式（5-118）矩阵 $\boldsymbol{T}_{ABC}$，把式（5-131）变换至 $\alpha\beta$ 坐标系中得

$$\begin{cases} u_{s\alpha} = -\sqrt{\dfrac{2}{3}}\,u_{sD} - \sqrt{\dfrac{1}{6}}\,u_{sE} + \sqrt{\dfrac{1}{6}}\,u_{sF} = -\dfrac{1}{3\sqrt{6}}\Big[\,(4S_d + S_e - 5S_f)U_{DC} + 2\sum_{k=D}^{F} u_{sk}\,\Big] \\[4mm] u_{s\beta} = -\dfrac{1}{\sqrt{2}}(u_{sE} + u_{sF}) = \dfrac{1}{3\sqrt{2}}\Big[\,(2S_d - S_e - S_f)U_{DC} - 2\sum_{k=D}^{F} u_{sk}\,\Big] \end{cases}$$

$$(5\text{-}132)$$

忽略健康相端电压之和对逆变器 $\alpha\beta$ 平面电压的影响，式（5-132）进一步简化为

$$\begin{cases} u_{s\alpha} \approx -\dfrac{1}{3\sqrt{6}}(4S_d + S_e - 5S_f)U_{DC} \\[4mm] u_{s\beta} \approx \dfrac{1}{3\sqrt{2}}(2S_d - S_e - S_f)U_{DC} \end{cases}$$

$$(5\text{-}133)$$

根据式（5-133）画出 $\alpha\beta$ 平面电压矢量如图 5-26 所示。

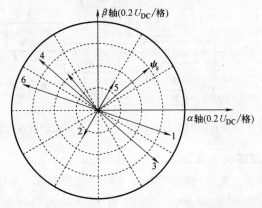

图 5-26 A，B，C 相开路时 $\alpha\beta$ 平面内定子电压矢量 $u_{s\alpha} + ju_{s\beta}$

为了利用电压矢量实现定子磁链幅值及电磁转矩的快速控制，把 $\alpha\beta$ 平面划分为 7 个扇区，用 θ_{si}（$i=1$，…，7）表示。每一个扇区处于相邻的电压矢量所夹区域，且其垂线始终处于相同的两个相邻电压矢量所夹区域。分析各扇区中各电压矢量对定子磁链幅值及电磁转矩的控制效果，总结六相对称绕组永磁同步电动机缺 A，B，C 相相绕组后 DTC 系统最优开关矢量表见表 5-7。其中 $\tau=1$，-1 分别表示增大电磁转矩及减小电磁转矩；$\phi=1$，0 分别表示增大定子磁链幅值及减小磁链幅值。

表 5-7 六相对称绕组永磁同步电动机缺 A，B，C 相直接转矩控制最优开关矢量表

ϕ	τ	θ_{s1} (0°, 49.1°)	θ_{s2} (49.1°, 70.9°)	θ_{s3} (70.9°, 150°)	θ_{s4} (150°, 229.1°)	θ_{s5} 229.1°, 250.9°)	θ_{s6} (250.9°, 319.1°)	θ_{s7} (319.1°, 360°)
1	1	5	4	6	2	3	1	5
	-1	6	5	4	3	1	5	4
0	1	2	3	1	5	4	6	2
	-1	3	1	5	4	6	2	3

根据上述分析，画出六相对称绕组永磁同步电动机缺 A，B，C 三相绕组直接转矩控制结构图，如图 5-27 所示。

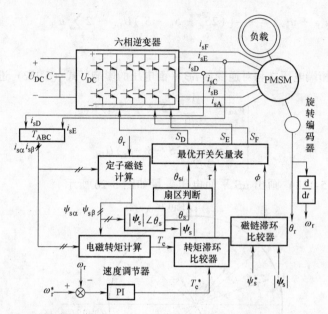

图 5-27　六相对称绕组永磁同步电动机缺 A，B，C 三相绕组直接转矩控制结构图

3. 控制策略仿真研究

为了研究所提缺 A，B，C 相绕组 DTC 系统的运行性能，采用 Matlab/Simulink 系统进行建模仿真。控制周期为 60μs，转速 PI 调节器比例和积分系数分别为 0.5，0.5，转矩限幅为 ±12N·m。电动机 750r/min，1.64N·m 的稳态仿真结果如图 5-28 所示。从仿真结果可见：①尽管缺失三相，但电动机电磁转矩仍然能够跟踪其给定值，只是所带负载能力降低至 1.64N·m；②由于剩余健康相不对称，导致三相绕组电流不再对称；③$\alpha\beta$ 轴定子磁链分量正交，幅值为 0.233Wb。

4. 控制策略实验研究

为了研究所提缺出的 A，B，C 相绕组 DTC 系统的运行性能，在以 TMS320F2812DSP 为核心的电动机控制平台上做实验。电动机 750r/min，1.64N·m 的稳态实验结果如图 5-29 所示。从实验结果可见：①尽管缺失三相，但电动机电磁转矩仍然能够跟踪其给定值，只是所带负载能力降低至 1.64N·m；②由于剩余健康相不对称，导致三相绕组电流不再对称；③$\alpha\beta$ 轴定子磁链分量正交，幅值为 0.233Wb；④$\alpha\beta$ 轴定子电流幅值约为 4A。

为了进一步研究所提系统的动态响应，做负载转矩 0r/min，150r/min，750r/min 及 1500r/min 突加、突卸负载实验，结果如图 5-30 所示。从动态实验结果可见，电磁转矩迅速跟踪其给定值，系统动态响应迅速。

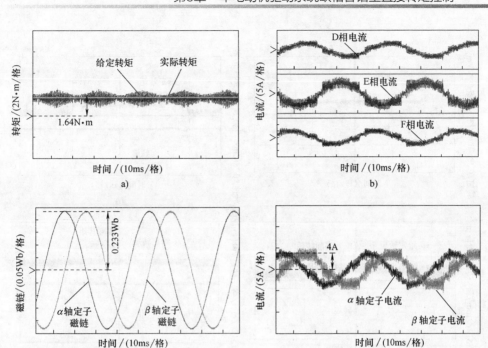

图 5-28 六相对称绕组永磁同步电动机缺 A，B，C 三相额定负载转矩 750r/min 时的稳态仿真
a）电磁转矩 b）三相电流 c）αβ 定子磁链 d）αβ 定子电流

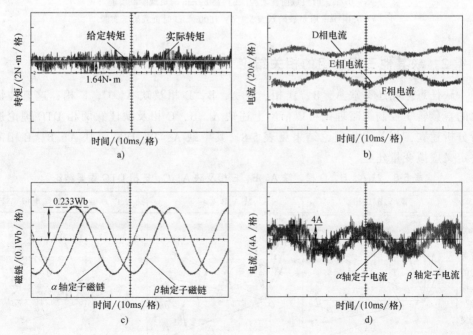

图 5-29 六相对称绕组永磁同步电动机缺 A，B，C 三相额定负载转矩 750r/min 时的稳态实验
a）电磁转矩 b）三相电流 c）αβ 定子磁链 d）αβ 定子电流

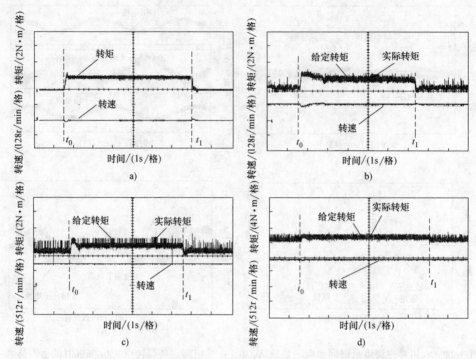

图 5-30　六相对称永磁同步电动机缺 A，B，C 三相负载阶跃实验

a）0r/min 时负载阶跃实验　　b）150r/min 时负载阶跃实验

c）750r/min 时负载阶跃实验　　d）1500r/min 时负载阶跃实验

5.4.2　缺其他三相绕组的相关结论

缺任意三相还有缺 A，B，D 相、缺 A，B，E 相及缺 A，C，E 相，这三种情况的直接转矩控制策略理论可以借鉴上述缺 A，B，C 相及缺任意两相 DTC 理论进行分析建立，相关重要理论结果见表 5-8。其中缺 A，B，D 相、缺 A，B，E 相需要定义虚拟变量建立。

表 5-8　缺 A，B，D 相、缺 A，B，E 相及缺 A，C，E 相 DTC 重要结论

	缺 A,B,D 相	缺 A,B,E 相	缺 A,C,E 相（无需定义虚拟变量）
所采用的坐标系定义			

（续）

	缺 A,B,D 相	缺 A,B,E 相	缺 A,C,E 相（无需定义虚拟变量）
采用的静止坐标变换矩阵	$T_{ABD} = \begin{bmatrix} -0.3251 & -0.8881 & 0.3251 \\ 0.6280 & -0.4597 & -0.6280 \\ 0.7071 & 0 & 0.7071 \end{bmatrix}$	$T_{ABE} = \begin{bmatrix} -0.6279 & -0.4597 & 0.6279 \\ 0.3250 & -0.8881 & -0.3250 \\ 0.7071 & 0 & 0.7071 \end{bmatrix}$	$T_{ACE} = \begin{bmatrix} -\sqrt{\frac{1}{6}} & \sqrt{\frac{2}{3}} & -\sqrt{\frac{1}{6}} \\ \frac{\sqrt{2}}{2} & 0 & -\frac{\sqrt{2}}{2} \\ \sqrt{\frac{1}{3}} & \sqrt{\frac{1}{3}} & \sqrt{\frac{1}{3}} \end{bmatrix}$
$\alpha\beta$ 平面定子电压	$\begin{bmatrix} u_{s\alpha} \\ u_{s\beta} \end{bmatrix} = R_s \begin{bmatrix} i_{s\alpha} \\ i_{s\beta} \end{bmatrix} + \frac{d}{dt}\begin{bmatrix} \psi_{s\alpha} \\ \psi_{s\beta} \end{bmatrix}$	$\begin{bmatrix} u_{s\alpha} \\ u_{s\beta} \end{bmatrix} = R_s \begin{bmatrix} i_{s\alpha} \\ i_{s\beta} \end{bmatrix} + \frac{d}{dt}\begin{bmatrix} \psi_{s\alpha} \\ \psi_{s\beta} \end{bmatrix}$	$\begin{bmatrix} u_{s\alpha} \\ u_{s\beta} \end{bmatrix} = R_s \begin{bmatrix} i_{s\alpha} \\ i_{s\beta} \end{bmatrix} + \frac{d}{dt}\begin{bmatrix} \psi_{s\alpha} \\ \psi_{s\beta} \end{bmatrix}$

缺 A,B,D 相

$$\begin{bmatrix} \psi_{s\alpha} \\ \psi_{s\beta} \end{bmatrix} = \begin{bmatrix} L_{s\sigma1}+0.6340\left[L_{sm}+L_{rs}\cos\left(2\theta_r-\frac{\pi}{6}\right)\right] & 1.2247L_{rs}\sin\left(2\theta_r-\frac{\pi}{6}\right) \\ 1.2247L_{rs}\sin\left(2\theta_r-\frac{\pi}{6}\right) & L_{s\sigma1}+2.3660\left[L_{sm}-L_{rs}\cos\left(2\theta_r-\frac{\pi}{6}\right)\right] \end{bmatrix}\begin{bmatrix} i_{s\alpha} \\ i_{s\beta} \end{bmatrix}+\begin{bmatrix} \psi_{r\alpha} \\ \psi_{r\beta} \end{bmatrix}$$

缺 A,B,E 相

$$\begin{bmatrix} \psi_{s\alpha} \\ \psi_{s\beta} \end{bmatrix} = \begin{bmatrix} L_{s\sigma1}+2.3660\left[L_{sm}+L_{rs}\cos\left(2\theta_r+\frac{\pi}{2}\right)\right] & 1.2247L_{rs}\sin\left(2\theta_r+\frac{\pi}{2}\right) \\ 1.2247L_{rs}\sin\left(2\theta_r+\frac{\pi}{2}\right) & L_{s\sigma1}+0.6340\left[L_{sm}-L_{rs}\cos\left(2\theta_r+\frac{\pi}{2}\right)\right] \end{bmatrix}\begin{bmatrix} i_{s\alpha} \\ i_{s\beta} \end{bmatrix}+\begin{bmatrix} \psi_{r\alpha} \\ \psi_{r\beta} \end{bmatrix}$$

缺 A,C,E 相（无需定义虚拟变量）

$$\begin{bmatrix} \psi_{s\alpha} \\ \psi_{s\beta} \end{bmatrix} = \begin{bmatrix} \{L_{s\sigma1}+1.5[L_{sm}+L_{rs}\cos(2\theta_r)]\} & 1.5L_{rs}\sin(2\theta_r) \\ 1.5L_{rs}\sin(2\theta_r) & \{L_{s\sigma1}+1.5[L_{sm}-L_{rs}\cos(2\theta_r)]\} \end{bmatrix}\begin{bmatrix} i_{s\alpha} \\ i_{s\beta} \end{bmatrix}+\begin{bmatrix} \psi_{r\alpha} \\ \psi_{r\beta} \end{bmatrix}$$

$\alpha\beta$ 平面转子磁链	$\begin{bmatrix} \psi_{r\alpha} \\ \psi_{r\beta} \end{bmatrix} = \psi_f\begin{bmatrix} 0.7962\cos\left(\theta_r-\frac{\pi}{12}\right) \\ 1.5382\sin\left(\theta_r-\frac{\pi}{12}\right) \end{bmatrix}$	$\begin{bmatrix} \psi_{r\alpha} \\ \psi_{r\beta} \end{bmatrix} = \psi_f\begin{bmatrix} 1.5381\cos\left(\theta_r+\frac{\pi}{4}\right) \\ 0.7962\sin\left(\theta_r+\frac{\pi}{4}\right) \end{bmatrix}$	$\begin{bmatrix} \psi_{r\alpha} \\ \psi_{r\beta} \end{bmatrix} = \frac{\sqrt{6}}{2}\psi_f\begin{bmatrix} \cos\theta_r \\ \sin\theta_r \end{bmatrix}$
$\alpha\beta$ 平面电磁转矩	$T_e = p[1.9320(\psi_{s\alpha}-L_{s\sigma1}i_{s\alpha})i_{s\beta} -0.5176(\psi_{s\beta}-L_{s\sigma1}i_{s\beta})i_{s\alpha}]$	$T_e = p[0.5176(\psi_{s\alpha}-L_{s\sigma1}i_{s\alpha})i_{s\beta} -1.9320(\psi_{s\beta}-L_{s\sigma1}i_{s\beta})i_{s\alpha}]$	$T_e = p(\psi_{s\alpha}i_{s\beta}-\psi_{s\beta}i_{s\alpha})$
虚拟变量定义	$\begin{bmatrix} \psi_{xs\alpha} \\ \psi_{xs\beta} \\ i_{xs\alpha} \\ i_{xs\beta} \\ \psi_{xr\alpha} \\ \psi_{xr\beta} \end{bmatrix} = \begin{bmatrix} (\psi_{s\alpha}-L_{s\sigma1}i_{s\alpha})/0.7962 \\ (\psi_{s\beta}-L_{s\sigma1}i_{s\beta})/1.5382 \\ i_{s\alpha}/1.5382 \\ i_{s\beta}/0.7962 \\ 1.5382\psi_{r\alpha} \\ 0.7962\psi_{r\beta} \end{bmatrix}$	$\begin{bmatrix} \psi_{xs\alpha} \\ \psi_{xs\beta} \\ i_{xs\alpha} \\ i_{xs\beta} \\ \psi_{xr\alpha} \\ \psi_{xr\beta} \end{bmatrix} = \begin{bmatrix} (\psi_{s\alpha}-L_{s\sigma1}i_{s\alpha})/1.5382 \\ (\psi_{s\beta}-L_{s\sigma1}i_{s\beta})/0.7962 \\ i_{s\alpha}/0.7962 \\ i_{s\beta}/1.5382 \\ 0.7962\psi_{r\alpha} \\ 1.5382\psi_{r\beta} \end{bmatrix}$	无

(续)

	缺 A,B,D 相	缺 A,B,E 相	缺 A,C,E 相(无需定义虚拟变量)

αβ 虚拟定子磁链

缺 A,B,D 相

$$\begin{bmatrix} \psi_{xs\alpha} \\ \psi_{xs\beta} \end{bmatrix} = 1.2247 \begin{bmatrix} L_{sm}+L_{rs}\cos\left(2\theta_r-\dfrac{\pi}{6}\right) & L_{rs}\sin\left(2\theta_r-\dfrac{\pi}{6}\right) \\ L_{rs}\sin\left(2\theta_r-\dfrac{\pi}{6}\right) & L_{sm}-L_{rs}\cos\left(2\theta_r-\dfrac{\pi}{6}\right) \end{bmatrix}\begin{bmatrix} i_{xs\alpha} \\ i_{xs\beta} \end{bmatrix} + \frac{1}{1.2247}\begin{bmatrix} \psi_{xr\alpha} \\ \psi_{xr\beta} \end{bmatrix}$$

$$\begin{bmatrix} \psi_{r\alpha} \\ \psi_{r\beta} \end{bmatrix} = 1.2247\psi_f \begin{bmatrix} \cos\left(\theta_r-\dfrac{\pi}{12}\right) \\ \sin\left(\theta_r-\dfrac{\pi}{12}\right) \end{bmatrix}$$

缺 A,B,E 相

$$\begin{bmatrix} \psi_{xs\alpha} \\ \psi_{xs\beta} \end{bmatrix} = 1.2247 \begin{bmatrix} L_{sm}+L_{rs}\cos\left(2\theta_r+\dfrac{\pi}{2}\right) & L_{rs}\sin\left(2\theta_r+\dfrac{\pi}{2}\right) \\ L_{rs}\sin\left(2\theta_r+\dfrac{\pi}{2}\right) & L_{sm}-L_{rs}\cos\left(2\theta_r+\dfrac{\pi}{2}\right) \end{bmatrix}\begin{bmatrix} i_{xs\alpha} \\ i_{xs\beta} \end{bmatrix} + \frac{1}{1.2247}\begin{bmatrix} \psi_{xr\alpha} \\ \psi_{xr\beta} \end{bmatrix}$$

$$\begin{bmatrix} \psi_{r\alpha} \\ \psi_{r\beta} \end{bmatrix} = 1.2247\psi_f \begin{bmatrix} \cos\left(\theta_r+\dfrac{\pi}{4}\right) \\ \sin\left(\theta_r+\dfrac{\pi}{4}\right) \end{bmatrix}$$

缺 A,C,E 相(无需定义虚拟变量)

dq 虚拟定子磁链

缺 A,B,D 相 / 缺 A,B,E 相:

$$\begin{bmatrix} \psi_{xsM} \\ \psi_{xsT} \end{bmatrix} = \begin{bmatrix} L_{d2} & 0 \\ 0 & L_{q2} \end{bmatrix}\begin{bmatrix} i_{xsM} \\ i_{xsT} \end{bmatrix} + \frac{1}{1.2247}\begin{bmatrix} |\psi_{xr}| \\ 0 \end{bmatrix}$$

$$L_{d2}=1.2247(L_{sm}+L_{rs})$$
$$L_{q2}=1.2247(L_{sm}-L_{rs})$$
$$|\psi_{xr}|=1.2247\psi_f$$

缺 A,C,E 相:

$$\begin{bmatrix} \psi_{sd} \\ \psi_{sq} \end{bmatrix} = \begin{bmatrix} \left(L_{s\sigma1}+1.5L_{sm}+1.5L_{rs}\right) & 0 \\ 0 & \left(L_{s\sigma1}+1.5L_{sm}-1.5L_{rs}\right) \end{bmatrix}\cdot\begin{bmatrix} i_{sd} \\ i_{sq} \end{bmatrix}+\begin{bmatrix} \psi_{rd} \\ \psi_{rq} \end{bmatrix}$$

$$=\begin{bmatrix} L_{d1} & 0 \\ 0 & L_{q1} \end{bmatrix}\begin{bmatrix} i_{sd} \\ i_{sq} \end{bmatrix}+\begin{bmatrix} \psi_{rd} \\ \psi_{rq} \end{bmatrix}$$

dq 电磁转矩

缺 A,B,D 相 / 缺 A,B,E 相:

$$T_e=1.2247p\left(\psi_{xsM}i_{xsT}-\psi_{xsT}i_{xsM}\right)=1.2247p\left(\psi_f i_{xsT}+(L_{d2}-L_{q2})i_{xsM}i_{xsT}\right)$$

缺 A,C,E 相:

$$T_e=p(\psi_{sd}i_{sq}-\psi_{sq}i_{sd})=p\left(\sqrt{1.5}\,\psi_f i_{xsq}+(L_{d1}-L_{q1})i_{xsd}i_{xsq}\right)$$

电磁转矩与转矩角关系

缺 A,B,D 相 / 缺 A,B,E 相:

$$T_e=p\left(0.6124\frac{L_{d2}-L_{q2}}{L_{d2}L_{q2}}\cdot|\psi_{xs}|^2\sin2\delta_2+\frac{1}{L_{d2}}|\psi_{xs}||\psi_{xr}|\sin\delta_2\right)$$

缺 A,C,E 相:

$$T_e=p\left(\frac{L_{d1}-L_{q1}}{2L_{d1}L_{q1}}|\psi_s|^2\sin2\delta_1+\frac{1}{L_{d1}}|\psi_s||\psi_r|\sin\delta_1\right)$$

（续）

	缺 A,B,D 相	缺 A,B,E 相	缺 A,C,E 相（无需定义虚拟变量）
$\alpha\beta$ 虚拟定子电压	$\begin{bmatrix} u_{xs\alpha} \\ u_{xs\beta} \end{bmatrix} = \begin{bmatrix} u_{s\alpha}/0.7962 \\ u_{s\beta}/1.5382 \end{bmatrix}$ $= \begin{bmatrix} \dfrac{\mathrm{d}\psi_{xs\alpha}}{\mathrm{d}t} + \dfrac{R_s i_{s\alpha}}{0.7962} + \dfrac{L_{s\sigma1}}{0.7962}\dfrac{\mathrm{d}i_{s\alpha}}{\mathrm{d}t} \\ \dfrac{\mathrm{d}\psi_{xs\beta}}{\mathrm{d}t} + \dfrac{R_s i_{s\beta}}{1.5382} + \dfrac{L_{s\sigma1}}{1.5382}\dfrac{\mathrm{d}i_{s\beta}}{\mathrm{d}t} \end{bmatrix}$	$\begin{bmatrix} u_{xs\alpha} \\ u_{xs\beta} \end{bmatrix} = \begin{bmatrix} u_{s\alpha}/1.5382 \\ u_{s\beta}/0.7962 \end{bmatrix}$ $= \begin{bmatrix} \dfrac{\mathrm{d}\psi_{xs\alpha}}{\mathrm{d}t} + \dfrac{R_s i_{s\alpha}}{1.5382} + \dfrac{L_{s\sigma1}}{1.5382}\dfrac{\mathrm{d}i_{s\alpha}}{\mathrm{d}t} \\ \dfrac{\mathrm{d}\psi_{xs\beta}}{\mathrm{d}t} + \dfrac{R_s i_{s\beta}}{0.7962} + \dfrac{L_{s\sigma1}}{0.7962}\dfrac{\mathrm{d}i_{s\beta}}{\mathrm{d}t} \end{bmatrix}$	
$\alpha\beta$ 逆变器虚拟电压	$\begin{cases} u_{xs\alpha} = (-0.037S_c - \\ \quad 0.74S_e + 0.78S_f)U_{DC} \\ u_{xs\beta} = (0.51S_c - \\ \quad 0.20S_e - 0.31S_f)U_{DC} \end{cases}$	$\begin{cases} u_{xs\alpha} = (-0.3086S_c - \\ \quad 0.1993S_d + 0.5078S_f)U_{DC} \\ u_{xs\beta} = (0.7800S_c - \\ \quad 0.7437S_d - 0.0364S_f)U_{DC} \end{cases}$	$\begin{cases} u_{s\alpha} = \sqrt{\dfrac{2}{3}}u_{sB} - \sqrt{\dfrac{1}{6}}u_{sD} + \sqrt{\dfrac{1}{6}}u_{sF} \\ \quad = \dfrac{1}{\sqrt{6}}(2S_b - S_d - S_f)U_{DC} \\ u_{s\beta} = \dfrac{1}{\sqrt{2}}(u_{sD} - u_{sF}) \\ \quad = \dfrac{1}{\sqrt{2}}(S_d - S_f)U_{DC} \end{cases}$
逆变器输出虚拟电压矢量 $u_{xs\alpha} + ju_{xs\beta}$			

上述三相缺相直接转矩控制系统最优开关矢量表分别见表 5-9～表 5-11。

表 5-9　缺 A，B，D 相最优开关矢量表

ϕ	τ	$\boldsymbol{\psi}_{xs}$ 处于扇区						
		θ_{xs1} $(0°,$ $4.1°)$	$\theta_{xs2}(4.1°,$ $14.9°)$ 或 $\theta_{xs3}(14.9°,$ $68.4°)$	$\theta_{xs4}(68.4°,$ $94.1°)$ 或 $\theta_{xs5}(94.1°,$ $105.0°)$	$\theta_{xs6}(105.0°,$ $158.4°)$ 或 $\theta_{xs7}(158.4°,$ $184.1°)$	$\theta_{xs8}(184.1°,$ $195.0°)$ 或 $\theta_{xs9}(195.0°,$ $248.4°)$	$\theta_{xs10}(248.4°,$ $274.1°)$ 或 $\theta_{xs11}(274.1°,$ $285.0°)$	θ_{xs12} $(285.0°,$ $338.4°)$	θ_{xs13} $(338.4°,$ $360°)$
1	1	5	4	6	2	3	1	5	5
	-1	6	6	2	3	1	5	4	6
0	1	2	3	1	5	4	6	6	2
	-1	1	1	5	4	6	2	3	3

表 5-10　缺 A，B，E 相最优开关矢量表

ϕ	τ	θ_{xs1} (0°, 21.6°)	θ_{xs2} (21.6°, 86.1°)	θ_{xs3} (86.1°, 165.0°)	θ_{xs4} (165.0°, 201.6°)	θ_{xs5} (201.6°, 265.9°)	θ_{xs6} (265.9°, 344.9°)	θ_{xs7} (344.9°, 360°)
1	1	5	4	6	2	3	1	5
	−1	4	6	2	3	1	5	4
0	1	2	3	1	5	4	6	2
	−1	3	1	5	4	6	2	3

表 5-11　缺 A，C，E 相最优开关矢量表

ϕ	τ	θ_{s1} (0°, 30°)	θ_{s2} (30°, 90°)	θ_{s3} (90°, 150°)	θ_{s4} (150°, 210°)	θ_{s5} (210°, 270°)	θ_{s6} (270°, 330°)	θ_{s7} (330°, 360°)
1	1	6	4	5	1	3	2	6
	−1	4	5	1	3	2	6	4
0	1	1	3	2	6	4	5	1
	−1	3	2	6	4	5	1	3

　　上述三种缺相情况，电动机 750r/min 的稳态实验结果分别如图 5-31～图 5-33 所示。从实验结果可见，三种 DTC 系统工作稳定，虚拟变量与实际变量之间满足所定义的矢量关系，电磁转矩控制平稳，具有较好的系统运行稳定性。

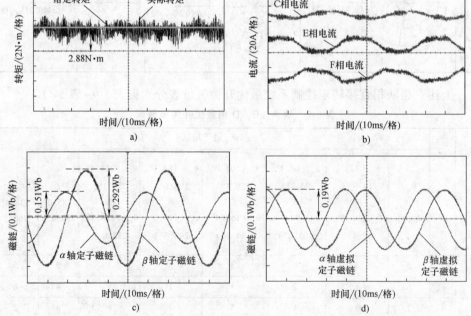

图 5-31　六相对称绕组永磁同步电动机缺 A，B，D 相负载转矩 750r/min 时的稳态额定负载实验
a) 电磁转矩　b) 三相电流　c) $\alpha\beta$ 轴定子磁链　d) $\alpha\beta$ 轴虚拟定子磁链

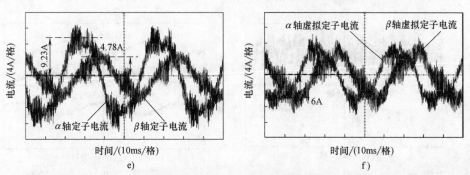

图 5-31　六相对称绕组永磁同步电动机缺 A，B，D 相负载转矩 750r/min 时的稳态额定负载实验（续）

e）$\alpha\beta$ 轴定子电流　f）$\alpha\beta$ 轴虚拟定子电流

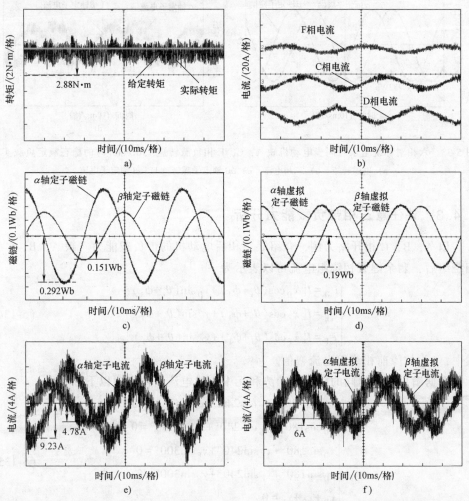

图 5-32　六相对称绕组永磁同步电动机缺 A，B，E 相负载转矩 750r/min 时的稳态额定负载实验

a）电磁转矩　b）三相电流　c）$\alpha\beta$ 轴定子磁链　d）$\alpha\beta$ 轴虚拟定子磁链

e）$\alpha\beta$ 轴定子电流　f）$\alpha\beta$ 轴虚拟定子电流

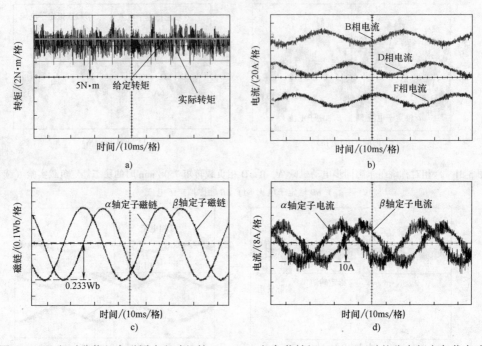

图 5-33　六相对称绕组永磁同步电动机缺 A，C，E 相负载转矩 750r/min 时的稳态额定负载实验
a）电磁转矩　b）三相电流　c）$\alpha\beta$ 轴定子磁链　d）$\alpha\beta$ 轴定子电流

5.4.3　缺任意三相带负载能力分析

以 A，B，C 相开路为例，介绍缺三相后电动机的带负载能力。缺 A，B，C 三相绕组后，剩余健康相绕组电流可以表示为

$$\begin{cases} i_{sD} = I[\, x_D\cos(\theta_r+\phi_1) + y_D\sin(\theta_r+\phi_1)\,] \\ i_{sE} = I[\, x_E\cos(\theta_r+\phi_1) + y_E\sin(\theta_r+\phi_1)\,] \\ i_{sF} = I[\, x_F\cos(\theta_r+\phi_1) + y_F\sin(\theta_r+\phi_1)\,] \end{cases} \tag{5-134}$$

式中，I 为故障前相绕组电流幅值。

根据满足产生相同的旋转磁动势和无中心线电流条件列出以下方程：

$$\begin{cases} x_D\cos180° + x_E\cos240° + x_F\cos300° = 3I \\ y_D\cos180° + y_E\cos240° + y_F\cos300° = 0 \\ x_D\sin180° + x_E\sin240° + x_F\sin300° = 0 \\ y_D\sin180° + y_E\sin240° + y_F\sin300° = 3I \\ x_D + x_E + x_F = 0 \\ y_D + y_E + y_F = 0 \end{cases} \tag{5-135}$$

求解上述方程组，得到满足条件的解如下：

$$
\begin{bmatrix} x_D \\ x_E \\ x_F \\ y_D \\ y_E \\ y_F \end{bmatrix} = \begin{bmatrix} 0 \\ -3 \\ 3 \\ 2\sqrt{3} \\ -3\sqrt{3} \\ \sqrt{3} \end{bmatrix} \tag{5-136}
$$

根据式 (5-136) 解的形式，可以写出剩余健康三相绕组的电流形式如下：

$$
\begin{cases} i_{sD} = 2\sqrt{3}I\cos(\theta_r + \phi_1 - 90°) \\ i_{sE} = 6I\cos(\theta_r + \phi_1 + 120°) \\ i_{sF} = 2\sqrt{3}I\cos(\theta_r + \phi_1 - 30°) \end{cases} \tag{5-137}
$$

同理可以得到缺 A，B，D 相、缺 A，B，E 相、缺 A，C，E 相后，剩余健康三相绕组电流如下：

$$
\begin{cases} i_{sC} = \sqrt{3}I\cos(\theta_r + \phi_2 - 90°) \\ i_{sE} = 2\sqrt{3}I\cos(\theta_r + \phi_2 + 150°) \\ i_{sF} = 3I\cos(\theta_r + \phi_2) \end{cases} \tag{5-138}
$$

$$
\begin{cases} i_{sC} = 3I\cos(\theta_r + \phi_2 - 60°) \\ i_{sD} = 2\sqrt{3}I\cos(\theta_r + \phi_2 + 150°) \\ i_{sF} = \sqrt{3}I\cos(\theta_r + \phi_2 + 30°) \end{cases} \tag{5-139}
$$

$$
\begin{cases} i_{sB} = 2I\cos(\theta_r + \phi_1 - 60°) \\ i_{sD} = 2I\cos(\theta_r + \phi_1 - 180°) \\ i_{sF} = 2I\cos(\theta_r + \phi_1 + 60°) \end{cases} \tag{5-140}
$$

根据前面缺相后电磁转矩推导结论，六相对称绕组永磁同步电动机缺任意三相后，电磁转矩均可以写成以下通式：

$$
T_e = k_1 p \left[k_2 \psi_f i_{k3q} + (L_d - L_q) i_{k3d} i_{k3q} \right] \tag{5-141}
$$

式中，$L_d = k_4 L_{s\sigma1} + k_1 k_2^2 (L_{sm} + L_{rs})$，$L_q = k_4 L_{s\sigma1} + k_1 k_2^2 (L_{sm} - L_{rs})$。当 k_3 取 s 时，i_{k3} 表示实际定子电流；当 k_3 取 xs 时，i_{k3} 表示虚拟定子电流。

利用缺任意两相 DTC 中求解每安培最大转矩的方法，求解缺任意三相绕组 DTC 系统达到最大转矩时 dq 应满足的条件如下：

$$
\begin{cases} i_{k3d} = \dfrac{k_2 \psi_f - \sqrt{k_2^2 \psi_f^2 + 8(L_d - L_q)^2 |i_{k3}|^2}}{4(L_q - L_d)} \\ i_{k3q} = \sqrt{|i_{k3}|^2 - (i_{k3d})^2} \end{cases} \tag{5-142}
$$

把该式代入式 (5-141) 转矩中即可求解出最大转矩。利用本书六相对称永磁同步电动机额定参数，总结缺任意三相绕组直接转矩控制系统最大转矩见表 5-12。

表 5-12　缺任意三相绕组直接转矩控制系统最大转矩

	全相	A,B,C 相开路	A,B,D 相开路	A,B,E 相开路	A,C,E 相开路
k_1	1	1	1.2247	1.2247	1
k_2	$\sqrt{3}$	$\sqrt{1.5}$	1	1	$\sqrt{1.5}$
k_3	s	s	xs	xs	s
k_4	1	1	0	0	1
最大输出转矩 $T_{e1}/(\text{N}\cdot\text{m})$	11.43	1.88	3.29	3.29	5.71
额定转矩 $T_{e2}/(\text{N}\cdot\text{m})$	10	1.64	2.88	2.88	5

5.5　本章小结

电动机缺相后，电动机剩余健康相定子绕组很难保持对称状态，从而导致缺相以后的数学模型很难保持对称，这种不对称特性给圆形轨迹直接转矩控制带来一定的困难。为此，本章以六相对称绕组永磁同步电动机缺一相绕组、缺任意两相绕组、缺任意三相绕组容错型直接转矩控制策略为研究目标，引入各种形式的虚拟变量定义方式，将缺相以后的电动机数学模型转换为基于虚拟变量的对称数学模型；为了进一步降低定子铜损耗、提高电动机缺相后的带负载能力，提出各种缺相情况下的零序电流控制策略。仿真及实验结果均证实了所提各种缺相 DTC 策略是有效的。利用本章定义虚拟变量方法也可以构建六相永磁同步电动机缺任意四相绕组时的对称数学模型，同时建立对应的直接转矩控制策略，相关的研究成果见本章参考文献 [8]。

参 考 文 献

[1] FU J R, LIPO T A. Disturbance-free operation of a multiphase current-regulated motor drive with an opened phase [J]. IEEE Transactions on Industry Applications, 1994, 30 (5): 1267-1274.

[2] ALCHAREA R, NAHIDMOBARAKEH B, BAGHLI L, et al. Decoupling modeling and control of six-phase induction machines under open phase fault conditions [J]. 32nd Annual Conference on IEEE Industrial Electronics, 2006.

[3] 周扬忠，程明，陈小剑. 基于虚拟变量的六相永磁同步电机缺一相容错型直接转矩控制 [J]. 中国电机工程学报，2015，35 (19): 5050-5058.

[4] 林晓刚，周扬忠，程明. 基于虚拟变量的六相永磁同步电机缺任意两相容错型直接转矩控制 [J]. 中国电机工程学报，2016，36 (01): 231-239.

[5] ZHOU Y Z, LIN X G, CHENG M. A fault-tolerant direct torque control for six-phase permanent magnet synchronous motor with arbitrary two opened phases based on modified variables [J].

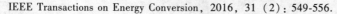

IEEE Transactions on Energy Conversion，2016，31（2）：549-556.

［6］　闫震，周扬忠，王凌波. 反电动势非正弦的五相 PMSM 缺一相容错型 DTC［J］. 微特电机，2019，47（06）：49-54.

［7］　王凌波，闫震，周扬忠. 五相永磁同步电机缺两相容错型直接转矩控制［J］. 电机与控制应用，2019，46（10）：58-65.

［8］　黄志坡，周扬忠. 六相永磁同步电机缺四相容错型直接转矩控制［J］. 电力电子技术，2017，51（01）：78-81.

［9］　周扬忠，陈小剑，熊先云，等. 偏置60度六相永磁同步电机缺一相容错型转矩控制方法：201410477291. 3［P］. 2016-10-05.

［10］　周扬忠，林晓刚，陈小剑，等. 六相永磁同步电机缺任意两相容错型直接转矩控制方法：201410516177. 7［P］. 2016-10-05.

［11］　陈小剑. 对称六相永磁同步电机缺相容错型直接转矩控制研究［D］. 福州：福州大学，2015.

［12］　林晓刚. 六相对称绕组永磁同步电机缺多相直接转矩控制系统研究［D］. 福州：福州大学，2016.

［13］　闫震. 五相凸极式永磁同步电机直接转矩控制研究［D］. 福州：福州大学，2018.

［14］　王祖靖. 集中绕组双三相凸极式永磁同步电机直接转矩控制研究［D］. 福州：福州大学，2018.

［15］　王凌波. 低转矩脉动多相永磁同步电机直接转矩控制研究［D］. 福州：福州大学，2019.

第6章 单逆变器供电多电动机绕组 串联驱动系统直接转矩控制

6.1 引言

在纺织、航空航天、轨道牵引等应用领域中存在多个电动机同时使用的情况，可以给每一台电动机配置一个驱动器，方便于各个电动机独立控制。但这种一个电动机一个驱动器的方案带来驱动器个数增多、驱动器总成本提高的问题，也不利于驱动器的集中安装和布线，能否用尽可能少的驱动器实现多个电动机同时解耦控制是一个亟待解决的科学问题。

由于定子圆周有限，故会造成定子开槽有限；有限的开槽使得每一相串联线圈个数减少，从而出现绕组反电动势谐波的出现，且相数越多谐波幅值越大。在多电动机串联驱动系统中，若没有谐波，则可以通过合理的绕组串联，实现两台电动机基波分量控制的解耦；但由于谐波的出现，导致两台电动机重新产生一定的耦合，如何消除谐波对串联驱动系统中各电动机之间解耦控制的不利影响是一个期待解决的现实问题。

多电动机串联驱动系统采用多相逆变器进行控制，当可控自由度多于所有电动机机电能量转换占有的自由度数时，剩余自由度同样要进行控制，这种多出来的自由度进一步增加了串联驱动系统控制的复杂性。

本章将对单逆变器供电多电动机绕组串联驱动系统直接转矩控制策略展开研究，根据是否存在剩余自由度需要控制，研究两种类型的串联驱动直接转矩控制系统：①六相串联三相双永磁同步电动机串联驱动系统；②五相串联五相双永磁同步电动机串联驱动系统。其中，六相串联三相双永磁同步电动机串联驱动系统中两台电动机绕组反电动势谐波为正弦波，但需要对其中一个零序分量进行控制；而五相串联五相双永磁同步电动机串联驱动系统中两台电动机绕组反电动势中含有较大分量的 3 次谐波，用于研究谐波对两台电动机耦合的影响及其对应的解耦控制策略。

6.2 六相串联三相永磁同步电动机驱动系统直接转矩控制

6.2.1 绕组无故障时直接转矩控制

1. 驱动系统解耦数学模型

六相永磁同步电动机串联三相永磁同步电动机与六相逆变器之间的连接示意图如图 6-1 所示。为了便于在控制上对两台电动机进行解耦控制，需要两台电动机绕组串联时满足二者机电能量转换的解耦。如图 6-1 所示，六相永磁同步电动机绕组 A~F 相中，电空间 180°对称两相绕组尾端并联后再与三相永磁同步电动机三相绕组中的一相串联连接。这样能保证控制六相永磁同步电动机机电能量转换的电流不流过三相电动机，六相永磁同步电动机机电能量转换控制对三相永磁同步电动机没有影响；三相永磁同步电动机相绕组电流均分流过并联的六相绕组中，在六相绕组中产生的合成磁动势等于零，这样三相永磁同步电动机机电能量转换控制对六相永磁同步电动机没有影响。这种绕组串联方式为两台电动机机电能量解耦控制奠定了基础。例如，A，D 相中所流过的控制六相永磁同步电动机机电能量转换电流幅值相等、相位相反，这样在 A，D 相中控制六相永磁同步电动机机电能量转换电流在A，D 相绕组回路中流过，而不流出到三相永磁同步电动机的 U 相中；三相永磁同步电动机 U 相绕组电流均分流过六相永磁同步电动机 A，D 相绕组中，由于 A，D相绕组电空间轴线互差 180°，所以 U 相绕组电流均分到 A，D 相绕组中产生的磁动势电空间幅值相等、方向相反，合成结果等于零。图中 PMSM6、PMSM3 分别代表六相永磁同步电动机和三相永磁同步电动机。

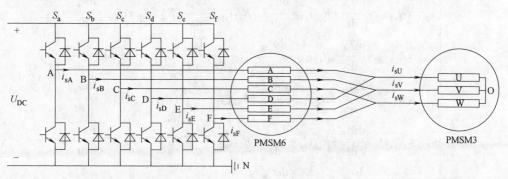

图 6-1　六相永磁同步电动机串联三相永磁同步电动机与六相逆变器之间的连接示意图

为了便于实现两台电动机之间的解耦控制，可以借鉴 2.3 节中的变换矩阵 $\boldsymbol{T}_6$，把两台电动机机电能量转换映射到两个空间正交的直角坐标系中，由此定义六相永磁同步电动机和三相永磁同步电动机机电能量转换平面及变量如图 6-2 所示。两台电动机坐标系及变量定义类似，下面只以六相永磁同步电动机定义为例进行说明。

多相永磁同步电动机直接转矩控制

$\alpha\beta$ 为静止直角坐标系，其中 α 轴与 A 相绕组轴线一致；d_1q_1 为与转子永磁体磁极定向的同步旋转坐标系；θ_{r1} 为六相永磁同步电动机转子旋转电角度；u_{s1}，i_{s1}，ψ_{s1}，ψ_{f1} 分别表示定子电压、定子电流、定子磁链及永磁体磁链矢量或列向量；ω_{r1} 为转子旋转的电角速度；δ_1 为定、转子磁链之间的夹角，定义为转矩角；各矢量在各轴线上的投影分量用轴变量做下角标注区别。当然，由于该驱动系统为六相结构，所以除了控制两台电动机机电能量转换所需要的四个自由度外，还存在两个零序轴系 z_1 和 z_2，两台电动机的极对数分别为 p_1 和 p_2。

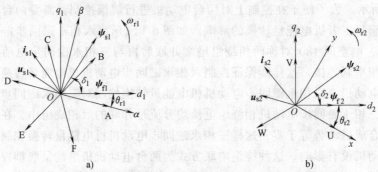

图 6-2 六相电动机和三相电动机机电能量转换平面及变量定义

a) 六相永磁同步电动机 b) 三相永磁同步电动机

根据图 6-1 所示电动机与逆变器之间的具体连接电路，可以建立逆变器输出相电压 $u_{AO} \sim u_{FO}$ 如下：

$$\begin{cases} u_{AO} = R_{s1}i_{sA} + \dfrac{d\psi_{sA}}{dt} + R_{s2}i_{sU} + \dfrac{d\psi_{sU}}{dt} = R_{s1}i_{sA} + \dfrac{d\psi_{sA}}{dt} + R_{s2}(i_{sA}+i_{sD}) + \dfrac{d\psi_{sU}}{dt} \\[2mm] u_{BO} = R_{s1}i_{sB} + \dfrac{d\psi_{sB}}{dt} + R_{s2}i_{sV} + \dfrac{d\psi_{sV}}{dt} = R_{s1}i_{sB} + \dfrac{d\psi_{sB}}{dt} + R_{s2}(i_{sB}+i_{sE}) + \dfrac{d\psi_{sV}}{dt} \\[2mm] u_{CO} = R_{s1}i_{sC} + \dfrac{d\psi_{sC}}{dt} + R_{s2}i_{sW} + \dfrac{d\psi_{sW}}{dt} = R_{s1}i_{sC} + \dfrac{d\psi_{sC}}{dt} + R_{s2}(i_{sC}+i_{sF}) + \dfrac{d\psi_{sW}}{dt} \\[2mm] u_{DO} = R_{s1}i_{sD} + \dfrac{d\psi_{sD}}{dt} + R_{s2}i_{sU} + \dfrac{d\psi_{sU}}{dt} = R_{s1}i_{sD} + \dfrac{d\psi_{sD}}{dt} + R_{s2}(i_{sA}+i_{sD}) + \dfrac{d\psi_{sU}}{dt} \\[2mm] u_{EO} = R_{s1}i_{sE} + \dfrac{d\psi_{sE}}{dt} + R_{s2}i_{sV} + \dfrac{d\psi_{sV}}{dt} = R_{s1}i_{sE} + \dfrac{d\psi_{sE}}{dt} + R_{s2}(i_{sB}+i_{sE}) + \dfrac{d\psi_{sV}}{dt} \\[2mm] u_{FO} = R_{s1}i_{sF} + \dfrac{d\psi_{sF}}{dt} + R_{s2}i_{sW} + \dfrac{d\psi_{sW}}{dt} = R_{s1}i_{sF} + \dfrac{d\psi_{sF}}{dt} + R_{s2}(i_{sC}+i_{sF}) + \dfrac{d\psi_{sW}}{dt} \end{cases} \tag{6-1}$$

式中，R_{s1}，R_{s2} 分别为六相永磁同步电动机和三相永磁同步电动机相绕组电阻；$\psi_{sA} \sim \psi_{sF}$ 分别为六相永磁同步电动机相绕组定子磁链；$i_{sA} \sim i_{sF}$ 分别为六相永磁同步电动机相绕组定子电流；$\psi_{sU} \sim \psi_{sW}$ 分别为三相永磁同步电动机相绕组定子磁链。

若定义 $\psi'_{s1} = \begin{bmatrix} \psi_{sA} & \psi_{sB} & \psi_{sC} & \psi_{sD} & \psi_{sE} & \psi_{sF} \end{bmatrix}^T$ 为六相永磁同步电动机定子绕组磁

链列向量；$\boldsymbol{\psi}'_{s2} = \begin{bmatrix} \psi_{sU} & \psi_{sV} & \psi_{sW} & \psi_{sU} & \psi_{sV} & \psi_{sW} \end{bmatrix}^T$ 为扩展后的三相永磁同步电动机定子绕组磁链列向量；$\boldsymbol{I}_s = \begin{bmatrix} i_{sA} & i_{sB} & i_{sC} & i_{sD} & i_{sE} & i_{sF} \end{bmatrix}^T$ 为逆变器输出的电流列向量；$\boldsymbol{R}'_{s2} = \begin{bmatrix} R_{s2}\boldsymbol{I}_3 & R_{s2}\boldsymbol{I}_3 \\ R_{s2}\boldsymbol{I}_3 & R_{s2}\boldsymbol{I}_3 \end{bmatrix}$；$\boldsymbol{I}_3$ 为 3 阶单位矩阵；$\boldsymbol{U}_s = \begin{bmatrix} u_{AO} & u_{BO} & u_{CO} & u_{DO} & u_{EO} & u_{FO} \end{bmatrix}^T$ 为逆变器输出相电压列向量，则式（6-1）进一步简写为

$$\boldsymbol{U}_s = (R_{s1} + R'_{s2})\boldsymbol{I}_s + \frac{\mathrm{d}}{\mathrm{d}t}\boldsymbol{\psi}'_{s1} + \frac{\mathrm{d}}{\mathrm{d}t}\boldsymbol{\psi}'_{s2} \tag{6-2}$$

六相永磁同步电动机在自然坐标中的数学模型见式（2-14）~式（2-36），在本节分析中所用到的六相永磁同步电动机变量为了与三相永磁同步电动机区分，必要地方用下角"1"标示为六相永磁同步电动机，用下角"2"标示为三相永磁同步电动机。三相电动机自然坐标系数学模型类似于六相永磁同步电动机的建立，其对应的重要结论如下：

三相永磁同步电动机的电感矩阵 $\boldsymbol{L}_2$ 推导结果如下：

$$\boldsymbol{L}_2 = \begin{bmatrix} L_{UU} & M_{UV} & M_{UW} \\ M_{VU} & L_{VV} & M_{VW} \\ M_{WU} & M_{WV} & L_{WW} \end{bmatrix}$$

$$= L_{s\sigma2}\begin{bmatrix} 1 & 0 & 0 \\ 0 & 1 & 0 \\ 0 & 0 & 1 \end{bmatrix} + L_{sm2}\begin{bmatrix} 1 & -\dfrac{1}{2} & -\dfrac{1}{2} \\ -\dfrac{1}{2} & 1 & -\dfrac{1}{2} \\ -\dfrac{1}{2} & -\dfrac{1}{2} & 1 \end{bmatrix} +$$

$$L_{rs2}\begin{bmatrix} \cos2\theta_{r2} & \cos\left(2\theta_{r2}-\dfrac{2\pi}{3}\right) & \cos\left(2\theta_{r2}+\dfrac{2\pi}{3}\right) \\ \cos\left(2\theta_{r2}-\dfrac{2\pi}{3}\right) & \cos\left(2\theta_{r2}+\dfrac{2\pi}{3}\right) & \cos2\theta_{r2} \\ \cos\left(2\theta_{r2}+\dfrac{2\pi}{3}\right) & \cos2\theta_{r2} & \cos\left(2\theta_{r2}-\dfrac{2\pi}{3}\right) \end{bmatrix} \tag{6-3}$$

$$= L_{s\sigma2}\boldsymbol{I}_3 + L_{sm2}\boldsymbol{L}_{DC2} + L_{rs2}\boldsymbol{L}_{AC2}$$

其中

$$\boldsymbol{L}_{DC2} = \begin{bmatrix} 1 & -\dfrac{1}{2} & -\dfrac{1}{2} \\ -\dfrac{1}{2} & 1 & -\dfrac{1}{2} \\ -\dfrac{1}{2} & -\dfrac{1}{2} & 1 \end{bmatrix} \tag{6-4}$$

$$L_{AC2} = \begin{bmatrix} \cos2\theta_{r2} & \cos\left(2\theta_{r2}-\dfrac{2\pi}{3}\right) & \cos\left(2\theta_{r2}+\dfrac{2\pi}{3}\right) \\ \cos\left(2\theta_{r2}-\dfrac{2\pi}{3}\right) & \cos\left(2\theta_{r2}+\dfrac{2\pi}{3}\right) & \cos2\theta_{r2} \\ \cos\left(2\theta_{r2}+\dfrac{2\pi}{3}\right) & \cos2\theta_{r2} & \cos\left(2\theta_{r2}-\dfrac{2\pi}{3}\right) \end{bmatrix} \tag{6-5}$$

三相永磁同步电动机定子耦合转子永磁体磁链 $\psi_{Uf} \sim \psi_{Wf}$ 如下：

$$\psi_{sr2} = \begin{bmatrix} \psi_{Uf} \\ \psi_{Vf} \\ \psi_{Wf} \end{bmatrix} = \psi_{f2} \begin{bmatrix} \cos\theta_{r2} \\ \cos(\theta_{r2}-2\pi/3) \\ \cos(\theta_{r2}-4\pi/3) \end{bmatrix} \tag{6-6}$$

式中，ψ_{f2} 为三相电动机相绕组耦合永磁体磁链幅值。

三相永磁同步电动机绕组反电动势如下：

$$\begin{cases} e_U = \dfrac{d}{dt}\psi_{Uf} = -\omega_{r2}\psi_{f2}\sin\theta_{r2} \\ e_V = \dfrac{d}{dt}\psi_{Vf} = -\omega_{r2}\psi_{f2}\sin\left(\theta_{r2}-\dfrac{2\pi}{3}\right) \\ e_W = \dfrac{d}{dt}\psi_{Wf} = -\omega_{r2}\psi_{f2}\sin\left(\theta_{r2}-\dfrac{4\pi}{3}\right) \end{cases} \tag{6-7}$$

为了便于利用六相逆变器对三相永磁同步电动机解耦控制，需要把三相永磁同步电动机数学模型扩展为六相模型，所以对三相永磁同步电动机定子耦合永磁体磁链 ψ'_{sr2} 及电感矩阵 L'_2 扩展如下：

$$\psi'_{sr2} = \begin{bmatrix} \psi_{sr2} \\ \psi_{sr2} \end{bmatrix} \tag{6-8}$$

$$L'_2 = \begin{bmatrix} L_2 & L_2 \\ L_2 & L_2 \end{bmatrix} \tag{6-9}$$

这样，扩展以后的三相永磁同步电动机定子磁链 ψ'_{s2} 如下：

$$\psi'_{s2} = L'_2 I_s + \psi'_{sr2} \tag{6-10}$$

根据有关列向量定义，式（6-10）具体写为

$$\psi'_{s2} = \begin{bmatrix} \psi_{sU} \\ \psi_{sV} \\ \psi_{sW} \\ \psi_{sU} \\ \psi_{sV} \\ \psi_{sW} \end{bmatrix} = L'_2 \begin{bmatrix} i_{sA} \\ i_{sB} \\ i_{sC} \\ i_{sD} \\ i_{sE} \\ i_{sF} \end{bmatrix} + \begin{bmatrix} \psi_{Uf} \\ \psi_{Vf} \\ \psi_{Wf} \\ \psi_{Uf} \\ \psi_{Vf} \\ \psi_{Wf} \end{bmatrix} \tag{6-11}$$

由此可以建立三相永磁同步电动机定子电压扩展方程如下：

$$U_{s2} = \begin{bmatrix} U_{sU} \\ U_{sV} \\ U_{sW} \\ U_{sU} \\ U_{sV} \\ U_{sW} \end{bmatrix} = R'_{s2} \begin{bmatrix} i_{sA} \\ i_{sB} \\ i_{sC} \\ i_{sD} \\ i_{sE} \\ i_{sF} \end{bmatrix} + \frac{d}{dt} \begin{bmatrix} \psi_{sU} \\ \psi_{sV} \\ \psi_{sW} \\ \psi_{sU} \\ \psi_{sV} \\ \psi_{sW} \end{bmatrix} \tag{6-12}$$

根据磁共能对转子机械位置角偏求微分获得电动机转矩如下：

$$T_{e2} = \frac{\partial}{\partial \theta_{r2}} p_2 \left(\frac{1}{2} I_s^T L'_2 I_s + I_s^T \psi'_{sr2} \right) \tag{6-13}$$

利用式（2-37） T_6 矩阵把六相永磁同步电动机定子磁链式（2-30）变换至 $\alpha\beta xyz_1z_2$ 静止轴系上得 [结果类似于式（2-40）]

$$\begin{bmatrix} \psi_{s1\alpha} \\ \psi_{s1\beta} \\ \psi_{s1x} \\ \psi_{s1y} \\ \psi_{s1z1} \\ \psi_{s1z2} \end{bmatrix} = T_6(L_{s\sigma 1}I_6 + L_{sm1}L_{DC1} + L_{rs1}L_{AC1})I_s + T_6\psi_{sr1}$$

$$= T_6(L_{s\sigma 1}I_6 + L_{sm1}L_{DC1} + L_{rs1}L_{AC1})T_6^{-1} \begin{bmatrix} i_\alpha \\ i_\beta \\ i_x \\ i_y \\ i_{z1} \\ i_{z2} \end{bmatrix} + T_6\psi_{sr1}$$

$$= \left(L_{s\sigma 1}I_6 + 3L_{sm1}\begin{bmatrix} 1 & 0 & 0 & 0 & 0 & 0 \\ 0 & 1 & 0 & 0 & 0 & 0 \\ 0 & 0 & 0 & 0 & 0 & 0 \\ 0 & 0 & 0 & 0 & 0 & 0 \\ 0 & 0 & 0 & 0 & 0 & 0 \\ 0 & 0 & 0 & 0 & 0 & 0 \end{bmatrix} + 3L_{rs1}\begin{bmatrix} \cos(2\theta_{r1}) & \sin(2\theta_{r1}) & 0 & 0 & 0 & 0 \\ \sin(2\theta_{r1}) & -\cos(2\theta_{r1}) & 0 & 0 & 0 & 0 \\ 0 & 0 & 0 & 0 & 0 & 0 \\ 0 & 0 & 0 & 0 & 0 & 0 \\ 0 & 0 & 0 & 0 & 0 & 0 \\ 0 & 0 & 0 & 0 & 0 & 0 \end{bmatrix} \right) \begin{bmatrix} i_\alpha \\ i_\beta \\ i_x \\ i_y \\ i_{z1} \\ i_{z2} \end{bmatrix} +$$

$$\sqrt{3}\,\psi_{f1}\begin{bmatrix} \cos\theta_{r1} \\ \sin\theta_{r1} \\ 0 \\ 0 \\ 0 \\ 0 \end{bmatrix} \quad\quad (6\text{-}14)$$

利用相同的式（2-37）$\boldsymbol{T}_6$ 矩阵把扩展的三相电动机定子磁链式（6-10）变换至 $\alpha\beta xyz_1z_2$ 静止轴系上得

$$\begin{bmatrix} \psi_{s2\alpha} \\ \psi_{s2\beta} \\ \psi_{s2x} \\ \psi_{s2y} \\ \psi_{s2z1} \\ \psi_{s2z2} \end{bmatrix} = \boldsymbol{T}_6\boldsymbol{L}'_2\boldsymbol{I}_s + \boldsymbol{T}_6\boldsymbol{\psi}'_{sr2} = \boldsymbol{T}_6\boldsymbol{L}'_2\boldsymbol{T}_6^{-1}\begin{bmatrix} i_\alpha \\ i_\beta \\ i_x \\ i_y \\ i_{z1} \\ i_{z2} \end{bmatrix} + \boldsymbol{T}_6\boldsymbol{\psi}'_{sr2}$$

$$= \left(2L_{s\sigma2}\begin{bmatrix} 0&0&0&0&0&0 \\ 0&0&0&0&0&0 \\ 0&0&1&0&0&0 \\ 0&0&0&1&0&0 \\ 0&0&0&0&1&0 \\ 0&0&0&0&0&0 \end{bmatrix} + 3L_{sm2}\begin{bmatrix} 0&0&0&0&0&0 \\ 0&0&0&0&0&0 \\ 0&0&1&0&0&0 \\ 0&0&0&1&0&0 \\ 0&0&0&0&0&0 \\ 0&0&0&0&0&0 \end{bmatrix} \right.$$
$$\left. + 3L_{rs2}\begin{bmatrix} 0&0&0&0&0&0 \\ 0&0&0&0&0&0 \\ 0&0&\cos(2\theta_{r2})&\sin(2\theta_{r2})&0&0 \\ 0&0&\sin(2\theta_{r2})&-\cos(2\theta_{r2})&0&0 \\ 0&0&0&0&0&0 \\ 0&0&0&0&0&0 \end{bmatrix} \right)\begin{bmatrix} i_\alpha \\ i_\beta \\ i_x \\ i_y \\ i_{z1} \\ i_{z2} \end{bmatrix} + \sqrt{3}\,\psi_{f2}\begin{bmatrix} 0 \\ 0 \\ \cos\theta_{r2} \\ \sin\theta_{r2} \\ 0 \\ 0 \end{bmatrix}$$

$$(6\text{-}15)$$

式中，i_α，i_β，i_x，i_y，i_{z1}，i_{z2} 是逆变器输出电流分别在 α，β，x，y，z_1，z_2 轴上的投影。从式（6-14）和式（6-15）变换结果可见，$\alpha\beta$ 平面存在六相电动机机电能量转换相关变量；xy 平面存在三相电动机机电能量转换相关变量，而六相电动机在 xy 平面上仅存在漏磁链。所以，六相电动机和三相电动机机电能量转换被分别映射到 $\alpha\beta$ 平面和 xy 平面上，从数学模型上进行了解耦。为两台电动机的解耦控制奠定了理论基础。

根据式（6-14）和式（6-15）结果，进一步写出六相电动机 $\alpha\beta$ 磁链、三相电动机 xy 磁链如下：

$$\begin{bmatrix} \psi_{s\alpha} \\ \psi_{s\beta} \end{bmatrix} = \begin{bmatrix} \psi_{s1\alpha} \\ \psi_{s1\beta} \end{bmatrix} = \begin{bmatrix} L_{s\sigma 1}+3L_{sm1}+3L_{rs1}\cos(2\theta_{r1}) & 3L_{rs1}\sin(2\theta_{r1}) \\ 3L_{rs1}\sin(2\theta_{r1}) & L_{s\sigma 1}+3L_{sm1}-3L_{rs1}\cos(2\theta_{r1}) \end{bmatrix} \begin{bmatrix} i_{\alpha} \\ i_{\beta} \end{bmatrix} +$$

$$\sqrt{3}\psi_{f1} \begin{bmatrix} \cos\theta_{r1} \\ \sin\theta_{r1} \end{bmatrix} \tag{6-16}$$

$$\begin{bmatrix} \psi_{sx} \\ \psi_{sy} \end{bmatrix} = \begin{bmatrix} \psi_{s2x} \\ \psi_{s2y} \end{bmatrix} = \begin{bmatrix} L_{s\sigma 1}+2L_{s\sigma 2}+3L_{sm2}+3L_{rs2}\cos(2\theta_{r2}) & 3L_{rs2}\sin(2\theta_{r2}) \\ 3L_{rs2}\sin(2\theta_{r2}) & L_{s\sigma 1}+2L_{s\sigma 2}+3L_{sm2}-3L_{rs2}\cos(2\theta_{r2}) \end{bmatrix}$$

$$\cdot \begin{bmatrix} i_{x} \\ i_{y} \end{bmatrix} + \sqrt{3}\psi_{f2} \begin{bmatrix} \cos\theta_{r2} \\ \sin\theta_{r2} \end{bmatrix} \tag{6-17}$$

利用式（2-37）T_6 矩阵分别把六相电动机、三相电动机电磁转矩变换至 $\alpha\beta$ 平面、xy 平面结果如下：

$$T_{e1}=p_1(\psi_{s\alpha}i_{\beta}-\psi_{s\beta}i_{\alpha})$$

$$=\frac{3}{2}p_1 L_{rs1}\begin{bmatrix} i_{\alpha} & i_{\beta} \end{bmatrix}\begin{bmatrix} -2\sin(2\theta_{r1}) & 2\cos(2\theta_{r1}) \\ 2\cos(2\theta_{r1}) & 2\sin(2\theta_{r1}) \end{bmatrix}\begin{bmatrix} i_{\alpha} \\ i_{\beta} \end{bmatrix} -\sqrt{3}p_1(i_{\alpha}\sin\theta_{r1}-i_{\beta}\cos\theta_{r1})\psi_{f1}$$

$$\tag{6-18}$$

$$T_{e2}=p_2(\psi_{sx}i_{y}-\psi_{sy}i_{x})$$

$$=\frac{3}{2}p_2 L_{rs2}\begin{bmatrix} i_{x} & i_{y} \end{bmatrix}\begin{bmatrix} -2\sin(2\theta_{r2}) & 2\cos(2\theta_{r2}) \\ 2\cos(2\theta_{r2}) & 2\sin(2\theta_{r2}) \end{bmatrix}\begin{bmatrix} i_{x} \\ i_{y} \end{bmatrix} -\sqrt{3}p_2(i_{x}\sin\theta_{r2}-i_{y}\cos\theta_{r2})\psi_{f2}$$

$$\tag{6-19}$$

利用式（2-37）T_6 矩阵把式（6-2）变换至 $\alpha\beta xyz_1z_2$ 轴上得

$$\begin{bmatrix} u_{\alpha} \\ u_{\beta} \\ u_{x} \\ u_{y} \\ u_{z1} \\ u_{z2} \end{bmatrix} = T_6(R_{s1}+R'_{s2})T_6^{-1}\begin{bmatrix} i_{\alpha} \\ i_{\beta} \\ i_{x} \\ i_{y} \\ i_{z1} \\ i_{z2} \end{bmatrix} + \frac{\mathrm{d}}{\mathrm{d}t}\left(T_6 L_1 T_6^{-1}\right)\begin{bmatrix} i_{\alpha} \\ i_{\beta} \\ i_{x} \\ i_{y} \\ i_{z1} \\ i_{z2} \end{bmatrix} + \frac{\mathrm{d}}{\mathrm{d}t}\left(T_6\psi_{sr1}\right) + \frac{\mathrm{d}}{\mathrm{d}t}\left(T_6 L'_2 T_6^{-1}\right)\begin{bmatrix} i_{\alpha} \\ i_{\beta} \\ i_{x} \\ i_{y} \\ i_{z1} \\ i_{z2} \end{bmatrix} +$$

$$\frac{\mathrm{d}}{\mathrm{d}t}\left(T_6\psi'_{sr2}\right) \tag{6-20}$$

其中

$$T_6 R_{s1} T_6^{-1} = \begin{bmatrix} R_{s1} & 0 & 0 & 0 & 0 & 0 \\ 0 & R_{s1} & 0 & 0 & 0 & 0 \\ 0 & 0 & R_{s1} & 0 & 0 & 0 \\ 0 & 0 & 0 & R_{s1} & 0 & 0 \\ 0 & 0 & 0 & 0 & R_{s1} & 0 \\ 0 & 0 & 0 & 0 & 0 & R_{s1} \end{bmatrix} \quad (6\text{-}21)$$

$$T_6 R_{s2}' T_6^{-1} = 2R_{s2} \begin{bmatrix} 0 & 0 & 0 & 0 & 0 & 0 \\ 0 & 0 & 0 & 0 & 0 & 0 \\ 0 & 0 & 1 & 0 & 0 & 0 \\ 0 & 0 & 0 & 1 & 0 & 0 \\ 0 & 0 & 0 & 0 & 1 & 0 \\ 0 & 0 & 0 & 0 & 0 & 0 \end{bmatrix} \quad (6\text{-}22)$$

$$T_6 L_1 T_6^{-1} = L_{s\sigma1} I_6 + 3L_{sm1} \begin{bmatrix} 1 & 0 & 0 & 0 & 0 & 0 \\ 0 & 1 & 0 & 0 & 0 & 0 \\ 0 & 0 & 0 & 0 & 0 & 0 \\ 0 & 0 & 0 & 0 & 0 & 0 \\ 0 & 0 & 0 & 0 & 0 & 0 \\ 0 & 0 & 0 & 0 & 0 & 0 \end{bmatrix} + 3L_{rs1} \begin{bmatrix} \cos(2\theta_{r1}) & \sin(2\theta_{r1}) & 0 & 0 & 0 & 0 \\ \sin(2\theta_{r1}) & -\cos(2\theta_{r1}) & 0 & 0 & 0 & 0 \\ 0 & 0 & 0 & 0 & 0 & 0 \\ 0 & 0 & 0 & 0 & 0 & 0 \\ 0 & 0 & 0 & 0 & 0 & 0 \\ 0 & 0 & 0 & 0 & 0 & 0 \end{bmatrix}$$

$$(6\text{-}23)$$

$$T_6 L_2' T_6^{-1} = 2L_{s\sigma2} \begin{bmatrix} 0 & 0 & 0 & 0 & 0 & 0 \\ 0 & 0 & 0 & 0 & 0 & 0 \\ 0 & 0 & 1 & 0 & 0 & 0 \\ 0 & 0 & 0 & 1 & 0 & 0 \\ 0 & 0 & 0 & 0 & 1 & 0 \\ 0 & 0 & 0 & 0 & 0 & 0 \end{bmatrix} + 3L_{sm2} \begin{bmatrix} 0 & 0 & 0 & 0 & 0 & 0 \\ 0 & 0 & 0 & 0 & 0 & 0 \\ 0 & 0 & 1 & 0 & 0 & 0 \\ 0 & 0 & 0 & 1 & 0 & 0 \\ 0 & 0 & 0 & 0 & 0 & 0 \\ 0 & 0 & 0 & 0 & 0 & 0 \end{bmatrix} +$$

$$3L_{rs2} \begin{bmatrix} 0 & 0 & 0 & 0 & 0 & 0 \\ 0 & 0 & 0 & 0 & 0 & 0 \\ 0 & 0 & \cos(2\theta_{r2}) & \sin(2\theta_{r2}) & 0 & 0 \\ 0 & 0 & \sin(2\theta_{r2}) & -\cos(2\theta_{r2}) & 0 & 0 \\ 0 & 0 & 0 & 0 & 0 & 0 \\ 0 & 0 & 0 & 0 & 0 & 0 \end{bmatrix} \quad (6\text{-}24)$$

$$T_6 \boldsymbol{\psi}_{\mathrm{sr1}} = \sqrt{3}\, \psi_{\mathrm{f1}} \begin{bmatrix} \cos\theta_{\mathrm{r1}} \\ \sin\theta_{\mathrm{r1}} \\ 0 \\ 0 \\ 0 \\ 0 \end{bmatrix} \tag{6-25}$$

$$T_6 \boldsymbol{\psi}'_{\mathrm{sr2}} = \sqrt{3}\, \psi_{\mathrm{f2}} \begin{bmatrix} 0 \\ 0 \\ \cos\theta_{\mathrm{r2}} \\ \sin\theta_{\mathrm{r2}} \\ 0 \\ 0 \end{bmatrix} \tag{6-26}$$

把式（6-21）~式（6-26）代入式（6-20），可以得到逆变器输出电压在 $\alpha\beta$ 平面、xy 平面、z_1z_2 平面上的分量如下：

$$\begin{bmatrix} u_{\alpha} \\ u_{\beta} \end{bmatrix} = \begin{bmatrix} R_{\mathrm{s1}} i_{\alpha} \\ R_{\mathrm{s1}} i_{\beta} \end{bmatrix} + (3L_{\mathrm{sm1}} + L_{\mathrm{s}\sigma1}) \frac{\mathrm{d}}{\mathrm{d}t} \begin{bmatrix} i_{\alpha} \\ i_{\beta} \end{bmatrix} + 3L_{\mathrm{rs1}} \frac{\mathrm{d}}{\mathrm{d}t} \begin{bmatrix} \cos(2\theta_{\mathrm{r1}}) i_{\alpha} + \sin(2\theta_{\mathrm{r1}}) i_{\beta} \\ \sin(2\theta_{\mathrm{r1}}) i_{\alpha} - \cos(2\theta_{\mathrm{r1}}) i_{\beta} \end{bmatrix} + \sqrt{3}\, \psi_{\mathrm{f1}} \omega_{\mathrm{r1}} \begin{bmatrix} -\sin\theta_{\mathrm{r1}} \\ \cos\theta_{\mathrm{r1}} \end{bmatrix} \tag{6-27}$$

$$\begin{bmatrix} u_{\mathrm{x}} \\ u_{\mathrm{y}} \end{bmatrix} = \begin{bmatrix} (R_{\mathrm{s1}} + 2R_{\mathrm{s2}}) i_{\mathrm{x}} \\ (R_{\mathrm{s1}} + 2R_{\mathrm{s2}}) i_{\mathrm{y}} \end{bmatrix} + (3L_{\mathrm{sm2}} + 2L_{\mathrm{s}\sigma2} + L_{\mathrm{s}\sigma1}) \frac{\mathrm{d}}{\mathrm{d}t} \begin{bmatrix} i_{\mathrm{x}} \\ i_{\mathrm{y}} \end{bmatrix} +$$

$$3L_{\mathrm{rs2}} \frac{\mathrm{d}}{\mathrm{d}t} \begin{bmatrix} \cos(2\theta_{\mathrm{r2}}) i_{\mathrm{x}} + \sin(2\theta_{\mathrm{r2}}) i_{\mathrm{y}} \\ \sin(2\theta_{\mathrm{r2}}) i_{\mathrm{x}} - \cos(2\theta_{\mathrm{r2}}) i_{\mathrm{y}} \end{bmatrix} + \sqrt{3}\, \psi_{\mathrm{f2}} \omega_{\mathrm{r2}} \begin{bmatrix} -\sin\theta_{\mathrm{r2}} \\ \cos\theta_{\mathrm{r2}} \end{bmatrix} \tag{6-28}$$

$$\begin{bmatrix} u_{\mathrm{z1}} \\ u_{\mathrm{z2}} \end{bmatrix} = \begin{bmatrix} R_{\mathrm{s1}} i_{\mathrm{z1}} \\ R_{\mathrm{s1}} i_{\mathrm{z2}} \end{bmatrix} + L_{\mathrm{s}\sigma1} \frac{\mathrm{d}}{\mathrm{d}t} \begin{bmatrix} i_{\mathrm{z1}} \\ i_{\mathrm{z2}} \end{bmatrix} + \begin{bmatrix} 2R_{\mathrm{s2}} i_{\mathrm{z1}} \\ 0 \end{bmatrix} + \begin{bmatrix} 2L_{\mathrm{s}\sigma2} \dfrac{\mathrm{d}}{\mathrm{d}t} i_{\mathrm{z1}} \\ 0 \end{bmatrix} \tag{6-29}$$

利用式（6-16）和式（6-17）对式（6-27）和式（6-28）进行化简

$$\begin{bmatrix} u_{\alpha} \\ u_{\beta} \end{bmatrix} = \begin{bmatrix} R_{\mathrm{s1}} i_{\alpha} \\ R_{\mathrm{s1}} i_{\beta} \end{bmatrix} + \frac{\mathrm{d}}{\mathrm{d}t} \begin{bmatrix} \psi_{\mathrm{s}\alpha} \\ \psi_{\mathrm{s}\beta} \end{bmatrix} \tag{6-30}$$

$$\begin{bmatrix} u_{\mathrm{x}} \\ u_{\mathrm{y}} \end{bmatrix} = \begin{bmatrix} (R_{\mathrm{s1}} + 2R_{\mathrm{s2}}) i_{\mathrm{x}} \\ (R_{\mathrm{s1}} + 2R_{\mathrm{s2}}) i_{\mathrm{y}} \end{bmatrix} + L_{\mathrm{s}\sigma1} \frac{\mathrm{d}}{\mathrm{d}t} \begin{bmatrix} i_{\mathrm{x}} \\ i_{\mathrm{y}} \end{bmatrix} + \frac{\mathrm{d}}{\mathrm{d}t} \begin{bmatrix} \psi_{\mathrm{sx}} \\ \psi_{\mathrm{sy}} \end{bmatrix} \tag{6-31}$$

由式（6-30）可见，$\alpha\beta$ 平面电压由六相电动机电阻压降和定子感应电动势构成，忽略电阻压降时，$\alpha\beta$ 平面电压直接控制六相电动机定子磁链。xy 平面电压由两台电动机电阻压降、六相电动机漏电感压降及三相电动机定子感应电动势构成，

可见六相电动机对 xy 平面有一定的耦合，但由于电阻压降、漏电感压降实际值较小，故仍然可以利用 xy 平面电压对三相电动机定子磁链进行控制。

为了进一步简化 $\alpha\beta$ 平面、xy 平面两台电动机数学模型，根据图 6-2 中两台电动机控制平面静止直角坐标系与同步旋转坐标系之间的关系，把两台电动机静止直角坐标系数学模型旋转变换至对应的同步旋转坐标系中，分别如下：

六相电动机

$$\begin{bmatrix} \psi_{sd1} \\ \psi_{sq1} \end{bmatrix} = \begin{bmatrix} L_{s\sigma1}+3L_{sm1}+3L_{rs1} & 0 \\ 0 & L_{s\sigma1}+3L_{sm1}-3L_{rs1} \end{bmatrix} \begin{bmatrix} i_{d1} \\ i_{q1} \end{bmatrix} + \begin{bmatrix} \sqrt{3}\psi_{f1} \\ 0 \end{bmatrix} \quad (6\text{-}32)$$

$$\begin{bmatrix} u_{d1} \\ u_{q1} \end{bmatrix} = \begin{bmatrix} R_{s1}i_{d1} \\ R_{s1}i_{q1} \end{bmatrix} + (3L_{sm1}+L_{s\sigma1}) \begin{bmatrix} \dfrac{di_{d1}}{dt}-\omega_{r1}i_{q1} \\ \dfrac{di_{q1}}{dt}+\omega_{r1}i_{d1} \end{bmatrix} + 3L_{rs1} \left(2\omega_{r1} \begin{bmatrix} 0 & 1 \\ 1 & 0 \end{bmatrix} \begin{bmatrix} i_{d1} \\ i_{q1} \end{bmatrix} + \right.$$

$$\left. \omega_{r1} \begin{bmatrix} -\sin(2\theta_{r1}) & \cos(2\theta_{r1}) \\ \cos(2\theta_{r1}) & \sin(2\theta_{r1}) \end{bmatrix} \begin{bmatrix} i_{d1} \\ i_{q1} \end{bmatrix} + \begin{bmatrix} 1 & 0 \\ 0 & -1 \end{bmatrix} \frac{d}{dt}\begin{bmatrix} i_{d1} \\ i_{q1} \end{bmatrix} \right) + \sqrt{3}\psi_{f1}\omega_{r1} \begin{bmatrix} 0 \\ 1 \end{bmatrix} \quad (6\text{-}33)$$

$$T_{e1} = p_1(\psi_{sd1}i_{q1}-\psi_{sq1}i_{d1}) \quad (6\text{-}34)$$

三相电动机

$$\begin{bmatrix} \psi_{sd2} \\ \psi_{sq2} \end{bmatrix} = \begin{bmatrix} L_{s\sigma1}+2L_{s\sigma2}+3L_{sm2}+3L_{rs2} & 0 \\ 0 & L_{s\sigma1}+2L_{s\sigma2}+3L_{sm2}-3L_{rs2} \end{bmatrix} \begin{bmatrix} i_{d2} \\ i_{q2} \end{bmatrix} + \begin{bmatrix} \sqrt{3}\psi_{f2} \\ 0 \end{bmatrix}$$

$$(6\text{-}35)$$

$$\begin{bmatrix} u_{d2} \\ u_{q2} \end{bmatrix} = \begin{bmatrix} (R_{s1}+2R_{s2})i_{d2} \\ (R_{s1}+2R_{s2})i_{q2} \end{bmatrix} + (3L_{sm2}+L_{s\sigma1}+2L_{s\sigma2}) \begin{bmatrix} \dfrac{di_{d2}}{dt}-\omega_{r2}i_{q2} \\ \dfrac{di_{q2}}{dt}+\omega_{r2}i_{d2} \end{bmatrix} + 3L_{rs2} \left(2\omega_{r2} \begin{bmatrix} 0 & 1 \\ 1 & 0 \end{bmatrix} \begin{bmatrix} i_{d2} \\ i_{q2} \end{bmatrix} + \right.$$

$$\left. \omega_{r2} \begin{bmatrix} -\sin(2\theta_{r2}) & \cos(2\theta_{r2}) \\ \cos(2\theta_{r2}) & \sin(2\theta_{r2}) \end{bmatrix} \begin{bmatrix} i_{d2} \\ i_{q2} \end{bmatrix} + \begin{bmatrix} 1 & 0 \\ 0 & -1 \end{bmatrix} \frac{d}{dt}\begin{bmatrix} i_{d2} \\ i_{q2} \end{bmatrix} \right) + \sqrt{3}\psi_{f2}\omega_{r2} \begin{bmatrix} 0 \\ 1 \end{bmatrix} \quad (6\text{-}36)$$

$$T_{e2} = p_2(\psi_{sd2}i_{q2}-\psi_{sq2}i_{d2}) \quad (6\text{-}37)$$

根据图 6-2 中两台电动机控制平面上定子磁链矢量与转子磁链之间的关系，类似于式（2-60）推导出六相电动机和三相电动机的电磁转矩、定子磁链幅值、转子磁链及转矩角之间关系式分别如下：

$$T_{e1} = \frac{p_1|\boldsymbol{\psi}_{s1}|}{L_{d1}L_{q1}} \left[(L_{q1}-L_{d1})|\boldsymbol{\psi}_{s1}|\sin2\delta_1 - \sqrt{3}\psi_{f1}L_{q1}\cos\delta_1 \right] \quad (6\text{-}38)$$

$$T_{e2} = \frac{p_2 |\boldsymbol{\psi}_{s2}|}{L_{d2} L_{q2}} \left[(L_{q2} - L_{d2}) |\boldsymbol{\psi}_{s2}| \sin 2\delta_2 - \sqrt{3} \psi_{f2} L_{q2} \cos \delta_2 \right] \quad (6-39)$$

式中，$L_{d1} = L_{s\sigma 1} + 3L_{sm1} + 3L_{rs1}$，$L_{q1} = L_{s\sigma 1} + 3L_{sm1} - 3L_{rs1}$ 分别为六相电动机的直、交轴电感，$L_{d2} = 2L_{s\sigma 2} + 3L_{sm2} + 3L_{rs2}$，$L_{q2} = 2L_{s\sigma 2} + 3L_{sm2} - 3L_{rs2}$ 分别为三相电动机的直、交轴电感。

从式（6-38）和式（6-39）转矩表达式可见，若将两台电动机定子磁链幅值控制为恒定，则可以分别利用各自电动机的转矩角对电磁转矩进行快速控制，而转矩角的控制可以借助逆变器输出电压矢量通过定子磁链的控制来实现。

2. 驱动系统直接转矩控制原理

根据图 6-1 电动机与逆变器之间的连接关系，可以建立如式（3-9）的逆变器输出电压，将式（3-9）中 $z_1 z_2 z_3 z_4$ 下角置换成 $xyz_1 z_2$ 后，形式如下：

$$\begin{bmatrix} u_\alpha \\ u_\beta \\ u_x \\ u_y \\ u_{z1} \\ u_{z2} \end{bmatrix} = \frac{U_{DC}}{\sqrt{3}} \begin{bmatrix} S_a + \frac{1}{2}S_b - \frac{1}{2}S_c - S_d - \frac{1}{2}S_e + \frac{1}{2}S_f \\ \frac{\sqrt{3}}{2}S_b + \frac{\sqrt{3}}{2}S_c - \frac{\sqrt{3}}{2}S_e - \frac{\sqrt{3}}{2}S_f \\ S_a - \frac{1}{2}S_b - \frac{1}{2}S_c + S_d - \frac{1}{2}S_e - \frac{1}{2}S_f \\ \frac{\sqrt{3}}{2}S_b - \frac{\sqrt{3}}{2}S_c + \frac{\sqrt{3}}{2}S_e - \frac{\sqrt{3}}{2}S_f \\ 0 \\ \frac{1}{\sqrt{2}}(S_a - S_b + S_c - S_d + S_e - S_f) \end{bmatrix} \quad (6-40)$$

化简式（6-40）分别得 $\alpha\beta$ 平面、xy 平面及 $z_1 z_2$ 平面电压如下：

$$u_\alpha + ju_\beta = \frac{U_{DC}}{\sqrt{3}} \left[(S_a - S_d) + (S_b - S_e) e^{j\frac{\pi}{3}} + (S_c - S_f) e^{j\frac{2\pi}{3}} \right] \quad (6-41)$$

$$u_x + ju_y = \frac{U_{DC}}{\sqrt{3}} \left[(S_a + S_d) + (S_b + S_e) e^{j\frac{2\pi}{3}} + (S_c + S_f) e^{j\frac{4\pi}{3}} \right] \quad (6-42)$$

$$u_{z1} = 0 \quad (6-43)$$

$$u_{z2} = \frac{U_{DC}}{\sqrt{6}} \left[(S_a - S_d) - (S_b - S_e) + (S_c - S_f) \right] \quad (6-44)$$

根据式（6-41）~式（6-44）分别画出三个平面内的电压矢量，如图 6-3 所示。显然，由于 u_{z1} 零序电压分量等于零，所以零序电流 i_{z1} 自然等于零。由于两台电动机机电能量转换控制占用了四个自由度，所以实际控制过程还需控制一个自由度，为了降低电动机损耗及定子绕组电流谐波，选择将零序电流 i_{z2} 控制为零。为了实现 i_{z2} 等于零，在实现直接转矩控制过程中最好选择零序电压 u_{z2} 等于零的电压矢量，这样无需采用零序电流闭环结构。根据零序电压 u_{z2} 等于零的要求，比较图 6-3 中的三个平面电压矢量可知本节控制策略能够选择的非零电压矢量范围为 3，6，12，15，24，30，33，39，48，51，57，60，如图 6-3 中粗实线所示的 12 个单电压矢量。为了能够进一步选择合适的电压矢量对两台电动机定子磁链、电磁转矩进行有效控制，利用上述 12 个单电压矢量进一步按以下方式合成出 12 个合成电压矢量，参与合成的两个电压矢量各作用 1/2 个数字控制周期，即 81（48，30），83（12，57），85（6，30），86（30，15），87（12，15），88（12，6），89（6，51），91（15，33），93（51，48），94（51，57），95（33，57），96（33，48）。各平面上合成电压矢量具体情况如图 6-4 所示。上述单电压矢量及合成电压矢量具体形式见表 6-1。

零矢量：0,9,18,21,27,36,42,45,54,63

a)

零矢量：0,7,14,21,28,35,42,49,56,63

b)

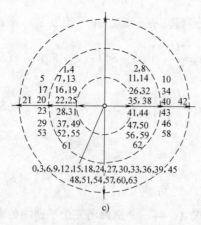

0,3,6,9,12,15,18,24,27,30,33,36,39,45
48,51,54,57,60,63

c)

图 6-3 $\alpha\beta$ 平面、xy 平面及 z_1z_2 平面电压矢量

a）$\alpha\beta$ 平面内定子电压矢量 $u_\alpha + ju_\beta$　b）xy 平面内定子电压矢量 $u_x + ju_y$　c）z_2z_1 平面内定子电压矢量 $u_{z2} + ju_{z1}$

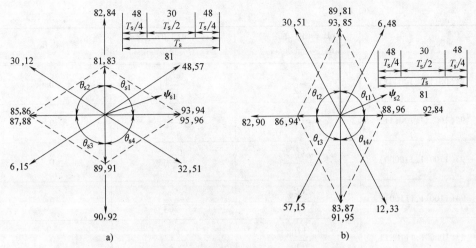

图 6-4　$\alpha\beta$ 平面、xy 平面合成电压矢量

a）$\alpha\beta$ 平面上的合成电压矢量 $u_\alpha + ju_\beta$　　b）xy 平面上的合成电压矢量 $u_x + ju_y$

表 6-1　零序电压 u_{z2} 等于零的单电压及合成电压矢量

开关组合 $S_a \sim S_f$	$\alpha\beta$ 平面上的合成电压矢量 $u_\alpha + ju_\beta$	xy 平面上的合成电压矢量 $u_x + ju_y$	零序电压 u_{z2}
81（110000,011110）	$\dfrac{U_{DC}}{2}j$	$\dfrac{U_{DC}}{2}j$	0
82（011000,011000）	$U_{DC}j$	$-\dfrac{U_{DC}}{\sqrt{3}}$	0
83（001100,111001）	$\dfrac{U_{DC}}{2}j$	$-\dfrac{U_{DC}}{2}j$	0
84（111100,111100）	$U_{DC}j$	$\dfrac{U_{DC}}{\sqrt{3}}$	0
85（000110,011110）	$-\dfrac{\sqrt{3}\,U_{DC}}{2}$	$\dfrac{U_{DC}}{2}j$	0
86（011110,001111）	$-\dfrac{\sqrt{3}\,U_{DC}}{2}$	$-\dfrac{U_{DC}}{2\sqrt{3}}$	0
87（001100,001111）	$-\dfrac{\sqrt{3}\,U_{DC}}{2}$	$-\dfrac{U_{DC}}{2}j$	0
88（001100,000110）	$-\dfrac{\sqrt{3}\,U_{DC}}{2}$	$\dfrac{U_{DC}}{2\sqrt{3}}$	0
89（000110,110011）	$-\dfrac{U_{DC}}{2}j$	$\dfrac{U_{DC}}{2}j$	0
90（000011,000011）	$-U_{DC}j$	$-\dfrac{U_{DC}}{\sqrt{3}}$	0

（续）

开关组合 $S_a \sim S_f$	$\alpha\beta$平面上的合成电压矢量 $u_\alpha + ju_\beta$	xy平面上的合成电压矢量 $u_x + ju_y$	零序电压 u_{z2}
91（001111，100001）	$-\dfrac{U_{DC}}{2}j$	$-\dfrac{U_{DC}}{2}j$	0
92（100111，100111）	$-U_{DC}j$	$\dfrac{U_{DC}}{\sqrt{3}}$	0
93（110011，110000）	$\dfrac{\sqrt{3}\,U_{DC}}{2}$	$\dfrac{U_{DC}}{2}j$	0
94（110011，111001）	$\dfrac{\sqrt{3}\,U_{DC}}{2}$	$-\dfrac{U_{DC}}{2\sqrt{3}}$	0
95（100001，111001）	$\dfrac{\sqrt{3}\,U_{DC}}{2}$	$-\dfrac{U_{DC}}{2}j$	0
96（100001，110000）	$\dfrac{\sqrt{3}\,U_{DC}}{2}$	$\dfrac{U_{DC}}{2\sqrt{3}}$	0

为了获得控制两台电动机机电能量转换的最优开关矢量，构建本节最优开关矢量获得过程如下：

1）把图6-4中两个平面按图示划分为四个扇区，$\alpha\beta$平面、xy平面扇区编号分别用 θ_{si} 和 θ_{ti}（$i=1$，2，3，4）表示，每个扇区跨度为90°电角度。

2）分别判断两台电动机定子磁链所处各自平面内的扇区编号，根据各自电动机定子磁链幅值及电磁转矩的控制需要，确定各自平面内的电压矢量，然后取两个平面电压矢量的交集作为最终的最优电压矢量输出。例如图6-4中的两台电动机定子磁链矢量均处于第一扇区，而且要求两台电动机的定子磁链幅值及电磁转矩均增大，则根据图6-4两平面矢量分布分析结果应该选择电压矢量81。

3）结合1）2）的分析结果，可以获得最终的最优开关矢量表，见表6-2。根据实际两台电动机定子磁链矢量所处扇区、定子磁链幅值及电磁转矩控制增减需要，通过查表6-2即可获得一个最优开关组合，通过六相逆变器输出一个最优电压矢量实现两台电动机电磁转矩及定子磁链幅值闭环控制，同时也实现了零序电流 i_{z2} 为零控制的目标。其中 $\tau=1$，-1 分别表示增加、减小电磁转矩；$\phi=1$，0 分别表示增加、减小定子磁链幅值。

表6-2　六相串联三相电动机驱动系统 DTC 最优开关矢量表

六相电动机磁链扇区号		三相电动机磁链处于第一扇区															
	τ_{e1}	1	1	-1	-1	1	1	-1	-1	1	1	-1	-1	1	1	-1	-1
	ϕ_{e1}	1	0	0	1	1	0	0	1	1	0	0	1	1	0	0	1
	τ_{e2}	1	1	1	1	1	1	1	1	-1	-1	-1	-1	-1	-1	-1	-1
	ϕ_{e2}	1	1	1	1	0	0	0	0	0	0	0	0	1	1	1	1

（续）

三相电动机磁链处于第一扇区

1		81	85	89	93	82	86	90	94	83	87	91	95	84	88	92	96
2		85	89	93	81	86	90	94	82	87	91	95	83	88	92	96	84
3		89	93	81	85	90	94	82	86	91	95	83	87	92	96	84	88
4		93	81	85	89	94	82	86	90	95	83	87	91	96	84	88	92

三相电动机磁链处于第二扇区

六相电动机磁链扇区号	τ_{e1}	1	1	-1	-1	1	1	-1	-1	1	1	-1	-1	1	1	-1	-1
	ϕ_{e1}	1	0	0	1	1	0	0	1	1	0	0	1	1	0	0	1
	τ_{e2}	1	1	1	1	1	1	1	1	-1	-1	-1	-1	-1	-1	-1	-1
	ϕ_{e2}	1	1	1	0	0	0	0	0	0	0	0	0	1	1	1	1
1		82	86	90	94	83	87	91	95	84	88	92	96	81	85	89	93
2		86	90	94	82	87	91	95	83	88	92	96	84	85	89	93	81
3		90	94	82	86	91	95	83	87	92	96	84	88	89	93	81	85
4		94	82	86	90	95	83	87	91	96	84	88	92	93	81	85	89

三相电动机磁链处于第三扇区

六相电动机磁链扇区号	τ_{e1}	1	1	-1	-1	1	1	-1	-1	1	1	-1	-1	1	1	-1	-1
	ϕ_{e1}	1	0	0	1	1	0	0	1	1	0	0	1	1	0	0	1
	τ_{e2}	1	1	1	1	1	1	1	1	-1	-1	-1	-1	-1	-1	-1	-1
	ϕ_{e2}	1	1	1	1	0	0	0	0	0	0	0	0	1	1	1	1
1		83	87	91	95	84	88	92	96	81	85	89	93	82	86	90	94
2		87	91	95	83	88	92	96	84	85	89	93	81	86	90	94	82
3		91	95	83	87	92	96	84	88	89	93	81	85	90	94	82	86
4		95	83	87	91	96	84	88	92	93	81	85	89	94	82	86	90

三相电动机磁链处于第四扇区

六相电动机磁链扇区号	τ_{e1}	1	1	-1	-1	1	1	-1	-1	1	1	-1	-1	1	1	-1	-1
	ϕ_{e1}	1	0	0	1	1	0	0	1	1	0	0	1	1	0	0	1
	τ_{e2}	1	1	1	1	1	1	1	1	-1	-1	-1	-1	-1	-1	-1	-1
	ϕ_{e2}	1	1	1	1	0	0	0	0	0	0	0	0	1	1	1	1
1		84	88	92	96	81	85	89	93	82	86	90	94	83	87	91	95
2		88	92	96	84	85	89	93	81	86	90	94	82	87	91	95	83
3		92	96	84	88	89	93	81	85	90	94	82	86	91	95	83	87
4		96	84	88	92	93	81	85	89	94	82	86	90	95	83	87	91

　　根据上述理论分析，构建如图 6-5 所示的直接转矩控制策略。逆变器输出的六相电流通过 T_6 矩阵变换成 $\alpha\beta$ 平面电流、xy 平面电流；利用两个平面上的电流及两台转子位置角，计算出六相电动机和三相电流定子磁链；再根据两台电动机定子磁链计算出两台电动机定子磁链幅值及相位角；再根据两台电动机定子磁链相位角计算出两台电动机定子磁链所处扇区编号 θ_{si} 及 θ_{ti}；把两台电动机的电磁转矩控制

变量、定子磁链幅值控制变量及扇区编号送给最优开关矢量表，通过逆变器输出最优电压矢量加到串联电动机定子绕组，从而实现两台电动机机电能量转换解耦控制。

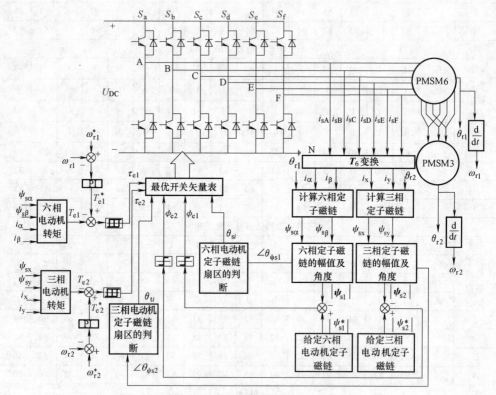

图 6-5 六相串联三相双永磁同步电动机 DTC 控制系统结构框图

3. 直接转矩控制仿真研究

为了研究本节所提出直接转矩控制系统的运行性能，采用 Matlab/Simulink 对系统进行建模仿真研究。所采用的六相永磁同步电动机、三相永磁同步电动机额定参数分别见附录中的表 A-1 和表 A-4。六相永磁同步电动机定子磁链幅值控制为 0.3291Wb，转速 PI 调节器中比例和积分系数分别为 0.5 和 0.8。三相永磁同步电动机定子磁链幅值控制为 0.7274Wb，转速 PI 调节器中比例和积分系数分别为 0.6 和 0.5。

当六相永磁同步电动机运行于负载 500r/min、三相永磁同步电动机运行于空载 300r/min 时，稳态仿真波形如图 6-6 所示。根据仿真结果可见：①六相永磁同步电动机定子磁链幅值控制在 0.3291Wb，且 $\alpha\beta$ 轴分量正交；电磁转矩约为 6N·m；②三相永磁同步电动机定子磁链幅值控制在 0.7274Wb，且 xy 轴分量正交；电磁转矩约为 0N·m；③逆变器输出的 A~F 相电流对称，幅值约为 5A；而三相电动机定子绕组电流 U~W 相约为零。

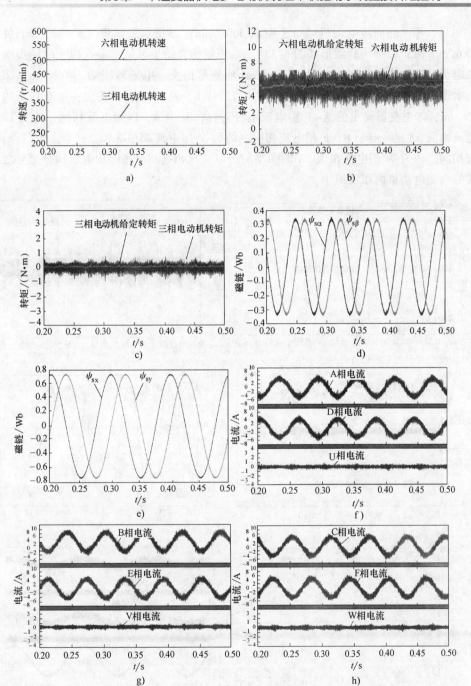

图 6-6　六相电动机运行于负载 500r/min、三相电动机运行于空载 300r/min 时稳态仿真波形

a）六相电动机转速与三相电动机转速　b）六相电动机转矩与给定转矩

c）三相电动机转矩与给定转矩　d）六相电动机定子磁链 $\psi_{s\alpha}$，$\psi_{s\beta}$

e）三相电动机定子磁链 ψ_{sx}，ψ_{sy}　f）A，D，U 相电流　g）B，E，V 相电流　h）C，F，W 相电流

当六相永磁同步电动机运行于空载 500r/min、三相永磁同步电动机运行于负载 300r/min 时，稳态仿真波形如图 6-7 所示。根据仿真结果可见：①六相永磁同步电动机定子磁链幅值控制在 0.3291Wb，且 $\alpha\beta$ 轴分量正交；电磁转矩约为 0N·m；②三相永磁同步电动机定子磁链幅值控制在 0.7274Wb，且 xy 轴分量正交；电磁转矩约为 4N·m；③逆变器输出的 A~F 相电流不再对称，其中 A，D 相电流相同，约为 U 相电流幅值 3A 的一半；B，E 相电流相同，约为 V 相电流幅值 3A 的一半；C，F 相电流相同，约为 W 相电流幅值 3A 的一半。所以，三相电动机每一相电流均分至与之串联的六相电动机两相绕组中。

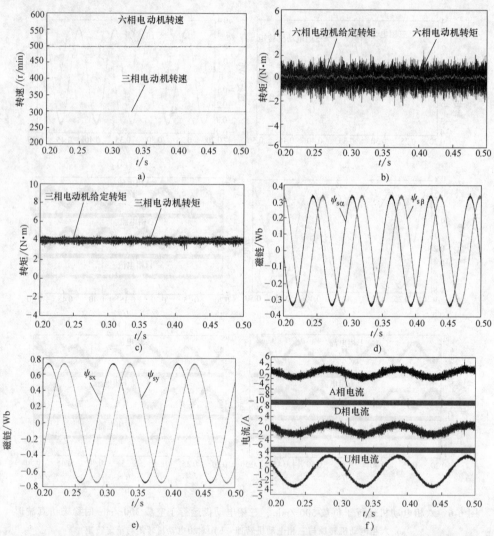

图 6-7　六相电动机运行于空载 500r/min、三相电动机运行于负载 300r/min 时稳态仿真波形
a）六相电动机转速与三相电动机转速　b）六相电动机转矩与给定转矩　c）三相电动机转矩与给定转矩
d）六相电动机定子磁链 $\psi_{s\alpha}$，$\psi_{s\beta}$　e）三相电动机定子磁链 ψ_{sx}，ψ_{sy}　f）A，D，U 相电流

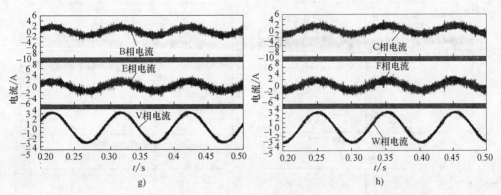

图 6-7　六相电动机运行于空载 500r/min、三相电动机运行于负载 300r/min 时稳态仿真波形（续）
g）B，E，V 相电流　h）C，F，W 相电流

4. 直接转矩控制实验研究

为了进一步验证本节所提出控制系统的实际运行性能，在以 TMS320F2812DSP 为核心的电动机控制平台上做实验。数字控制周期为 $46\mu s$，六相永磁同步电动机定子磁链幅值控制为 0.3291Wb，转速 PI 调节器中比例及积分系数分别为 0.0085，0.2；三相永磁同步电动机定子磁链幅值控制为 0.7274Wb，转速 PI 调节器中比例和积分系数分别为 0.042，0.3。

当六相永磁同步电动机运行于负载 600r/min、三相永磁同步电动机运行于空载 450r/min 时的稳态实验波形如图 6-8 所示。根据实验结果可见：①六相永磁同步电动机定子磁链幅值控制在 0.3291Wb，且 $\alpha\beta$ 轴分量正交；电磁转矩约为 5N·m；②三相永磁同步电动机定子磁链幅值控制在 0.7274Wb，且 xy 轴分量正交；电磁转矩约为 0N·m；③逆变器输出的 A~F 相电流对称，幅值约为 5.2A；而三相电动机定子绕组电流 U~W 相约为零；④零序电流控制在零附近。

当六相永磁同步电动机运行于空载 600r/min、三相永磁同步电动机运行于负载 450r/min 时的稳态实验波形如图 6-9 所示。根据实验结果可见：①六相永磁同步电动机定子磁链幅值控制在 0.3291Wb，且 $\alpha\beta$ 轴分量正交；电磁转矩约为 0N·m；②三相永磁同步电动机定子磁链幅值控制在 0.7274Wb，且 xy 轴分量正交；电磁转矩约为 4N·m；③逆变器输出的 A~F 相电流不再对称，其中 A，D 相电流相同，约为 U 相电流幅值 3.9A 的一半；B，E 相电流相同，约为 V 相电流幅值 3.9A 的一半；C，F 相电流相同，约为 W 相电流幅值 3.9A 的一半。所以，三相电动机每一相电流均分至与之串联的六相电动机的两相绕组中。

当六相永磁同步电动机运行于 500r/min、三相永磁同步电动机运行于 300r/min，且两台电动机均带负载时的稳态实验波形如图 6-10 所示。根据实验结果可见：①六相永磁同步电动机定子磁链幅值控制在 0.3291Wb，且 $\alpha\beta$ 轴分量正交；电磁转矩约为 5N·m；②三相永磁同步电动机定子磁链幅值控制在 0.7274Wb，且 xy 轴

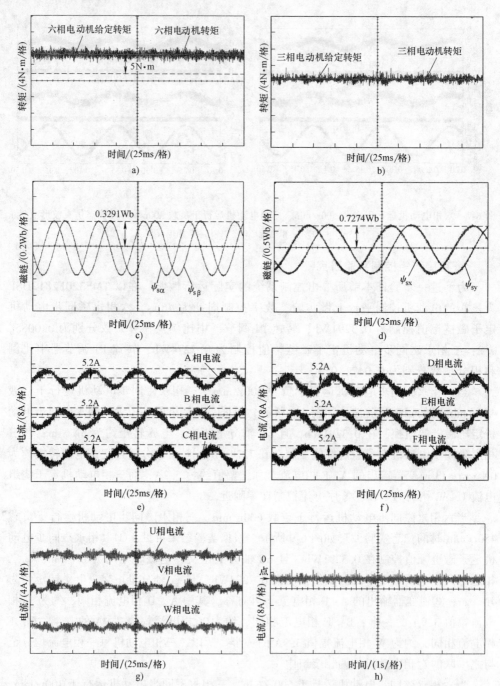

图 6-8　六相电动机负载 600r/min、三相电动机空载 450r/min 且六相电动机带载的稳态实验波形

a）六相电动机转矩与给定转矩　b）三相电动机转矩与给定转矩　c）六相电动机定子磁链 $\psi_{s\alpha}$，$\psi_{s\beta}$

d）三相电动机定子磁链 ψ_{sx}，ψ_{sy}　e）A，B，C 相电流

f）D，E，F 相电流　g）U，V，W 相电流　h）零序电流

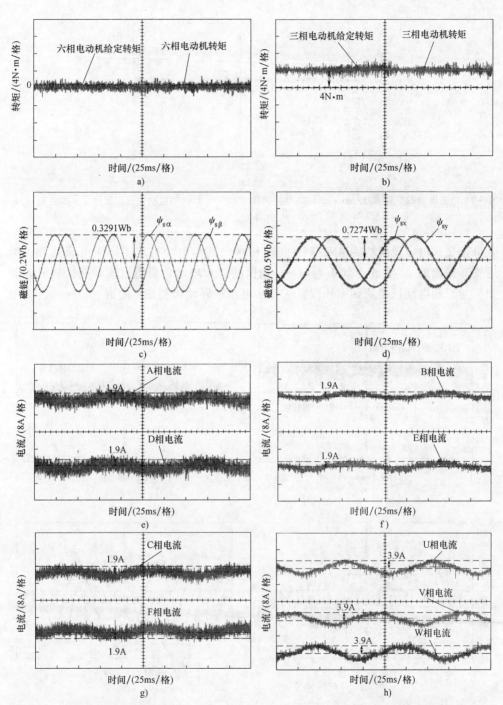

图 6-9　六相电动机空载 600r/min、三相电动机负载 450r/min 且六相电动机带载的稳态实验波形

a）六相电动机转矩与给定转矩　b）三相电动机转矩与给定转矩　c）六相电动机定子磁链 $\psi_{s\alpha}$，$\psi_{s\beta}$

d）三相电动机定子磁链 ψ_{sx}，ψ_{sy}　e）A，D 相电流　f）B，E 相电流　g）C，F 相电流　h）U，V，W 相电流

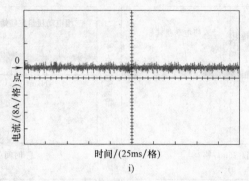

图 6-9 六相电动机空载 600r/min、三相电动机负载 450r/min 且六相电动机带载的稳态实验波形（续）

i）零序电流 i_{z2}

分量正交；电磁转矩约为 4N·m；③三相永磁同步电动机定子绕组电流对称，而逆变器输出的 A~F 相电流不再对称，幅值受三相电动机绕组电流调制，幅值调制频率与三相电动机电流频率相同；④零序电流很好地控制在零附近。

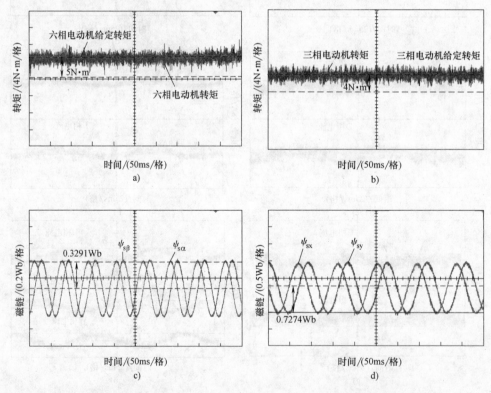

图 6-10 六相电动机 500r/min、三相电动机 300r/min 双电动机带载的稳态实验波形

a）六相电动机转矩与给定转矩 b）三相电动机转矩与给定转矩

c）六相电动机定子磁链 $\psi_{s\alpha}$，$\psi_{s\beta}$ d）三相电动机定子磁链 ψ_{sx}，ψ_{sy}

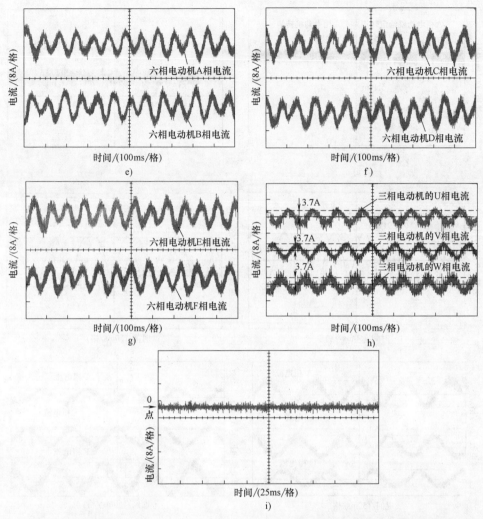

图 6-10　六相电动机 500r/min、三相电动机 300r/min 双电动机带载的稳态实验波形（续）

e）A，B 相电流　f）C，D 相电流　g）E，F 相电流　h）U，V，W 相电流　i）零序电流 i_{z2}

当六相永磁同步电动机运行于 300r/min、三相永磁同步电动机也运行于 300r/min，且两台电动机均负载时的稳态实验波形如图 6-11 所示。根据实验结果可见：①六相永磁同步电动机定子磁链幅值控制在 0.3291Wb，且 $\alpha\beta$ 轴分量正交；电磁转矩约为 5N·m；②三相永磁同步电动机定子磁链幅值控制在 0.7274Wb，且 xy 轴分量正交；电磁转矩约为 4N·m；③三相永磁同步电动机定子绕组电流对称（幅值约为 3.8A），而逆变器输出的 A~F 相电流不再对称，幅值受三相电动机绕组电流调制，但由于六相电流和三相电流频率相同，所以六相电流幅值稳定，A~F 相电流幅值分别为 7.2A，6.1A，5A，4.5A，5.4A，7.2A；④零序电流很好地控制在零附近。

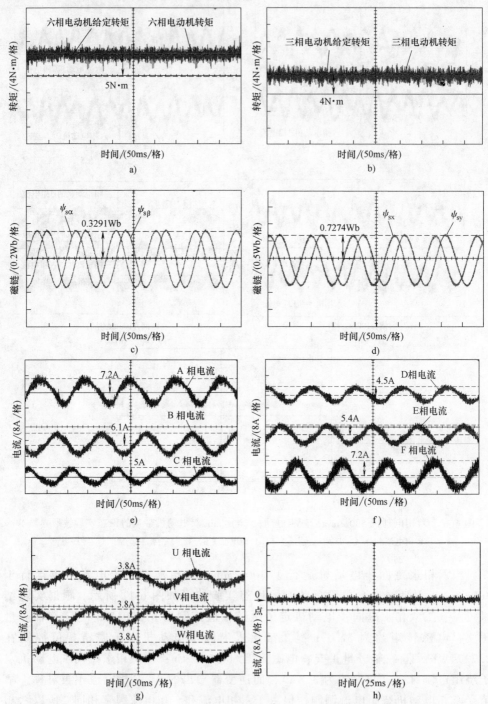

图 6-11 六相电动机 300r/min、三相电动机 300r/min 双电动机带载的稳态实验波形

a) 六相电动机转矩与给定转矩   b) 三相电动机转矩与给定转矩   c) 六相电动机定子磁链 $\psi_{s\alpha}$，$\psi_{s\beta}$

d) 三相电动机定子磁链 ψ_{sx}，ψ_{sy} e) A，B，C 相电流   f) D，E，F 相电流   g) U，V，W 相电流   h) 零序电流 i_{z2}

　　为了进一步验证本节所提出控制策略的动态响应特性以及两台电动机之间的解耦控制性能，六相电动机 500r/min、三相电动机 300r/min 分别做单机带载和双机带载六相电动机负载突卸实验、三相电动机负载突卸实验，如图 6-12～图 6-15 所示；做六相电动机转速和三相电动机转速的阶跃实验，如图 6-16 和图 6-17 所示。

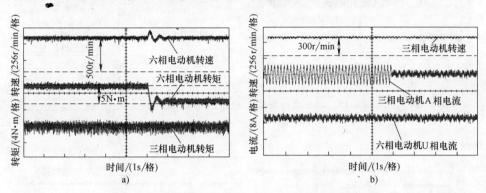

图 6-12　三相电动机空载、六相电动机负载突卸实验

a）六相电动机的转速、转矩和三相电动机的转矩　　b）三相电动机的转速、A 相电流和六相电动机的 U 相电流

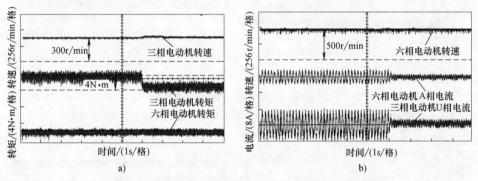

图 6-13　六相电动机空载、三相电动机负载突卸实验

a）三相电动机的转速、转矩和六相电动机的转矩　　b）六相电动机的转速、A 相电流和三相电动机的 U 相电流

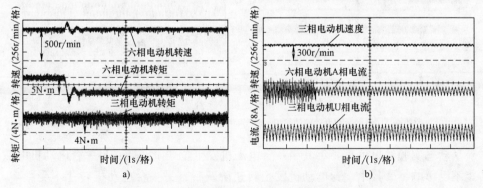

图 6-14　双电动机带载、六相电动机负载突卸实验

a）六相电动机的转速、转矩和三相电动机的转矩　　b）三相电动机的转速、U 相电流和六相电动机的 A 相电流

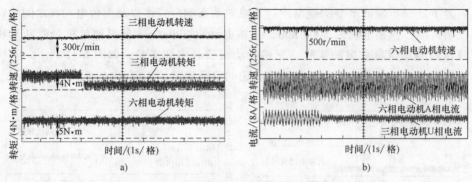

a)   b)

图 6-15 双电动机带载、三相电动机负载突卸实验

a) 三相电动机的转速、转矩和六相电动机的转矩 b) 六相电动机的转速、A 相电流和三相电动机的 U 相电流

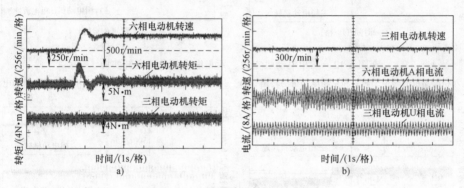

a)   b)

图 6-16 六相电动机转速阶跃实验

a) 六相电动机的转速、转矩和三相电动机的转矩 b) 三相电动机的转速、U 相电流和六相电动机的 A 相电流

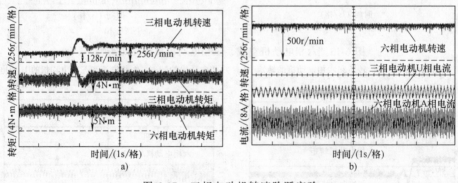

a)   b)

图 6-17 三相电动机转速阶跃实验

a) 三相电动机的转速、转矩和六相电动机的转矩 b) 六相电动机的转速、A 相电流和三相电动机的 U 相电流

从动态实验结果可见：①其中一台电动机发生负载阶跃后，另一台电动机电磁转矩不受影响；②其中一台电动机发生转速阶跃后，另一台电动机转速不受影响。由实验结果可见，两台电动机机电能量转换获得很好的解耦，相互之间基本没有耦合。

6.2.2 绕组缺一相时直接转矩控制

1. 驱动系统直接转矩控制原理

对于六相电动机串联三相电动机驱动系统采用六相逆变器供电后，存在需要控制的自由度有五个。当绕组无故障时，需要对其中一个零序电流进行主动控制，利用剩余的四个自由度实现两台电动机机电能量转换的解耦控制。若逆变器桥臂或六相绕组一相出现故障后，在控制中需要将故障相进行隔离，整个驱动系统仅存在四个可控自由度，利用这四个自由度仍然可以实现串联驱动两台电动机的解耦控制。如果能够实现上述故障情况下两台电动机的连续正常控制运行，则可以显著提高驱动系统的可靠性。本节以逆变器输出 A 相断路为例，研究串联驱动系统缺相容错型直接转矩控制策略。

当两台电动机串联驱动系统出现 A 相断路后，两台电动机和逆变器之间的连接示意图如图 6-18 所示。当缺失 A 相后，显然六相电动机 A 相中没有电流。若在构建电动机数学模型过程中忽略 A 相绕组，则根据第 5 章内容的分析，六相电动机数学模型不再对称，需要引入基于虚拟变量的对称数学模型进行控制，造成控制变复杂。能否不用引入虚拟变量实现串联驱动系统缺相后直接转矩控制？

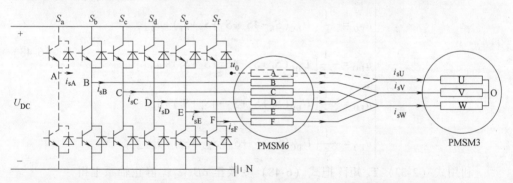

图 6-18 缺一相六相电动机串联三相电动机与六相逆变器之间的连接示意图

重新考虑缺相后的电动机与逆变器之间的连接。当输入端 A 相断开后，虽然 A 相绕组中没有电流，六相电动机 A 相绕组中没有对应 A 相电流产生的自电感压降及逆变器施加给它的电压，但 A 相绕组与剩余健康相之间耦合关系、转子永磁体对其产生的耦合关系与无故障时完全一样，这样如果构建六相电动机数学模型中仍然考虑缺相绕组，则六相电动机的数学模型与绕组无故障情况下完全一样。断路的 A 相绕组电压来自剩余的健康相及转子永磁体对其产生的耦合电压，如果 A 相桥臂中点输出的电压始终跟随断路 A 相绕组感应电压，则缺相以后的驱动系统与正常驱动系统一样。

当 A 相断路后，剩余健康相桥臂有五个，对应的逆变器开关组合降为 32 个。假设六相电动机 A 相感应电压与三相电动机 U 相电压串联值为 u_0，缺相后的逆变器输出相电压如下：

$$\begin{cases} u_{AO} = u_0 \\ u_{BO} = U_{DC}S_b + U_{NO} \\ u_{CO} = U_{DC}S_c + U_{NO} \\ u_{DO} = U_{DC}S_d + U_{NO} \\ u_{EO} = U_{DC}S_e + U_{NO} \\ u_{FO} = U_{DC}S_f + U_{NO} \end{cases} \quad (6\text{-}45)$$

尽管逆变器输出缺失 A 相,但从六相电动机输入端向右侧看系统,与无故障系统完全一致,所以串联驱动系统六相端电压之和仍然等于零。

$$u_{AO} + u_{BO} + u_{CO} + u_{DO} + u_{EO} + u_{FO} = 0 \quad (6\text{-}46)$$

由式(6-45)和式(6-46)可以推导出

$$u_{NO} = -\frac{1}{5}\left[U_{DC}(S_b + S_c + S_d + S_e + S_f) + u_0 \right] \quad (6\text{-}47)$$

把式(6-47)代入式(6-45)中可以进一步推导逆变器输出相电压如下:

$$\begin{cases} u_{AO} = u_0 \\ u_{BO} = -\frac{1}{5}\left[U_{DC}(-4S_b + S_c + S_d + S_e + S_f) + u_0 \right] \\ u_{CO} = -\frac{1}{5}\left[U_{DC}(S_b - 4S_c + S_d + S_e + S_f) + u_0 \right] \\ u_{DO} = -\frac{1}{5}\left[U_{DC}(S_b + S_c - 4S_d + S_e + S_f) + u_0 \right] \\ u_{EO} = -\frac{1}{5}\left[U_{DC}(S_b + S_c + S_d - 4S_e + S_f) + u_0 \right] \\ u_{FO} = -\frac{1}{5}\left[U_{DC}(S_b + S_c + S_d + S_e - 4S_f) + u_0 \right] \end{cases} \quad (6\text{-}48)$$

利用式(2-37)$\boldsymbol{T}_6$ 矩阵把式(6-48)变换至 $\alpha\beta xy z_1 z_2$ 静止轴系上得

$$\begin{bmatrix} u_\alpha \\ u_\beta \\ u_x \\ u_y \\ u_{o1} \\ u_{o2} \end{bmatrix} = \boldsymbol{T}_6 \begin{bmatrix} u_{AO} \\ u_{BO} \\ u_{CO} \\ u_{DO} \\ u_{EO} \\ u_{FO} \end{bmatrix} = \begin{bmatrix} -6u_0 + -\dfrac{U_{DC}}{5\sqrt{3}}(-3.5S_b + 1.5S_c + 4S_d + 1.5S_e - 3.5S_f) \\ -\dfrac{U_{DC}}{10}(-5S_b - 5S_c + 5S_e + 5S_f) \\ -6u_0 - \dfrac{\sqrt{3}\,U_{DC}}{10}(-S_b - S_c + 4S_d - S_e - S_f) \\ -\dfrac{U_{DC}}{10}(-5S_b + 5S_c - 5S_e + 5S_f) \\ 0 \\ -\dfrac{6}{\sqrt{2}}u_0 - \dfrac{U_{DC}}{5\sqrt{6}}(4S_b - 6S_c + 4S_d - 6S_e + 4S_f) \end{bmatrix} \quad (6\text{-}49)$$

若忽略 u_0，则式（6-49）可以进一步简化为

$$
\begin{bmatrix} u_\alpha \\ u_\beta \\ u_x \\ u_y \\ u_{o1} \\ u_{o2} \end{bmatrix} = \frac{U_{DC}}{\sqrt{3}} \begin{bmatrix} 0.7S_b - 0.3S_c - 0.8S_d - 0.3S_e + 0.7S_f \\ \frac{\sqrt{3}}{2}(S_b + S_c - S_e - S_f) \\ -0.3(S_b + S_c - 4S_d + S_e + S_f) \\ \frac{\sqrt{3}}{2}(S_b - S_c + S_e - S_f) \\ 0 \\ \frac{1}{\sqrt{2}}(-0.8S_b + 1.2S_c - 0.8S_d + 1.2S_e - 0.8S_f) \end{bmatrix} \tag{6-50}
$$

这样，$\alpha\beta$ 平面、xy 平面上的电压矢量分别如下：

$$
u_\alpha + ju_\beta = \frac{U_{DC}}{\sqrt{3}} \left[0.7S_b - 0.3S_c - 0.8S_d - 0.3S_e + 0.7S_f + j\frac{\sqrt{3}}{2}(S_b + S_c - S_e - S_f) \right] \tag{6-51}
$$

$$
u_x + ju_y = \frac{U_{DC}}{\sqrt{3}} \left[-0.3(S_b + S_c - 4S_d + S_e + S_f) + j\frac{\sqrt{3}}{2}(S_b - S_c + S_e - S_f) \right] \tag{6-52}
$$

根据式（6-51）和式（6-52）画出 $\alpha\beta$ 平面、xy 平面上的电压矢量，如图 6-19 所示。

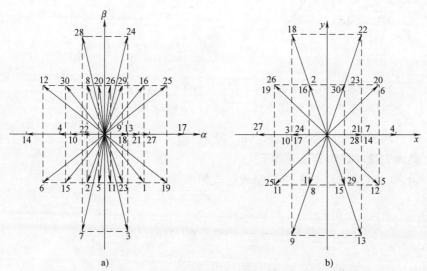

图 6-19 六相串联三相双永磁同步电动机驱动系统缺相后电压矢量图

a）$\alpha\beta$ 平面上电压矢量分布 b）xy 平面上电压矢量分布

可以类似于前述章节的方法，以相邻两个电压矢量所夹区域作为一个扇区来划分各平面上的控制扇区，但这样所建立的最优开关矢量表比较庞大，为此本节采用单电压矢量和部分合成电压矢量相结合方法来构建最优开关矢量表。为了进一步降

低最优开关矢量表存储空间，把两个平面均分成四个扇区，每一个扇区所夹区域为90°，两个平面上的扇区编号分别用 θ_{1si} 和 θ_{2ti}（$i=1,2,3,4$）表示。所采用的单电压矢量或合成电压矢量处于扇区的边界上，具体如图 6-20 所示。电压矢量的合成方式具体如下：81（16, 30），82（30, 25），83（12, 25），84（16, 12），85（6, 26），87（12, 11），89（6, 19），90（15, 19），91（15, 1），92（6, 1），93（19, 20），95（9, 13）。各合成电压矢量均由两个非零电压矢量各作用一半数字控制周期合成，并重新编号便于控制最优开关矢量表的编写，将原来的矢量 10，4，27，21 重新矢量编号为 86，88，94，96。

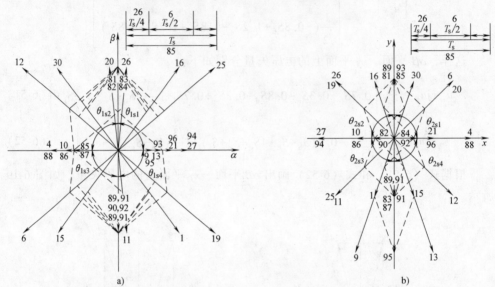

图 6-20 缺相串联驱动系统扇区划分及电压矢量合成示意图

a）$\alpha\beta$ 平面上的合成电压矢量 $u_\alpha + ju_\beta$　b）xy 平面上的合成电压矢量 $u_x + ju_y$

其中，新合成的电压矢量 82、84、90、92 在 $\alpha\beta$ 平面上与 β 轴不完全重合，在 $\alpha\beta$ 平面上具体矢量的数学表达式如下：

矢量 30 与矢量 25 合成 82 矢量表达式如下：

$$\left(\frac{-0.7+j\frac{\sqrt{3}}{2}}{2\sqrt{3}}+\frac{1.1+j\frac{\sqrt{3}}{2}}{2\sqrt{3}}\right)U_{DC}=0.5132U_{DC}\angle 76.996 \tag{6-53}$$

矢量 16 与矢量 12 合成 84 矢量表达式如下：

$$\left(\frac{0.7+j\frac{\sqrt{3}}{2}}{2\sqrt{3}}+\frac{-1.1+j\frac{\sqrt{3}}{2}}{2\sqrt{3}}\right)U_{DC}=0.5132U_{DC}\angle 103.004 \tag{6-54}$$

矢量 15 与矢量 19 合成 90 矢量表达式如下：

$$\left(\frac{-0.7-\mathrm{j}\frac{\sqrt{3}}{2}}{2\sqrt{3}}+\frac{1.1-\mathrm{j}\frac{\sqrt{3}}{2}}{2\sqrt{3}}\right)U_{\mathrm{DC}}=0.5132U_{\mathrm{DC}}\angle-76.996 \qquad (6\text{-}55)$$

矢量 6 与矢量 1 合成 92 矢量表达式如下：

$$\left(\frac{-1.1-\mathrm{j}\frac{\sqrt{3}}{2}}{2\sqrt{3}}+\frac{0.7-\mathrm{j}\frac{\sqrt{3}}{2}}{2\sqrt{3}}\right)U_{\mathrm{DC}}=0.5132U_{\mathrm{DC}}\angle-103.004 \qquad (6\text{-}56)$$

新矢量 82、84、90、92 在 xy 平面上具体矢量的数学表达式如下：

矢量 30 与矢量 25 合成 82 矢量表达式如下：

$$\left(\frac{0.3+\mathrm{j}\frac{\sqrt{3}}{2}}{2\sqrt{3}}+\frac{-0.9-\mathrm{j}\frac{\sqrt{3}}{2}}{2\sqrt{3}}\right)U_{\mathrm{DC}}=-\frac{\sqrt{3}}{10}U_{\mathrm{DC}} \qquad (6\text{-}57)$$

矢量 16 与矢量 12 合成 84 矢量表达式如下：

$$\left(\frac{-0.3+\mathrm{j}\frac{\sqrt{3}}{2}}{2\sqrt{3}}+\frac{0.9-\mathrm{j}\frac{\sqrt{3}}{2}}{2\sqrt{3}}\right)U_{\mathrm{DC}}=\frac{\sqrt{3}}{10}U_{\mathrm{DC}} \qquad (6\text{-}58)$$

矢量 15 与矢量 19 合成 90 矢量表达式如下：

$$\left(\frac{0.3-\mathrm{j}\frac{\sqrt{3}}{2}}{2\sqrt{3}}+\frac{-0.9+\mathrm{j}\frac{\sqrt{3}}{2}}{2\sqrt{3}}\right)U_{\mathrm{DC}}=-\frac{\sqrt{3}}{10}U_{\mathrm{DC}} \qquad (6\text{-}59)$$

矢量 6 与矢量 1 合成 92 矢量表达式如下：

$$\left(\frac{0.9+\mathrm{j}\frac{\sqrt{3}}{2}}{2\sqrt{3}}+\frac{-0.3-\mathrm{j}\frac{\sqrt{3}}{2}}{2\sqrt{3}}\right)U_{\mathrm{DC}}=\frac{\sqrt{3}}{10}U_{\mathrm{DC}} \qquad (6\text{-}60)$$

根据各平面上各个扇区的电压矢量对定子磁链幅值及电磁转矩控制效果分析后可以获得缺相后直接转矩控制系统最优开关矢量表，见表 6-3。其中 $\tau=1$ 和 -1 分别表示电磁转矩增大和减小；$\phi=1$ 和 0 分别表示定子磁链幅值增大和减小。

表 6-3　缺相后串联驱动 DTC 系统最优开关矢量表

三相电动机磁链处于第一扇区																
六相电动机磁链扇区号	τ_{e1}	1	1	-1	-1	1	1	-1	-1	1	1	-1	-1	1	1	-1	-1
	ϕ_{e1}	1	0	0	1	1	0	0	1	1	0	0	1	1	0	0	1
	τ_{e2}	1	1	1	1	1	1	1	1	-1	-1	-1	-1	-1	-1	-1	-1
	ϕ_{e2}	1	1	1	1	0	0	0	0	0	0	0	0	1	1	1	1

（续）

三相电动机磁链处于第一扇区

1		81	85	89	93	82	86	90	94	83	87	91	95	84	88	92	96
2		85	89	93	81	86	90	94	82	87	91	95	83	88	92	96	84
3		89	93	81	85	90	94	82	86	91	95	83	87	92	96	84	88
4		93	81	85	89	94	82	86	90	95	83	87	91	96	84	88	92

三相电动机磁链处于第二扇区

六相电动机磁链扇区号																	
	τ_{e1}	1	1	-1	-1	1	1	-1	-1	1	1	-1	-1	1	1	-1	-1
	ϕ_{e1}	1	0	0	1	1	0	0	1	1	0	0	1	1	0	0	1
	τ_{e2}	1	1	1	1	1	1	1	1	-1	-1	-1	-1	-1	-1	-1	-1
	ϕ_{e2}	1	1	1	1	0	0	0	0	0	0	0	0	1	1	1	1
1		82	86	90	94	83	87	91	95	84	88	92	96	81	85	89	93
2		86	90	94	82	87	91	95	83	88	92	96	84	85	89	93	81
3		90	94	82	86	91	95	83	87	92	96	84	88	89	93	81	85
4		94	82	86	90	95	83	87	91	96	84	88	92	93	81	85	89

三相电动机磁链处于第三扇区

六相电动机磁链扇区号																	
	τ_{e1}	1	1	-1	-1	1	1	-1	-1	1	1	-1	-1	1	1	-1	-1
	ϕ_{e1}	1	0	0	1	1	0	0	1	1	0	0	1	1	0	0	1
	τ_{e2}	1	1	1	1	1	1	1	1	-1	-1	-1	-1	-1	-1	-1	-1
	ϕ_{e2}	1	1	1	1	0	0	0	0	0	0	0	0	1	1	1	1
1		83	87	91	95	84	88	92	96	81	85	89	93	82	86	90	94
2		87	91	95	83	88	92	96	84	85	89	93	81	86	90	94	82
3		91	95	83	87	92	96	84	88	89	93	81	85	90	94	82	86
4		95	83	87	91	96	84	88	92	93	81	85	89	94	82	86	90

三相电动机磁链处于第四扇区

六相电动机磁链扇区号																	
	τ_{e1}	1	1	-1	-1	1	1	-1	-1	1	1	-1	-1	1	1	-1	-1
	ϕ_{e1}	1	0	0	1	1	0	0	1	1	0	0	1	1	0	0	1
	τ_{e2}	1	1	1	1	1	1	1	1	-1	-1	-1	-1	-1	-1	-1	-1
	ϕ_{e2}	1	1	1	1	0	0	0	0	0	0	0	0	1	1	1	1
1		84	88	92	96	81	85	89	93	82	86	90	94	83	87	91	95
2		88	92	96	84	85	89	93	81	86	90	94	82	87	91	95	83
3		92	96	84	88	89	93	81	85	90	94	82	86	91	95	83	87
4		96	84	88	92	93	81	85	89	94	82	86	90	95	83	87	91

　　根据上述直接转矩控制策略分析，构建六相串联三相双永磁同步电动机 DTC 控制系统结构框图，如图 6-21 所示。

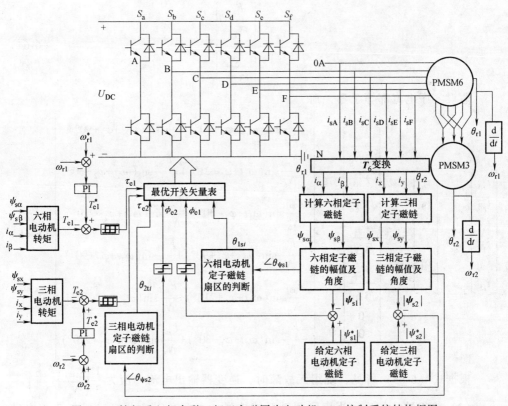

图 6-21　缺相后六相串联三相双永磁同步电动机 DTC 控制系统结构框图

2. 缺相前后定子绕组电流关系

（1）绕组无故障时　假设六相电动机和三相电动机相绕组串联匝数分别为 N_6 和 N_3，则六相电动机定子磁动势 $\alpha\beta$ 分量可以表示为

$$\begin{bmatrix} F_{s\alpha} \\ F_{s\beta} \end{bmatrix} = F_{m1} \begin{bmatrix} \cos(\omega_1 t + \varphi_1) \\ \sin(\omega_1 t + \varphi_1) \end{bmatrix} \tag{6-61}$$

式中，F_{m1} 为六相电动机定子磁动势幅值。

当采用恒功率变换矩阵后，对应的定子绕组电流 $\alpha\beta$ 分量可以表示为

$$\begin{bmatrix} i_\alpha \\ i_\beta \end{bmatrix} = \begin{bmatrix} \dfrac{F_{s\alpha}}{\sqrt{3}\, N_6} \\[3mm] \dfrac{F_{s\beta}}{\sqrt{3}\, N_6} \end{bmatrix} \tag{6-62}$$

同理，三相电动机定子磁动势及定子绕组电流 xy 分量分别表示如下：

$$\begin{bmatrix} F_{sx} \\ F_{sy} \end{bmatrix} = F_{m2} \begin{bmatrix} \cos(\omega_2 t + \varphi_2) \\ \sin(\omega_2 t + \varphi_2) \end{bmatrix} \tag{6-63}$$

$$\begin{bmatrix} i_x \\ i_y \end{bmatrix} = \begin{bmatrix} \dfrac{F_{sx}}{\sqrt{3}\,N_3} \\ \dfrac{F_{sy}}{\sqrt{3}\,N_3} \end{bmatrix} \tag{6-64}$$

假设零序电流都等于零，则

$$\begin{bmatrix} i_{sA} \\ i_{sB} \\ i_{sC} \\ i_{sD} \\ i_{sE} \\ i_{sF} \end{bmatrix} = \boldsymbol{T}_6^{-1} \begin{bmatrix} i_\alpha \\ i_\beta \\ i_x \\ i_y \\ i_{z1} \\ i_{z2} \end{bmatrix} = \boldsymbol{T}_6^{-1} \begin{bmatrix} \dfrac{F_{s\alpha}}{\sqrt{3}\,N_6} \\ \dfrac{F_{s\beta}}{\sqrt{3}\,N_6} \\ \dfrac{F_{sx}}{\sqrt{3}\,N_3} \\ \dfrac{F_{sy}}{\sqrt{3}\,N_3} \\ 0 \\ 0 \end{bmatrix} = \frac{1}{3} \begin{bmatrix} \dfrac{F_{m1}}{N_6}\sin(\omega_1 t+\varphi_1+90°)+\dfrac{F_{m2}}{N_3}\sin(\omega_2 t+\varphi_2+90°) \\ -\dfrac{F_{m1}}{N_6}\sin(\omega_1 t+\varphi_1+210°)+\dfrac{F_{m2}}{N_3}\sin(\omega_2 t+\varphi_2-30°) \\ \dfrac{F_{m1}}{N_6}\sin(\omega_1 t+\varphi_1-30°)+\dfrac{F_{m2}}{N_3}\sin(\omega_2 t+\varphi_2+210°) \\ -\dfrac{F_{m1}}{N_6}\sin(\omega_1 t+\varphi_1+90°)+\dfrac{F_{m2}}{N_3}\sin(\omega_2 t+\varphi_2+90°) \\ \dfrac{F_{m1}}{N_6}\sin(\omega_1 t+\varphi_1+210°)+\dfrac{F_{m2}}{N_3}\sin(\omega_2 t+\varphi_2-30°) \\ -\dfrac{F_{m1}}{N_6}\sin(\omega_1 t+\varphi_1-30°)+\dfrac{F_{m2}}{N_3}\sin(\omega_2 t+\varphi_2+210°) \end{bmatrix} \tag{6-65}$$

根据式（6-65）可见，绕组无故障时，逆变器输出电流峰值为 $\dfrac{1}{3}\left(\dfrac{F_{m1}}{N_6}+\dfrac{F_{m2}}{N_3}\right)$。

（2）绕组缺一相后　当串联驱动系统缺失 A 相后，若六相电动机与三相电动机的定子磁动势仍然维持绕组无故障值，则缺相以后两台电动机的磁动势和电流关系与式（6-61）~式（6-64）一样，但零序电流与绕组无故障时不同。

利用 $\boldsymbol{T}_6$ 矩阵的逆矩阵可以把 $\alpha\beta xyz_1 z_2$ 平面上的电流变换至 A~F 轴上如下：

$$\begin{bmatrix} i_{sA} \\ i_{sB} \\ i_{sC} \\ i_{sD} \\ i_{sE} \\ i_{sF} \end{bmatrix} = \boldsymbol{T}_6^{-1} \begin{bmatrix} i_\alpha \\ i_\beta \\ i_x \\ i_y \\ i_{z1} \\ i_{z2} \end{bmatrix} = \frac{1}{\sqrt{3}} \begin{bmatrix} 1 & 0 & 1 & 0 & \dfrac{1}{\sqrt{2}} & \dfrac{1}{\sqrt{2}} \\ \dfrac{1}{2} & \dfrac{\sqrt{3}}{2} & -\dfrac{1}{2} & \dfrac{\sqrt{3}}{2} & \dfrac{1}{\sqrt{2}} & -\dfrac{1}{\sqrt{2}} \\ -\dfrac{1}{2} & \dfrac{\sqrt{3}}{2} & -\dfrac{1}{2} & -\dfrac{\sqrt{3}}{2} & \dfrac{1}{\sqrt{2}} & \dfrac{1}{\sqrt{2}} \\ -1 & 0 & 1 & 0 & \dfrac{1}{\sqrt{2}} & -\dfrac{1}{\sqrt{2}} \\ -\dfrac{1}{2} & -\dfrac{\sqrt{3}}{2} & -\dfrac{1}{2} & \dfrac{\sqrt{3}}{2} & \dfrac{1}{\sqrt{2}} & \dfrac{1}{\sqrt{2}} \\ \dfrac{1}{2} & -\dfrac{\sqrt{3}}{2} & -\dfrac{1}{2} & -\dfrac{\sqrt{3}}{2} & \dfrac{1}{\sqrt{2}} & -\dfrac{1}{\sqrt{2}} \end{bmatrix} \begin{bmatrix} i_\alpha \\ i_\beta \\ i_x \\ i_y \\ i_{z1} \\ i_{z2} \end{bmatrix} \tag{6-66}$$

根据式（6-66）及 A 相绕组电流为零的条件，可以进一步推导以下方程：

$$i_{sA} = \frac{1}{\sqrt{3}}\left(i_\alpha + i_x + \frac{1}{\sqrt{2}} i_{z1} + \frac{1}{\sqrt{2}} i_{z2} \right) = 0 \tag{6-67}$$

同样，利用矩阵 $\boldsymbol{T}_6$ 可以把 A~F 轴上的电流变换为 $\alpha\beta xy z_1 z_2$ 平面上的电流如下：

$$\begin{bmatrix} i_\alpha \\ i_\beta \\ i_x \\ i_y \\ i_{z1} \\ i_{z2} \end{bmatrix} = \boldsymbol{T}_6 \begin{bmatrix} i_{sA} \\ i_{sB} \\ i_{sC} \\ i_{sD} \\ i_{sE} \\ i_{sF} \end{bmatrix} = \frac{1}{\sqrt{3}} \begin{bmatrix} 1 & \frac{1}{2} & -\frac{1}{2} & -1 & -\frac{1}{2} & \frac{1}{2} \\ 0 & \frac{\sqrt{3}}{2} & \frac{\sqrt{3}}{2} & 0 & -\frac{\sqrt{3}}{2} & -\frac{\sqrt{3}}{2} \\ 1 & -\frac{1}{2} & -\frac{1}{2} & 1 & -\frac{1}{2} & -\frac{1}{2} \\ 0 & \frac{\sqrt{3}}{2} & -\frac{\sqrt{3}}{2} & 0 & \frac{\sqrt{3}}{2} & -\frac{\sqrt{3}}{2} \\ \frac{1}{\sqrt{2}} & \frac{1}{\sqrt{2}} & \frac{1}{\sqrt{2}} & \frac{1}{\sqrt{2}} & \frac{1}{\sqrt{2}} & \frac{1}{\sqrt{2}} \\ \frac{1}{\sqrt{2}} & -\frac{1}{\sqrt{2}} & \frac{1}{\sqrt{2}} & -\frac{1}{\sqrt{2}} & \frac{1}{\sqrt{2}} & -\frac{1}{\sqrt{2}} \end{bmatrix} \begin{bmatrix} i_{sA} \\ i_{sB} \\ i_{sC} \\ i_{sD} \\ i_{sE} \\ i_{sF} \end{bmatrix} \tag{6-68}$$

尽管缺失 A 相，但串联驱动系统输入电流之和仍然等于零，所以

$$i_{z1} = \frac{1}{\sqrt{6}} (i_{sA} + i_{sB} + i_{sC} + i_{sD} + i_{sE} + i_{sF}) = 0 \tag{6-69}$$

把式（6-69）零序电流 i_{z1} 等于 0 的结果代入式（6-67）中得

$$i_{z2} = -\sqrt{2}(i_\alpha + i_x) \tag{6-70}$$

把式（6-62）（6-64）中 α 轴、x 轴电流进一步代入式（6-70）中得

$$i_{z2} = -\sqrt{2}(i_\alpha + i_x) = -\sqrt{2}\left(\frac{F_{s\alpha}}{\sqrt{3} N_6} + \frac{F_{sx}}{\sqrt{3} N_3} \right) \tag{6-71}$$

这样，缺相后串联驱动系统输入六相电流如下：

$$\begin{bmatrix} i_{sA} \\ i_{sB} \\ i_{sC} \\ i_{sD} \\ i_{sE} \\ i_{sF} \end{bmatrix} = \boldsymbol{T}_6^{-1} \begin{bmatrix} i_\alpha \\ i_\beta \\ i_x \\ i_y \\ i_{z1} \\ i_{z2} \end{bmatrix} = \boldsymbol{T}_6^{-1} \begin{bmatrix} \dfrac{F_{s\alpha}}{\sqrt{3} N_6} \\[2mm] \dfrac{F_{s\beta}}{\sqrt{3} N_6} \\[2mm] \dfrac{F_{sx}}{\sqrt{3} N_3} \\[2mm] \dfrac{F_{sy}}{\sqrt{3} N_3} \\[2mm] 0 \\[2mm] -\sqrt{2}\left(\dfrac{F_{s\alpha}}{\sqrt{3} N_6} + \dfrac{F_{sx}}{\sqrt{3} N_3} \right) \end{bmatrix} = \begin{bmatrix} 0 \\[2mm] \dfrac{F_{m1}}{\sqrt{3} N_6} \sin(\omega_1 t + \varphi_1 + 60°) + \dfrac{F_{m2}}{3 N_3} \sin(\omega_2 t + \varphi_2 + 30°) \\[2mm] \dfrac{F_{m1}}{\sqrt{3} N_6} \sin(\omega_1 t + \varphi_1 - 60°) + \dfrac{F_{m2}}{\sqrt{3} N_3} \sin(\omega_2 t + \varphi_2 - 120°) \\[2mm] \dfrac{2 F_{m2}}{3 N_3} \sin(\omega_2 t + \varphi_2 + 90°) \\[2mm] -\dfrac{F_{m1}}{\sqrt{3} N_6} \sin(\omega_1 t + \varphi_1 + 60°) + \dfrac{F_{m2}}{\sqrt{3} N_3} \sin(\omega_2 t + \varphi_2 - 60°) \\[2mm] -\dfrac{F_{m1}}{\sqrt{3} N_6} \sin(\omega_1 t + \varphi_1 - 60°) + \dfrac{F_{m2}}{3 N_3} \sin(\omega_2 t + \varphi_2 + 150°) \end{bmatrix} \tag{6-72}$$

可见，缺相后剩余五相逆变桥臂输出电流峰值为 $\max\left[\dfrac{2F_{m2}}{3N_3}, \dfrac{1}{\sqrt{3}}\left(\dfrac{F_{m1}}{N_6} + \dfrac{F_{m2}}{N_3}\right)\right]$。

（3）缺相前后逆变器输出电流峰值比较　比较式（6-65）和式（6-72）可见，缺失 A 相后，D 相中不再流过控制六相电动机机电能量转换的电流，仅仅流过三相绕组电流，B，C，E，F 相中对应六相电动机机电能量转换控制电流均增大至绕组无故障时的 $\sqrt{3}$ 倍，且流过剩余健康五相的三相电动机电流幅值不再相等，B，F 相对应三相电流分量与绕组无故障时一样，C，E 相中对应三相电流分量增大为原来的 $\sqrt{3}$ 倍，D 相中对应三相电流分量是绕组无故障时的 2 倍。

假设缺相前后两台电动机的磁动势和负载保持不变，忽略电动机的凸极现象，则

若 $\max\left[\dfrac{2F_{m2}}{3N_3}, \dfrac{1}{\sqrt{3}}\left(\dfrac{F_{m1}}{N_6} + \dfrac{F_{m2}}{N_3}\right)\right] = \dfrac{2F_{m2}}{3N_3}$，则缺相后与缺相前逆变器输出电流峰值之比 $k_{i\max}$ 如下：

$$k_{i\max} = \frac{\dfrac{2F_{m2}}{3N_3}}{\dfrac{1}{3}\left(\dfrac{F_{m1}}{N_6} + \dfrac{F_{m2}}{N_3}\right)} = \frac{2}{\dfrac{F_{m1}N_3}{F_{m2}N_6} + 1} \tag{6-73}$$

此时，三相 PMSM 电流的幅值大于六相 PMSM 电流幅值的 6.464 倍，由于串联驱动系统中，三相电动机绕组电流流过前端六相电动机，过大的三相电流若流过六相电动机会给六相电动机绕组造成很大的热负担，不利于六相电动机的平稳运行，所以这种情况不宜出现。

若 $\max\left[\dfrac{2F_{m2}}{3N_3}, \dfrac{1}{\sqrt{3}}\left(\dfrac{F_{m1}}{N_6} + \dfrac{F_{m2}}{N_3}\right)\right] = \dfrac{1}{\sqrt{3}}\left(\dfrac{F_{m1}}{N_6} + \dfrac{F_{m2}}{N_3}\right)$，则缺相后与缺相前逆变器输出电流峰值之比 $k_{i\max}$ 如下：

$$k_{i\max} = \frac{\dfrac{1}{\sqrt{3}}\left(\dfrac{F_{m1}}{N_6} + \dfrac{F_{m2}}{N_3}\right)}{\dfrac{1}{3}\left(\dfrac{F_{m1}}{N_6} + \dfrac{F_{m2}}{N_3}\right)} = \sqrt{3} \tag{6-74}$$

3. 直接转矩控制仿真研究

为了研究所提缺相容错型 DTC 系统的稳态性能，做以下两种情况仿真：

1）六相电动机和三相电动机转速均为 250r/min，且负载转矩各为 3N·m，2N·m，仿真结果如图 6-22 所示；

2）六相电动机转速 300r/min、负载转矩 4N·m，三相电动机转速 250r/min、负载转矩 4N·m 时的稳态仿真结果如图 6-23 所示。

从仿真结果可见：①缺相后，$\alpha\beta$ 平面、xy 平面定子磁链两轴分量幅值相等且

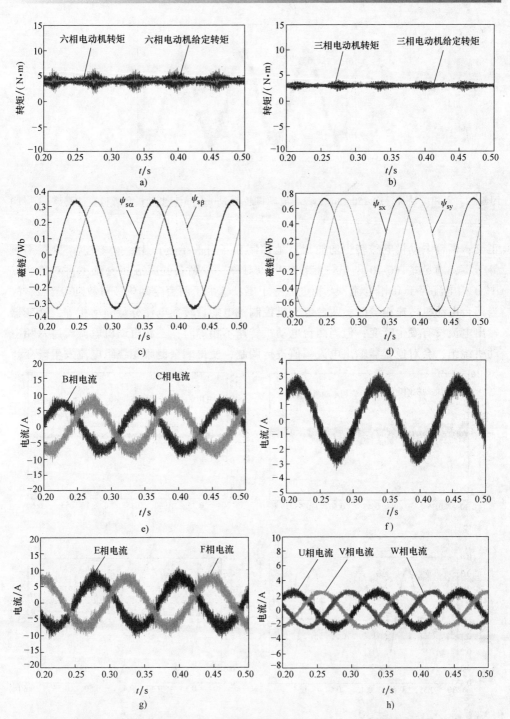

图 6-22　六相电动机转速 250r/min、三相电动机转速 250r/min 双电动机负载稳态仿真波形

a）六相电动机转矩与给定转矩　b）三相电动机转矩与给定转矩　c）六相电动机定子磁链 $\psi_{s\alpha}$，$\psi_{s\beta}$

d）三相电动机定子磁链 ψ_{sx}，ψ_{sy}　e）B，C 相电流　f）D 相电流　g）E，F 相电流　h）U，V，W 相电流

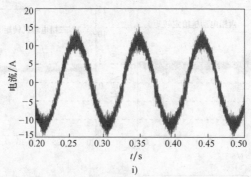

图 6-22 六相电动机转速 250r/min、三相电动机转速 250r/min 双电动机负载稳态仿真波形（续）

i）零序电流 i_{z2}

正交；两台电动机电磁转矩均能很好地控制在各自的给定值上；②零序 z_2 分量不再等于零，满足式（6-70）；③三绕组电流对称，但剩余健康五相电流不再对称，其中 D 相电流等于 U 相电流，A 相电流等于零；④由于两台电动机极对数均等于 2，故当两台电动机转速相等时，两台电动机控制机电能量转换电流分量频率相等，逆变器输出电流没有发生畸变；但当两台电动机转速不相等时，三相电动机电流流过六相电动机绕组，会对逆变器输出电流幅值进行调制，使得剩余健康相绕组电流发生畸变。

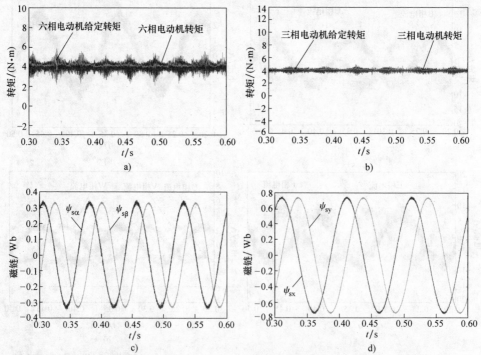

图 6-23 六相电动机转速 300r/min、三相电动机转速 250r/min 双电动机负载稳态仿真波形

a）六相电动机转矩与给定转矩　b）三相电动机转矩与给定转矩

c）六相电动机定子磁链 $\psi_{s\alpha}$，$\psi_{s\beta}$　d）三相电动机定子磁链 ψ_{sx}，ψ_{sy}

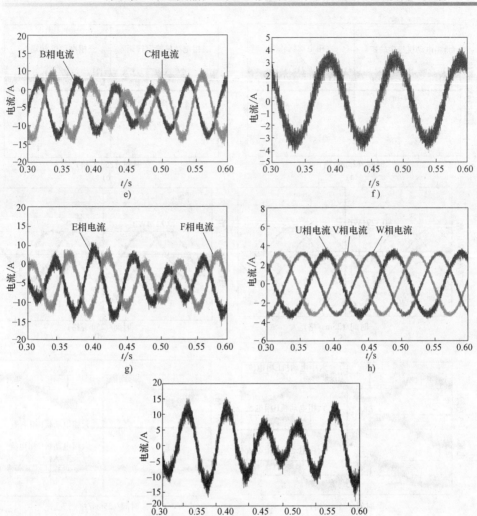

图 6-23 六相电动机转速 300r/min、三相电动机转速 250r/min 双电动机负载稳态仿真波形（续）

e）B，C 相电流 f）D 相电流 g）E，F 相电流 h）U，V，W 相电流 i）零序电流 i_{z2}

4. 直接转矩控制实验研究

采用与绕组无故障时相同的实验系统控制器参数及磁链幅值、转矩限幅值。当两台电动机转速均为 250r/min 稳态负载时，实验结果如图 6-24 所示。

从实验结果可见：①两台电动机的电磁转矩均能稳定跟踪其给定值，分别为 4N·m，3N·m；②两台电动机定子磁链幅值分别控制在 0.3291Wb，0.7274Wb，且每一台电动机定子磁链的两个分量幅值相等，且正交；③三相电动机电流对称，幅值为 3.4A；④由于两台电动机转速相等，所以逆变器输出电流频率相同，B，C，E，F 相电流幅值基本等于 7.8A，而 D 相电流等于 3.4A；⑤零序电流 i_{z2} 不等

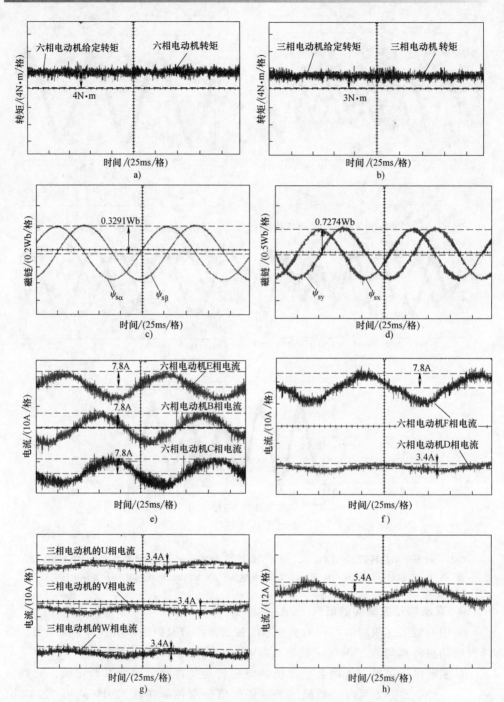

图 6-24 六相电动机和三相电动机转速均为 250r/min 的稳态负载实验波形

a）六相电动机转矩与给定转矩 b）三相电动机转矩与给定转矩 c）六相电动机定子磁链 $\psi_{s\alpha}$，$\psi_{s\beta}$

d）三相电动机磁链 ψ_{sx}，ψ_{sy} e）六相电动机 B，C，E 相电流

f）六相电动机 D，F 相电流 g）三相电动机三相电流 h）零序电流 i_{z2}

于零，其关系满足式（6-70）。

为了进一步研究两台电动机转速不等时串联驱动系统的稳态运行性能，做六相电动机转速 300r/min、三相电动机转速 250r/min 时的稳态负载实验，如图 6-25 所示。从实验结果可见，不同转速时，电磁转矩、定子磁链均跟踪对应的给定值，由于两台电动机转速不相等，所以三相电动机电流流过六相电动机绕组后，对逆变器输出电流幅值进行了调制，使得逆变器输出电流 B，C，E，F 相幅值不恒定，D 相电流与三相电动机电流幅值相等。

为了验证缺相后两台电动机控制上的解耦性能，分别做如图 6-26 ~ 图 6-31 所

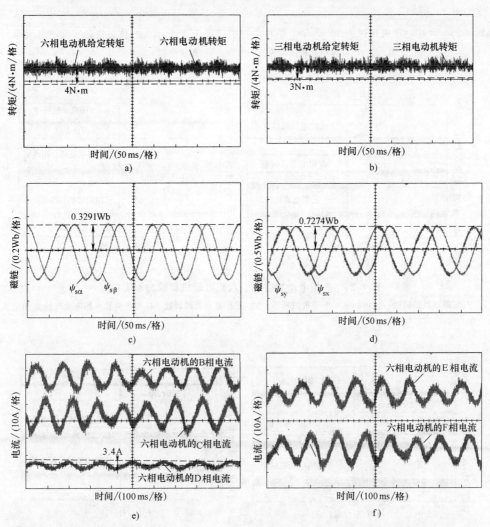

图 6-25　六相电动机转速为 300r/min、三相电动机转速为 250r/min 的稳态负载实验波形

a）六相电动机转矩与给定转矩　b）三相电动机转矩与给定转矩　c）六相电动机定子磁链 $\psi_{s\alpha}$，$\psi_{s\beta}$

d）三相电动机磁链 ψ_{sx}，ψ_{sy}　e）六相电动机 B，C，D 相电流　f）六相电动机 E，F 相电流

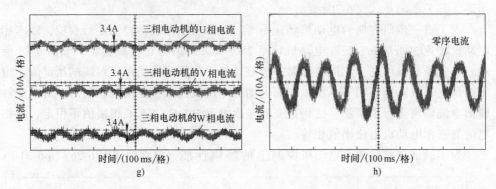

图 6-25 六相电动机转速为 300r/min、三相电动机转速为 250r/min 的稳态负载实验波形（续）

g）三相电动机三相电流 h）零序电流 i_{z2}

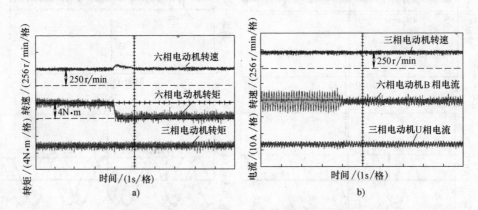

图 6-26 三相电动机空载、六相电动机负载突卸实验

a）六相电动机的转速、转矩和三相电动机的转矩 b）三相电动机的转速、U 相电流和六相电动机的 B 相电流

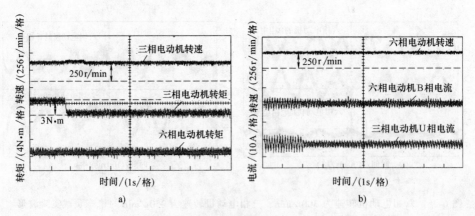

图 6-27 六相电动机空载、三相电动机负载突卸实验

a）三相电动机的转速、转矩和六相电动机的转矩 b）六相电动机的转速、B 相电流和三相电动机的 U 相电流

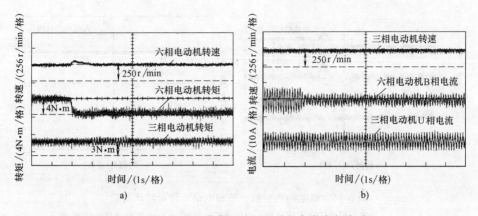

图 6-28 双电动机带载、六相电动机负载突卸实验

a) 六相电动机的转速、转矩和三相电动机的转速 b) 三相电动机的转速、U 相电流和六相电动机的 B 相电流

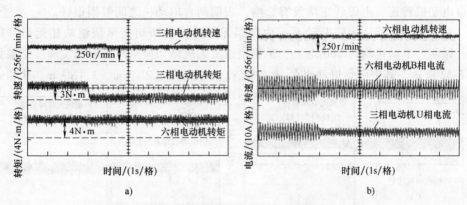

图 6-29 双电动机带载、三相电动机负载突卸实验

a) 三相电动机的转速、转矩和六相电动机的转速 b) 六相电动机的转速、B 相电流和三相电动机的 U 相电流

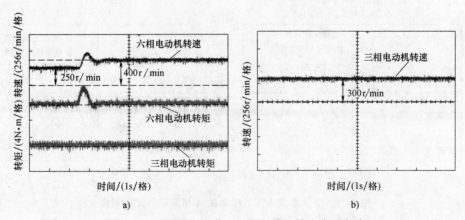

图 6-30 双电动机空载、六相电动机转速阶跃实验

a) 六相电动机的转速、转矩和三相电动机的转矩 b) 三相电动机的转速

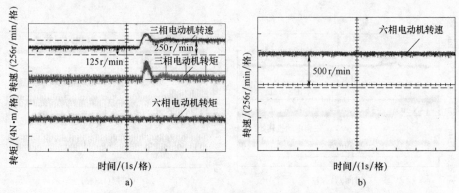

图 6-31 双电动机空载、三相电动机转速阶跃实验

a) 三相电动机的转速、转矩和六相电动机的转矩　b) 六相电动机的转速

示条件下的动态实验。从实验结果可见，无论其中哪一台电动机发生动态，对另外一台电动机转速、电磁转矩均没有影响，表明两台电动机之间解耦很好。

为了进一步验证串联驱动系统由绕组无故障不间断切换至绕组缺相运行的能力，做两台电动机均为 300r/min，A 相绕组由无故障切换至故障时的实验，结果如图 6-32 所示，其中两台电动机所带负载转矩分别为 4.2N·m，3.4N·m。从实验

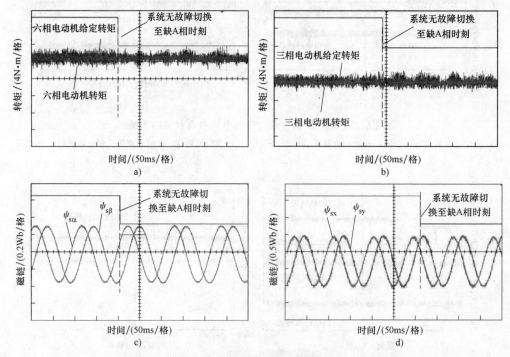

图 6-32 串联系统由无故障向缺 A 相的运行实验切换

a) 六相电动机的转矩和给定转矩　b) 三相电动机的转矩和给定转矩　c) 六相电动机定子磁链 $\psi_{s\alpha}$，$\psi_{s\beta}$

d) 三相电动机定子磁链 ψ_{sx}，ψ_{sy}

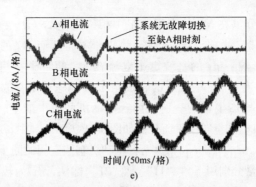

图 6-32　串联系统由无故障向缺 A 相的运行实验切换（续）

e）A，B，C 相电流

结果可见，故障发生前后，电磁转矩基本没有变化，达到了绕组缺相故障串联系统不间断运行能力。

6.3　五相串联五相永磁同步电动机驱动系统直接转矩控制

6.3.1　驱动系统解耦数学模型

6.2 节串联驱动系统中两台电动机的相数不同，除此之外还存在两台相数相同的电动机串联驱动系统，本节以两台五相永磁同步电动机串联驱动为例进行讲解。另外，6.2 节串联系统电动机均为正弦波电动机，控制过程中没有高次谐波的控制问题，但实际多相电动机反电动势会由于相数增多带来一定的谐波，如何消除谐波的影响？为此，本节研究的五相电动机反电动势存在较大幅值的 3 次谐波，构建谐波消除控制策略能够更好地实现两台电动机 DTC 控制之间的解耦。

2.4 节详细研究了单个五相永磁同步电动机的数学模型，在此基础上本节将进一步研究串联两台电动机系统的数学模型。串联两台五相永磁同步电动机（M_1 与 M_2）与五相逆变器的连接关系如图 6-33 所示。

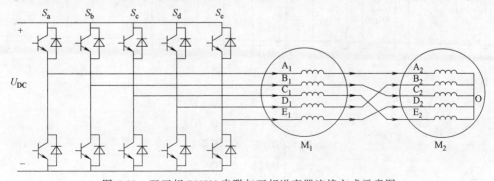

图 6-33　双五相 PMSM 串联与五相逆变器连接方式示意图

M_2 的基波电流分量在 M_1 的定子绕组中相位互差 $2\alpha(\alpha=2\pi/5)$，这样 M_2 的基波电流分量在 M_1 中产生的合成定子磁动势等于零，从而 M_2 的基波电流不会对 M_1 机电能量转换产生影响；M_1 的基波定子电流在 M_2 的定子绕组中相位互差 3α，这样 M_1 的基波定子电流在 M_2 中产生的合成定子磁链等于零，故 M_1 的基波电流不会对 M_2 的机电能量转换产生影响。所以两台电动机的机电能量转换相互解耦。

定义 M_1 和 M_2 机电能量转换平面分别如图 6-34 所示。其中 $\alpha\beta$, xy 分别为两个平面上的静止直角坐标系，$d_{11}q_{11}$、$d_{21}q_{21}$ 为两台电动机基波空间的同步旋转坐标系，两台电动机的基波平面上变量分别用下角 "11" 及 "21" 标注，ψ_r 为转子永磁体磁链。两台电动机各自的自然坐标系见 2.4 节，本节着重建立串联驱动系统数学模型。

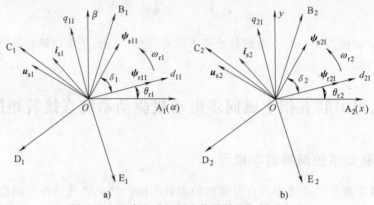

图 6-34 两台电动机机电能量转换坐标系定义
a) M_1 基波平面坐标系定义 b) M_2 基波平面坐标系定义

根据图 6-33 所示串联绕组连接方式，M_1 的 A_1，B_1，C_1，D_1，E_1 相分别与 M_2 的 A_2，C_2，E_2，B_2，D_2 相绕组串联，由此串联系统在五相自然坐标系下各串联支路总磁链 $\psi_{sA}\sim\psi_{sE}$ 可以建立为

$$
\begin{bmatrix} \psi_{sA} \\ \psi_{sB} \\ \psi_{sC} \\ \psi_{sD} \\ \psi_{sE} \end{bmatrix} = \begin{bmatrix} \psi_{sA1} \\ \psi_{sB1} \\ \psi_{sC1} \\ \psi_{sD1} \\ \psi_{sE1} \end{bmatrix} + \begin{bmatrix} \psi_{sA2} \\ \psi_{sC2} \\ \psi_{sE2} \\ \psi_{sB2} \\ \psi_{sD2} \end{bmatrix} = \begin{bmatrix} \psi_{sA1} \\ \psi_{sB1} \\ \psi_{sC1} \\ \psi_{sD1} \\ \psi_{sE1} \end{bmatrix} + T_d \begin{bmatrix} \psi_{sA2} \\ \psi_{sB2} \\ \psi_{sC2} \\ \psi_{sD2} \\ \psi_{sE2} \end{bmatrix} = L_1 \begin{bmatrix} i_{sA} \\ i_{sB} \\ i_{sC} \\ i_{sD} \\ i_{sE} \end{bmatrix} + \begin{bmatrix} \psi_{rA1} \\ \psi_{rB1} \\ \psi_{rC1} \\ \psi_{rD1} \\ \psi_{rE1} \end{bmatrix} + T_d L_2 T_d^{-1} \begin{bmatrix} i_{sA} \\ i_{sB} \\ i_{sC} \\ i_{sD} \\ i_{sE} \end{bmatrix} + T_d \begin{bmatrix} \psi_{rA2} \\ \psi_{rB2} \\ \psi_{rC2} \\ \psi_{rD2} \\ \psi_{rE2} \end{bmatrix}
$$

(6-75)

其中

$$
T_d = \begin{bmatrix} 1 & 0 & 0 & 0 & 0 \\ 0 & 0 & 1 & 0 & 0 \\ 0 & 0 & 0 & 0 & 1 \\ 0 & 1 & 0 & 0 & 0 \\ 0 & 0 & 0 & 1 & 0 \end{bmatrix}
$$

(6-76)

$$\begin{bmatrix} i_{sA} \\ i_{sB} \\ i_{sC} \\ i_{sD} \\ i_{sE} \end{bmatrix} = \boldsymbol{T}_{d} \begin{bmatrix} i_{sA2} \\ i_{sB2} \\ i_{sC2} \\ i_{sD2} \\ i_{sE2} \end{bmatrix} \qquad (6\text{-}77)$$

根据两台电动机绕组之间的串联关系，串联系统各支路电压 $u_{AO} \sim u_{EO}$ 可以建立为

$$\begin{bmatrix} u_{AO} \\ u_{BO} \\ u_{CO} \\ u_{DO} \\ u_{EO} \end{bmatrix} = \begin{bmatrix} u_{sA1} \\ u_{sB1} \\ u_{sC1} \\ u_{sD1} \\ u_{sE1} \end{bmatrix} + \boldsymbol{T}_{d} \begin{bmatrix} u_{sA2} \\ u_{sB2} \\ u_{sC2} \\ u_{sD2} \\ u_{sE2} \end{bmatrix} = (R_{s1} + R_{s2}) \begin{bmatrix} i_{sA} \\ i_{sB} \\ i_{sC} \\ i_{sD} \\ i_{sE} \end{bmatrix} + \frac{d}{dt} \begin{bmatrix} \psi_{sA} \\ \psi_{sB} \\ \psi_{sC} \\ \psi_{sD} \\ \psi_{sE} \end{bmatrix} \qquad (6\text{-}78)$$

利用式（2-81）$\boldsymbol{T}_5$ 矩阵把第一台电动机 M_1 的自然坐标系中定子磁链变换至 $\alpha\beta$，xy 平面上如下：

$$\begin{bmatrix} \psi_{s\alpha 1} \\ \psi_{s\beta 1} \end{bmatrix} = \begin{bmatrix} a_1 & b_1 \\ c_1 & d_1 \end{bmatrix} \begin{bmatrix} i_{\alpha} \\ i_{\beta} \end{bmatrix} + \sqrt{\frac{5}{2}} \psi_{r11} \begin{bmatrix} \cos\theta_{r1} \\ \sin\theta_{r1} \end{bmatrix} \qquad (6\text{-}79)$$

$$\begin{bmatrix} \psi_{sx1} \\ \psi_{sy1} \end{bmatrix} = \begin{bmatrix} e_1 & f_1 \\ g_1 & h_1 \end{bmatrix} \begin{bmatrix} i_x \\ i_y \end{bmatrix} + \sqrt{\frac{5}{2}} \psi_{r13} \begin{bmatrix} \cos 3\theta_{r1} \\ -\sin 3\theta_{r1} \end{bmatrix} \qquad (6\text{-}80)$$

$$\psi_{sz1} = L_{s\sigma 1} i_z \qquad (6\text{-}81)$$

式中，$\psi_{s\alpha 1}$，$\psi_{s\beta 1}$ 为 M_1 的基波磁链；ψ_{sx1}，ψ_{sy1} 为 M_1 的 3 次谐波磁链，$a_1 = L_{s\sigma 1} + 2.5L_{sm11} + 2.5L_{rs11}\cos(2\theta_{r1})$，$b_1 = c_1 = 2.5L_{rs11}\sin(2\theta_{r1})$，$d_1 = L_{s\sigma 1} + 2.5L_{sm11} - 2.5L_{rs11}\cos(2\theta_{r1})$，$e_1 = L_{s\sigma 1} + 2.5L_{sm13} + 2.5L_{rs13}\cos(6\theta_{r1})$，$f_1 = g_1 = -2.5L_{rs13}\sin(6\theta_{r1})$，$h_1 = L_{s\sigma 1} + 2.5L_{sm13} - 2.5L_{rs13}\cos(6\theta_{r1})$；$L_{s\sigma 1}$ 为 M_1 每相绕组的基波和 3 次谐波自漏感之和。由于 i_z 正比于逆变器五相电流之和，该串联系统中性点 O 未引出，所以 i_z 恒为零，因此 M_1 零序平面磁链 ψ_{sz1} 恒为零。

同样方法，可以把 M_2 电动机自然坐标系定子磁链变换至 $\alpha\beta$，xy 平面上如下：

$$\begin{bmatrix} \psi_{s\alpha 2} \\ \psi_{s\beta 2} \end{bmatrix} = \begin{bmatrix} a_2 & b_2 \\ c_2 & d_2 \end{bmatrix} \begin{bmatrix} i_{\alpha} \\ i_{\beta} \end{bmatrix} + \sqrt{\frac{5}{2}} \psi_{r23} \begin{bmatrix} \cos 3\theta_{r2} \\ \sin 3\theta_{r2} \end{bmatrix} \qquad (6\text{-}82)$$

$$\begin{bmatrix} \psi_{sx2} \\ \psi_{sy2} \end{bmatrix} = \begin{bmatrix} e_2 & f_2 \\ g_2 & h_2 \end{bmatrix} \begin{bmatrix} i_x \\ i_y \end{bmatrix} + \sqrt{\frac{5}{2}} \psi_{r21} \begin{bmatrix} \cos\theta_{r2} \\ \sin\theta_{r2} \end{bmatrix} \qquad (6\text{-}83)$$

$$\psi_{sz2} = L_{s\sigma 2} i_z \qquad (6\text{-}84)$$

式中，$\psi_{s\alpha 2}$，$\psi_{s\beta 2}$ 为 M_2 的 3 次谐波磁链；ψ_{sx2}，ψ_{sy2} 为 M_2 的基波磁链，$a_2 = L_{s\sigma 2} + 2.5L_{sm23} + 2.5L_{rs23}\cos(6\theta_{r2})$，$b_2 = c_2 = 2.5L_{rs23}\sin(6\theta_{r2})$，$d_2 = L_{s\sigma 2} + 2.5L_{sm23} - 2.5L_{rs23}\cos(6\theta_{r2})$，$e_2 = L_{s\sigma 2} + 2.5L_{sm21} + 2.5L_{rs21}\cos(2\theta_{r2})$，$f_2 = g_2 = 2.5L_{rs21}\sin(2\theta_{r2})$，

$h_2 = L_{s\sigma2} + 2.5L_{sm21} - 2.5L_{rs21}\cos(2\theta_{r2})$ ；$L_{s\sigma2}$ 为 M_2 每相绕组的基波和三次谐波自漏感之和。由于 i_z 恒为零，因此 M_2 零序平面磁链 ψ_{sz2} 恒为零。

经过坐标变换后，串联系统电压方程为

$$\begin{bmatrix} u_\alpha \\ u_\beta \end{bmatrix} = \begin{bmatrix} R_{s1}+R_{s2} & 0 \\ 0 & R_{s1}+R_{s2} \end{bmatrix} \begin{bmatrix} i_\alpha \\ i_\beta \end{bmatrix} + \frac{\mathrm{d}}{\mathrm{d}t}\begin{bmatrix} \psi_{s\alpha1} \\ \psi_{s\beta1} \end{bmatrix} + \frac{\mathrm{d}}{\mathrm{d}t}\begin{bmatrix} \psi_{s\alpha2} \\ \psi_{s\beta2} \end{bmatrix} \qquad (6\text{-}85)$$

$$\begin{bmatrix} u_x \\ u_y \end{bmatrix} = \begin{bmatrix} R_{s1}+R_{s2} & 0 \\ 0 & R_{s1}+R_{s2} \end{bmatrix} \begin{bmatrix} i_x \\ i_y \end{bmatrix} + \frac{\mathrm{d}}{\mathrm{d}t}\begin{bmatrix} \psi_{sx1} \\ \psi_{sy1} \end{bmatrix} + \frac{\mathrm{d}}{\mathrm{d}t}\begin{bmatrix} \psi_{sx2} \\ \psi_{sy2} \end{bmatrix} \qquad (6\text{-}86)$$

由此可见，$\alpha\beta$ 平面电压不仅与 M_1 基波磁链有关，还与 M_2 的 3 次谐波磁链有关；xy 平面电压不仅与 M_2 基波磁链有关，还与 M_1 的 3 次谐波磁链有关。所以，若两台电动机没有谐波，则两个平面分别控制两台电动机，相互解耦；但由于存在谐波，故导致两个平面相互耦合。

静止坐标系下的两台电动机电磁转矩分别如下：

$$T_{e1} = T_{e11} + T_{e13}$$
$$= p_1(\psi_{s\alpha1}i_\beta - \psi_{s\beta1}i_\alpha) - 3p_1(\psi_{sx1}i_y - \psi_{sy1}i_x) \qquad (6\text{-}87)$$

$$T_{e2} = T_{e21} + T_{e23}$$
$$= p_2(\psi_{sx2}i_y - \psi_{sy2}i_x) + 3p_2(\psi_{s\alpha2}i_\beta - \psi_{s\beta2}i_\alpha) \qquad (6\text{-}88)$$

两台电动机的电磁转矩均由两部分构成：①自身电动机的基波磁链与电流作用产生的主要电磁转矩；②自身的 3 次谐波磁链与 3 次谐波电流作用产生的谐波电磁转矩。

利用以下的 $\boldsymbol{R}_1$ ［其形式见式（2-91）］变换矩阵把 M_1 静止直角坐标系数学模型变换至旋转坐标系 $d_{11}q_{11}d_{13}q_{13}$ 中，其中磁链方程如下：

$$\begin{bmatrix} \psi_{d11} \\ \psi_{q11} \\ \psi_{d13} \\ \psi_{q13} \\ \psi_{\sigma1} \end{bmatrix} = \boldsymbol{R}_1 \begin{bmatrix} \psi_{s\alpha1} \\ \psi_{s\beta1} \\ \psi_{sx1} \\ \psi_{sy1} \\ \psi_{sz1} \end{bmatrix} \qquad (6\text{-}89)$$

其中

$$\begin{bmatrix} \psi_{d11} \\ \psi_{q11} \end{bmatrix} = \begin{bmatrix} L_{s\sigma}+2.5(L_{sm11}+L_{rs11}) & 0 \\ 0 & L_{s\sigma}+2.5(L_{sm11}-L_{rs11}) \end{bmatrix} \begin{bmatrix} i_{d11} \\ i_{q11} \end{bmatrix} + \begin{bmatrix} \sqrt{\dfrac{5}{2}}\psi_{r11} \\ 0 \end{bmatrix}$$

$$= \begin{bmatrix} L_{d11} & 0 \\ 0 & L_{q11} \end{bmatrix} \begin{bmatrix} i_{d11} \\ i_{q11} \end{bmatrix} + \begin{bmatrix} \sqrt{\dfrac{5}{2}}\psi_{r11} \\ 0 \end{bmatrix}$$

$$(6\text{-}90)$$

$$\begin{bmatrix} \psi_{d13} \\ \psi_{q13} \end{bmatrix} = \begin{bmatrix} L_{s\sigma} + 2.5(L_{sm13} + L_{rs13}) & 0 \\ 0 & L_{s\sigma} + 2.5(L_{sm13} - L_{rs13}) \end{bmatrix} \begin{bmatrix} i_{d13} \\ i_{q13} \end{bmatrix} + \begin{bmatrix} \sqrt{\dfrac{5}{2}}\psi_{r13} \\ 0 \end{bmatrix}$$

$$= \begin{bmatrix} L_{d13} & 0 \\ 0 & L_{q13} \end{bmatrix} \begin{bmatrix} i_{d13} \\ i_{q13} \end{bmatrix} + \begin{bmatrix} \sqrt{\dfrac{5}{2}}\psi_{r13} \\ 0 \end{bmatrix} \tag{6-91}$$

电磁转矩如下：

$$T_{e1} = p_1(\psi_{d11}i_{q11} - \psi_{q11}i_{d11}) - 3p_1(\psi_{d13}i_{q13} - \psi_{q13}i_{d13}) \tag{6-92}$$

同样方法，利用 $\boldsymbol{R}_2$ 变换矩阵把 M_2 静止数学模型变换至 $d_{23}q_{23}d_{21}q_{21}$ 旋转坐标系中的 M_2 数学模型，其中磁链方程如下：

$$\boldsymbol{R}_2 = \begin{bmatrix} \cos3\theta_{r2} & \sin3\theta_{r2} & 0 & 0 & 0 \\ -\sin3\theta_{r2} & \cos3\theta_{r2} & 0 & 0 & 0 \\ 0 & 0 & \cos\theta_{r2} & \sin\theta_{r2} & 0 \\ 0 & 0 & -\sin\theta_{r2} & \cos\theta_{r2} & 0 \\ 0 & 0 & 0 & 0 & 1 \end{bmatrix} \tag{6-93}$$

$$\begin{bmatrix} \psi_{d23} \\ \psi_{q23} \\ \psi_{d21} \\ \psi_{q21} \\ \psi_{\sigma2} \end{bmatrix} = \boldsymbol{R}_2 \begin{bmatrix} \psi_{s\alpha2} \\ \psi_{s\beta2} \\ \psi_{sx2} \\ \psi_{sy2} \\ \psi_{sz2} \end{bmatrix} \tag{6-94}$$

其中

$$\begin{bmatrix} \psi_{d23} \\ \psi_{q23} \end{bmatrix} = \begin{bmatrix} L_{s\sigma} + 2.5(L_{sm23} + L_{rs23}) & 0 \\ 0 & L_{s\sigma} + 2.5(L_{sm23} - L_{rs23}) \end{bmatrix} \begin{bmatrix} i_{d23} \\ i_{q23} \end{bmatrix} + \begin{bmatrix} \sqrt{\dfrac{5}{2}}\psi_{r23} \\ 0 \end{bmatrix}$$

$$= \begin{bmatrix} L_{d23} & 0 \\ 0 & L_{q23} \end{bmatrix} \begin{bmatrix} i_{d23} \\ i_{q23} \end{bmatrix} + \begin{bmatrix} \sqrt{\dfrac{5}{2}}\psi_{r23} \\ 0 \end{bmatrix} \tag{6-95}$$

$$\begin{bmatrix} \psi_{d21} \\ \psi_{q21} \end{bmatrix} = \begin{bmatrix} L_{s\sigma} + 2.5(L_{sm21} + L_{rs21}) & 0 \\ 0 & L_{s\sigma} + 2.5(L_{sm21} - L_{rs21}) \end{bmatrix} \begin{bmatrix} i_{d21} \\ i_{q21} \end{bmatrix} + \begin{bmatrix} \sqrt{\dfrac{5}{2}}\psi_{r21} \\ 0 \end{bmatrix}$$

$$= \begin{bmatrix} L_{d21} & 0 \\ 0 & L_{q21} \end{bmatrix} \begin{bmatrix} i_{d21} \\ i_{q21} \end{bmatrix} + \begin{bmatrix} \sqrt{\dfrac{5}{2}}\psi_{r21} \\ 0 \end{bmatrix} \tag{6-96}$$

电磁转矩方程如下：

$$T_{e2} = 3p_2(\psi_{d23}i_{q23} - \psi_{q23}i_{d23}) + p_2(\psi_{d21}i_{q21} - \psi_{q21}i_{d21}) \quad (6\text{-}97)$$

6.3.2 具有谐波补偿的直接转矩控制原理

根据式（6-90）可以进一步求出 $d_{11}q_{11}$ 坐标系中 dq 轴电流分量如下：

$$i_{d11} = \frac{\psi_{d11} - \sqrt{\dfrac{5}{2}}\psi_{r11}}{L_{d11}} = \frac{|\boldsymbol{\psi}_{s11}|\cos\delta_1 - \sqrt{\dfrac{5}{2}}\psi_{r11}}{L_{d11}} \quad (6\text{-}98)$$

$$i_{q11} = \frac{\psi_{q11}}{L_{q11}} = \frac{|\boldsymbol{\psi}_{s11}|\sin\delta_1}{L_{q11}} \quad (6\text{-}99)$$

把式（6-98）和式（6-99）代入式（6-92）中的基波电磁转矩中得到 M_1 基波电磁转矩与转矩角、基波磁链幅值之间的关系如下：

$$T_{e11} = \sqrt{\frac{5}{2}}p_1\frac{1}{L_{d1}}|\boldsymbol{\psi}_{s11}||\boldsymbol{\psi}_{r11}|\sin\delta_1 + p_1\frac{L_{d1}-L_{q1}}{2L_{d1}L_{q1}}|\boldsymbol{\psi}_{s11}|^2\sin2\delta_1 \quad (6\text{-}100)$$

同理，可以推导 M_2 基波电磁转矩与转矩角、基波磁链幅值之间的关系如下：

$$T_{e21} = \sqrt{\frac{5}{2}}p_2\frac{1}{L_{d2}}|\boldsymbol{\psi}_{s21}||\boldsymbol{\psi}_{r21}|\sin\delta_2 + p_2\frac{L_{d2}-L_{q2}}{2L_{d2}L_{q2}}|\boldsymbol{\psi}_{s21}|^2\sin2\delta_2 \quad (6\text{-}101)$$

从表达式（6-100）和式（6-101）构成可见，只要将两台电动机各自的基波磁链幅值控制为恒定值，再利用各自的转矩角即可控制对应电动机的基波电磁转矩。但从式（6-92）和式（6-97）转矩构成可见，两台电动机电磁转矩除了各自的基波电磁转矩外，还包括另一台电动机的 3 次谐波磁链产生的 3 次谐波电磁转矩，从而导致

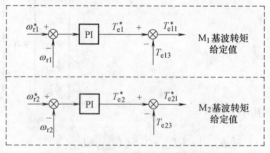

图 6-35　3 次谐波转矩的补偿策略

两台电动机的总转矩相互耦合。为此，采用 3 次谐波电磁转矩前馈补偿的方式，从给定总电磁转矩中提取出对应基波电磁转矩给定值，内环采用基波电磁转矩闭环结构，具体补偿策略结构如图 6-35 所示。

利用矩阵 $\boldsymbol{T}_5$ 把五相逆变器输出相电压转换至 $\alpha\beta xyz$ 轴系上，得到的形式与式（4-32）一样，只是把对应电压分量下角进行置换如下：

$$\begin{bmatrix} u_\alpha \\ u_\beta \\ u_x \\ u_y \\ u_z \end{bmatrix} = \sqrt{\frac{2}{5}}U_{DC}\begin{bmatrix} S_a + S_b\cos\alpha + S_c\cos2\alpha + S_d\cos3\alpha + S_e\cos4\alpha \\ S_b\sin\alpha + S_c\sin2\alpha + S_d\sin3\alpha + S_e\sin4\alpha \\ S_a + S_b\cos2\alpha + S_c\cos4\alpha + S_d\cos6\alpha + S_e\cos8\alpha \\ S_b\sin2\alpha + S_c\sin3\alpha + S_d\sin6\alpha + S_e\sin8\alpha \\ 0 \end{bmatrix} \quad (6\text{-}102)$$

根据式 (6-102) 获得的 $\alpha\beta$ 平面电压矢量 $u_\alpha+ju_\beta$ 和 xy 平面电压矢量 u_x+ju_y 如图 6-36 所示。为了丰富可选最优电压矢量，采用两个基本电压矢量各作用一半控制周期合成出新的电压矢量 50 ~ 69，具体合成电压矢量如下：50 (1, 27)，51 (8, 15)，52 (16, 23)，53 (4, 30)，54 (4, 15)，55 (1, 29)，56 (2, 30)，57 (16, 27)，58 (2, 15)，59 (8, 27)，60 (4, 23)，61 (16, 29)，62 (1, 15)，63 (8, 29)，64 (2, 23)，65 (16, 30)，66 (2, 27)，67 (8, 30)，68 (4, 29)，69 (1, 23)。例如合成电压矢量 50 是由基本电压矢量 1 和 27 合成的，处于矢量 1 和矢量 27 所夹区间的中心线上。将两个平面上相邻的两个电压矢量（包括合成电压矢量）所夹区域定义为一个扇区，这样两个平面均被划分为 20 个扇区，每一个扇区所夹区域为 18°，第一扇区为 [0°, 18°)，第二个扇区为 [18°, 36°)，其他扇区依次类推。在电压矢量选择中，为了减小逆变器开关损耗，应优先选择基本电压矢量，若没有满足条件的基本电压矢量可选，那么再从合成电压矢量中选择。具体确定最优开关矢量的过程与五相电动机双平面直接转矩控制策略类似。

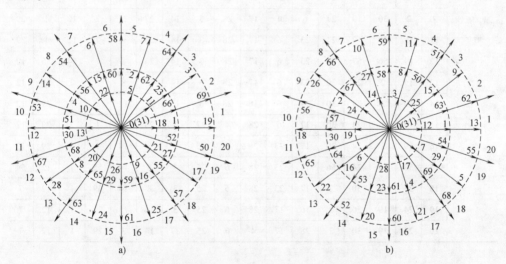

图 6-36 双五相电动机串联系统电压矢量图及扇区划分

a) $\alpha\beta$ 平面电压矢量及扇区划分 b) xy 平面电压矢量及扇区划分

所构建出来的最优开关矢量表见表 6-4。根据两台电动机基波磁链矢量所处扇区编号、两台电动机基波定子磁链幅值及电磁转矩控制需要查表 6-4，可以获得一个最优开关矢量表通过逆变器施加到串联驱动系统上，从而实现两台电动机基波电磁幅值及电磁转矩的双闭环控制。$\tau=1$ 和 0 分别表示电磁转矩增大和减小；$\phi=1$ 和 0 分别表示定子磁链幅值增大和减小。

根据上述控制策略阐述，建立双五相永磁同步电动机串联驱动系统直接转矩控制框图，如图 6-37 所示。

表 6-4　双五相串联电动机系统中 M₂ 处于第 1 扇区开关矢量表

M₂ 处于 第 1 扇区	ϕ_{21}	1	1	1	1	1	1	1	1	0	0	0	0	0	0	0	0
	τ_{21}	1	1	1	1	0	0	0	0	1	1	1	1	0	0	0	0
	ϕ_{11}	1	1	0	0	1	1	0	0	1	1	0	0	1	1	0	0
	τ_{11}	1	0	1	0	1	0	1	0	1	0	1	0	1	0	1	0
M₁ 所处 扇区	1	24	19	30	1	28	17	6	23	8	25	14	3	29	1	12	7
	2	24	57	56	19	28	17	6	23	8	25	14	3	12	55	54	7
	3	30	24	2	19	28	17	6	23	8	25	15	3	12	29	7	1
	4	30	24	2	19	28	16	6	17	14	25	15	3	12	29	7	1
	5	30	24	2	19	4	28	6	17	14	25	3	27	12	29	7	1
	6	30	24	2	19	6	28	23	17	14	3	25	12	29	7	1	
	7	56	19	24	57	6	28	23	17	14	3	25	54	12	7	55	
	8	2	30	19	24	6	28	23	17	14	3	25	7	12	1	29	
	9	2	30	19	24	6	28	17	16	15	14	3	25	7	12	1	29
	10	2	30	19	24	6	4	17	28	3	14	27	25	7	12	1	29
	11	2	30	19	24	23	6	17	28	8	14	25		7	12	1	29
	12	19	56	57		6	17	28	3	14	25	8	7	54	55	12	
	13	19	2	24	30	23	6	17	28	3	14	25	8	1	7	29	12
	14	19	2	24	30	17	6	16	28	3	15	25	14	1	7	29	12
	15	19	2	24	30	17	6	28	4	27	3	25	14	1	7	29	12
	16	19	2	24	30	17	23	28	6	25	3	8	14	1	7	29	12
	17	57	19	24	56	17	23	28	6	25	3	8	14	55	7	12	54
	18	24	19	30	2	17	23	28	6	25	3	8	14	29	1	12	7
	19	24	19	30	2	16	17	28	6	25	3	14	15	29	1	12	7
	20	24	19	30	2	28	17	4	6	25	27	14	3	29	1	12	7

6.3.3　直接转矩控制仿真研究

　　所采用的五相永磁同步电动机参数见附录中的表 A-2，两台电动机给定基波定子磁链幅值均为 0.1708Wb，控制周期为 $60\mu s$，两台电动机的转速 PI 调节器比例和积分系数分别为 0.2 和 10。在 M₁ 给定转速 600r/min、负载转矩 5N·m，M₂ 给定转速 200r/min、负载转矩 3N·m 条件下进行稳态仿真，结果如图 6-38 所示。

　　从仿真结果可见：①两台电动机电磁转矩被很好地控制在对应给定值上，M₁ 和 M₂ 电磁转矩脉动分别为 0.8N·m、0.6N·m，转矩中的高频谐波含量小于 -40dB；②利用电压矢量对两台电动机的电磁转矩基波分量进行解耦控制，实现了基波电磁转矩跟随 3 次谐波电磁转矩变化而变化，从而实现总电磁转矩的恒定；

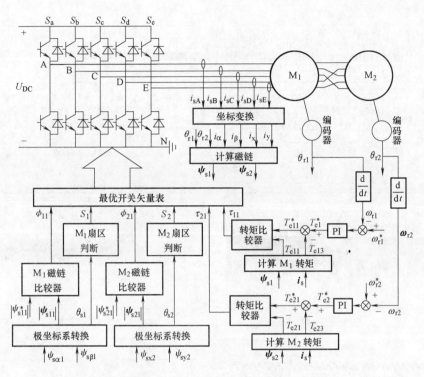

图 6-37 双五相永磁同步电动机串联驱动系统基于开关表的 DTC 控制框图

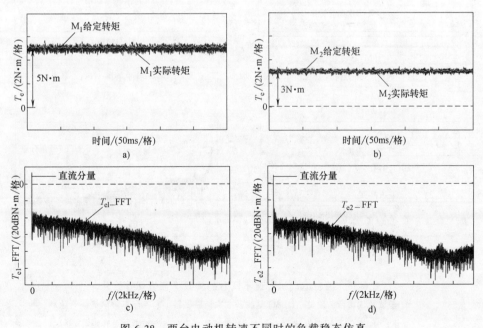

图 6-38 两台电动机转速不同时的负载稳态仿真

a）M₁ 转矩与给定转矩　b）M₂ 转矩与给定转矩　c）M₁ 总转矩 FFT　d）M₂ 总转矩 FFT

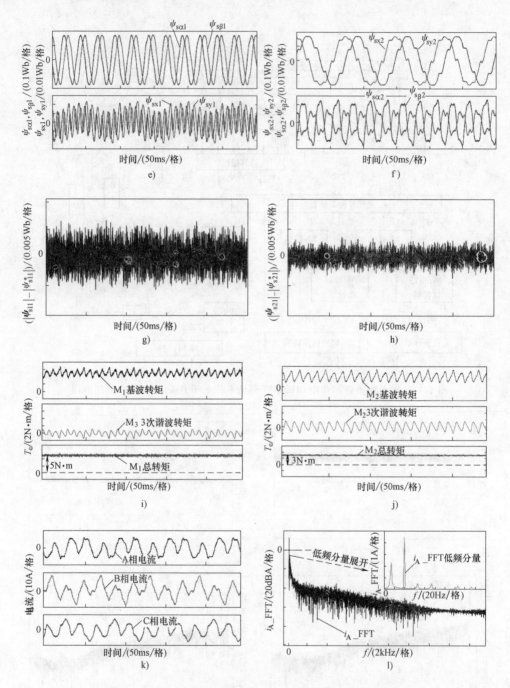

图 6-38 两台电动机转速不同时的负载稳态仿真（续）

e）M_1 基波及 3 次谐波磁链　f）M_2 基波及 3 次谐波磁链　g）M_1 基波磁链幅值脉动

h）M_2 基波磁链幅值脉动　i）M_1 基波转矩、3 次谐波转矩与总转矩

j）M_2 基波转矩、3 次谐波转矩与总转矩　k）ABC 相电流　l）A 相电流 FFT

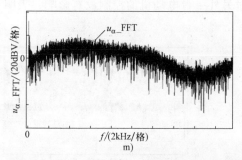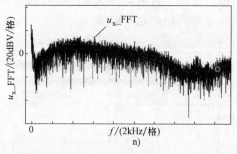

图 6-38　两台电动机转速不同时的负载稳态仿真（续）

m）α 轴电压 FFT　n）x 轴电压 FFT

③由于两台电动机基波转矩含有较大脉动分量用于抵消 3 次谐波电磁转矩对总转矩的影响，所以在基波定子磁链幅值控制为恒定的情况下，其相位角受 3 次谐波调制，导致基波平面转矩角不恒定，基波定子磁链不是标准的正弦波；④两台电动机极对数相同，但转速不同时对应的基波频率不同，从而导致逆变器输出电流非正弦。由 A 相电流的 FFT 结果可见，逆变器输出的相电流主要含有 13.3Hz 和 40Hz 的两个频率分量，分别对应 M_2 和 M_1 的基波频率。

6.3.4　直接转矩控制实验研究

采用 TMS320F2812DSP 电动机控制平台对所提控制策略进行实验验证。当 M_1 转速 600r/min、负载转矩 5N·m，M_2 转速 200r/min、负载转矩 3N·m 时的稳态实验结果如图 6-39 所示。

从实验结果可见：①两台电动机电磁转矩被很好地控制在对应给定值上，M_1 和 M_2 电磁转矩脉动分别为 1.2N·m，1N·m；②利用电压矢量对两台电动机的电磁转矩基波分量进行解耦控制，实现了基波电磁转矩跟随 3 次谐波电磁转矩变化而变化，从而实现总电磁转矩恒定；③由于两台电动机基波转矩含有较大脉动分量用于抵消 3 次谐波电磁转矩对总转矩的影响，所以在基波定子磁链幅值控制为恒定的情况下，其相位角受 3 次谐波调制，导致基波平面转矩角不恒定，基波定子磁链不是标准的正弦波；④两台电动机极对数相同，但转速不同时对应基波频率不同，从而导致逆变器输出电流非正弦。由 A 相电流的 FFT 结构可见，逆变器输出的相电流主要含有 13.3Hz 和 40Hz 的两个频率分量，分别对应 M_2 和 M_1 的基波频率。

为了进一步研究所提出的串联电动机驱动 DTC 系统动态响应性能，当 M_1 转速 600r/min、M_2 转速 200r/min 条件下，对两台电动机分别做负载阶跃实验，结果如图 6-40 和图 6-41 所示。

从负载动态实验结果可见：①一台电动机转矩阶跃后，定子基波磁链幅值依然控制为恒定；②一台电动机转矩阶跃后，另外一台电动机转矩及转速均没有变化。

所以，任意一台电动机机电能量转换动作对另外一台电动机的控制没有影响，表明两台电动机控制相互解耦。

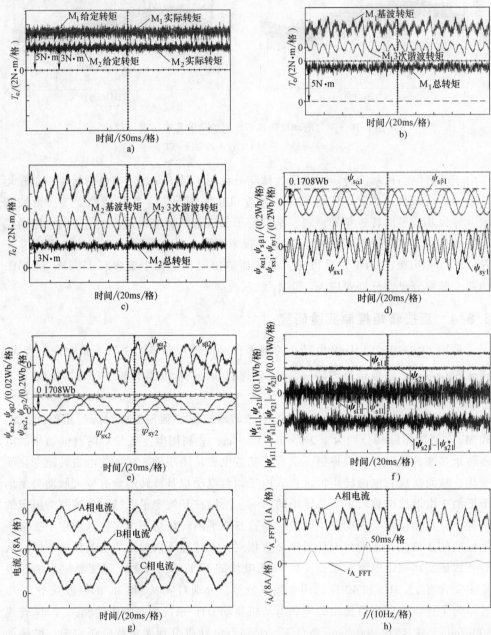

图 6-39 双五相电动机串联驱动 DTC 系统 M_1 转速 600r/min、M_2 转速 200r/min 时的负载稳态实验

a) 两台电动机转矩与给定转矩 b) M_1 基波转矩、3 次谐波转矩与总转矩

c) M_1 基波转矩、3 次谐波转矩与总转矩 d) M_1 定子磁链

e) M_2 定子磁链 f) 两台电动机基波磁链幅值与磁链脉动 g) ABC 相电流 h) A 相电流 FFT

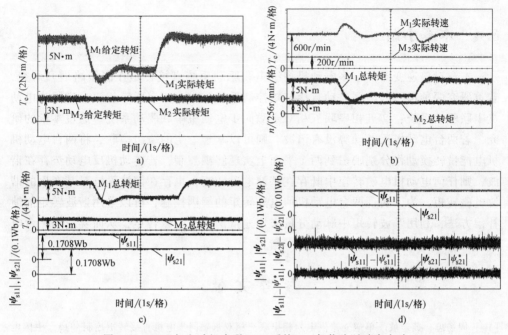

图 6-40　双五相电动机串联 DTC 系统 M₁ 负载阶跃动态实验

a）两台电动机转矩与给定转矩　b）两台电动机转矩与转速

c）两台电动机转矩与基波磁链幅值　d）两台电动机磁链幅值与磁链脉动

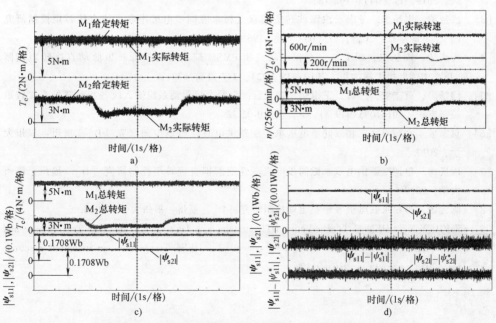

图 6-41　双五相电动机串联 DTC 系统 M₂ 负载阶跃动态实验

a）两台电动机转矩与给定转矩　b）两台电动机转矩与转速

c）两台电动机转矩与基波磁链幅值　d）两台电动机磁链幅值与磁链脉动

6.4　本章小结

　　本章对单逆变器供电多电动机绕组串联驱动系统直接转矩控制策略展开研究，着重研究两种类型的串联驱动直接转矩控制系统：①六相串联三相双永磁同步电动机串联驱动系统；②五相串联五相双永磁同步电动机串联驱动系统。通过本章的研究，若两台电动机反电动势没有谐波，则可以基于一定的绕组串联，将两台电动机机电能量转换动作分别映射到两个平面上实现解耦控制；若电动机反电动势存在谐波，则任何电动机电磁转矩中既存在基波电磁转矩，也存在谐波磁链对其产生的谐波电磁转矩，为了实现两台电动机的电磁转矩的解耦控制，可以采用谐波转矩前馈补偿方法，利用基波转矩中脉动分量来快速抵消谐波电磁转矩，从而实现每一台电动机的总转矩与各自的负载转矩相平衡。

参 考 文 献

［1］周扬忠，黄志坡. 单逆变器供电六相串联三相双永磁同步电机直接转矩控制［J］. 中国电机工程学报，2017，37（19）：5785-5795，5856.

［2］吴鑫，周扬忠. 单逆变器供电双五相永磁同步电机串联型直接转矩控制研究［J］. 电源学报，2019，17（04）：162-168.

［3］段庆涛，周扬忠. 考虑三次谐波转矩的双五相永磁同步电机串联系统直接转矩控制研究［J］. 电源学报，2019，17（05）：186-196.

［4］段庆涛，周扬忠，屈艾文. 六相串联三相 PMSM 缺相容错型低转矩脉动直接转矩控制［J］. 中国电机工程学报，2019，39（02）：347-358，632.

［5］周扬忠，黄志坡，闫震，王祖靖，钟天云. 串联电机驱动系统输入缺一相容错型直接转矩控制方法：201610958949. 1［P］. 2019-02-22.

［6］黄志坡. 六相串联三相双同步电机单逆变器供电直接转矩控制研究［D］. 福州：福州大学，2017.

［7］段庆涛. 单逆变器供电双永磁同步电机高性能解耦直接转矩控制研究［D］. 福州：福州大学，2019.

［8］陈光团. 多相永磁电机容错型驱动控制研究［D］. 福州：福州大学，2018.

［9］ZHOU Y Z, CHEN G T. Predictive DTC strategy with fault-tolerant function for xix-phase and three-phase PMSM series-connected drive system［J］. IEEE Transactions on Industrial Electronics, 2018, 65 (11): 9101-9112.

第7章　多相电动机直接转矩控制中的降低转矩脉动技术

7.1　引言

　　三相电动机采用三相逆变器供电，由于三相逆变器只能输出六个非零电压矢量及两个零电压矢量，故在基于开关表的直接转矩控制系统中会出现较大的转矩脉动。但对于多相电动机一般采用多相逆变器供电，从而可以输出更多的电压矢量，在相同的转矩及定子磁链幅值控制需求情况下，可以有多个电压矢量满足要求，这样就可以进一步根据电磁转矩和定子磁链幅值误差实际大小精选最合适的电压矢量，为电磁转矩误差和定子磁链幅值误差的进一步减小创造有利条件。但由于还要兼顾其他平面变量控制，因此也制约了电压矢量的优选。

　　基于开关表方式的直接转矩控制系统结构简单，但存在更多电压矢量最优选择的难题，若能结合电动机多平面变量控制需求，那么预测选择最优合适的电压矢量既能保留开关表式直接转矩控制算法简洁，又能减小电磁转矩和定子磁链幅值脉动。对于三相电动机直接转矩控制策略，可以利用空间电压矢量调制（Space Voltage Vector Pulse Width Modulation，SVPWM）方式进一步减小电磁转矩脉动；但多相逆变器的空间电压矢量非常多，如何采用简洁的算法实现多相逆变器空间电压矢量调制？另外，如何根据多相电动机直接转矩控制特性精确给出期望电压矢量也是亟待解决的难题。

7.2　空间电压矢量调制型直接转矩控制

7.2.1　扇区划分型空间矢量调制

1. 四矢量双平面空间矢量调制策略

　　从式（6-100）和式（6-101）可见，双五相永磁同步电动机串联驱动系统基波转矩是转矩角、基波定子磁链幅值的函数，以其中 M_1 转矩角对电磁转矩的控制进一步分析。

对式（6-100）左右两边分别求微分，结果如下：

$$\frac{\mathrm{d}T_{e11}}{\mathrm{d}t} = \left[\sqrt{\frac{5}{2}}\frac{p_1\psi_{r11}|\boldsymbol{\psi}_{s11}|}{L_{d11}}\cos\delta_1 + \frac{p_1(L_{d11}-L_{q11})|\boldsymbol{\psi}_{s11}|^2}{L_{d11}L_{q11}}\cos2\delta_1\right]\frac{\mathrm{d}\delta_1}{\mathrm{d}t}$$

$$+ \left[\sqrt{\frac{5}{2}}\frac{p_1\psi_{r11}}{L_{d11}}\sin\delta_1 + \frac{p_1(L_{d11}-L_{q11})|\boldsymbol{\psi}_{s11}|}{L_{d11}L_{q11}}\sin2\delta_1\right]\frac{\mathrm{d}|\boldsymbol{\psi}_{s11}|}{\mathrm{d}t} \quad (7\text{-}1)$$

根据式（7-1）进一步可以获得电磁转矩基波分量的差分 ΔT_{e11} 与转矩角的差分 $\Delta\delta_1$、基波定子磁链的差分 $\Delta|\boldsymbol{\psi}_{s11}|$ 关系如下：

$$\Delta T_{e11} = \left[\sqrt{\frac{5}{2}}\frac{p_1\psi_{r11}|\boldsymbol{\psi}_{s11}|}{L_{d11}}\cos\delta_1 + \frac{p_1(L_{d11}-L_{q11})|\boldsymbol{\psi}_{s11}|^2}{L_{d11}L_{q11}}\cos2\delta_1\right]\Delta\delta_1$$

$$+ \left[\sqrt{\frac{5}{2}}\frac{p_1\psi_{r11}}{L_{d11}}\sin\delta_1 + \frac{p_1(L_{d11}-L_{q11})|\boldsymbol{\psi}_{s11}|}{L_{d11}L_{q11}}\sin2\delta_1\right]\Delta|\boldsymbol{\psi}_{s11}| \quad (7\text{-}2)$$

从式（7-2）进一步推导出转矩角的差分 $\Delta\delta_1$ 如下：

$$\Delta\delta_1 = \frac{\Delta T_{e11} - \left[\sqrt{\frac{5}{2}}\frac{p_1\psi_{r11}}{L_{d11}}\sin\delta_1 + \frac{p_1(L_{d11}-L_{q11})|\boldsymbol{\psi}_{s11}|}{L_{d11}L_{q11}}\sin2\delta_1\right]\Delta|\boldsymbol{\psi}_{s11}|}{\sqrt{\frac{5}{2}}\frac{p_1\psi_{r11}|\boldsymbol{\psi}_{s11}|}{L_{d11}}\cos\delta_1 + \frac{p_1(L_{d11}-L_{q11})|\boldsymbol{\psi}_{s11}|^2}{L_{d11}L_{q11}}\cos2\delta_1} \quad (7\text{-}3)$$

若将式（7-3）中电磁转矩基波分量的差分 ΔT_{e11} 用基波电磁转矩控制误差 $T_{e11}^* - T_{e11}$ 代替、基波定子磁链的差分 $\Delta|\boldsymbol{\psi}_{s11}|$ 用基波定子磁链幅值控制误差 $\psi_{s11}^* - |\boldsymbol{\psi}_{s11}|$ 代替，则可以求出转矩角的增量如下：

$$\Delta\delta_1 = \frac{(T_{e11}^* - T_{e11}) - \left[\sqrt{\frac{5}{2}}\frac{p_1\psi_{r11}}{L_{d11}}\sin\delta_1 + \frac{p_1(L_{d11}-L_{q11})|\boldsymbol{\psi}_{s11}|}{L_{d11}L_{q11}}\sin2\delta_1\right](\psi_{s11}^* - |\boldsymbol{\psi}_{s11}|)}{\sqrt{\frac{5}{2}}\frac{p_1\psi_{r11}|\boldsymbol{\psi}_{s11}|}{L_{d11}}\cos\delta_1 + \frac{p_1(L_{d11}-L_{q11})|\boldsymbol{\psi}_{s11}|^2}{L_{d11}L_{q11}}\cos2\delta_1}$$

$$(7\text{-}4)$$

若实际电动机中转矩角按此增加，则可以完全消除基波电磁转矩及基波定子磁链的控制误差。对应 M_1 基波平面磁链的变化与转矩角的变化关系如图 7-1 所示。

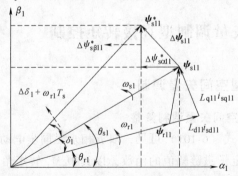

图 7-1　第一台五相 PMSM 基波平面磁链增量图

实际控制中，由于转子在一个控制周期内要旋转 $\omega_{r1}T_s$ 角度，所以定子磁链在空间旋转角度增量除了式（7-4）中的 $\Delta\delta_1$ 外，同时还要考虑 $\omega_{r1}T_s$ 角度。由此可以推导出 M_1 定子磁链基波分量的增量为

$$\Delta\psi_{s\alpha11}^* = |\psi_{s11}^*|\cos(\theta_{s1}+\Delta\delta_1+\omega_{r1}T_s) - |\psi_{s11}|\cos\theta_{s1}$$
$$= \frac{|\psi_{s11}^*|}{|\psi_{s11}|}[\psi_{s\alpha11}\cos(\Delta\delta_1+\omega_{r1}T_s) - \psi_{s\beta11}\sin(\Delta\delta_1+\omega_{r1}T_s)] - \psi_{s\alpha11}$$

$$(7\text{-}5)$$

$$\Delta\psi_{s\beta11}^* = |\psi_{s11}^*|\sin(\theta_{s1}+\Delta\delta_1+\omega_{r1}T_s) - |\psi_{s11}|\sin\theta_{s1}$$
$$= \frac{|\psi_{s11}^*|}{|\psi_{s11}|}[\psi_{s\beta11}\cos(\Delta\delta_1+\omega_{r1}T_s) + \psi_{s\alpha11}\sin(\Delta\delta_1+\omega_{r1}T_s)] - \psi_{s\beta11}$$

$$(7\text{-}6)$$

$$\Delta\psi_{s11} = \psi_{s11}^* - \psi_{s11} \tag{7-7}$$

式中，θ_{s1} 为 M_1 定子磁链基波矢量与 α_1 轴的夹角。

用类似方法计算 M_2 转矩角增量 $\Delta\delta_2$ 如下：

$$\Delta\delta_2 = \frac{\Delta T_{e21} - \left[\sqrt{\frac{5}{2}}\frac{p_2\psi_{r21}}{L_{d21}}\sin\delta_2 + \frac{p_2(L_{d21}-L_{q21})|\psi_{s21}|}{L_{d21}L_{q21}}\sin2\delta_2\right]\Delta|\psi_{s21}|}{\sqrt{\frac{5}{2}}\frac{p_2\psi_{r21}|\psi_{s21}|}{L_{d21}}\cos\delta_2 + \frac{p_2(L_{d21}-L_{q21})|\psi_{s21}|^2}{L_{d21}L_{q21}}\cos2\delta_2} \tag{7-8}$$

M_2 定子磁链基波分量的增量如下：

$$\Delta\psi_{s\alpha21}^* = |\psi_{s21}^*|\cos(\theta_{s2}+\Delta\delta_2+\omega_{r2}T_s) - |\psi_{s21}|\cos\theta_{s2}$$
$$= \frac{|\psi_{s21}^*|}{|\psi_{s21}|}[\psi_{s\alpha21}\cos(\Delta\delta_2+\omega_{r2}T_s) - \psi_{s\beta21}\sin(\Delta\delta_2+\omega_{r2}T_s)] - \psi_{s\alpha21}$$

$$(7\text{-}9)$$

$$\Delta\psi_{s\beta21}^* = |\psi_{s21}^*|\sin(\theta_{s2}+\Delta\delta_2+\omega_{r2}T_s) - |\psi_{s21}|\sin\theta_{s2}$$
$$= \frac{|\psi_{s21}^*|}{|\psi_{s21}|}[\psi_{s\beta21}\cos(\Delta\delta_2+\omega_{r2}T_s) + \psi_{s\alpha21}\sin(\Delta\delta_2+\omega_{r2}T_s)] - \psi_{s\beta21} \tag{7-10}$$

$$\Delta\psi_{s21} = \psi_{s21}^* - \psi_{s21} \tag{7-11}$$

根据式（6-85）和式（6-86）可以进一步计算出逆变器参考电压

$$\begin{bmatrix} u_{\alpha1}^* \\ u_{\beta1}^* \\ u_{\alpha2}^* \\ u_{\beta2}^* \end{bmatrix} = \begin{bmatrix} (R_{s1}+R_{s2})i_{\alpha1} \\ (R_{s1}+R_{s2})i_{\beta1} \\ (R_{s1}+R_{s2})i_{\alpha2} \\ (R_{s1}+R_{s2})i_{\beta2} \end{bmatrix} + \frac{1}{T_s}\begin{bmatrix} \Delta\psi_{s\alpha11}^*+\Delta\psi_{s\alpha23}^* \\ \Delta\psi_{s\beta11}^*+\Delta\psi_{s\beta23}^* \\ \Delta\psi_{s\alpha21}^*+\Delta\psi_{s\alpha13}^* \\ \Delta\psi_{s\beta21}^*+\Delta\psi_{s\beta13}^* \end{bmatrix} \tag{7-12}$$

根据式（6-102）可得 $\alpha\beta$ 平面基本电压矢量 U_{m1} 和 xy 平面基本电压矢量 U_{m2} 分别如下：

$$U_{m1} = \sqrt{\frac{2}{5}} U_{DC} \left[S_a + S_b e^{j\frac{2\pi}{5}} + S_c e^{j\frac{4\pi}{5}} + S_d e^{j\frac{6\pi}{5}} + S_e e^{j\frac{8\pi}{5}} \right] \tag{7-13}$$

$$U_{m2} = \sqrt{\frac{2}{5}} U_{DC} \left[S_a + S_b e^{j\frac{4\pi}{5}} + S_c e^{j\frac{8\pi}{5}} + S_d e^{j\frac{2\pi}{5}} + S_e e^{j\frac{6\pi}{5}} \right] \tag{7-14}$$

根据 6.3 节双五相永磁同步电动机串联系统逆变器输出电压矢量分析可知，五相逆变器在两个平面上均可以输出 32 个电压矢量，为了后面部分讲解方便，将 $S_a = 1$，$S_b \sim S_e$ 均为零的电压矢量称为 U_{16} 基本电压矢量；$S_b = 1$，其他桥臂开关状态均为零的电压矢量称为 U_8 基本电压矢量；$S_c = 1$，其他桥臂开关状态均为零的电压矢量称为 U_4 基本电压矢量；$S_d = 1$，其他桥臂开关状态均为零的电压矢量称为 U_2 基本电压矢量；$S_e = 1$，其他桥臂开关状态均为零的电压矢量称为 U_1 基本电压矢量，其他电压矢量均可以由以上五个基本电压矢量合成得到。逆变器在两个平面上产生的电压矢量如图 7-2 所示。

根据式（7-12）得到的两个平面参考电压矢量幅值如下：

$$\begin{bmatrix} |U_{ref1}^*| \\ |U_{ref2}^*| \end{bmatrix} = \begin{bmatrix} \sqrt{u_{2s\alpha1}^{*} + u_{2s\beta1}^{*}} \\ \sqrt{u_{2s\alpha2}^{*} + u_{2s\beta2}^{*}} \end{bmatrix} \tag{7-15}$$

将两个平面相邻电压矢量所夹区域定义为一个扇区，这样把图 7-2 双平面均划分为 10 个扇区，每一个扇区所夹区域为 $\pi/5$。设参考电压矢量 U_{ref1}^*，U_{ref2}^* 分别位于两个平面第 k_1 扇区和第 k_2 扇区，且辐角分别为 θ_1，θ_2。

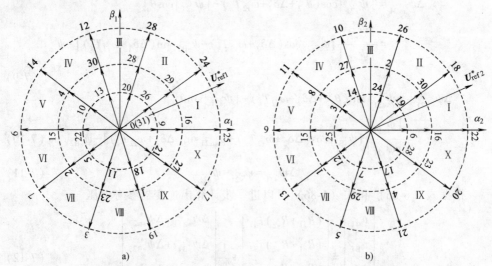

a)   b)

图 7-2   双五相永磁同步电动机串联系统空间电压矢量分布图

a) $\alpha_1\beta_1$ 平面 M_1 空间电压矢量分布   b) $\alpha_2\beta_2$ 平面 M_2 空间电压矢量分布

把图 7-2 中的电压矢量根据长度分类为大矢量 U_L、中矢量 U_M 和小矢量 U_S，根据式（7-13）和式（7-14）电压矢量表达式可以计算得到这三类电压矢量长度，见表 7-1。

表 7-1　双五相电动机串联系统逆变器电压空间矢量幅值

空间矢量	矢量幅值
大矢量 U_L	$2\sqrt{\dfrac{2}{5}}U_{DC}\cos\dfrac{\pi}{5}$
中矢量 U_M	$\sqrt{\dfrac{2}{5}}U_{DC}$
小矢量 U_S	$2\sqrt{\dfrac{2}{5}}U_{DC}\cos\dfrac{2\pi}{5}$

为了能够实现两个平面上参考电压矢量的合成，在各平面上挑选出四个电压矢量进行合成，具体挑选方法为：在 $\alpha\beta$ 平面上挑选四个电压矢量合成出参考电压矢量 U_{ref1}^*，这四个电压矢量在 xy 平面上合成电压矢量为零，四个电压矢量作用时间总和为 T_{s1}，一个数字控制周期 T_s 剩余时间为 $T_{s2}=T_s-T_{s1}$；在 xy 平面上挑选四个电压矢量合成出参考电压矢量 U_{ref2}^*，这四个电压矢量在 $\alpha\beta$ 平面上合成电压矢量为零，四个电压矢量作用时间总和为 T_{s2}。T_{s1} 和 T_{s2} 具体比例分配依据参考电压矢量幅值进行

$$T_{s1}=\frac{|U_{ref1}^*|}{|U_{ref1}^*|+|U_{ref2}^*|}T_s \tag{7-16}$$

$$T_{s2}=\frac{|U_{ref2}^*|}{|U_{ref1}^*|+|U_{ref2}^*|}T_s \tag{7-17}$$

参与合成参考电压矢量的四个电压矢量长度应尽可能长，这样可以便于电压利用率的提高。为此，在 $\alpha\beta$ 平面上合成参考电压矢量 U_{ref1}^* 时，选择参考电压矢量所处扇区两侧的两个中矢量 U_M 和两个大矢量 U_L；xy 平面上合成参考电压矢量 U_{ref2}^* 所采用的四个电压矢量的选择类似于 $\alpha\beta$ 平面的选择。例如当 U_{ref1}^* 处于 $\alpha\beta$ 平面第二扇区、U_{ref2}^* 处于 xy 平面第一扇区时，在 T_{s1} 时间段内，选择 U_8，U_{24}，U_{28}，U_{29} 四个电压矢量来合成参考电压矢量 U_{ref1}^*，同时要求这四个电压各自作用时间除了满足合成出对应的参考电压矢量要求外，还满足在 xy 平面上合成的电压矢量等于零。

U_{24} 和 U_{29} 矢量在 $\alpha\beta$ 平面上同方向，它们合成的电压矢量用 U_{a1} 表示，方向仍然与 U_{24}，U_{29} 相同，作用时间为 T_{a1}，其中 U_{24} 电压矢量作用时间为 $T_{l1}=\lambda_1 T_{a1}$（$\lambda_1\in[0,1]$），U_{29} 电压矢量作用时间为 $T_{m1}=(1-\lambda_1)T_{a1}$；类似，设 U_8 电压矢

和 U_{28} 电压矢量在 $\alpha\beta$ 平面上合成的电压矢量为 U_{b1}，方向仍然与 U_8，U_{28} 相同，作用时间为 T_{b1}，其中 U_{28} 电压矢量作用时间为 $T_{12}=\varepsilon_1 T_{b1}(\varepsilon_1\in[0,1])$，$U_8$ 电压矢量作用时间为 $T_{m2}=(1-\varepsilon_1)T_{b1}$。由此可得 T_{s1} 时间段内 $\alpha\beta$ 平面上满足上述电压矢量合成的约束条件如下：

$$|U_{a1}|T_{a1}=\lambda_1|U_{24}|T_{a1}+(1-\lambda_1)|U_{29}|T_{a1}=\lambda_1|U_L|T_{a1}+(1-\lambda_1)|U_M|T_{a1}$$
$$(7\text{-}18)$$

$$|U_{b1}|T_{b1}=\varepsilon_1|U_{28}|T_{b1}+(1-\varepsilon_1)|U_8|T_{b1}=\varepsilon_1|U_L|T_{b1}+(1-\varepsilon_1)|U_M|T_{b1} \quad (7\text{-}19)$$

$$T_{a1}+T_{b1}+T_{01}=T_{s1} \quad (7\text{-}20)$$

式中，T_{01} 为 $\alpha\beta$ 平面上 T_{s1} 时间段内所插入的零电压矢量作用时间。

显然，式（7-18）和式（7-19）两边经过约分后，两个表达式进一步可以简化为

$$|U_{a1}|=\lambda_1|U_L|+(1-\lambda_1)|U_M| \quad (7\text{-}21)$$

$$|U_{b1}|=\varepsilon_1|U_L|+(1-\varepsilon_1)|U_M| \quad (7\text{-}22)$$

同时，参与 $\alpha\beta$ 平面上参考电压矢量合成的四个电压矢量还要满足 xy 平面上合成电压矢量等于零的要求，由此得到以下约束条件：

$$\lambda_1|U_{24}|T_{a1}-(1-\lambda_1)|U_{29}|T_{a1}=\lambda_1|U_S|T_{a1}-(1-\lambda_1)|U_M|T_{a1}=0 \quad (7\text{-}23)$$

$$\varepsilon_1|U_{28}|T_{b1}-(1-\varepsilon_1)|U_8|T_{b1}=\varepsilon_1|U_S|T_{b1}-(1-\varepsilon_1)|U_M|T_{b1}=0 \quad (7\text{-}24)$$

式（7-23）和式（7-24）两边经过约分进一步简化为

$$\lambda_1|U_S|-(1-\lambda_1)|U_M|=0 \quad (7\text{-}25)$$

$$\varepsilon_1|U_S|-(1-\varepsilon_1)|U_M|=0 \quad (7\text{-}26)$$

根据式（7-21）、式（7-22）、式（7-25）、式（7-26）联合计算可得 $\lambda_1=\varepsilon_1=2\cos\dfrac{\pi}{5}\approx0.618$，$|U_{a1}|=|U_{b1}|\approx0.8738U_{DC}$。$U_{a1}$，$U_{b1}$ 电压矢量分别作用时间 T_{a1}，T_{b1} 合成参考电压矢量 U_{ref1}^* 的过程可以用电压伏秒平衡原理示意，如图 7-3 所示。

根据图 7-3 的平行四边形关系得

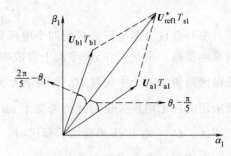

图 7-3 四矢量双平面电压矢量合成电压伏秒平衡示意图

$$T_{a1}=\frac{|U_{ref1}^*|\sin\left(\dfrac{2\pi}{5}-\theta_1\right)}{|U_{a1}^*|\sin\dfrac{\pi}{5}}\cdot T_{s1} \quad (7\text{-}27)$$

$$T_{b1}=\frac{|U_{ref1}^*|\sin\left(\theta_1-\dfrac{\pi}{5}\right)}{|U_{a1}^*|\sin\dfrac{\pi}{5}}\cdot T_{s1} \quad (7\text{-}28)$$

由于 $T_{24} = \lambda_1 T_{a1}$，$T_{29} = (1-\lambda_1) T_{a1}$，$T_{28} = \varepsilon_1 T_{b1}$，$T_8 = (1-\varepsilon_1) T_{b1}$，这样可以进一步求出参与合成的四个基本电压矢量 U_{24}，U_{29}，U_{28}，U_8 各自作用时间如下：

$$T_{29} = 1.203 \frac{|U_{ref1}^*| \sin\left(\frac{2\pi}{5}-\theta_1\right)}{U_{DC}} \cdot T_{s1} \qquad (7-29)$$

$$T_8 = 1.203 \frac{|U_{ref1}^*| \sin\left(\theta_1-\frac{\pi}{5}\right)}{U_{DC}} \cdot T_{s1} \qquad (7-30)$$

$$T_{24} = 1.618 T_{29} \qquad (7-31)$$

$$T_{28} = 1.618 T_8 \qquad (7-32)$$

同理，由于 U_{ref2}^* 处于 xy 平面的第一扇区，故应该选择 U_{16}，U_{18}，U_{22}，U_{30} 四个电压矢量来合成，同时这四个电压矢量在 $\alpha\beta$ 平面上的合成电压矢量等于零，由此可以类似于式（7-29）~式（7-32）计算四个电压矢量作用时间。

一般地，当参考电压矢量 U_{ref1}^*、U_{ref2}^* 分别处于 $\alpha\beta$ 平面、xy 平面的第 k_1 扇区和第 k_2 扇区时，可以推导出参与合成的所有电压矢量作用时间如下：

$$T_{mk1} = 1.203 \frac{|U_{ref1}^*| \sin\left(k_1 \frac{\pi}{5}-\theta_1\right)}{U_{DC}} \cdot T_{s1} \qquad (7-33)$$

$$T_{m(k1+1)} = 1.203 \frac{|U_{ref1}^*| \sin\left[\theta_1-(k_1-1)\frac{\pi}{5}\right]}{U_{DC}} \cdot T_{s1} \qquad (7-34)$$

$$T_{lk1} = 1.618 T_{mk1} \qquad (7-35)$$

$$T_{l(k1+1)} = 1.618 T_{m(k1+1)} \qquad (7-36)$$

$$T_{mk2} = 1.203 \frac{|U_{ref2}^*| \sin\left(k_2 \frac{\pi}{5}-\theta_2\right)}{U_{DC}} \cdot T_{s2} \qquad (7-37)$$

$$T_{m(k2+1)} = 1.203 \frac{|U_{ref2}^*| \sin\left[\theta_2-(k_2-1)\frac{\pi}{5}\right]}{U_{DC}} \cdot T_{s2} \qquad (7-38)$$

$$T_{lk2} = 1.618 T_{mk2} \qquad (7-39)$$

$$T_{l(k2+1)} = 1.618 T_{m(k2+1)} \qquad (7-40)$$

式中，T_{mk1}，T_{lk1} 为 $\alpha\beta$ 平面参与合成 U_{ref1}^* 所属四个中矢量和大矢量中与 α 轴夹角小的 U_M 及 U_L 作用的时间；$T_{m(k1+1)}$，$T_{l(k1+1)}$ 为与 α 轴夹角大的 U_M 及 U_L 作用的时间；θ_1 为 U_{ref1}^* 与 α 轴的夹角；T_{mk2}，T_{lk2} 为 xy 平面 U_{ref2}^* 所属四个中矢量和大矢量中与 x 轴夹角小的 U_M 及 U_L 作用的时间；$T_{m(k2+1)}$，$T_{l(k2+1)}$ 为与 x 轴夹角大的 U_M 及 U_L 作用的时间；θ_2 为 U_{ref2}^* 与 α_2 轴的夹角。

T_{s1}，T_{s2} 段内四个电压矢量作用完毕后，剩余时间段用零电压矢量填充，对应的零电压时间如下：

$$T_1' = T_{s1} - T_{mk1} - T_{lk1} - T_{m(k1+1)} - T_{l(k1+1)} \qquad (7\text{-}41)$$

$$T_2' = T_{s2} - T_{mk2} - T_{lk2} - T_{m(k2+1)} - T_{l(k2+1)} \qquad (7\text{-}42)$$

设一个数字控制周期 T_s 内，五相逆变桥臂开关状态为 1 的作用时间依次为 $T_a \sim T_e$，根据伏秒乘积相等原则，可以把电压矢量（$U_0 \sim U_{31}$）作用时间（$T_0 \sim T_{31}$）转换为 $T_a \sim T_e$，从而把选择的电压矢量按时序输出，见表 7-2。例如，$\alpha\beta$ 平面、xy 平面内的参考电压矢量同处于各自平面的第一扇区，根据上述用于合成的电压矢量选择原则，在 T_{s1} 时间段应该选择 U_{16}，U_{24}，U_{25}，U_{29} 四个电压矢量，而时间段 T_{s2} 内应该选择 U_{16}，U_{18}，U_{22}，U_{30} 四个电压矢量，采用各时间段内中心对称方法输出电压矢量，结合表 7-2 得出逆变器桥臂开关管导通时序，如图 7-4 所示。可见每一个桥臂开关管在一个数字控制周期内需要开关两次，显然增大了开关管的开关损耗。可以把 T_{s1}，T_{s2} 内对应桥臂的开关状态为 1 的时间段进行合并，进一步获得以数字开关周期中心对称、一个桥臂一个数字控制周期内开关一次的开关时序，如图 7-5 所示。

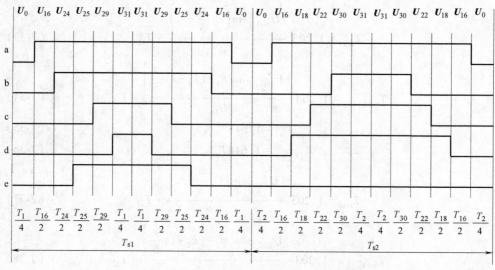

图 7-4　T_{s1}，T_{s2} 内中心对称方式各开关管导通时序图

表 7-2　各电压矢量对应各桥臂上管导通时间关系表

	U_0	U_1	U_2	U_3	U_4	U_5	U_6	U_7	U_8	U_9	U_{10}	U_{11}	U_{12}	U_{13}	U_{14}	U_{15}
T_a	0	0	0	0	0	0	0	0	0	0	0	0	0	0	0	0
T_b	0	0	0	0	0	0	0	0	T_8	T_9	T_{10}	T_{11}	T_{12}	T_{13}	T_{14}	T_{15}
T_c	0	0	0	0	T_4	T_5	T_6	T_7	0	0	0	0	T_{12}	T_{13}	T_{14}	T_{15}
T_d	0	0	T_2	T_3	0	0	T_6	T_7	0	0	T_{10}	T_{11}	0	0	T_{14}	T_{15}
T_e	0	T_1	0	T_3	0	T_5	0	T_7	0	T_9	0	T_{11}	0	T_{13}	0	T_{15}

（续）

	U_{16}	U_{17}	U_{18}	U_{19}	U_{20}	U_{21}	U_{22}	U_{23}	U_{24}	U_{25}	U_{26}	U_{27}	U_{28}	U_{29}	U_{30}	U_{31}
T_a	T_{16}	T_{17}	T_{18}	T_{19}	T_{20}	T_{21}	T_{22}	T_{23}	T_{24}	T_{25}	T_{26}	T_{27}	T_{28}	T_{29}	T_{30}	T_{31}
T_b	0	0	0	0	0	0	0	0	T_{24}	T_{25}	T_{26}	T_{27}	T_{28}	T_{29}	T_{30}	T_{31}
T_c	0	0	0	0	T_{20}	T_{21}	T_{22}	T_{23}	0	0	0	0	T_{28}	T_{29}	T_{30}	T_{31}
T_d	0	0	T_{18}	T_{19}	0	0	T_{22}	T_{23}	0	0	T_{26}	T_{27}	0	0	T_{30}	T_{31}
T_e	0	T_{17}	0	T_{19}	0	T_{21}	0	T_{23}	0	T_{25}	0	T_{27}	0	T_{29}	0	T_{31}

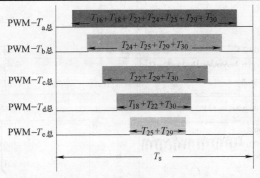

图 7-5　以数字控制周期中心对称的等效转化后各开关时序图

根据以上直接转矩控制原理及空间电压矢量合成理论的分析，建立对应的双五相永磁同步电动机串联系统直接转矩控制策略框图，如图 7-6 所示。

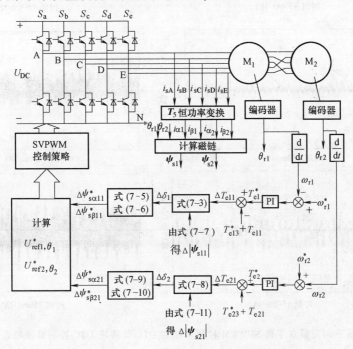

图 7-6　基于四矢量双平面 SVPWM 的直接转矩控制系统框图

2. 空间矢量调制仿真研究

为了验证所提出的基于四矢量双平面 SVPWM 直接转矩控制系统运行性能，利用 Matlab/Simulink 对系统进行建模仿真研究，同时仿真结果与基于开关表的传统 DTC 驱动系统进行对比研究，控制周期为 60μs。设 M_1 转速 600r/min、负载转矩 5N·m；M_2 电动机转速 -200r/min、负载转矩 -2N·m，稳态仿真结果如图 7-7 所示。

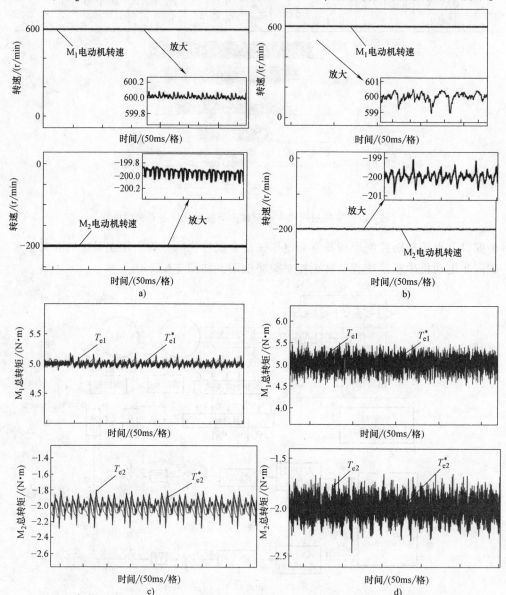

图 7-7　基于四矢量双平面 SVPWM 控制策略的 DTC 及传统 DTC 控制算法稳态仿真波形

a) 四矢量双平面 SVPWM 控制策略两台电动机转速　b) 传统 DTC 控制算法两台电动机转速
c) 四矢量双平面 SVPWM 控制策略电动机总转矩　d) 传统 DTC 控制算法电动机总转矩

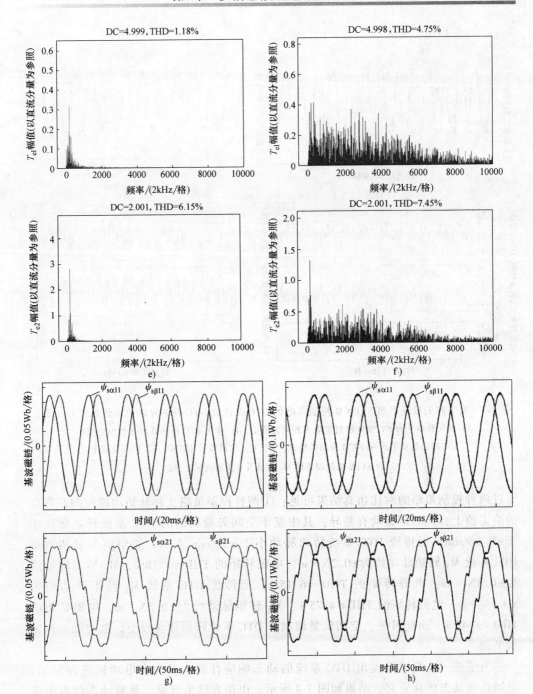

图 7-7　基于四矢量双平面 SVPWM 控制策略的 DTC 及传统 DTC 控制算法稳态仿真波形（续）
e）四矢量双平面 SVPWM 控制策略两台电动机总转矩 FFT 分析　f）传统 DTC 控制算法两台电动机总
转矩 FFT 分析　g）四矢量双平面 SVPWM 控制策略两台电动机基波定子磁链波形　h）传统 DTC 控
制算法两台电动机基波定子磁链波形

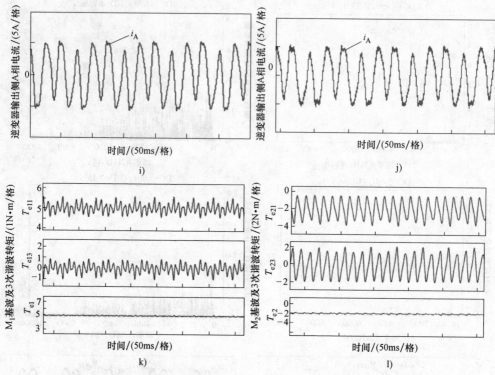

图 7-7 基于四矢量双平面 SVPWM 控制策略的 DTC 及传统 DTC 控制算法稳态仿真波形（续）
i）四矢量双平面 SVPWM 控制策略 A 相电流波形 j）传统 DTC 控制算法 A 相电流波形
k）四矢量双平面 SVPWM 控制策略 M_1 基波及 3 次谐波转矩波形 l）四矢量双平
面 SVPWM 控制策略 M_2 基波及 3 次谐波转矩波形

通过两种控制策略的对比仿真结果可见：①两种控制策略实际转矩均能控制在各自的给定值上，但转速脉动有差异，其中基于空间矢量调制的 DTC 系统转速脉动小于 ±0.2r/min，而传统 DTC 系统转速脉动小于 ±1r/min 左右；②空间矢量调制型 DTC 系统 M_1 转矩脉动约为 ±0.2N·m，电磁转矩的 THD = 1.18%，M_2 转矩脉动约为 ±0.3N·m，电磁转矩的 THD = 6.15%；而传统 DTC 系统 M_1 转矩脉动约为 ±0.5N·m，电磁转矩的 THD = 4.75%，M_2 转矩脉动约为 ±0.5N·m，电磁转矩的 THD = 7.45%。由此可见，空间矢量调制型 DTC 系统转矩脉动较小，电动机运行更加平稳。

为了进一步测试所提出 DTC 系统的动态响应性能，对两台电动机进行突加、突卸负载动态仿真研究，结果如图 7-8 所示。由仿真结果可见，负载动态过程中空间矢量调制型 DTC 系统总电磁转矩的动态响应时间约为 5ms，与传统 DTC 系统的动态响应时间基本一致；同时其中一台电动机负载突变后，另一台电动机的电磁转矩基本没有变化，表明两台电动机的机电能量转换解耦控制性能较佳。

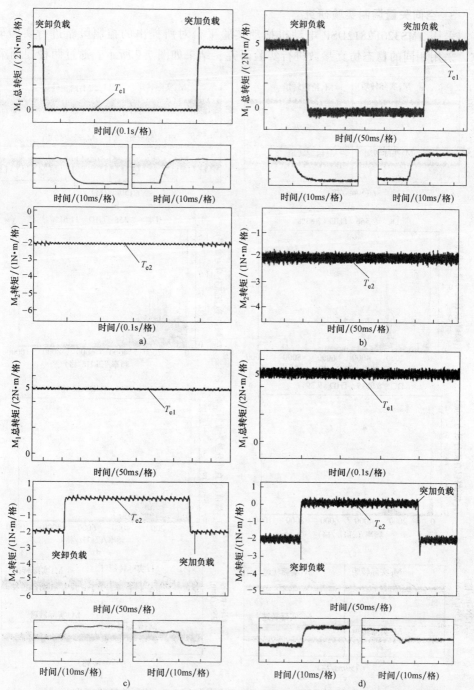

图 7-8　基于四矢量双平面 SVPWM 的 DTC 及传统 DTC 控制算法动态仿真波形

a）四矢量双平面 SVPWM 控制策略第一台 PMSM 突卸、突加转矩仿真波形及局部放大图　b）传统 DTC 控制算法第一台 PMSM 突卸、突加转矩仿真波形及局部放大图　c）四矢量双平面 SVPWM 控制策略第二台 PMSM 突卸、突加转矩仿真波形及局部放大图　d）传统 DTC 控制算法第二台 PMSM 突卸、突加转矩仿真波形及局部放大图

3. 空间矢量调制实验研究

采用 TMS320F2812DSP 电动机拖动实验平台对所提出的控制策略进行实验研究，采用相同的稳态仿真参数进行实验研究，结果如图 7-9 所示。通过两种控制策

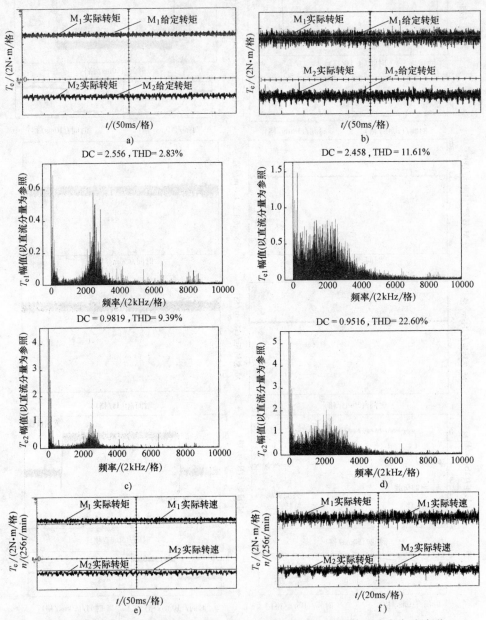

图 7-9 基于四矢量双平面 SVPWM 的 DTC 及传统 DTC 控制算法稳态实验波形

a）四矢量双平面 SVPWM 策略稳态总转矩 b）传统 DTC 控制算法稳态总转矩 c）四矢量双平面 SVPWM 策略两台电动机总转矩波形 THD 分析 d）传统 DTC 控制算法两台电动机总转矩波形 THD 分析 e）四矢量双平面 SVPWM 策略两台电动机稳态转矩及转速 f）传统 DTC 控制算法两台电动机稳态转矩及转速

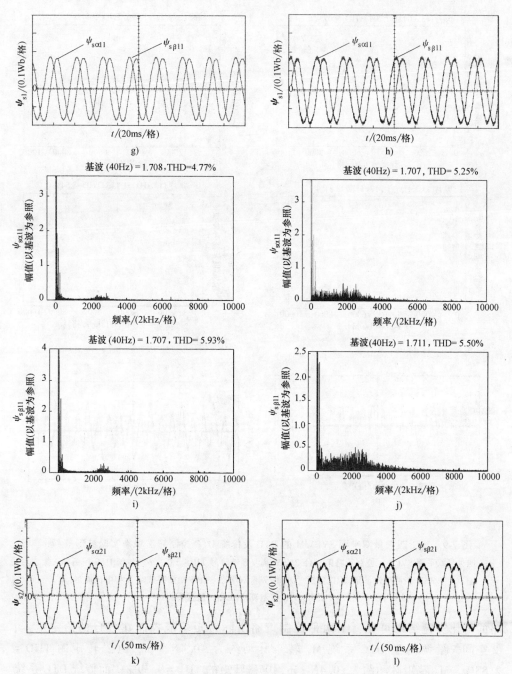

图 7-9　基于四矢量双平面 SVPWM 的 DTC 及传统 DTC 控制算法稳态实验波形（续）
g）四矢量双平面 SVPWM 策略第一台 PMSM 基波定子磁链　h）传统 DTC 控制算法第一台 PMSM 基波定子
磁链　i）四矢量双平面 SVPWM 策略第一台 PMSM 基波磁链波形 THD 分析　j）传统 DTC 控制算法第
一台 PMSM 基波磁链波形 THD 分析　k）四矢量双平面 SVPWM 策略第二台 PMSM 基波定子磁链
l）传统 DTC 控制算法第二台 PMSM 基波定子磁链

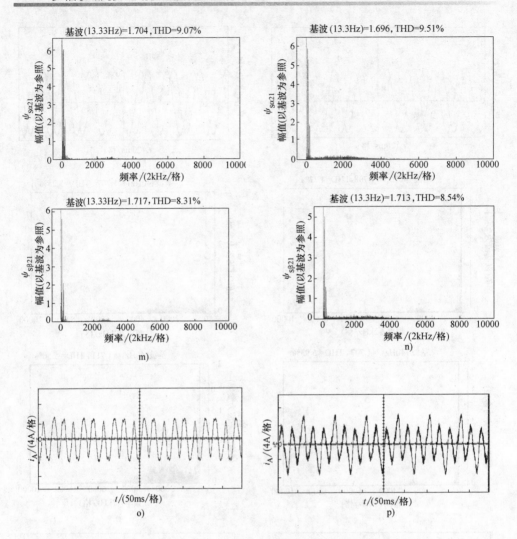

图 7-9　基于四矢量双平面 SVPWM 的 DTC 及传统 DTC 控制算法稳态实验波形（续）

m）四矢量双平面 SVPWM 控制策略第二台 PMSM 基波磁链波形 THD 分析　n）传统 DTC 控制算法第二台
PMSM 基波磁链波形 THD 分析　o）四矢量双平面 SVPWM 控制策略 A 相电流波形
p）传统 DTC 控制算法 A 相电流波形

略的对比实验结果可见：①两种控制策略实际转矩均能控制在各自的给定值上；
②空间矢量调制型 DTC 系统 M_1 转矩脉动约为 ±0.4N·m，电磁转矩的 THD =
2.83%，M_2 转矩脉动约为 ±0.4N·m，电磁转矩的 THD = 9.39%；而传统 DTC 系统
M_1 转矩脉动约为 ±1N·m，电磁转矩的 THD = 11.86%，M_2 转矩脉动约为 ±1.2N·
m，电磁转矩的 THD = 22.8%。由此可见，空间矢量调制型 DTC 系统转矩脉动较
小，电动机运行更加平稳。

　　两台电动机分别做突加、突卸负载动态实验，结果如图 7-10 所示。从实验结

果可见，基于 SVPWM-DTC 系统的 M_1 突卸负载时总转矩动态响应时间约为 2.5s，突加负载时动态响应时间约为 1.8s，与传统 DTC 系统中的响应时间类似。M_2 突加、突卸负载时总转矩的动态响应时间同样与传统 DTC 系统中的类似。且两台电动机中任意一台电动机负载突变基本不影响另一台电动机的电磁转矩，所以两台电动机解耦控制性能较佳。

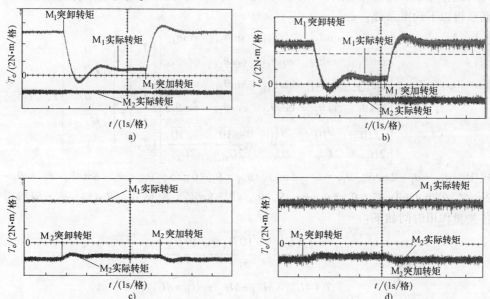

图 7-10　基于四矢量双平面 SVPWM 的 DTC 及传统 DTC 控制算法突卸突加负载实验波形
a) 四矢量双平面 SVPWM 控制策略 M_1 突卸、突加负载时电动机总转矩变化情况　b) 传统 DTC 控制算法
第一台 PMSM 突卸、突加负载时电动机总转矩变化情况　c) 四矢量双平面 SVPWM 控制策略 M_2 突
卸、突加负载时电动机总转矩变化情况　d) 传统 DTC 控制算法第二台 PMSM 突卸、突加负载时
电动机总转矩变化情况

7.2.2　无扇区划分型空间矢量调制

1. 无扇区划分型空间矢量调制策略

上述四矢量合成 DTC 中把矢量合成分配至各个平面上，且各平面上的电压矢量作用区段分开，这样会造成对逆变器母线电压的利用率降低；另外，在矢量合成过程中需要对参考电压矢量所处扇区进行判别，对参与合成的基本电压矢量进行选择，从而使得矢量合成算法变得复杂。为此，能否进一步简化矢量合成算法？

从图 7-2 两个平面矢量分布可见，在 $\alpha\beta$ 平面大矢量的开关组合，对应到 xy 平面的矢量为小矢量；在 $\alpha\beta$ 平面中矢量的开关组合，对应到 xy 平面的矢量为中矢量；在 $\alpha\beta$ 平面小矢量的开关组合，对应到 xy 平面的矢量为大矢量。

如果选择合适的固定多个电压矢量，在一个控制周期内合理地调节各矢量作用时间，就能够同时合成出 $\alpha\beta$ 平面、xy 平面内的参考电压矢量，从而实现无扇区判

断的目标。由于 $|\boldsymbol{U}_{\mathrm{L}}|:|\boldsymbol{U}_{\mathrm{M}}|:|\boldsymbol{U}_{\mathrm{S}}| \approx 1.618:1:0.618$，为了最大程度上同时合成出两个平面上的参考电压矢量，引入比例系数 $R_{\mathrm{a}} = |\boldsymbol{U}_{\mathrm{ref1}}^{*}|/|\boldsymbol{U}_{\mathrm{ref2}}^{*}|$，当 $|\boldsymbol{U}_{\mathrm{S}}|/|\boldsymbol{U}_{\mathrm{M}}| \leqslant R_{\mathrm{a}} \leqslant |\boldsymbol{U}_{\mathrm{L}}|/|\boldsymbol{U}_{\mathrm{M}}|$，即 $0.618 \leqslant R_{\mathrm{a}} \leqslant 1.618$ 时，选择五个中电压矢量 $\boldsymbol{U}_{16}$，$\boldsymbol{U}_{8}$，$\boldsymbol{U}_{4}$，$\boldsymbol{U}_{2}$，$\boldsymbol{U}_{1}$，其在两个电压基波平面都为中矢量，设 T_5，T_4，T_3，T_2，T_1 为所选择电压矢量的作用时间，其时间之和为 T_{s}。根据矢量图 7-2 中各矢量相位关系获得以下约束条件：

$$\sqrt{\frac{2}{5}} U_{\mathrm{DC}} \begin{bmatrix} \sin\theta_1 & \sin\theta_{11} & \sin\theta_{12} & \sin\theta_{13} & \sin\theta_{14} \\ \cos\theta_1 & \cos\theta_{11} & \cos\theta_{12} & \cos\theta_{13} & \cos\theta_{14} \\ \sin\theta_2 & \sin\theta_{21} & \sin\theta_{22} & \sin\theta_{23} & \sin\theta_{24} \\ \cos\theta_2 & \cos\theta_{21} & \cos\theta_{22} & \cos\theta_{23} & \cos\theta_{24} \\ \dfrac{\sqrt{10}}{2U_{\mathrm{DC}}} & \dfrac{\sqrt{10}}{2U_{\mathrm{DC}}} & \dfrac{\sqrt{10}}{2U_{\mathrm{DC}}} & \dfrac{\sqrt{10}}{2U_{\mathrm{DC}}} & \dfrac{\sqrt{10}}{2U_{\mathrm{DC}}} \end{bmatrix} \begin{bmatrix} T_5 \\ T_4 \\ T_3 \\ T_2 \\ T_1 \end{bmatrix} = \begin{bmatrix} 0 \\ |U_{\mathrm{ref1}}^{*}| \\ 0 \\ |U_{\mathrm{ref2}}^{*}| \\ 1 \end{bmatrix} T_{\mathrm{S}} \quad (7\text{-}43)$$

式中，$\theta_{11} = \theta_1 - 2\pi/5$，$\theta_{12} = \theta_1 - 4\pi/5$，$\theta_{13} = \theta_1 - 6\pi/5$，$\theta_{14} = \theta_1 - 8\pi/5$，$\theta_{21} = \theta_2 - 2\pi/5$，$\theta_{22} = \theta_2 - 4\pi/5$，$\theta_{23} = \theta_2 - 6\pi/5$，$\theta_{24} = \theta_2 - 8\pi/5$。根据式（7-43）进一步求得各矢量作用时间如下：

$$T_5 = \frac{T_{\mathrm{s}}(U_{\mathrm{DC}} + \sqrt{10}\, U_{\mathrm{I}} + \sqrt{10}\, U_{\mathrm{II}})}{5U_{\mathrm{DC}}}$$

$$T_4 = \frac{T_{\mathrm{s}}(4U_{\mathrm{DC}} + aU_{\mathrm{I}} - bU_{\mathrm{II}} + cU_{\mathrm{III}} + dU_{\mathrm{IV}})}{20U_{\mathrm{DC}}}$$

$$T_3 = \frac{T_{\mathrm{s}}(4U_{\mathrm{DC}} - bU_{\mathrm{I}} + aU_{\mathrm{II}} + dU_{\mathrm{III}} - cU_{\mathrm{IV}})}{20U_{\mathrm{DC}}} \quad\quad (7\text{-}44)$$

$$T_2 = \frac{T_{\mathrm{s}}(4U_{\mathrm{DC}} - bU_{\mathrm{I}} + aU_{\mathrm{II}} - dU_{\mathrm{III}} + cU_{\mathrm{IV}})}{20U_{\mathrm{DC}}}$$

$$T_1 = \frac{T_{\mathrm{s}}(4U_{\mathrm{DC}} + aU_{\mathrm{I}} - bU_{\mathrm{II}} - cU_{\mathrm{III}} - dU_{\mathrm{IV}})}{20U_{\mathrm{DC}}}$$

式中，$U_{\mathrm{I}} = U_{\mathrm{ref1}}^{*}\cos\theta_1$，$U_{\mathrm{II}} = U_{\mathrm{ref2}}^{*}\cos\theta_2$，$U_{\mathrm{III}} = U_{\mathrm{ref1}}^{*}\sin\theta_1$，$U_{\mathrm{IV}} = U_{\mathrm{ref2}}^{*}\sin\theta_2$，$a = (5\sqrt{2} - \sqrt{10})$，$b = (5\sqrt{2} + \sqrt{10})$，$c = 2\sqrt{5}\sqrt{(5 + \sqrt{5})}$，$d = 2\sqrt{5}\sqrt{(5 - \sqrt{5})}$。

　　若求得的某个电压矢量作用时间为负值，则取与该矢量方向相反、幅值相同的电压矢量代入计算，从而使得该矢量作用时间重新调节为正值，最后再对各个电压矢量作用时间进行限幅处理，使得所求的电压矢量作用时间之和在一个数字控制周期之内。例如，当 $0.618 \leqslant R_{\mathrm{a}} \leqslant 1.618$ 时，根据需要的参考电压矢量假设求出的 $\boldsymbol{U}_{16}$ 电压矢量作用时间 T_5 小于零、$\boldsymbol{U}_8$ 电压矢量作用时间 T_4 小于零，而其他三个电压矢量作用时间均为正值，则把 $\boldsymbol{U}_{16}$，$\boldsymbol{U}_8$ 分别置换成 $\boldsymbol{U}_{15}$ 和 $\boldsymbol{U}_{23}$ 后，对应 $\boldsymbol{U}_{15}$ 和 $\boldsymbol{U}_{23}$ 的作用时间变为正值。根据所选择的电压矢量作用时间折算到各桥臂的开关管

PWM 波如图 7-11 所示。

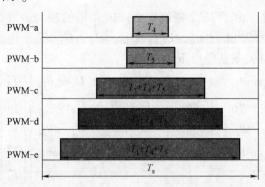

图 7-11 无扇区划分 SVPWM 开关管时序图

当 $R_a > 1.618$ 时，由于 U_{ref1}^* 幅值较大，选择 $\alpha\beta$ 平面为大矢量而在 xy 平面为小矢量的 U_{25}，U_{28}，U_{14}，U_7，U_{19} 五个电压矢量。根据矢量图 7-2 中各矢量相位关系获得以下约束条件：

$$
\begin{bmatrix}
U_{\mathrm{L}}\sin\theta_1 & U_{\mathrm{L}}\sin\theta_{11} & U_{\mathrm{L}}\sin\theta_{12} & U_{\mathrm{L}}\sin\theta_{13} & U_{\mathrm{L}}\sin\theta_{14} \\
U_{\mathrm{L}}\cos\theta_1 & U_{\mathrm{L}}\cos\theta_{11} & U_{\mathrm{L}}\cos\theta_{12} & U_{\mathrm{L}}\cos\theta_{13} & U_{\mathrm{L}}\cos\theta_{14} \\
U_{\mathrm{S}}\sin\theta_2 & U_{\mathrm{S}}\sin\theta_{21} & U_{\mathrm{S}}\sin\theta_{22} & U_{\mathrm{S}}\sin\theta_{23} & U_{\mathrm{S}}\sin\theta_{24} \\
U_{\mathrm{S}}\cos\theta_2 & U_{\mathrm{S}}\cos\theta_{21} & U_{\mathrm{S}}\cos\theta_{22} & U_{\mathrm{S}}\cos\theta_{23} & U_{\mathrm{S}}\cos\theta_{24} \\
1 & 1 & 1 & 1 & 1
\end{bmatrix}
\begin{bmatrix}
T_5' \\ T_4' \\ T_3' \\ T_2' \\ T_1'
\end{bmatrix}
=
\begin{bmatrix}
0 \\ |U_{\mathrm{ref1}}^*| \\ 0 \\ |U_{\mathrm{ref2}}^*| \\ 1
\end{bmatrix}
T_{\mathrm{s}}
$$

$$(7\text{-}45)$$

根据式（7-45）进一步求解出五个电压矢量作用时间如下：

$$
T_5' = \frac{T_{\mathrm{s}}(U_{\mathrm{DC}} - \sqrt{10}\,\gamma U_{\mathrm{I}} + \sqrt{10}\,\eta U_{\mathrm{II}})}{5U_{\mathrm{DC}}}
$$

$$
T_4' = \frac{T_{\mathrm{s}}(4U_{\mathrm{DC}} + a\gamma U_{\mathrm{I}} + b\eta U_{\mathrm{II}} + c\gamma U_{\mathrm{III}} - d\eta U_{\mathrm{IV}})}{20U_{\mathrm{DC}}}
$$

$$
T_3' = \frac{T_{\mathrm{s}}(4U_{\mathrm{DC}} - b\gamma U_{\mathrm{I}} - a\eta U_{\mathrm{II}} + d\gamma U_{\mathrm{III}} + c\eta U_{\mathrm{IV}})}{20U_{\mathrm{DC}}}
$$

$$(7\text{-}46)$$

$$
T_2' = \frac{T_{\mathrm{s}}(4U_{\mathrm{DC}} - b\gamma U_{\mathrm{I}} - a\eta U_{\mathrm{II}} - d\gamma U_{\mathrm{III}} - c\eta U_{\mathrm{IV}})}{20U_{\mathrm{DC}}}
$$

$$
T_1' = \frac{T_{\mathrm{s}}(4U_{\mathrm{DC}} + a\gamma U_{\mathrm{I}} + b\eta U_{\mathrm{II}} - c\gamma U_{\mathrm{III}} + d\eta U_{\mathrm{IV}})}{20U_{\mathrm{DC}}}
$$

式中，$\eta = 1.618$，$\gamma = 0.618$。若求出的电压矢量作用时间为负值，则同样用与该电压矢量反方向、幅值相同的电压矢量代入计算，利用表 7-2 及各电压矢量作用时间，获得各开关桥臂开关 PWM 时序。

当 $R_a<1.618$ 时，由于 $\boldsymbol{U}_{\text{ref1}}^*$ 幅值较小，$\boldsymbol{U}_{\text{ref2}}^*$ 幅值较大，故选择 $\alpha\beta$ 平面为小矢量而在 xy 平面为大矢量的 $\boldsymbol{U}_9$，$\boldsymbol{U}_{20}$，$\boldsymbol{U}_{10}$，$\boldsymbol{U}_5$，$\boldsymbol{U}_{18}$ 五个电压矢量。根据矢量图 7-2 中各矢量相位关系获得以下约束条件：

$$
\begin{bmatrix}
U_S\sin\theta_1 & U_S\sin\theta_{11} & U_S\sin\theta_{12} & U_S\sin\theta_{13} & U_S\sin\theta_{14} \\
U_S\cos\theta_1 & U_S\cos\theta_{11} & U_S\cos\theta_{12} & U_S\cos\theta_{13} & U_S\cos\theta_{14} \\
U_L\sin\theta_2 & U_L\sin\theta_{21} & U_L\sin\theta_{22} & U_L\sin\theta_{23} & U_L\sin\theta_{24} \\
U_L\cos\theta_2 & U_L\cos\theta_{21} & U_L\cos\theta_{22} & U_L\cos\theta_{23} & U_L\cos\theta_{24} \\
1 & 1 & 1 & 1 & 1
\end{bmatrix}
\begin{bmatrix}
T_5'' \\ T_4'' \\ T_3'' \\ T_2'' \\ T_1''
\end{bmatrix}
=
\begin{bmatrix}
0 \\ |U_{\text{ref1}}^*| \\ 0 \\ |U_{\text{ref2}}^*| \\ 1
\end{bmatrix}
T_s
$$

$$(7\text{-}47)$$

根据式（7-47）进一步求解出五个电压矢量作用时间如下：

$$
T_5''=\frac{T_s(U_{DC}+\sqrt{10}\,\eta U_{\text{I}}-\sqrt{10}\,\gamma U_{\text{II}})}{5U_{DC}}
$$

$$
T_4''=\frac{T_s(4U_{DC}+a\eta U_{\text{I}}+b\gamma U_{\text{II}}+c\eta U_{\text{III}}-d\gamma U_{\text{IV}})}{20U_{DC}}
$$

$$
T_3''=\frac{T_s(4U_{DC}-b\eta U_{\text{I}}-a\gamma U_{\text{II}}+d\eta U_{\text{III}}+c\gamma U_{\text{IV}})}{20U_{DC}}
$$

$$(7\text{-}48)$$

$$
T_2''=\frac{T_s(4U_{DC}-b\eta U_{\text{I}}-a\gamma U_{\text{II}}-d\eta U_{\text{III}}-c\gamma U_{\text{IV}})}{20U_{DC}}
$$

$$
T_1''=\frac{T_s(4U_{DC}+a\eta U_{\text{I}}+b\gamma U_{\text{II}}-c\eta U_{\text{III}}+d\gamma U_{\text{IV}})}{20U_{DC}}
$$

利用表 7-2 及各电压矢量作用时间，获得各开关桥臂开关 PWM 时序。

基于上述无扇区划分空间电压矢量调制策略，构建基于该空间电压矢量调制策略的 DTC 系统框图，如图 7-12 所示。其中，两个平面上的参考电压矢量获得方法见 7.2.1 节的内容。

2. 无扇区划分空间矢量调制仿真研究

为了验证本节提出的无扇区空间电压矢量调制策略的控制性能，M_1 转速 600r/min、负载转矩 5N·m；M_2 转速-200r/min、负载转矩-2N·m 时的稳态仿真结果如图 7-13 所示，仿真中同时给出相同条件下的四矢量空间矢量调制系统仿真结果。通过两种控制策略的对比实验结果可见：两种控制策略实际转矩均能控制在各自的给定值上，基于无扇区划分 SVPWM-DTC 系统 M_1 转矩脉动约为±0.1N·m，电磁转矩的 THD=0.69%，M_2 转矩脉动约为±0.2N·m，电磁转矩的 THD=4.31%；对比

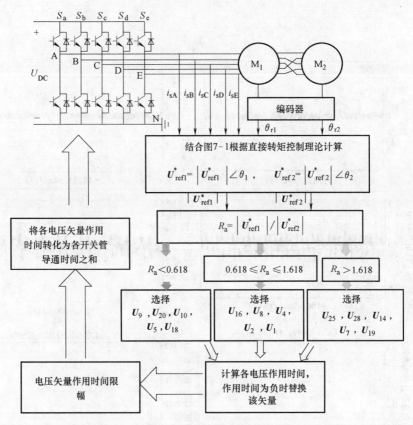

图 7-12　基于无扇区划分 SVPWM 的双五相永磁同步电动机串联系统 DTC 控制框图

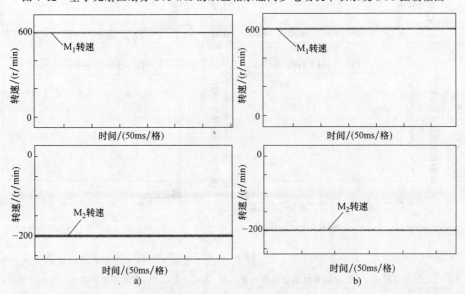

图 7-13　无扇区划分 SVPWM 控制策略及四矢量双平面 SVPWM 控制策略稳态仿真波形

a）四矢量双平面 SVPWM 控制策略两台电动机转速　b）无扇区划分 SVPWM 控制策略两台电动机转速

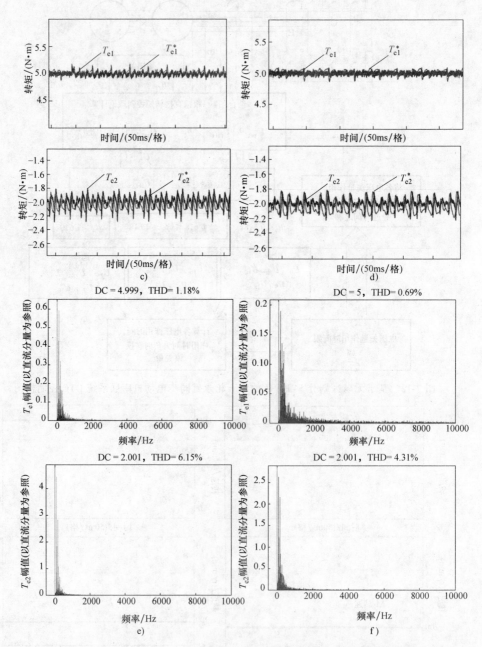

图 7-13　无扇区划分 SVPWM 控制策略及四矢量

c）四矢量双平面 SVPWM 控制策略电动机总转矩　d）无扇区划分 SVPWM 控制策略电动机总转矩波形

动机总转矩 FFT 分析　g）四矢量双平面 SVPWM 控制策略两台电动机基波定子磁链波形　h）无扇区

j）无扇区划分 SVPWM 控制策略 A 相电流波形　k）无扇区划分 SVPWM 控制策略 M₁ 基波及

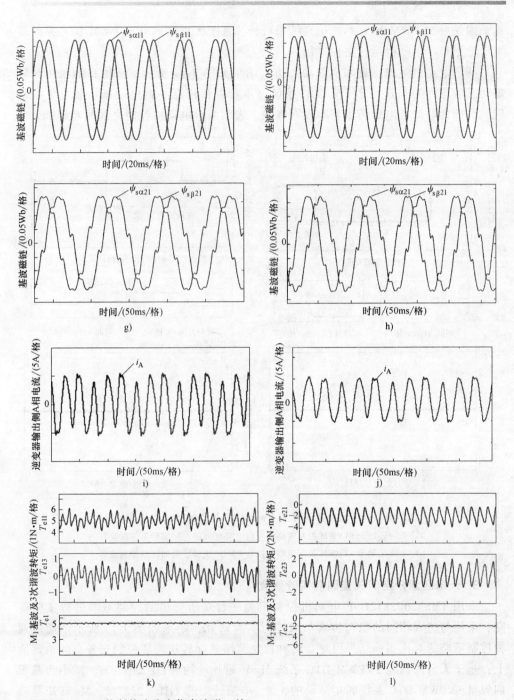

双平面 SVPWM 控制策略稳态仿真波形（续）

e）四矢量双平面 SVPWM 控制策略两台电动机总转矩 FFT 分析　f）无扇区划分 SVPWM 控制策略两台电
划分 SVPWM 控制策略两台电动机基波定子磁链波形　i）四矢量双平面 SVPWM 控制策略 A 相电流波形
3 次谐波转矩波形　l）无扇区划分 SVPWM 控制策略 M₂ 基波及 3 次谐波转矩波形

基于四矢量 SVPWM-DTC 系统仿真结果可见，基于无扇区划分 SVPWM-DTC 系统转矩脉动更小，电动机运行更加平稳。

两台电动机突加、突卸负载动态仿真结果如图 7-14 所示。从仿真结果可见转矩动态响应约为 5ms，与传统 DTC 系统基本相同；任意一台电动机负载发生阶跃后，另一台电动机电磁转矩基本没有影响，表明两台电动机控制之间相互解耦。

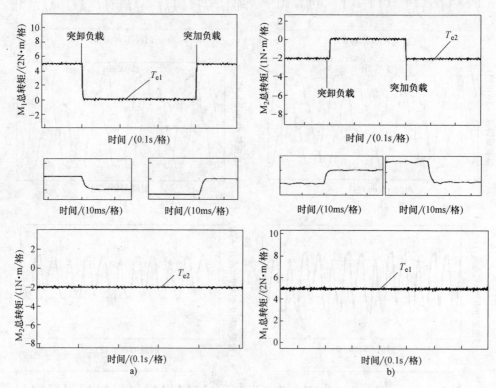

图 7-14　基于无扇区划分 SVPWM-DTC 控制策略动态仿真波形

a）无扇区划分 SVPWM 控制策略第一台 PMSM 突卸、突加转矩仿真波形

b）无扇区划分 SVPWM 控制策略第二台 PMSM 突卸、突加转矩仿真波形

3. 无扇区划分空间矢量调制实验研究

采用 TMS320F2812DSP 电动机控制实验平台对所提出的控制策略进行实验研究，采用与仿真相同的稳态仿真参数进行实验研究，结果如图 7-15 所示。通过两种控制策略的对比实验结果可见：两种控制策略实际转矩均能控制在各自的给定值上；基于无扇区判断 SVPWM-DTC 系统 M_1 转矩脉动约为 $\pm 0.25\mathrm{N} \cdot \mathrm{m}$，减小为基于四矢量 SVPWM-DTC 系统转矩脉动的 5/8，电磁转矩的 THD＝2.27%；M_2 转矩脉动约为 $\pm 0.2\mathrm{N} \cdot \mathrm{m}$，减小为基于四矢量 SVPWM-DTC 系统转矩脉动的 1/2，电磁转矩的 THD＝4.85%。由此可见，基于无扇区划分 SVPWM-DTC 系统的电磁转矩脉动更小，电动机运行更加平稳。

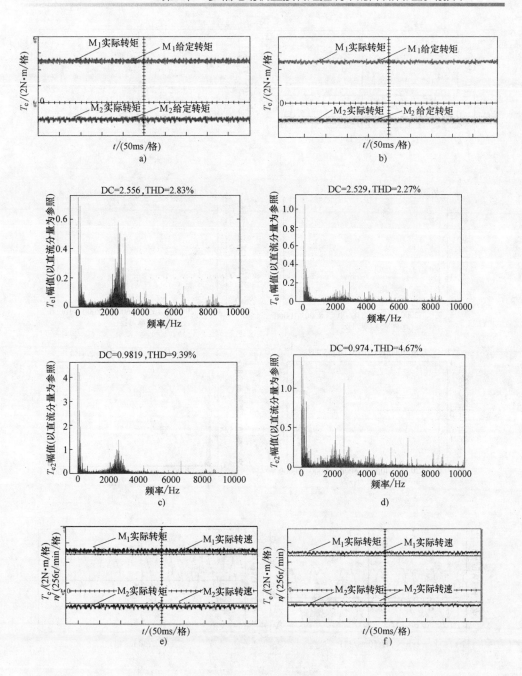

图 7-15　基于无扇区划分 SVPWM-DTC 和基于四矢量双平面 SVPWM-DCT 稳态实验波形

a）四矢量双平面 SVPWM 控制策略稳态时两台电动机总转矩　b）无扇区划分 SVPWM 控制策略稳态时两台电动机总转矩　c）四矢量双平面 SVPWM 控制策略两台电动机总转矩波形 THD 分析　d）无扇区划分 SVPWM 控制策略两台电动机总转矩波形 THD 分析　e）四矢量双平面 SVPWM 控制策略两台电动机稳态转矩及转速　f）无扇区划分 SVPWM 控制策略两台电动机稳态转矩及转速

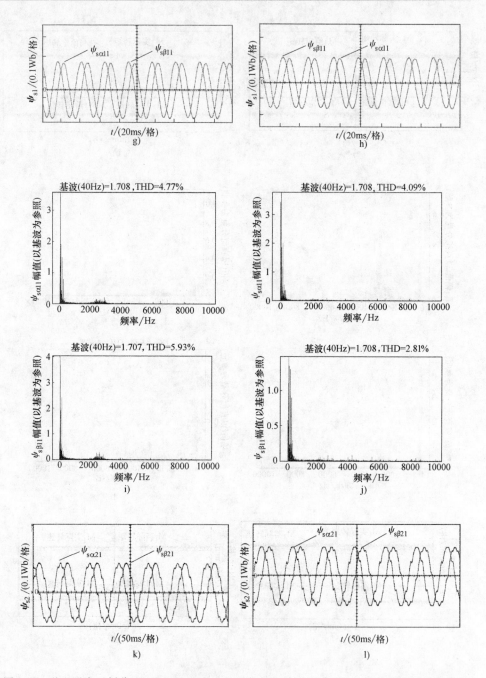

图 7-15　基于无扇区划分 SVPWM-DTC 和基于四矢量双平面 SVPWM-DCT 稳态实验波形（续）

g）四矢量双平面 SVPWM 控制策略第一台 PMSM 基波磁链　h）无扇区划分 SVPWM 控制策略第一台 PMSM 基波磁链　i）四矢量双平面 SVPWM 控制策略第一台 PMSM 基波磁链波形 THD 分析　j）无扇区划分 SVPWM 控制策略第一台 PMSM 基波磁链波形 THD 分析　k）四矢量双平面 SVPWM 控制策略第二台 PMSM 基波磁链　l）无扇区划分 SVPWM 控制策略第二台 PMSM 基波磁链

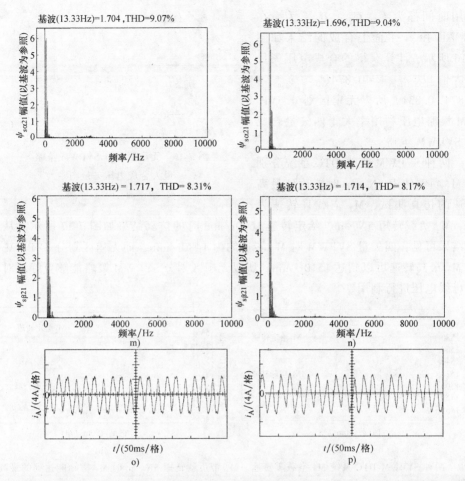

图 7-15 基于无扇区划分 SVPWM-DTC 和基于四矢量双平面 SVPWM-DCT 稳态实验波形（续）

m）四矢量双平面 SVPWM 控制策略第二台 PMSM 基波磁链波形 THD 分析 n）无扇区划分 SVPWM 控制策略第二台 PMSM 基波磁链波形 THD 分析 o）四矢量双平面 SVPWM 控制策略 A 相电流波形

p）无扇区划分 SVPWM 控制策略 A 相电流波形

7.2.3 四矢量 SVPWM 和无扇区划分 SVPWM 电压利用率比较

在线性调制情况下，单台永磁同步电动机能获得的最大电压矢量长度与直流母线电压幅值之比称为调制比 m。为了方便比较两种控制策略的电压利用率，设 xy 平面上合成的参考电压为零。这样，对于四矢量 SVPWM，当参考电压矢量 U_{ref1}^{*} 处于扇区中心上，且 $T_0 = 0$ 时，合成电压矢量长度最大值 $|U_{\text{ref1max}}^{*}| = 0.831 U_{\text{DC}}$，$m_{\max} = 0.831$。

对于无扇区划分 SVPWM，以参考电压矢量 U_{ref1}^{*} 处于 U_{25} 矢量方向上为例。此时选择 U_{25}、与 U_7 反向的 U_{24}、与 U_{14} 反向的 U_{17}，另外两个电压矢量 U_{28}，U_{19} 的

作用时间都为零。U_{25}，U_{24}，U_{17} 在 $\alpha\beta$ 平面和 xy 平面上合成的结果如图 7-16 所示，计算获得的合成电压矢量最大值 $|U_{\text{ref1max}}^*| = 0.874U_{\text{DC}}$，$m_{\max} = 0.874 > 0.831$，所以无扇区划分 SVPWM 策略电压利用率大于四矢量合成的 SVPWM 策略。

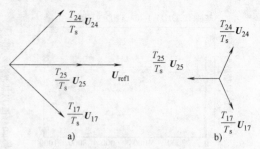

图 7-16 无扇区划分 SVPWM 策略最大合成电压矢量图
a) $\alpha\beta$ 平面 b) xy 平面

两种 SVPWM 策略 DTC 系统分别做 M_1 负载转矩 5N·m 时能达到最高转速的仿真测试，M_2 空载且转速为零，M_1 负载转矩 5N·m，给定转速 1600r/min 时的仿真结果如图 7-17 所示。从仿真结果可见，四矢量 SVPWM 时 M_1 转速约为 1480r/min，而无扇区划分 SVPWM 策略 M_1 最高转速可以到达 1510r/min，所以无扇区划分 SVPWM 策略能够更好地对直流母线电压进行利用。

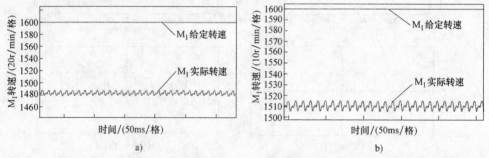

图 7-17 两种 SVPWM-DTC 系统 M_2 空载零转速、M_1 带负载转矩 5N·m 时 M_1 实际能达到的最高转速
a) 四矢量双平面 SVPWM 控制策略 M_1 最高转速 b) 无扇区划分 SVPWM 控制策略 M_1 最高转速

7.3 脉宽调制型直接转矩控制

7.3.1 脉宽调制型直接转矩控制策略

7.2.2 节介绍了一种无扇区划分 SVPWM 策略，使得 SVPWM 算法得到简化，但在算法实现中，需要计算出参与合成的电压矢量作用时间，然后再将电压矢量的作用转换为各个桥臂中心对称的 PWM 时序，如果不用计算参与合成的电压矢量作用时间，而直接获得各桥臂 PWM 时序，则对应的算法将更加简洁。本节以六相 PMSM 串联三相 PMSM 驱动系统 DTC 控制为例。采用与 7.2 节中相同的方法获得串联驱动系统 $\alpha\beta$ 平面参考电压矢量 $u_\alpha^* + ju_\beta^*$ 及 xy 平面参考电压矢量 $u_x^* + ju_y^*$。同时，采用零序电流 i_{z2} 闭环 PI 控制方法获得 z_2 零序电压给定值 u_{z2}^*。

为了减小逆变器开关损耗，允许每一个桥臂开关管一个控制周期内仅开关一次，这样六相逆变器在一个控制周期内最多有五个非零电压矢量输出，记这五个电压矢量为 U_1，U_2，U_3，U_4，U_5，作用时间分别为 t_1，t_2，t_3，t_4，t_5，零矢量 U_{00}（$U_{00}=000000$），U_{11}（$U_{11}=111111$）作用时间分别为 t_{00}，t_{11}，利用这五个电压矢量合成出控制两台电动机机电能量转换所需的任意合成参考电压矢量，同时合成出满足零序电流 i_{z2} 为零的零序电压 u_{z2}。根据各电压矢量依次作用引起定子磁链变化量与参考电压矢量 U_s 引起定子磁链变化量相等原则得到以下约束条件方程：

$$U_s T_s = U_1 t_1 + U_2 t_2 + U_3 t_3 + U_4 t_4 + U_5 t_5 = \frac{U_{DC}}{\sqrt{3}} T_6^* \begin{bmatrix} S_{a1}t_1 + S_{a2}t_2 + L + S_{a5}t_5 \\ S_{b1}t_1 + S_{b2}t_2 + L + S_{b5}t_5 \\ S_{c1}t_1 + S_{c2}t_2 + L + S_{c5}t_5 \\ S_{d1}t_1 + S_{d2}t_2 + L + S_{d5}t_5 \\ S_{e1}t_1 + S_{e2}t_2 + L + S_{e5}t_5 \\ S_{f1}t_1 + S_{f2}t_2 + L + S_{f5}t_5 \end{bmatrix} \tag{7-49}$$

式中，T_6^* 如下：

$$T_6^* = \frac{1}{2\sqrt{3}} \begin{bmatrix} 2 & 1 & -1 & -2 & -1 & 1 \\ 0 & \sqrt{3} & \sqrt{3} & 0 & -\sqrt{3} & -\sqrt{3} \\ 2 & -1 & -1 & 2 & -1 & -1 \\ 0 & \sqrt{3} & -\sqrt{3} & 0 & \sqrt{3} & -\sqrt{3} \\ 0 & 0 & 0 & 0 & 0 & 0 \\ \sqrt{2} & -\sqrt{2} & \sqrt{2} & -\sqrt{2} & \sqrt{2} & -\sqrt{2} \end{bmatrix} \tag{7-50}$$

式（7-49）两边同除以控制周期 T_s，进一步得到参考电压矢量 U_s 与六相桥臂 PWM 时序中占空比 $D_A \sim D_F$ 的关系如下：

$$U_s = \frac{U_{DC}}{\sqrt{3}} T_6^* \begin{bmatrix} \dfrac{1}{T_s} \sum\limits_{i=1}^{5} S_{ai} t_i \\ \dfrac{1}{T_s} \sum\limits_{i=1}^{5} S_{bi} t_i \\ \dfrac{1}{T_s} \sum\limits_{i=1}^{5} S_{ci} t_i \\ \dfrac{1}{T_s} \sum\limits_{i=1}^{5} S_{di} t_i \\ \dfrac{1}{T_s} \sum\limits_{i=1}^{5} S_{ei} t_i \\ \dfrac{1}{T_s} \sum\limits_{i=1}^{5} S_{fi} t_i \end{bmatrix} = \frac{U_{DC}}{\sqrt{3}} T_6^* \begin{bmatrix} D_A \\ D_B \\ D_C \\ D_D \\ D_E \\ D_F \end{bmatrix} \tag{7-51}$$

式中，参考电压构成为 $U_s = \begin{bmatrix} u_\alpha^* & u_\beta^* & u_x^* & u_y^* & 0 & u_{z2}^* \end{bmatrix}^T$。根据式（7-50）可

见，T_6^* 不存在逆矩阵，所以式（7-51）中 $D_A \sim D_F$ 没有唯一解。假设 D_A 为已知量，则式（7-51）可以进一步求解如下：

$$
\begin{bmatrix} D_B \\ D_C \\ D_D \\ D_E \\ D_F \end{bmatrix} = \frac{\sqrt{3}}{U_{DC}} {T'_5}^{-1} \begin{bmatrix} u_\alpha^* \\ u_\beta^* \\ u_x^* \\ u_y^* \\ u_{z2}^* \end{bmatrix} + \begin{bmatrix} D_A \\ D_A \\ D_A \\ D_A \\ D_A \end{bmatrix}
\tag{7-52}
$$

其中

$$
T'_5 = \frac{1}{2\sqrt{3}} \begin{bmatrix} 1 & -1 & -2 & -1 & 1 \\ \sqrt{3} & \sqrt{3} & 0 & -\sqrt{3} & -\sqrt{3} \\ -1 & -1 & 2 & -1 & -1 \\ \sqrt{3} & -\sqrt{3} & 0 & \sqrt{3} & -\sqrt{3} \\ -\sqrt{2} & \sqrt{2} & -\sqrt{2} & \sqrt{2} & -\sqrt{2} \end{bmatrix}
\tag{7-53}
$$

从上述矢量合成可见，D_A 的取值本质上决定了零电压矢量 U_{11} 在一个控制周期中的占空比，由于零电压矢量对两台电动机的机电能量转换控制没有影响，所以在计算式（7-52）的过程中，先假设 $D_A = 0$，计算出 $D_B \sim D_F$。但计算出来的这五个占空比可能小于零，也可能大于 1，所以需要对计算出来的占空比进行调整，使得最小占空比大于等于零，最大占空比小于等于 1，具体占空比调整流程如图 7-18 所示。

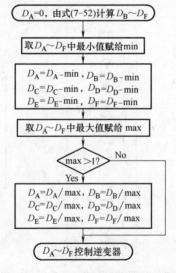

图 7-18　占空比调制与限幅流程图

F 相占空比等于零、以控制周期中心为对称方式输出的 PWM 时序如图 7-19 所示。

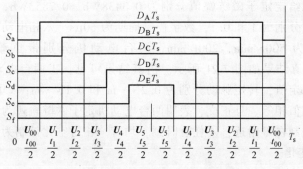

图 7-19 $D_F = 0$ 时的开关信号波形图

基于上述占空比计算型 SVPWM 思想及 7.2 节参考电压矢量计算思路，构建六相串联三相双永磁同步电动机 DTC 控制结构框图，如图 7-20 所示。

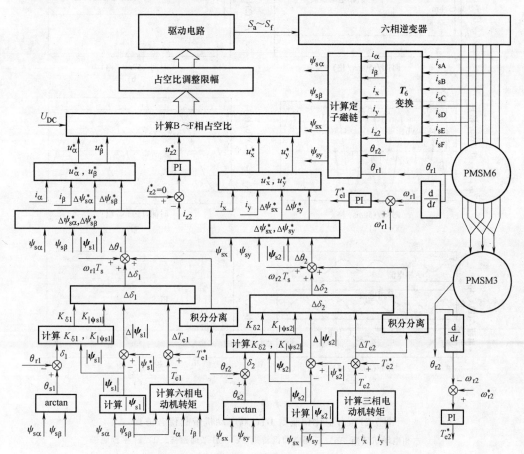

图 7-20 六相串联三相双永磁同步电动机脉宽调制型 DTC 控制框图

7.3.2 脉宽调制型直接转矩控制仿真研究

两台电动机给定定子磁链幅值分别为 0.3438Wb, 0.7853Wb, 转速 PI 调节器比例和积分系数分别为 1 和 0.1, 数字控制周期为 60μs。六相电动机、三相电动机给定转速分别为 500r/min, 200r/min, 两台电动机分别带负载转矩 5N·m, 3N·m, 稳态仿真结果如图 7-21 所示。仿真结果可见: ①两台电动机转矩均能精确跟踪各自的给定值, 转矩脉动分别为 0.2N·m 和 0.1N·m; ②两台电动机定子磁链两个分量幅值相等、且正交, 表明两台电动机定子磁链轨迹为圆形; ③零序电流能够较好地控制在零附近; ④任意时刻, 均有一相占空比控制为零, 其他相占空比在 0~1 之间变化。

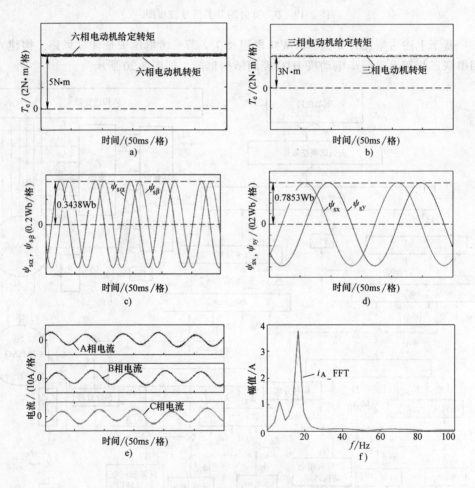

图 7-21 占空比调制型 DTC 双电动机带载稳态仿真

a) 六相电动机转矩 b) 三相电动机转矩 c) αβ 平面磁链 d) xy 平面磁链

e) A, B, C 相电流 f) A 相电流 FFT

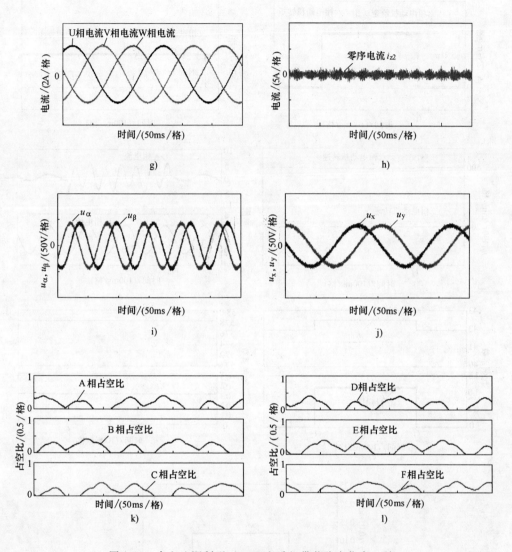

图 7-21　占空比调制型 DTC 双电动机带载稳态仿真（续）

g）U，V，W 相电流　h）零序电流 i_{z2}　i）$\alpha\beta$ 平面输出电压矢量　j）xy 平面输出
电压矢量　k）A，B，C 相占空比　l）D，E，F 相占空比

为了进一步研究所提出控制系统的动态响应特性，对两台电动机分别做负载阶
跃动态仿真研究，结果如图 7-22 和图 7-23 所示。从仿真结果可见：任意一台电动
机负载发生变化后，另一台电动机电磁转矩基本不变化，表明两台电动机之间解耦
控制性能较佳。

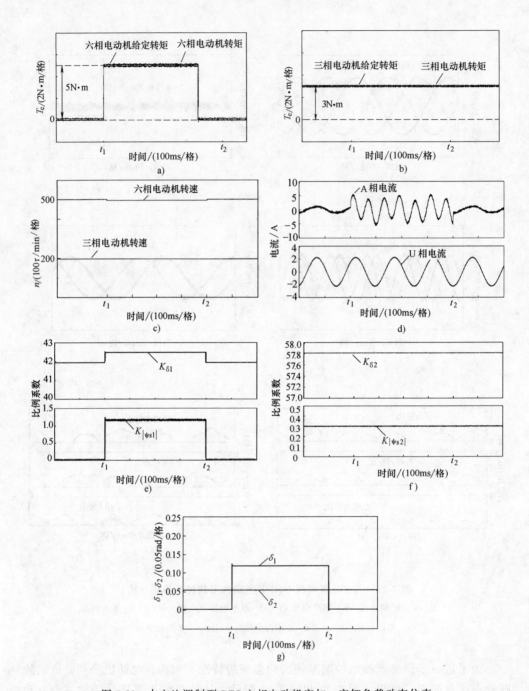

图 7-22 占空比调制型 DTC 六相电动机突加、突卸负载动态仿真

a) 六相电动机转矩   b) 三相电动机转矩   c) 两台电动机转速   d) A，U 相电流   e) αβ 平面比例系数
f) xy 平面比例系数   g) 两台电动机转矩角

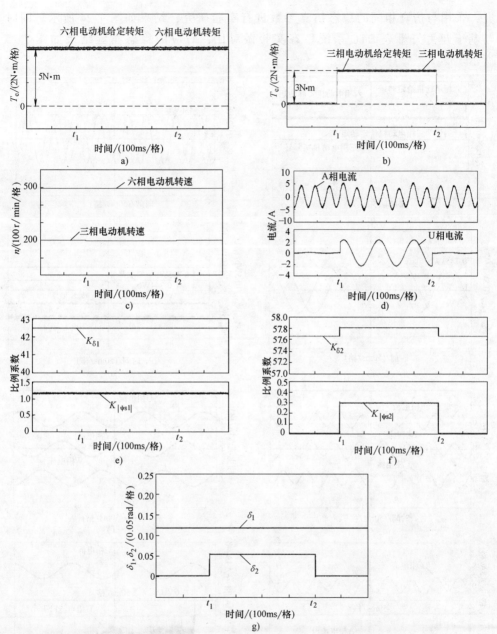

图 7-23　占空比调制型 DTC 三相电动机突加、突卸负载动态仿真

a）六相电动机转矩　b）三相电动机转矩　c）两台电动机转速　d）A，U 相电流

e）$\alpha\beta$ 平面比例系数　f）xy 平面比例系数　g）两台电动机转矩角

7.3.3　脉宽调制型直接转矩控制实验研究

采用 TMS320F2812DSP 电动机拖动实验平台对所提出的控制策略进行实验研

究，采用与仿真相同的稳态仿真参数进行实验研究，结果如图 7-24 所示。同时与基于开关矢量表 DTC 系统稳态实验做对比，对应的稳态实验结果如图 7-25 所示。

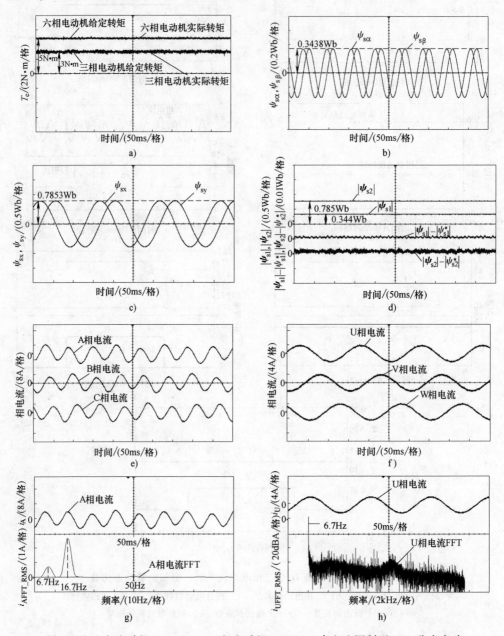

图 7-24 六相电动机 500r/min、三相电动机 200r/min 占空比调制型 DTC 稳态实验

a) 转矩与给定转矩 b) $\alpha\beta$ 平面磁链 c) xy 平面磁链 d) 磁链幅值与磁链脉动 e) A，B，C 相电流

f) U，V，W 相电流 g) A 相电流 FFT h) U 相电流 FFT

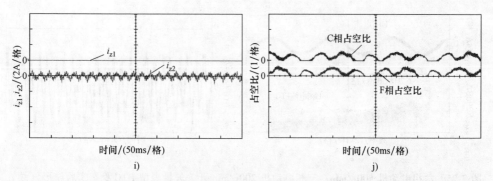

图 7-24　六相电动机 500r/min、三相电动机 200r/min 占空比调制型 DTC 稳态实验（续）

i）零序平面电流　j）C，F 相占空比

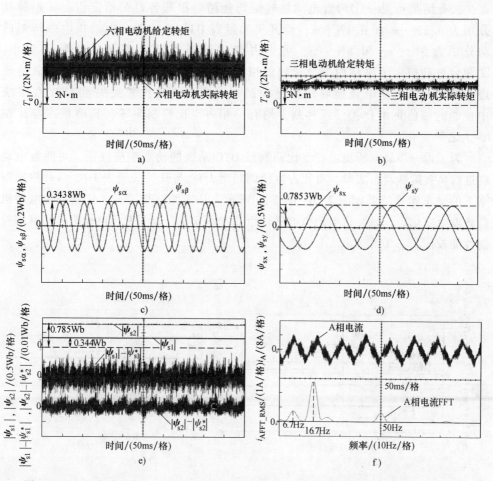

图 7-25　六相电动机 500r/min、三相电动机 200r/min 开关矢量表型 DTC 稳态实验波形

a）六相电动机转矩与给定转矩　b）三相电动机转矩与给定转矩　c）$\alpha\beta$ 平面磁链　d）xy 平面磁链

e）磁链幅值与脉动　f）A 相电流 FFT

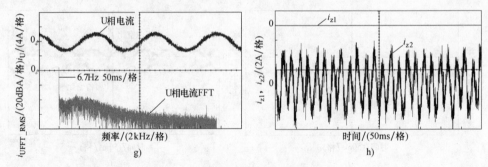

图 7-25　六相电动机 500r/min、三相电动机 200r/min 开关矢量表型 DTC 稳态实验波形（续）

g）U 相电流 FFT　h）零序平面电流

实验结果可见：①两台电动机转矩均能精确跟踪各自的给定值，转矩脉动分别为 0.2N·m 和 0.1N·m；而开关矢量表 DTC 系统两台电动机电磁转矩脉动分别为 3N·m，0.8N·m，可见占空比调制型 DTC 系统转矩脉动更小；②两台电动机定子磁链两个分量幅值相等且正交，表明两台电动机定子磁链轨迹为圆形；③零序电流能够较好地控制在零附近，且比开关矢量表 DTC 系统中控制的幅值更小；④任意时刻，均有一相占空比控制为零，其他相占空比在 0～1 之间变化。

为了进一步研究所提出占空比调制型 DTC 系统的动态响应性能，对两台电动机进行负载阶跃动态实验，对比占空比调制型 DTC 与开关矢量表 DTC 两种控制策略下的动态实验结果如图 7-26～图 7-29 所示。从实验结果可见，任意一台电动机负载发生变化后，另一台电动机电磁转矩基本不变化，表明两台电动机之间解耦控制性能较佳。

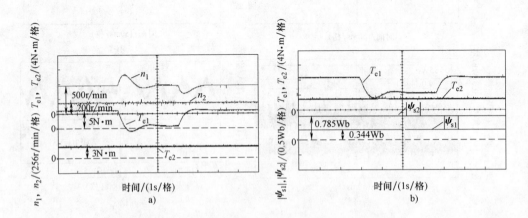

图 7-26　占空比调制型 DTC 六相电动机负载阶跃实验

a）两台电动机转速与转矩　b）两台电动机转矩与磁链幅值

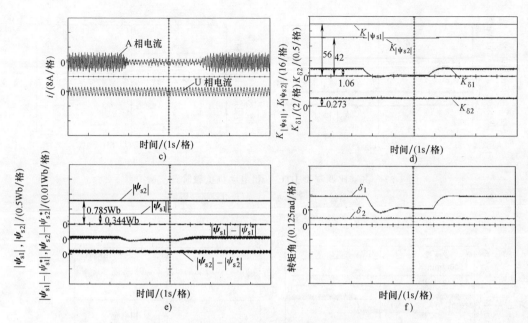

图 7-26　占空比调制型 DTC 六相电动机负载阶跃实验（续）

c）A，U 相电流　d）比例系数　e）磁链幅值与脉动　f）两台电动机转矩角

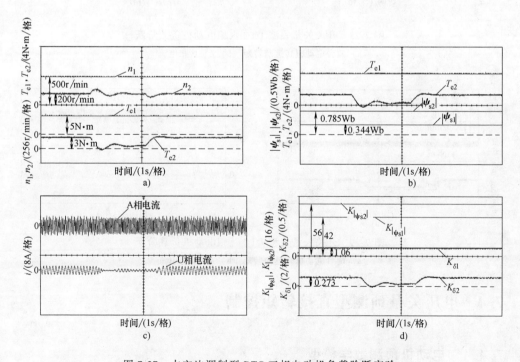

图 7-27　占空比调制型 DTC 三相电动机负载阶跃实验

a）两台电动机转速与转矩　b）两台电动机转矩与磁链幅值　c）A，U 相电流　d）比例系数

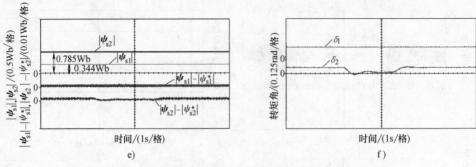

图 7-27　占空比调制型 DTC 三相电动机负载阶跃实验（续）

e）磁链幅值与脉动　f）两台电动机转矩角

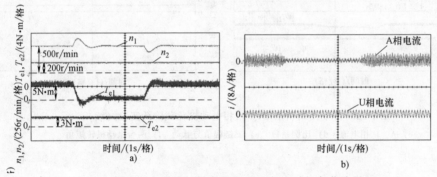

图 7-28　开关矢量表型 DTC 六相电动机负载阶跃

a）两台电动机转速与转矩　b）A，U 相电流

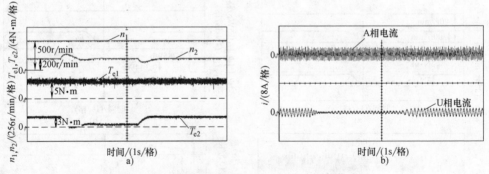

图 7-29　开关矢量表型 DTC 三相电动机负载阶跃

a）两台电动机转速与转矩　b）A，U 相电流

7.4　电压矢量预测型直接转矩控制

7.4.1　电动机预测数学模型

开关表方式直接转矩控制系统直接从最优开关矢量表中根据定子磁链幅值、电

磁转矩控制误差的极性获得一个最优开关矢量，并通过逆变器输出施加到电动机定子上。显然这种直接转矩控制系统没有考虑磁链和电磁转矩控制误差的实际大小，从而导致所选择出的电压矢量对定子磁链及电磁转矩的控制会出现控制不足或控制超调现象。如何选择出一个恰好的电压矢量以实现磁链和电磁转矩的准确控制是一个亟待解决的科学问题。本节以六相电动机串联三相双永磁同步电动机驱动系统为例，研究对应系统的预测型直接转矩控制。

六相串联三相双永磁同步电动机驱动系统连续数学模型在 6.2 节中进行了详细的研究，为了方便本节内容的讲解，现将根据连续数学模型获得的离散数学模型的重要结论给出如下，其中第 k 拍和第 $k+1$ 拍变量用下角 "k" 和 "$k+1$" 标注，六相和三相电动机变量分别用下角 "1" 和 "2" 标注。

把定子磁链及零序电流微分用以下的方式离散：

$$\begin{bmatrix} \psi_{s\alpha1(k+1)} \\ \psi_{s\beta1(k+1)} \end{bmatrix} = \begin{bmatrix} \psi_{s\alpha1(k)} \\ \psi_{s\beta1(k)} \end{bmatrix} + T \frac{\mathrm{d}}{\mathrm{d}t} \begin{bmatrix} \psi_{s\alpha1(k)} \\ \psi_{s\beta1(k)} \end{bmatrix} \tag{7-54}$$

$$\begin{bmatrix} \psi_{s\alpha2(k+1)} \\ \psi_{s\beta2(k+1)} \end{bmatrix} = \begin{bmatrix} \psi_{s\alpha2(k)} \\ \psi_{s\beta2(k)} \end{bmatrix} + T \frac{\mathrm{d}}{\mathrm{d}t} \begin{bmatrix} \psi_{s\alpha2(k)} \\ \psi_{s\beta2(k)} \end{bmatrix} \tag{7-55}$$

$$i_{z2(k+1)} = i_{z2(k)} + T \frac{\mathrm{d}i_{z2(k)}}{\mathrm{d}t} \tag{7-56}$$

式（6-16）和式（6-17）离散化后变形可以获得第 $k+1$ 拍定子电流如下：

$$\begin{bmatrix} i_{\alpha1(k+1)} \\ i_{\beta1(k+1)} \end{bmatrix} = \begin{bmatrix} L_{s\sigma1}+3L_{sm1}+3L_{rs1}\cos(2\theta_{r1}) & 3L_{rs1}\sin(2\theta_{r1}) \\ 3L_{rs1}\sin(2\theta_{r1}) & L_{s\sigma1}+3L_{sm1}-3L_{rs1}\cos(2\theta_{r1}) \end{bmatrix}^{-1} \begin{bmatrix} \psi_{s\alpha1(k+1)}-\sqrt{3}\psi_{f1}\cos\theta_{r1} \\ \psi_{s\beta1(k+1)}-\sqrt{3}\psi_{f1}\sin\theta_{r1} \end{bmatrix}$$

$$= \begin{bmatrix} \dfrac{L_{s\sigma1}+3L_{sm1}-3L_{rs1}\cos(2\theta_{r1})}{(L_{s\sigma1}+3L_{sm1})^2-(3L_{rs1})^2} & -\dfrac{3L_{rs1}\sin(2\theta_{r1})}{(L_{s\sigma1}+3L_{sm1})^2-(3L_{rs1})^2} \\ -\dfrac{3L_{rs1}\sin(2\theta_{r1})}{(L_{s\sigma1}+3L_{sm1})^2-(3L_{rs1})^2} & \dfrac{L_{s\sigma1}+3L_{sm1}-3L_{rs1}\cos(2\theta_{r1})}{(L_{s\sigma1}+3L_{sm1})^2-(3L_{rs1})^2} \end{bmatrix} \begin{bmatrix} \psi_{s\alpha1(k+1)}-\sqrt{3}\psi_{f1}\cos\theta_{r1} \\ \psi_{s\beta1(k+1)}-\sqrt{3}\psi_{f1}\sin\theta_{r1} \end{bmatrix} \tag{7-57}$$

$$\begin{bmatrix} i_{\alpha2(k+1)} \\ i_{\beta2(k+1)} \end{bmatrix} = \begin{bmatrix} \begin{pmatrix} L_{s\sigma1}+2L_{s\sigma2}+ \\ 3L_{sm2}+3L_{rs2}\cos(2\theta_{r2}) \end{pmatrix} & 3L_{rs2}\sin(2\theta_{r2}) \\ 3L_{rs2}\sin(2\theta_{r2}) & \begin{pmatrix} L_{s\sigma1}+2L_{s\sigma2}+ \\ 3L_{sm2}-3L_{rs2}\cos(2\theta_{r2}) \end{pmatrix} \end{bmatrix}^{-1} \begin{bmatrix} \psi_{s\alpha2(k+1)} & -\sqrt{3}\psi_{f2}\cos\theta_{r2} \\ \psi_{s\beta2(k+1))} & -\sqrt{3}\psi_{f2}\sin\theta_{r2} \end{bmatrix}$$

$$= \begin{bmatrix} \dfrac{L_{s\sigma1}+2L_{s\sigma2}+3L_{sm2}-3L_{rs2}\cos(2\theta_{r2})}{(L_{s\sigma1}+2L_{s\sigma2}+3L_{sm2})^2-(3L_{rs2})^2} & -\dfrac{3L_{rs2}\sin(2\theta_{r2})}{(L_{s\sigma1}+2L_{s\sigma2}+3L_{sm2})^2-(3L_{rs2})^2} \\ -\dfrac{3L_{rs2}\sin(2\theta_{r2})}{(L_{s\sigma1}+2L_{s\sigma2}+3L_{sm2})^2-(3L_{rs2})^2} & \dfrac{L_{s\sigma1}+2L_{s\sigma2}+3L_{sm2}+3L_{rs2}\cos(2\theta_{r2})}{(L_{s\sigma1}+2L_{s\sigma2}+3L_{sm2})^2-(3L_{rs2})^2} \end{bmatrix}$$

$$\cdot \begin{bmatrix} \psi_{s\alpha2(k)} & -\sqrt{3}\psi_{f2}\cos\theta_{r2} \\ \psi_{s\beta2(k))} & -\sqrt{3}\psi_{f2}\sin\theta_{r2} \end{bmatrix} \tag{7-58}$$

电磁转矩式（6-18）和式（6-19）离散形式如下：

$$T_{e1(k+1)} = p_1 \left[\psi_{s\alpha1(k+1)} i_{\beta1(k+1)} - \psi_{s\beta1(k+1)} i_{\alpha1(k+1)} \right] \tag{7-59}$$

$$T_{e2(k+1)} = p_2 \left[\psi_{s\alpha2(k+1)} i_{\beta2(k+1)} - \psi_{s\beta2(k+1)} i_{\alpha2(k+1)} \right] \tag{7-60}$$

第 k+1 拍定子磁链幅值计算如下：

$$\psi_{s1(k+1)} = \sqrt{\psi_{s\alpha1(k+1)}^2 + \psi_{s\beta1(k+1)}^2} \tag{7-61}$$

$$\psi_{s2(k+1)} = \sqrt{\psi_{s\alpha2(k+1)}^2 + \psi_{s\beta2(k+1)}^2} \tag{7-62}$$

利用 $\alpha\beta$ 平面、xy 平面坐标的旋转变换，可以将 $\alpha\beta$ 平面、xy 平面电压变换至对应的旋转坐标系中

$$\begin{bmatrix} u_{d1} \\ u_{q1} \\ u_{d2} \\ u_{q2} \end{bmatrix} = \begin{bmatrix} \cos\theta_{r1} & \sin\theta_{r1} & 0 & 0 \\ -\sin\theta_{r1} & \cos\theta_{r1} & 0 & 0 \\ 0 & 0 & \cos\theta_{r2} & \sin\theta_{r2} \\ 0 & 0 & -\sin\theta_{r2} & \cos\theta_{r2} \end{bmatrix} \begin{bmatrix} u_{\alpha1} \\ u_{\beta1} \\ u_{\alpha2} \\ u_{\beta2} \end{bmatrix} \tag{7-63}$$

在各自的旋转坐标系中，定子电压平衡方程式如下：

$$\frac{d}{dt} \begin{bmatrix} \psi_{sd1} \\ \psi_{sq1} \end{bmatrix} = \begin{bmatrix} u_{sd1} \\ u_{sq1} \end{bmatrix} - R_{s1} \begin{bmatrix} i_{d1} \\ i_{q1} \end{bmatrix} - \begin{bmatrix} 0 & -\omega_{r1} \\ \omega_{r1} & 0 \end{bmatrix} \begin{bmatrix} \psi_{sd1} \\ \psi_{sq1} \end{bmatrix} \tag{7-64}$$

$$\frac{d}{dt} \begin{bmatrix} \psi_{sd2} \\ \psi_{sq2} \end{bmatrix} = \begin{bmatrix} u_{sd2} \\ u_{sq2} \end{bmatrix} - (R_{s1} + 2R_{s2}) \begin{bmatrix} i_{d2} \\ i_{q2} \end{bmatrix} - \begin{bmatrix} 0 & -\omega_{r2} \\ \omega_{r2} & 0 \end{bmatrix} \begin{bmatrix} \psi_{sd2} \\ \psi_{sq2} \end{bmatrix} \tag{7-65}$$

定子磁链的微分离散形式如下：

$$\begin{bmatrix} \psi_{sd1(k+1)} \\ \psi_{sq1(k+1)} \end{bmatrix} = \begin{bmatrix} \psi_{sd1(k)} \\ \psi_{sq1(k)} \end{bmatrix} + T \frac{d}{dt} \begin{bmatrix} \psi_{sd1(k)} \\ \psi_{sq1(k)} \end{bmatrix} \tag{7-66}$$

$$\begin{bmatrix} \psi_{sd2(k+1)} \\ \psi_{sq2(k+1)} \end{bmatrix} = \begin{bmatrix} \psi_{sd2(k)} \\ \psi_{sq2(k)} \end{bmatrix} + T \frac{d}{dt} \begin{bmatrix} \psi_{sd2(k)} \\ \psi_{sq2(k)} \end{bmatrix} \tag{7-67}$$

对式（6-32）和式（6-35）进行离散，并把电流代入式（6-34）和式（6-37）电磁转矩表达式中得到离散形式如下：

$$T_{e1(k+1)} = p_1 \left[\psi_{sd1(k+1)} i_{q1(k+1)} - \psi_{sq1(k+1)} i_{d1(k+1)} \right] = p_1 \left[\psi_{sd1(k+1)} \frac{\psi_{sq1(k+1)}}{L_{q1}} - \psi_{sq1(k+1)} \frac{\psi_{sd1(k+1)} - \sqrt{3}\psi_{f1}}{L_{d1}} \right]$$

$$= p_1 \left[\frac{\sqrt{3} \psi_{f1} \psi_{sq1(k+1)}}{L_{d1}} + \frac{(L_{d1} - L_{q1}) \psi_{sd1(k+1)} \psi_{sq1(k+1)}}{L_{d1} L_{q1}} \right] \tag{7-68}$$

$$T_{e2(k+1)} = p_2 \left[\psi_{sd2(k+1)} i_{q2(k+1)} - \psi_{sq2(k+1)} i_{d2(k+1)} \right] = p_2 \left[\psi_{sd2(k+1)} \frac{\psi_{sq2(k+1)}}{L_{q2}} - \psi_{sq2(k+1)} \frac{\psi_{sd2(k+1)} - \sqrt{3} \psi_{f2}}{L_{d2}} \right]$$

$$= p_2 \left[\frac{\sqrt{3} \psi_{f2} \psi_{sq2(k+1)}}{L_{d2}} + \frac{(L_{d2} - L_{q2}) \psi_{sd2(k+1)} \psi_{sq2(k+1)}}{L_{d2} L_{q2}} \right] \tag{7-69}$$

7.4.2　具有零序电流控制的预测型直接转矩控制策略

相较于静止坐标系，旋转坐标系数学模型更简洁，故采用旋转坐标系数学模型构建双电动机串联驱动系统预测型 DTC 策略。众所周知，参与预测的电压矢量越多，越有利于系统选择出更加合适的电压矢量来实现磁链和转矩的精确控制。但是，六相逆变器在 $\alpha\beta$ 平面、xy 平面上均可以输出 64 种电压矢量，若把每一个平面上的 64 个电压矢量全部代入预测模型进行计算，则数字控制系统计算工作量庞大，不利于预测型 DTC 实时控制效果的提高。

由式（6-29）可得

$$\Delta i_{z2} = \frac{u_{z2} - R_{s1} i_{z2}}{L_{s\sigma 1}} T \tag{7-70}$$

由于漏电感较小，因此若零序平面选择幅值较大的电压矢量则会引起较大的零序电流脉动。若因 64 个电压矢量全部参与预测算法而导致计算量庞大，则零序电流幅值会变得更大，不利于逆变器输出电流谐波的降低。为此，只选择零序平面电压矢量等于零的矢量参与预测算法，而且矢量 63 和矢量 0 具有相同的控制效果，所以预测算法中仅利用矢量 0。这样，可以获得参与预测算法的电压矢量有 19 个，即 0、3、6、9、12、15、18、24、27、30、33、36、39、45、48、51、54、57、60，具体电压矢量如图 7-30 所示。为了确保选择出的最优电压矢量能够同时实现两台电动机定子磁链幅值、电磁转矩误差最小控制的目标，引入以下形式的损耗函数：

$$\text{Cost} = k_1 \left[T_{e1}^* - T_{e1(k+1)} \right]^2 + k_2 \left[T_{e2}^* - T_{e2(k+1)} \right]^2 + k_3 \left[\psi_{s1}^* - \psi_{s1(k+1)} \right]^2 + k_4 \left[\psi_{s2}^* - \psi_{s2(k+1)} \right]^2$$
$$\tag{7-71}$$

式中，k_1，k_2，k_3，k_4 为各误差量的权重系数。

当然，若逆变器是理想逆变器，则只要将上述 19 个电压矢量依次代入预测算法中，获得使式（7-71）最小的电压矢量通过逆变器输出即可。但实际逆变器均存在非线性因数，导致理想的预测 DTC 控制中存在较大的零序电流，使得逆变器输出电流发生畸变。

从图 7-30 可见，电压矢量 0，21，42 在两个机电能量转换平面上的控制效果

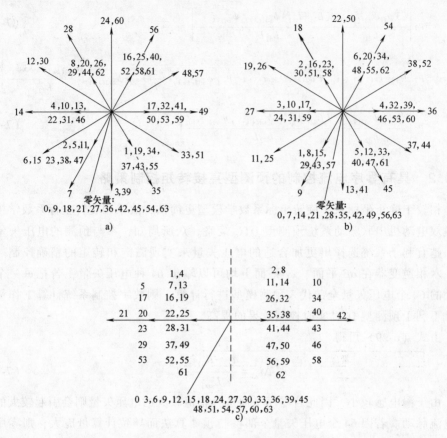

图 7-30　各平面上的预测电压矢量

a) $\alpha_1\beta_1$ 平面内所选择的电压矢量　b) $\alpha_2\beta_2$ 平面内所选择的电压矢量

c) z_1z_2 平面内所选择的电压矢量

相同，但在零序平面上，电压矢量 21、42 可分别使得零序电流 i_{z2} 减小和增大，而电压矢量 0 对零序电流 i_{z2} 基本没有影响。因此，当根据前面的预测算法选择出电压矢量 0 时，再根据零序电流 i_{z2} 的实际大小，选择电压矢量 21 或 42 与电压矢量 0 进行合成，来实现对零序电流 i_{z2} 的精确控制。

　　由于本节选择的电压矢量理想情况下在零序平面上均为零，逆变器的非线性会引起零序电流 i_{z2}，所以与相电流变化速度相比，逆变器的非线性因数产生的零序电流的变化速度较慢，因此需要对零序电流进行连续控制，几个控制周期控制一次零序电流即可。为了不影响实际预测型 DTC 对定子磁链和电磁转矩的控制效果，仅在预测算法选出的最优开关矢量恰好为零矢量时，对零序电流进行控制。

　　根据上述零序电流控制策略，构建零序电流控制的流程图，如图 7-31 所示。若预测算法选出的最优电压矢量不是零矢量，则不进行零序电流控制。当选出的最优电压矢量为零时，逆变桥输出合成电压矢量以将零序电流 i_{z2} 控制为零。该合成

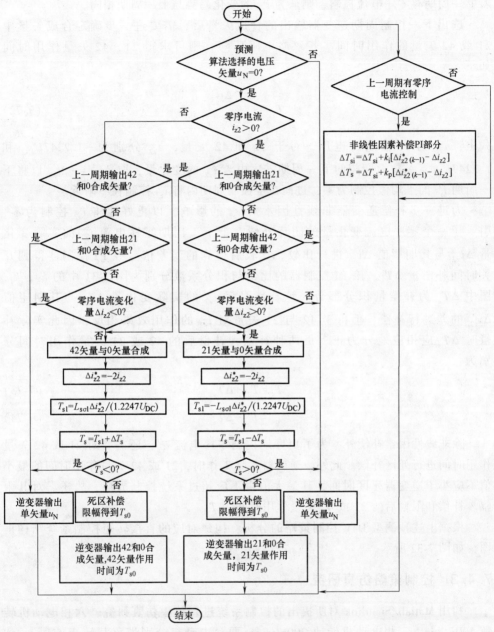

图 7-31 零序电流控制流程图

矢量由 i_{z2} 的当前值及其变化趋势确定，如果 i_{z2} 为负值且其变化趋势也为负，则逆变器输出 42 和 0 合成矢量；如果 i_{z2} 为正值且其变化趋势也为正，则逆变器输出 21 和 0 合成矢量，其余情况下逆变器仍然输出零矢量。i_{z2} 的变化趋势由其变化量 Δi_{z2} 确定，若上一周期无零序电流控制且 Δi_{z2} 为正，则认为 i_{z2} 的变化趋势为正；

若上一周期有零序电流控制，则认为 i_{z2} 的变化趋势与上一周期相同。

选出下一控制周期逆变器输出的合成矢量后，需要进一步确定合成矢量中 21 或 42 矢量的作用时间。若忽略电阻压降，则可求得 21，42 矢量作用时间如下：

$$T_{s1} = \frac{L_{s\sigma1} \Delta i_{z2}^*}{u_{z2}} \tag{7-72}$$

式中，u_{z2} 为 z_2 轴上的电压，对于 21 和 42 矢量，u_{z2} 分别为 $-1.2247 U_{DC}$ 和 $1.2247 U_{DC}$；Δi_{z2}^* 为期望的下一周期零序电流 i_{z2} 的变化量，取 $\Delta i_{z2}^* = -2i_{z2}$ 以将下一周期 i_{z2} 的平均值控制为零，进而在全控制周期内将 i_{z2} 控制在零附近。

为进一步补偿逆变器非线性因素对 i_{z2} 的影响，以更好地将 i_{z2} 控制为零，引入了一个零序电流变化量的闭环补偿。把下一周期零序电流 i_{z2} 的实际变化量 Δi_{z2} 与其期望值 Δi_{z2}^* 进行比较，比较后得到的误差信号经 PI 控制器得到开关时间补偿量 ΔT_s，该 PI 控制器的比例与积分系数分别为图 7-31 中的 k_p，k_i，图中 ΔT_{si} 为补偿量积分部分。该补偿是对 i_{z2} 的实际变化量 Δi_{z2} 与其期望值 Δi_{z2}^* 的差进行补偿，但由于 42 与 21 矢量对 i_{z2} 的作用效果相反，因此实际补偿时 ΔT_s 应相应地分为正、负两种补偿，补偿后的 42 或 21 矢量作用时间分别为：

$$T_s = T_{s1} + \Delta T_s \tag{7-73}$$

$$T_s = T_{s1} - \Delta T_s \tag{7-74}$$

除非线性因素补偿外，为了更好地控制零序电流 i_{z2}，还需要对 21 或 42 矢量作用时间进行死区补偿。此外，逆变器实际工作时，21 或 42 矢量作用时间的最小值不应小于逆变器死区时间，其最大值也不应超过系统控制周期，故还需对其限幅。补偿和限幅后的 21 或 42 矢量作用时间为 T_{s0}。

根据上述预测型 DTC 控制策略的分析，构建对应的直接转矩控制系统结构框图，如图 7-32 所示。

7.4.3 控制策略仿真研究

利用 Matlab/Simulink 对所提出的控制系统进行建模仿真研究，六相电动机转速 500r/min、三相电动机转速 200r/min，两台电动机分别带负载转矩 5N·m 和 3N·m 时的稳态仿真结果如图 7-33 所示。从仿真结果可见：①两台电动机定子磁链幅值、电磁转矩均精确控制在各自的给定值上，其中六相电动机转矩脉动只有 ±0.5N·m，而三相电动机转矩脉动只有 ±0.3N·m；②两台电动机机电能量转换对应的电流均为对称正弦波，但由于两台电动机基波频率不同，故导致三相电流对逆变器输出电流进行幅值调制；③零序电流控制在零附近。

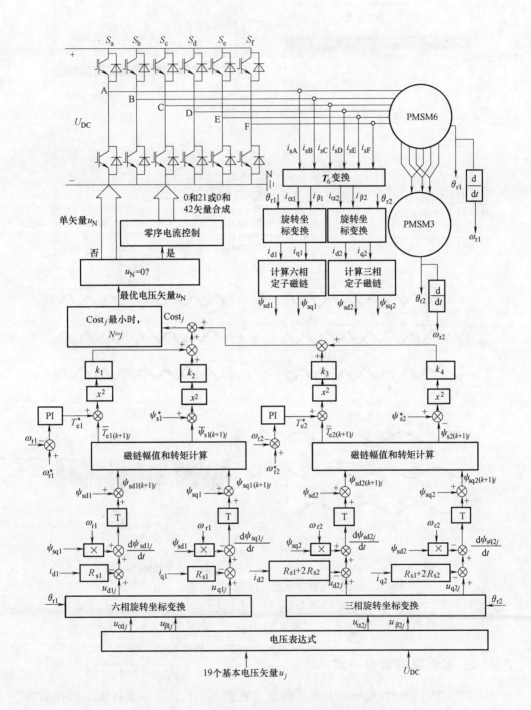

图 7-32 六相串联三相双 PMSM 驱动系统预测
型 DTC 策略的系统结构框图

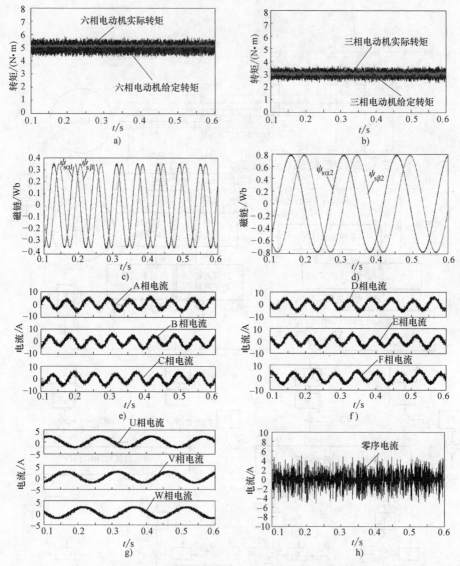

图 7-33　六相 PMSM 转速 500r/min、三相 PMSM 转速 200r/min 双

PMSM 负载预测型 DTC 稳态仿真波形

a) 六相 PMSM 转矩　b) 三相 PMSM 转矩　c) 六相平面定子磁链　d) 三相平面定子磁链

e) A, B, C 相电流　f) D, E, F 相电流　g) U, V, W 相电流　h) 零序电流 i_{z2}

7.4.4　控制策略实验研究

采用以 TMS320F2812DSP 为核心的电动机控制平台，对本节所提出的控制策略进行实验研究，六相电动机转速 PI 调节器比例和积分系数分别为 0.015，0.1，三相电动机转速 PI 调节器比例和积分系数分别为 0.012 和 0.066。权重系数 $k_1 \sim k_4$

分别为 0.1, 0.1, 126, 50, 数字控制周期为 60μs。当六相电动机转速 500r/min、负载转矩 5N·m，三相电动机转速 200r/min、负载转矩 3N·m 时，分别对本节所提出的预测型 DTC 系统和传统 DTC 系统做稳态，实验结果分别如图 7-34 和图 7-35 所示。从实验对比结果可见：①六相电动机转矩脉动由传统 DTC 的 ±3.6N·m 降

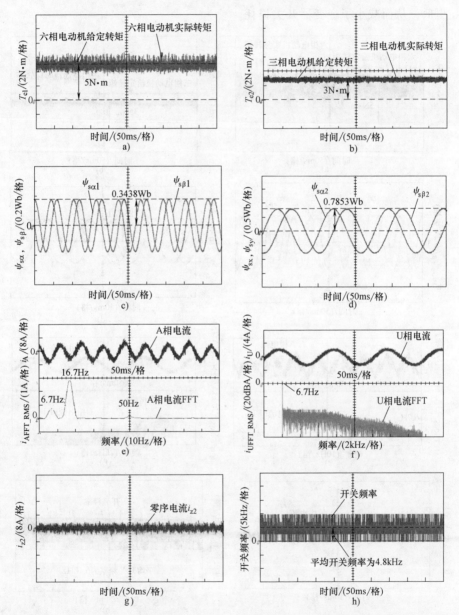

图 7-34　六相 PMSM 转速 500r/min、三相 PMSM 转速 200r/min 预测型 DTC 稳态实验波形

a) 六相 PMSM 转矩　b) 三相 PMSM 转矩　c) 六相平面定子磁链　d) 三相平面定子磁链

e) A 相电流及其 FFT 结果　f) U 相电流及其 FFT 结果　g) 零序电流 i_{z2}　h) 开关频率

为 ±1.6N·m，三相电动机转矩脉动由传统 DTC 的 ±0.9N·m 降为 ±0.5N·m；②预测型 DTC 定子磁链脉动小于传统 DTC 系统；③预测型 DTC 的零序电流很好的控制在零附近，而传统 DTC 的零序电流明显不为零，从而导致传动 DTC 系统逆变器输出电流畸变严重，其中的 50Hz 谐波含量增多；④预测型 DTC 的开关频率比传统 DTC 更低，从而减小了逆变器开关损耗。

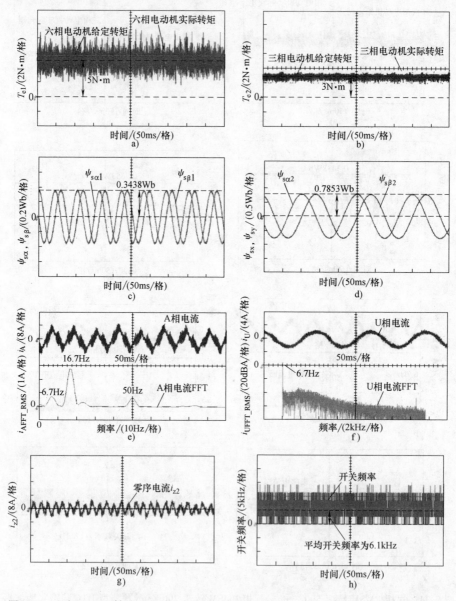

图 7-35 六相 PMSM 转速 500r/min、三相 PMSM 转速 200r/min 传统 DTC 稳态实验波形

a) 六相 PMSM 转矩 b) 三相 PMSM 转矩 c) 六相平面定子磁链 d) 三相平面定子磁链

e) A 相电流及其 FFT 结果 f) U 相电流及其 FFT 结果 g) 零序电流 i_{z2} h) 开关频率

为了进一步实验研究控制策略的开关频率，三相电动机转速 200r/min、负载转矩 5N·m 情况下，测得六相电动机不同转速情况空载与额定负载时预测型 DTC 与传统 DTC 两种系统开关频率的对比实验曲线如图 7-36 所示。从实验结果可见，预测型 DTC 系统平均开关频率比传统 DTC 系统的低，因此预测型 DTC 系统能够以更低的开关频率获得更优良的运行性能。

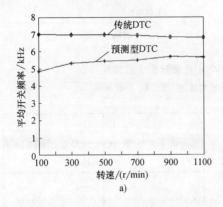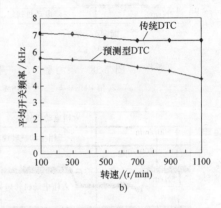

图 7-36　三相 PMSM 转速 200r/min、负载转矩 5N·m，六相 PMSM 不同
运行状态下的平均开关频率
a）六相 PMSM 空载　b）六相 PMSM 带额定负载

为了进一步研究所提出控制系统的动态运行性能，六相电动机转速 500r/min、负载转矩 5N·m，三相电动机转速 200r/min、负载转矩 3N·m 时做预测型 DTC 系统负载动态与传动 DTC 系统负载动态响应实验，结果分别如图 7-37~图 7-40 所示。从仿真结果可见，两台电动机中任意一台电动机负载动态对另一台电动机电磁转矩控制基本没有影响，从而实现两台电动机控制之间的解耦目标。而且预测型 DTC 动态响应时间与传统 DTC 系统动态响应时间相当。

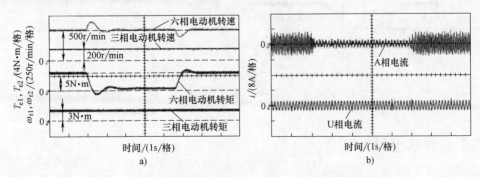

图 7-37　预测型 DTC 六相 PMSM 负载阶跃实验波形
a）六相 PMSM 与三相 PMSM 的转矩与转速　b）A，U 相电流

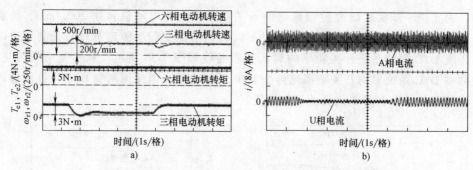

图 7-38　预测型 DTC 三相 PMSM 负载阶跃实验波形

a）六相 PMSM 与三相 PMSM 的转矩与转速　b）A，U 相电流

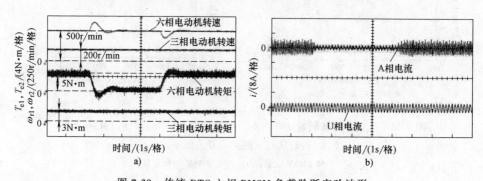

图 7-39　传统 DTC 六相 PMSM 负载阶跃实验波形

a）六相 PMSM 与三相 PMSM 的转矩与转速　b）A，U 相电流

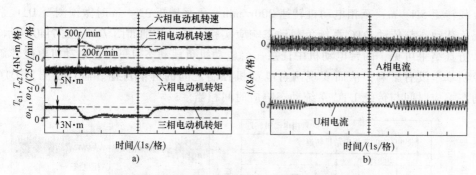

图 7-40　传统 DTC 三相 PMSM 负载阶跃实验波形

a）六相 PMSM 与三相 PMSM 的转矩与转速　b）A，U 相电流

7.5　本章小结

　　本章从基于基本电压矢量框架的直接转矩控制策略出发，提出一种空间电压矢量预测型双电动机串联直接转矩控制系统，在实现零序电流控制为零的同时减小了电磁转矩和定子磁链幅值控制脉动；基于 PI 连续空间电压矢量调制直接转矩控制

策略，提出了有扇区划分空间电压矢量调制和无需扇区划分空间电压矢量调制策略；同时为了进一步简化空间电压矢量调制算法，提出根据给定电压矢量直接计算逆变桥臂 PWM 波占空比策略，从而实现了电动机控制开关频率的恒定。经过仿真及实验验证，所提出的直接转矩控制策略均能大幅度减小电磁转矩及定子磁链幅值脉动。

参 考 文 献

[1] 陈光团，周扬忠. 六相串联三相双永磁同步电机预测型直接转矩控制研究 [J]. 中国电机工程学报，2018，38（15）：4526-4536，4653.

[2] ZHOU Y Z, CHEN G T. Predictive DTC strategy with fault-tolerant function for six-phase and three-phase PMSM series-connected drive system [J]. IEEE Transactions on Industrial Electronics, 2018, 65 (11): 9101-9112.

[3] 段庆涛，周扬忠，屈艾文. 六相串联三相 PMSM 缺相容错型低转矩脉动直接转矩控制 [J]. 中国电机工程学报，2019，39（02）：347-358，632.

[4] 王凌波，闫震，周扬忠. 低转矩脉动五相永磁同步电机直接转矩控制 [J]. 电力电子技术，2019，53（03）：10-13，77.

[5] 俞海良，周扬忠. 双五相永磁同步电机串联系统 SVPWM 控制策略 [J]. 电力电子技术，2019，53（10）：88-91.

[6] 周扬忠，陈光团，钟天云. 一种双电机串联预测型直接转矩控制方法：201710570132. 1 [P]. 2020-03-10.

[7] 周扬忠，陈光团，钟天云. 一种双电机串联缺相容错预测型直接转矩控制方法：201710522578. 7 [P]. 2020-04-10.

[8] 周扬忠，俞海良，屈艾文，等. 一种五相逆变器双平面最近四矢量空间电压矢量调制方法：201910374295. 1 [P]. 2020-10-09.

[9] 陈相. 双三相 PMSM 高性能直接转矩控制 [D]. 福州：福州大学，2020.

[10] 俞海良. 双五相 PMSM 串联驱动系统空间矢量调制型直接转矩控制 [D]. 福州：福州大学，2020.

[11] 段庆涛. 单逆变器供电双永磁同步电机高性能解耦直接转矩控制研究 [D]. 福州：福州大学，2019.

[12] 王凌波. 低转矩脉动多相永磁同步电机直接转矩控制研究 [D]. 福州：福州大学，2019.

[13] 陈光团. 多相永磁电机容错型驱动控制研究 [D]. 福州：福州大学，2018.

[14] 闫震. 五相凸极式永磁同步电机直接转矩控制研究 [D]. 福州：福州大学，2018.

第8章 多相电动机直接转矩控制中的无位置传感器技术

8.1 引言

多相电动机可以利用正交变换矩阵映射到多个正交解耦平面上，其中基波平面上保留了电动机反电动势与转子位置角关系、电动机凸极特性、电动机电感特性等，所以在基波平面上可以利用原来三相电动机中已有的无位置传感器技术实现转子位置角或定子磁链的观测。但与三相电动机的不同之处在于多相电动机还存在多个谐波平面，有些谐波平面不进行机电能量转换，故可以将无位置传感器算法移至这些谐波平面中构建；另外，多相电动机还存在多余自由度需要进行控制，当利用这些自由度实现电动机缺相容错控制时，剩余健康相绕组构成的定子磁路不再对称，在此情况下如何进一步实现电动机无位置传感器运行？当利用这些多余的自由度构成多电动机串联驱动系统时，如何解决多电动机无位置传感器运行控制？这些都为多相电动机无位置传感技术的构建增添了新的待解决的科学问题。

8.2 绕组无故障时无位置传感器技术

8.2.1 无位置传感器理论

根据2.3节分析可见，对于反电动势为正弦波的对称六相永磁同步电动机可以映射为基波平面和四个零序轴系，其中基波平面数学模型和三相永磁同步电动机一样。把图2-5重新表示为图8-1，且新定义有效磁链矢量 ψ_a，其方向与转子永磁体 N 极方向相同，在 dq 坐标系中具体分量关系如下：

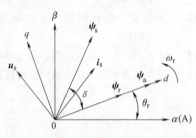

图 8-1 绕组无故障时无位置传感器变量定义关系示意图

$$\begin{cases} \psi_{ad} = \psi_{sd} - L_{sq}i_{sd} = (L_d - L_q)i_{sd} + \sqrt{3}\psi_f \\ \psi_{aq} = \psi_{sq} - L_q i_{sq} = 0 \end{cases} \quad (8\text{-}1)$$

联立式（8-1）和式（2-52）、式（2-55）、

式 (2-56)，可以把基波平面 dq 坐标系定子电压平衡方程式进一步改写为

$$
\begin{bmatrix} u_{sd} \\ u_{sq} \end{bmatrix} = \begin{bmatrix} R_s & -\omega_r L_q \\ \omega_r L_q & R_s \end{bmatrix} \begin{bmatrix} i_{sd} \\ i_{sq} \end{bmatrix} + \begin{bmatrix} 0 & -\omega_r \\ \omega_r & 0 \end{bmatrix} \begin{bmatrix} \psi_{ad} \\ \psi_{aq} \end{bmatrix} + \frac{d}{dt} \begin{bmatrix} \psi_{ad} \\ \psi_{aq} \end{bmatrix} + \begin{bmatrix} L_q & 0 \\ 0 & L_q \end{bmatrix} \frac{d}{dt} \begin{bmatrix} i_{sd} \\ i_{sq} \end{bmatrix}
$$

$$(8\text{-}2)$$

把式 (8-2) 旋转变换至定子静止坐标系 $\alpha\beta$ 中得

$$
\begin{bmatrix} u_{s\alpha} \\ u_{s\beta} \end{bmatrix} = \begin{bmatrix} R_s + L_q \cdot \dfrac{d}{dt} & 0 \\ 0 & R_s + L_q \cdot \dfrac{d}{dt} \end{bmatrix} \begin{bmatrix} i_{s\alpha} \\ i_{s\beta} \end{bmatrix} + \frac{d}{dt} \begin{bmatrix} \psi_{a\alpha} \\ \psi_{a\beta} \end{bmatrix}
$$

$$(8\text{-}3)$$

其中，静止坐标系 $\alpha\beta$ 中有效磁链分量 $\psi_{a\alpha}$，$\psi_{a\beta}$ 具体如下：

$$
\begin{bmatrix} \psi_{a\alpha} \\ \psi_{a\beta} \end{bmatrix} = \left[(L_d - L_q) i_{sd} + \sqrt{3}\psi_f \right] \begin{bmatrix} \cos\theta_r \\ \sin\theta_r \end{bmatrix}
$$

$$(8\text{-}4)$$

由于电动机电气系统的时间常数远大于机械系统的时间常数，从而出现转子转速、转子位置角的动态响应远慢于电流动态响应，电流快于转速、转子位置角达到稳定，所以对式 (8-4) 积分得

$$
\begin{cases}
\dfrac{d\psi_{a\alpha}}{dt} = -\omega_r \left[(L_d - L_q) i_{sd} + \sqrt{3}\psi_f \right] \sin\theta_r = -\omega_r \psi_{a\beta} \\[3mm]
\dfrac{d\psi_{a\beta}}{dt} = \omega_r \left[(L_d - L_q) i_{sd} + \sqrt{3}\psi_f \right] \cos\theta_r = \omega_r \psi_{a\alpha}
\end{cases}
$$

$$(8\text{-}5)$$

这样联立式 (8-3) 和式 (8-5) 获得以定子电流、有效磁链为状态变量的状态空间如下：

$$
\frac{d}{dt} \begin{bmatrix} i_{s\alpha} \\ i_{s\beta} \\ \psi_{a\alpha} \\ \psi_{a\beta} \end{bmatrix} = \begin{bmatrix} -\dfrac{R_s}{L_q} & 0 & 0 & \dfrac{\omega_r}{L_q} \\[2mm] 0 & -\dfrac{R_s}{L_q} & -\dfrac{\omega_r}{L_q} & 0 \\[2mm] 0 & 0 & 0 & -\omega_r \\[2mm] 0 & 0 & \omega_r & 0 \end{bmatrix} \begin{bmatrix} i_{s\alpha} \\ i_{s\beta} \\ \psi_{a\alpha} \\ \psi_{a\beta} \end{bmatrix} + \begin{bmatrix} 1/L_q & 0 \\ 0 & 1/L_q \\ 0 & 0 \\ 0 & 0 \end{bmatrix} \begin{bmatrix} u_{s\alpha} \\ u_{s\beta} \end{bmatrix}
$$

$$(8\text{-}6)$$

定义

$$\boldsymbol{i}_s = \begin{bmatrix} i_{s\alpha} & i_{s\beta} \end{bmatrix}^T, \ \boldsymbol{\psi}_a = \begin{bmatrix} \psi_{a\alpha} & \psi_{a\beta} \end{bmatrix}^T, \ \boldsymbol{u}_s = \begin{bmatrix} u_{s\alpha} & u_{s\beta} \end{bmatrix}^T, \ \boldsymbol{A}_{11} = -\frac{R_s}{L_{sq}}\boldsymbol{I}, \ \boldsymbol{A}_{12} = -\frac{\omega_r}{L_{sq}}$$

$$\boldsymbol{J}, \ \boldsymbol{A}_{22} = \omega_r \boldsymbol{J}, \ \boldsymbol{B}_1 = \frac{1}{L_{sq}}\boldsymbol{I}, \ \boldsymbol{I} = \begin{bmatrix} 1 & 0 \\ 0 & 1 \end{bmatrix}, \ \boldsymbol{J} = \begin{bmatrix} 0 & -1 \\ 1 & 0 \end{bmatrix}$$

则式 (8-6) 状态空间进一步简记为

$$
\frac{d}{dt} \begin{bmatrix} \boldsymbol{i}_s \\ \boldsymbol{\psi}_a \end{bmatrix} = \begin{bmatrix} \boldsymbol{A}_{11} & \boldsymbol{A}_{12} \\ \boldsymbol{0} & \boldsymbol{A}_{22} \end{bmatrix} \begin{bmatrix} \boldsymbol{i}_s \\ \boldsymbol{\psi}_a \end{bmatrix} + \begin{bmatrix} \boldsymbol{B}_1 \\ \boldsymbol{0} \end{bmatrix} \boldsymbol{u}_s
$$

$$(8\text{-}7)$$

显然，根据上述内容分析可见若能对有效磁链进行正确观测，则定子磁链、转子位置角、转子旋转速度均可以观测计算出来。

将式（8-1）旋转变换至静止 $\alpha\beta$ 坐标系中得

$$\begin{cases} \psi_{a\alpha} = \psi_{s\alpha} - L_q i_{s\alpha} \\ \psi_{a\beta} = \psi_{s\beta} - L_q i_{s\beta} \end{cases} \qquad (8\text{-}8)$$

为了观测有效磁链，本节利用定子电流的观测误差对有效磁链观测进行校正，采用滑模变结构理论构建定子电流、有效磁链观测器如下：

$$\frac{\mathrm{d}}{\mathrm{d}t}\begin{bmatrix} \hat{\boldsymbol{i}}_s \\ \hat{\boldsymbol{\psi}}_a \end{bmatrix} = \begin{bmatrix} \boldsymbol{A}_{11} & \boldsymbol{A}_{12} \\ \boldsymbol{0} & \boldsymbol{A}_{22} \end{bmatrix}\begin{bmatrix} \boldsymbol{i}_s \\ \hat{\boldsymbol{\psi}}_a \end{bmatrix} + \begin{bmatrix} \boldsymbol{B}_1 \\ \boldsymbol{0} \end{bmatrix}\boldsymbol{u}_s + \boldsymbol{K}\,\mathrm{sgn}(\boldsymbol{i}_s - \hat{\boldsymbol{i}}_s) \qquad (8\text{-}9)$$

式中，"^"标注的变量为观测量；$\mathrm{sgn}(x)$ 为取变量 x 的符号；$\boldsymbol{K}$ 为增益矩阵，其形式如下：

$$\boldsymbol{K} = \begin{bmatrix} k_{i\alpha} & 0 \\ 0 & k_{i\beta} \\ k_{31} & k_{32} \\ k_{41} & k_{42} \end{bmatrix} \qquad (8\text{-}10)$$

根据式（8-8）和式（8-9）所构建的定子电流、有效磁链滑模观测器及定子磁链计算结构示意图如图 8-2 所示。其中，$\tilde{\boldsymbol{i}}_s = \boldsymbol{i}_s - \hat{\boldsymbol{i}}_s$ 为定子电流观测误差。

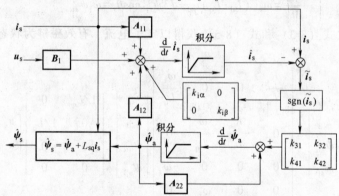

图 8-2 绕组无故障基波平面有效磁链滑模观测器

在获得有效磁链矢量观测值后，转子位置角 θ_r 计算如下：

$$\theta_r = \arctan\left(\frac{\psi_{a\alpha}}{\psi_{a\beta}}\right) \qquad (8\text{-}11)$$

对式（8-11）两边求微分得到转速如下：

$$\omega_r = \frac{\mathrm{d}}{\mathrm{d}t}\theta_r = \frac{\mathrm{d}}{\mathrm{d}t}\left[\arctan\left(\frac{\psi_{a\alpha}}{\psi_{a\beta}}\right)\right] = \frac{\left(\dfrac{\mathrm{d}\psi_{a\beta}}{\mathrm{d}t}\psi_{a\alpha} - \dfrac{\mathrm{d}\psi_{a\alpha}}{\mathrm{d}t}\psi_{a\beta}\right)}{{\psi_{a\alpha}}^2 + {\psi_{a\beta}}^2} \qquad (8\text{-}12)$$

对式（8-12）离散后

$$\omega_r(k) = \frac{\left[\psi_{a\beta(k)} \psi_{a\alpha(k-1)} - \psi_{a\alpha(k)} \psi_{a\beta(k-1)} \right]}{T_0 \left[\psi_{a\alpha(k)}^2 + \psi_{a\beta(k)}^2 \right]} \tag{8-13}$$

在获得式（8-13）计算值后，利用低通滤波器对其进行滤波，进一步获得平滑的转子旋转速度的观测值。其中 T_0 为离散时间周期。

8.2.2　观测器稳定性证明

用式（8-7）减去式（8-9）得到定子电流、有效磁链观测误差状态空间如下：

$$\frac{d}{dt}\begin{bmatrix} \tilde{i}_{s\alpha} \\ \tilde{i}_{s\beta} \end{bmatrix} = \frac{\omega_r}{L_q}\begin{bmatrix} 0 & 1 \\ -1 & 0 \end{bmatrix}\begin{bmatrix} \tilde{\psi}_{a\alpha} \\ \tilde{\psi}_{a\beta} \end{bmatrix} - \begin{bmatrix} k_{i\alpha} & 0 \\ 0 & k_{i\beta} \end{bmatrix}\begin{bmatrix} \mathrm{sgn}(\tilde{i}_{s\alpha}) \\ \mathrm{sgn}(\tilde{i}_{s\beta}) \end{bmatrix} \tag{8-14}$$

为了实现定子电流观测误差收敛至零，定义以下形式的李雅普诺夫函数：

$$V = \frac{1}{2}(\tilde{i}_{s\alpha}^2 + \tilde{i}_{s\beta}^2) > 0 \tag{8-15}$$

对式（8-15）求微分

$$\frac{d}{dt}V = \tilde{i}_{s\alpha} \cdot \frac{d\tilde{i}_{s\beta}}{dt} + \tilde{i}_{s\beta}\frac{d\tilde{i}_{s\beta}}{dt}$$

$$= \tilde{i}_{s\alpha}\left[\left(\frac{\omega_r}{L_q}\tilde{\psi}_{a\beta} \right) - k_{i\alpha}\mathrm{sgn}(\tilde{i}_{s\alpha}) \right] + \tilde{i}_{s\beta}\left[\left(-\frac{\omega_r}{L_q}\tilde{\psi}_{a\alpha} \right) - k_{i\beta}\mathrm{sgn}(\tilde{i}_{s\beta}) \right]$$

$$= -\left(k_{i\alpha}|\tilde{i}_{s\alpha}| - \frac{\omega_r}{L_q}\tilde{\psi}_{a\beta}\tilde{i}_{s\alpha} \right) - \left(k_{i\beta}|\tilde{i}_{\beta}| + \frac{\omega_r}{L_q}\tilde{\psi}_{a\alpha}\tilde{i}_{s\beta} \right) \tag{8-16}$$

若要定子电流观测值快速收敛至真实值，则要求式（8-15）定义的李雅普诺夫函数为负，从而只要满足下列不等式即可：

$$\begin{cases} k_{i\alpha} > \left| \dfrac{\omega_r}{L_q}\tilde{\psi}_{a\beta} \right| \\[3mm] k_{i\beta} > \left| \dfrac{\omega_r}{L_q}\tilde{\psi}_{a\alpha} \right| \end{cases} \tag{8-17}$$

当电流收敛至零后，式（8-14）进一步改写为

$$\begin{cases} \tilde{\psi}_{a\alpha} = \psi_{a\alpha} - \hat{\psi}_{a\alpha} = -\dfrac{L_q k_{i\beta}}{\omega_r}\mathrm{sgn}(\tilde{i}_{s\beta}) \\[3mm] \tilde{\psi}_{a\beta} = \psi_{a\beta} - \hat{\psi}_{a\beta} = \dfrac{L_q k_{i\alpha}}{\omega_r}\mathrm{sgn}(\tilde{i}_{s\alpha}) \end{cases} \tag{8-18}$$

利用式（8-7）减去式（8-9）得到有效磁链观测误差如下：

$$\begin{cases} \dfrac{\mathrm{d}}{\mathrm{d}t}\tilde{\psi}_{a\alpha} = \dfrac{\mathrm{d}\psi_{a\alpha}}{\mathrm{d}t} - \dfrac{\mathrm{d}\hat{\psi}_{a\alpha}}{\mathrm{d}t} = -\omega_r\tilde{\psi}_{s\beta} - k_{31}\,\mathrm{sgn}(\tilde{i}_{s\alpha}) - k_{32}\,\mathrm{sgn}(\tilde{i}_{s\beta}) \\[3mm] \dfrac{\mathrm{d}}{\mathrm{d}t}\tilde{\psi}_{a\beta} = \dfrac{\mathrm{d}\psi_{a\beta}}{\mathrm{d}t} - \dfrac{\mathrm{d}\hat{\psi}_{a\beta}}{\mathrm{d}t} = \omega_r\tilde{\psi}_{s\alpha} - k_{41}\,\mathrm{sgn}(\tilde{i}_{s\alpha}) - k_{42}\,\mathrm{sgn}(\tilde{i}_{s\beta}) \end{cases} \tag{8-19}$$

式（8-18）带入式（8-19）得到有效磁链观测误差空间如下：

$$\begin{cases} \dfrac{\mathrm{d}}{\mathrm{d}t}\tilde{\psi}_{a\alpha} = \omega_r\left[\dfrac{k_{32}}{k_{i\beta}L_q}\tilde{\psi}_{a\alpha} - \left(1+\dfrac{k_{31}}{k_{i\alpha}L_q}\right)\tilde{\psi}_{a\beta}\right] \\[4mm] \dfrac{\mathrm{d}}{\mathrm{d}t}\tilde{\psi}_{a\beta} = \omega_r\left[\left(1+\dfrac{k_{42}}{k_{i\beta}L_q}\right)\tilde{\psi}_{s\alpha} - \dfrac{k_{41}}{k_{i\alpha}L_q}\tilde{\psi}_{a\beta}\right] \end{cases} \tag{8-20}$$

若令 $k_{31}=-L_{sq}k_{i\alpha}$，$k_{42}=-L_{sq}k_{i\beta}$，则有效磁链观测误差状态空间进一步改写为

$$\begin{cases} \dfrac{\mathrm{d}}{\mathrm{d}t}\tilde{\psi}_{a\alpha} = \omega_r\dfrac{k_{32}}{k_{i\beta}L_q}\tilde{\psi}_{s\alpha} \\[4mm] \dfrac{\mathrm{d}}{\mathrm{d}t}\tilde{\psi}_{s\beta} = -\omega_r\dfrac{k_{41}}{k_{i\alpha}L_q}\tilde{\psi}_{s\beta} \end{cases} \tag{8-21}$$

可见，若要有效磁链观测误差收敛至零，则只需要 $\omega_r k_{32}<0$，且 $\omega_r k_{41}>0$。

8.2.3 仿真研究

为了验证本章所提出无位置传感器直接转矩控制系统的稳定性能，采用附录中的表 A-1 六相对称绕组永磁同步电动机参数，电动机转速 1000r/min 和 60r/min、负载转矩 5N·m 时的稳态仿真波形如图 8-3 和图 8-4 所示。从仿真结果可见：①定子电流、定子磁链均为稳定正弦波，磁链峰值控制在 0.329Wb，电流峰值为 5A；②高速 1000r/min 和低速 60r/min 时的转速控制平均误差分别为 ±3r/min、±10r/min，转子旋转平稳。

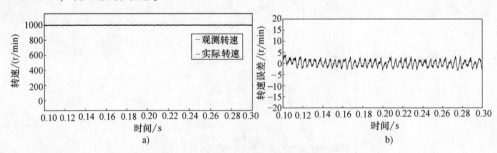

图 8-3　转速 1000r/min 负载仿真波形

a）实际转速与观测转速　b）转速误差

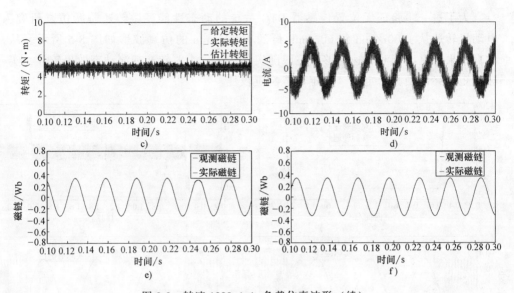

图 8-3 转速 1000r/min 负载仿真波形（续）

c）给定转矩与转矩响应 d）A 相电流 e）α 轴定子磁链 f）β 轴定子磁链

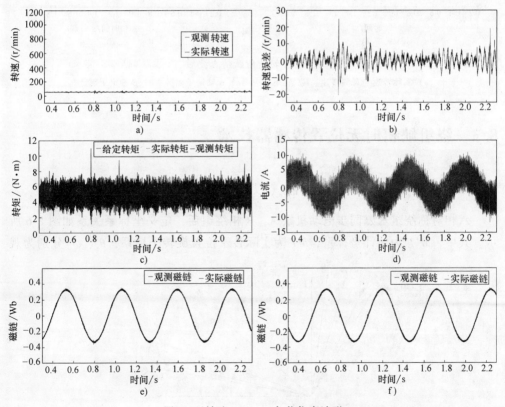

图 8-4 转速 60r/min 负载仿真波形

a）实际转速与观测转速 b）转速误差 c）给定转矩与转矩响应 d）A 相电流 e）α 轴定子磁链 f）β 轴定子磁链

为了进一步验证无位置传感器 DTC 系统的动态性能，做转速阶跃仿真研究，电动机转速从 1000r/min 到 60r/min 再到 1000r/min 的仿真波形如图 8-5 所示。从仿真结果可见，观测转速能够始终跟随实际转速，表明转速观测动态效果较佳；实际转矩始终跟随其给定值，转矩动态响应较佳。

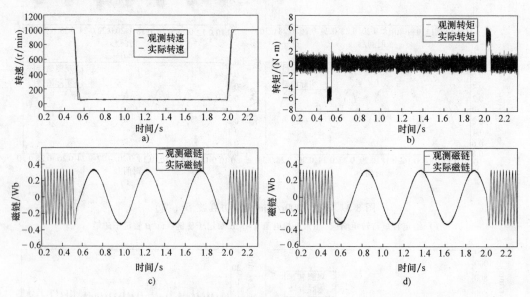

图 8-5　转速阶跃仿真波形

a) 实际转速与观测转速　b) 转矩响应　c) α 轴定子磁链　d) β 轴定子磁链

8.3　绕组缺相时无位置传感器技术

8.3.1　缺两相定子磁链观测器（以缺 A，B 相为例）

六相对称绕组永磁同步电动机缺 A，B 相绕组后，定义坐标系关系如图 8-6 所示。其中，$M'T'$ 为估计坐标系，MT 为实际转子位置旋转坐标系，$\hat{\theta}_r$、$\hat{\omega}_r$ 分别为观

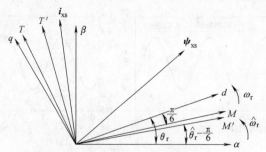

图 8-6　缺 A，B 相转子位置观测坐标系定义

测转子位置角及观测转子旋转电角速度。矢量在各轴线上的投影分量用对应轴线名的下角标注。

A，B 相绕组缺相后，剩余健康相逆变器输出 $\alpha\beta$ 平面电压矢量式（5-98）进一步变形为

$$
\begin{cases}
u_{s\alpha} = -\dfrac{1}{2\sqrt{2}} \Big[(S_c - S_d - S_e + S_f) U_{DC} - \sum_{k=C}^{F} u_{sk} \Big] = u_{s\alpha1} + u_{s\alpha0} \\[3mm]
u_{s\beta} = \dfrac{1}{\sqrt{10}} (2S_c + S_d - S_e - 2S_f) U_{DC} = u_{s\beta1} + u_{s\beta0}
\end{cases}
\tag{8-22}
$$

其中

$$
\begin{cases}
u_{s\alpha0} = \dfrac{1}{2\sqrt{2}} \sum_{k=C}^{F} u_{sk} \\[3mm]
u_{s\alpha1} = -\dfrac{1}{2\sqrt{2}} (S_c - S_d - S_e + S_f) U_{DC} \\[3mm]
u_{s\beta0} = 0 \\[3mm]
u_{s\beta1} = \dfrac{1}{\sqrt{10}} (2S_c + S_d - S_e - 2S_f) U_{DC}
\end{cases}
\tag{8-23}
$$

根据式（5-93）定义的虚拟定子电压方式，获得逆变器输出虚拟电压如下：

$$
\begin{cases}
u_{xs\alpha} = \dfrac{1}{\sqrt{3}} u_{s\alpha} = \dfrac{1}{\sqrt{3}} u_{s\alpha1} + \dfrac{1}{\sqrt{3}} u_{s\alpha0} = u_{xs\alpha1} + u_{xs\alpha0} \\[3mm]
u_{xs\beta} = \dfrac{1}{\sqrt{5}} u_{s\beta} = \dfrac{1}{\sqrt{5}} u_{s\beta1} + \dfrac{1}{\sqrt{5}} u_{s\beta0} = u_{xs\beta1} + u_{xs\beta0}
\end{cases}
\tag{8-24}
$$

其中

$$
\begin{cases}
u_{xs\alpha0} = \dfrac{u_{s\alpha0}}{\sqrt{3}} \\[4mm]
u_{xs\alpha1} = \dfrac{u_{s\alpha1}}{\sqrt{3}} \\[4mm]
u_{xs\beta0} = \dfrac{u_{s\beta0}}{\sqrt{5}} \\[4mm]
u_{xs\beta1} = \dfrac{u_{s\beta1}}{\sqrt{5}}
\end{cases}
\tag{8-25}
$$

将式（8-24）逆变器输出虚拟电压代入式（5-93）中得出虚拟定子磁链微分

如下：

$$\begin{bmatrix} \dfrac{\mathrm{d}}{\mathrm{d}t}\psi_{xs\alpha} \\[3mm] \dfrac{\mathrm{d}}{\mathrm{d}t}\psi_{xs\beta} \end{bmatrix} = \begin{bmatrix} u_{xs\alpha1} \\[2mm] u_{xs\beta1} \end{bmatrix} + \begin{bmatrix} u_{xs\alpha0} \\[2mm] u_{xs\beta0} \end{bmatrix} - R_s \begin{bmatrix} \sqrt{\dfrac{5}{3}}\,i_{xs\alpha} \\[4mm] \sqrt{\dfrac{3}{5}}\,i_{xs\beta} \end{bmatrix} - L_{s\sigma1} \begin{bmatrix} \sqrt{\dfrac{5}{3}}\,\dfrac{\mathrm{d}}{\mathrm{d}t}i_{xs\alpha} \\[4mm] \sqrt{\dfrac{3}{5}}\,\dfrac{\mathrm{d}}{\mathrm{d}t}i_{xs\beta} \end{bmatrix} \tag{8-26}$$

对式（8-26）两边求积分，得到虚拟定子磁链表达式如下：

$$\begin{cases} \psi_{xs\alpha} = \psi_{xs\alpha1} + \psi_{xs\alpha0} - \sqrt{\dfrac{5}{3}}L_{s\sigma1}i_{xs\alpha} \\[4mm] \psi_{xs\beta} = \psi_{xs\beta1} + \psi_{xs\beta0} - \sqrt{\dfrac{3}{5}}L_{s\sigma1}i_{xs\beta} \end{cases} \tag{8-27}$$

其中

$$\begin{cases} \psi_{xs\alpha0} = \displaystyle\int (u_{xs\alpha0})\,\mathrm{d}t \\[4mm] \psi_{xs\alpha1} = \displaystyle\int \left(u_{xs\alpha1} - \sqrt{\dfrac{5}{3}}R_s i_{xs\alpha}\right)\mathrm{d}t \\[4mm] \psi_{xs\beta0} = \displaystyle\int (u_{xs\beta0})\,\mathrm{d}t \\[4mm] \psi_{xs\beta1} = \displaystyle\int \left(u_{xs\beta1} - \sqrt{\dfrac{3}{5}}R_s i_{xs\beta}\right)\mathrm{d}t \end{cases} \tag{8-28}$$

式（5-90）MT 坐标系中虚拟定子磁链方程进一步变形为

$$\begin{bmatrix} \psi_{xsM} \\[2mm] \psi_{xsT} \end{bmatrix} = \begin{bmatrix} L_{d,AB} & 0 \\[2mm] 0 & L_{q,AB} \end{bmatrix} \begin{bmatrix} i_{xsM} \\[2mm] i_{xsT} \end{bmatrix} + \dfrac{\psi_f}{\sqrt{2}}\begin{bmatrix} 1 \\[2mm] 0 \end{bmatrix} \tag{8-29}$$

其中

$$\begin{bmatrix} L_{d,AB} \\[2mm] L_{q,AB} \end{bmatrix} = \dfrac{\sqrt{15}}{2}\begin{bmatrix} L_{sm} + L_{rs} \\[2mm] L_{sm} - L_{rs} \end{bmatrix} \tag{8-30}$$

根据式（5-87）可以进一步推导出虚拟定子电流表达式如下：

$$\begin{bmatrix} i_{xs\alpha} \\[2mm] i_{xs\beta} \end{bmatrix} = T_{AB}(\theta_r)\,\boldsymbol{L}_{AB}^{-1}\,T_{AB}^{-1}(\theta_r)\begin{bmatrix} \psi_{xs\alpha} \\[2mm] \psi_{xs\beta} \end{bmatrix} - \dfrac{\dfrac{\psi_f}{\sqrt{2}}}{L_{d,AB}}\begin{bmatrix} \cos\left(\theta_r - \dfrac{\pi}{6}\right) \\[4mm] \sin\left(\theta_r - \dfrac{\pi}{6}\right) \end{bmatrix} \tag{8-31}$$

其中

$$\boldsymbol{L}_{AB} = \dfrac{\sqrt{15}}{2}\begin{bmatrix} \left(L_{sm} + L_{rs}\cos\left(2\theta_r - \dfrac{\pi}{3}\right)\right) & L_{rs}\sin\left(2\theta_r - \dfrac{\pi}{3}\right) \\[4mm] L_{rs}\sin\left(2\theta_r - \dfrac{\pi}{3}\right) & \left(L_{sm} - L_{rs}\cos\left(2\theta_r - \dfrac{\pi}{3}\right)\right) \end{bmatrix} \tag{8-32}$$

$$T_{AB}(\theta_r) = \begin{bmatrix} \cos\left(\theta_r - \dfrac{\pi}{6}\right) & -\sin\left(\theta_r - \dfrac{\pi}{6}\right) \\ \sin\left(\theta_r - \dfrac{\pi}{6}\right) & \cos\left(\theta_r - \dfrac{\pi}{6}\right) \end{bmatrix} \tag{8-33}$$

根据剩余健康相电流之和等于零的特性进一步推导

$$\sum_{k=C}^{F} u_{sk} = \frac{d}{dt} \sum_{k=C}^{F} \psi_{sk} \tag{8-34}$$

$$
\begin{cases}
\begin{aligned}
\int u_{xs\alpha0}dt &= \frac{1}{\sqrt{3}} \int \left(\frac{1}{2\sqrt{2}} \sum_{k=C}^{F} u_{sk} \right) dt \\
&= \frac{\sqrt{6}}{12} \{ L_{s\sigma1}(i_{sC} + i_{sD} + i_{sE} + i_{sF}) + L_{sm}(1.5i_{sD} + 1.5i_{sE}) + \sqrt{3}L_{rs} \\
&\quad [i_{sC}\cos(2\theta_r + \pi/6) + i_{sD}\cos(2\theta_r - \pi/6) + \\
&\quad i_{sE}\cos(2\theta_r - \pi/2) + i_{sF}\cos(2\theta_r - 5\pi/6)] + \sqrt{3}\psi_f\cos(\theta_r + 5\pi/6) \} \\
\int u_{xs\beta0}dt &= 0
\end{aligned}
\end{cases}
\tag{8-35}
$$

根据上述理论分析，构建具有虚拟定子电流校正环节的虚拟定子磁链观测器，包括虚拟定子电压模型和虚拟定子电流模型，分别如下：

$$
\begin{bmatrix} \dfrac{d}{dt}\hat{\psi}_{xs\alpha} \\ \dfrac{d}{dt}\hat{\psi}_{xs\beta} \end{bmatrix} = \begin{bmatrix} u_{xs\alpha1} \\ u_{xs\beta1} \end{bmatrix} + \begin{bmatrix} u_{xs\alpha0} \\ u_{xs\beta0} \end{bmatrix} - R_s \begin{bmatrix} \sqrt{\dfrac{5}{3}}i_{xs\alpha} \\ \sqrt{\dfrac{3}{5}}i_{xs\beta} \end{bmatrix} - L_{s\sigma1} \begin{bmatrix} \sqrt{\dfrac{5}{3}}\dfrac{d}{dt}i_{xs\alpha} \\ \sqrt{\dfrac{3}{5}}\dfrac{d}{dt}i_{xs\beta} \end{bmatrix} + K_{AB} \begin{bmatrix} \tilde{i}_{xs\alpha} \\ \tilde{i}_{xs\beta} \end{bmatrix}
\tag{8-36}
$$

$$
\begin{bmatrix} \hat{i}_{xs\alpha} \\ \hat{i}_{xs\beta} \end{bmatrix} = T_{AB}(\hat{\theta}_r) L_{AB}^{-1} T_{AB}^{-1}(\hat{\theta}_r) \begin{bmatrix} \hat{\psi}_{xs\alpha} \\ \hat{\psi}_{xs\beta} \end{bmatrix} - \frac{\dfrac{\psi_f}{\sqrt{2}}}{L_{d,AB}} \begin{bmatrix} \cos\left(\hat{\theta}_r - \dfrac{\pi}{6}\right) \\ \sin\left(\hat{\theta}_r - \dfrac{\pi}{6}\right) \end{bmatrix}
\tag{8-37}
$$

式中，K_{AB} 为增益系数矩阵；标有"^"的变量为观测值；标有"~"的变量为观测误差，为实际值与观测值之差。

在 MT 坐标系中定义有效磁链 ψ_{as} 如下：

$$
\begin{bmatrix} \psi_{asM} \\ \psi_{asT} \end{bmatrix} = \begin{bmatrix} \psi_{xsM} \\ \psi_{xsT} \end{bmatrix} - L_{q,AB} \begin{bmatrix} i_{xsM} \\ i_{xsT} \end{bmatrix} = \begin{bmatrix} (L_{d,AB} - L_{q,AB})i_{xsM} + \dfrac{\psi_f}{\sqrt{2}} \\ 0 \end{bmatrix}
\tag{8-38}
$$

可见，所定义的有效磁链在 T 轴上的分量等于 0，与 M 轴同方向。所以，若能获得有效磁链 ψ_{as} 在静止坐标系下的相位角，则可以进一步求得转子位置角。将式

（8-38）变换到静止坐标系中得

$$\begin{bmatrix} \psi_{as\alpha} \\ \psi_{as\beta} \end{bmatrix} = \left[(L_{d,AB} - L_{q,AB}) i_{xs\alpha} + \frac{\psi_f}{\sqrt{2}} \right] \begin{bmatrix} \cos\left(\hat{\theta}_r - \frac{\pi}{6}\right) \\ \sin\left(\hat{\theta}_r - \frac{\pi}{6}\right) \end{bmatrix} = \begin{bmatrix} \psi_{xs\alpha} \\ \psi_{xs\beta} \end{bmatrix} - L_{q,AB} \begin{bmatrix} i_{xs\alpha} \\ i_{xs\beta} \end{bmatrix} \quad (8\text{-}39)$$

从而，根据式（8-39）可以计算出转子位置角为

$$\hat{\theta}_r = \arctan\left(\frac{\psi_{as\beta}}{\psi_{as\alpha}}\right) + \frac{\pi}{6} \quad (8\text{-}40)$$

根据上述转子位置角观测理论，可以画出本节提出的缺 A，B 相绕组的六相对称绕组永磁同步电动机转子位置角观测器结构框图，如图 8-7 所示。

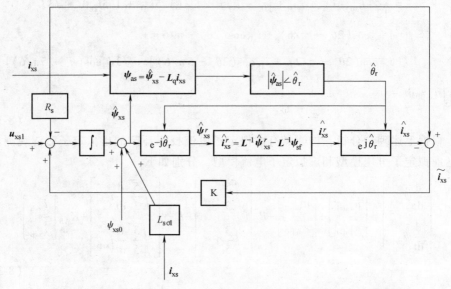

图 8-7 六相电动机缺 A，B 相绕组后具有电流校正的定子磁链观测器

在电动机参数没有误差情况下，式（8-31）减去式（8-37）的虚拟定子磁链误差与虚拟定子电流误差关系如下：

$$\begin{bmatrix} \tilde{i}_{xs\alpha} \\ \tilde{i}_{xs\beta} \end{bmatrix} = \boldsymbol{T}_{AB}(\theta_r) \boldsymbol{L}_{AB}^{-1} \boldsymbol{T}_{AB}^{-1}(\theta_r) \begin{bmatrix} \tilde{\psi}_{xs\alpha} \\ \tilde{\psi}_{xs\beta} \end{bmatrix} \quad (8\text{-}41)$$

式（8-26）减去式（8-36）得到虚拟定子磁链误差微分如下：

$$\begin{bmatrix} \dfrac{d}{dt}\tilde{\psi}_{xs\alpha} \\ \dfrac{d}{dt}\tilde{\psi}_{xs\beta} \end{bmatrix} = -\boldsymbol{K}_{AB} \begin{bmatrix} \tilde{i}_{xs\alpha} \\ \tilde{i}_{xs\beta} \end{bmatrix} \quad (8\text{-}42)$$

为了证明上述转子位置角观测器稳定性，定义以下形式的 Lyapunov 函数：

$$V_{AB} = \frac{1}{2} \begin{bmatrix} \tilde{\psi}_{xs\alpha} \\ \tilde{\psi}_{xs\beta} \end{bmatrix}^T \boldsymbol{T}_{AB}(\hat{\theta}_r) \boldsymbol{L}_{AB}^{-1} \boldsymbol{T}_{AB}^{-1}(\hat{\theta}_r) \begin{bmatrix} \tilde{\psi}_{xs\alpha} \\ \tilde{\psi}_{xs\beta} \end{bmatrix} > 0 \tag{8-43}$$

对上述 V_{AB} 函数求微分得

$$\frac{dV_{AB}}{dt} = -\begin{bmatrix} \tilde{i}_{xs\alpha} \\ \tilde{i}_{xs\beta} \end{bmatrix}^T \left[\boldsymbol{K}_{AB} - \frac{1}{2}\hat{\omega}_r (L_{q,AB} - L_{d,AB}) \boldsymbol{T}_{AB}(2\hat{\theta}_r) \right] \begin{bmatrix} \tilde{i}_{xs\alpha} \\ \tilde{i}_{xs\beta} \end{bmatrix} \tag{8-44}$$

其中

$$\boldsymbol{T}_{AB}(2\hat{\theta}_r) = \begin{bmatrix} -\sin2\left(\hat{\theta}_r - \frac{\pi}{6}\right) & \cos2\left(\hat{\theta}_r - \frac{\pi}{6}\right) \\ \cos2\left(\hat{\theta}_r - \frac{\pi}{6}\right) & \sin2\left(\hat{\theta}_r - \frac{\pi}{6}\right) \end{bmatrix} \tag{8-45}$$

为了转子位置观测值收敛至实际值，式（8-44）必须小于0，因此增益系数 $\boldsymbol{K}_{AB}$ 必须满足如下：

$$\boldsymbol{K}_{AB} - \frac{\hat{\omega}_r (L_{q,AB} - L_{d,AB}) \boldsymbol{T}_{AB}(2\hat{\theta}_r)}{2} > 0 \tag{8-46}$$

对观测转子位置角求微分即可得观测转子旋转速度如下：

$$\begin{aligned} \hat{\omega}_r &= \frac{d}{dt}(\hat{\theta}_r) \\ &= \frac{1}{1+\left(\frac{\psi_{as\beta}}{\psi_{as\alpha}}\right)^2} \cdot \frac{\frac{d}{dt}(\psi_{as\beta})\psi_{as\alpha} - \frac{d}{dt}(\psi_{as\alpha})\psi_{as\beta}}{\psi_{as\alpha}^2} \\ &= \frac{\frac{d}{dt}(\psi_{as\beta})\psi_{as\alpha} - \frac{d}{dt}(\psi_{as\alpha})\psi_{as\beta}}{\psi_{as\alpha}^2 + \psi_{as\beta}^2} \end{aligned} \tag{8-47}$$

对式（8-47）进行离散化，得到

$$\hat{\omega}_r(k) = \frac{\psi_{as\beta}(k)\psi_{as\alpha}(k-1) - \psi_{as\alpha}(k)\psi_{as\beta}(k-1)}{T[\psi_{as\alpha}^2(k) + \psi_{as\beta}^2(k)]} \tag{8-48}$$

8.3.2 仿真研究

采用上述提出的虚拟定子磁链观测器输出值构成缺A，B相绕组无位置传感器型DTC系统。采用 Matlab/Simulink 对所提出的系统进行建模仿真研究。数字控制周期为 $60\mu s$，电流误差增益系数为 0.5，转速 PI 调节器中比例和积分系数分别为 0.5，0.5。为了验证所提出 DTC 系统的稳态性能，转速 750r/min 时的额定负载仿真结果如图 8-8 所示。从仿真结果可见：①无论高速还是低速，转矩观测值与实际值均跟踪额定给定值 5.57N·m；②低速下观测位置角约超前实际值 10°电角度，而随着转速的提高，位置角观测值与实际值之间的误差越来越小；③虚拟定子磁链观测值几乎与实际值重合。

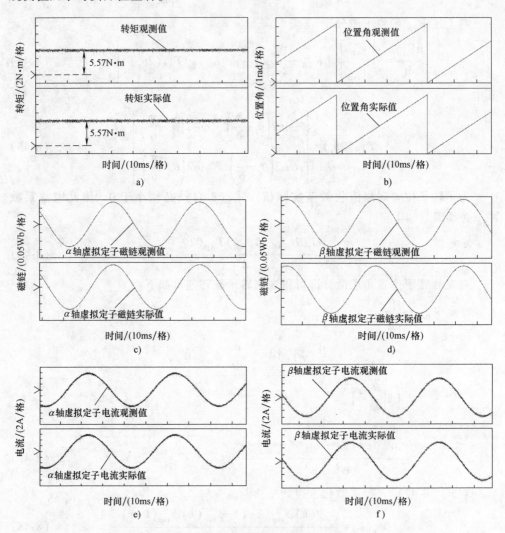

图 8-8　缺 A，B 相转速 750r/min 时的稳态额定负载仿真

a）转矩　b）位置角　c）α 轴虚拟定子磁链　d）β 轴虚拟定子磁链　e）α 轴虚拟定子电流

f）β 轴虚拟定子电流

8.3.3　实验研究

为了验证所提出 DTC 系统的稳态性能，分别在转速 100r/min 和 750r/min 做额定负载实验，结果分别如图 8-9 和图 8-10 所示。从实验结果可见：①无论高速还是低速，转矩观测值与实际值均跟踪额定给定值 5.57N·m；②低速下观测位置角约超前实际值 10° 电角度，而随着转速的提高，位置角观测值与实际值之间的误差

越来越小；③虚拟定子磁链观测值几乎与实际值重合。

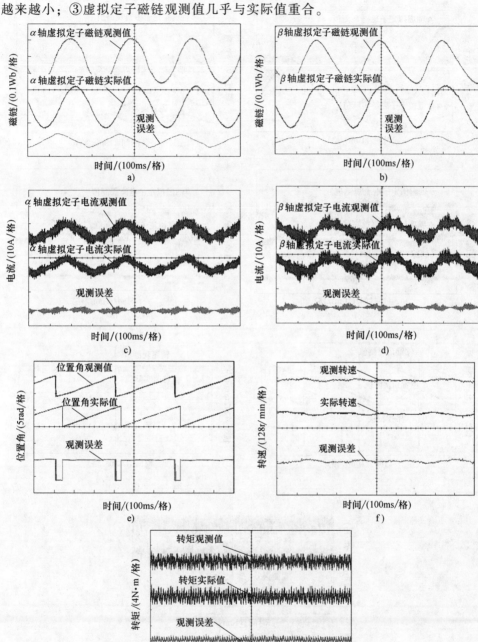

图 8-9 缺 A，B 相转速 100r/min 时的稳态额定负载实验

a）α 轴虚拟定子磁链观测值及实际值 b）β 轴虚拟定子磁链观测值及实际值 c）α 轴虚拟定子电流观测值及实际值 d）β 轴虚拟定子电流观测值及实际值 e）转子位置角观测值及实际值 f）转速观测值及实际值 g）转矩观测值及实际值

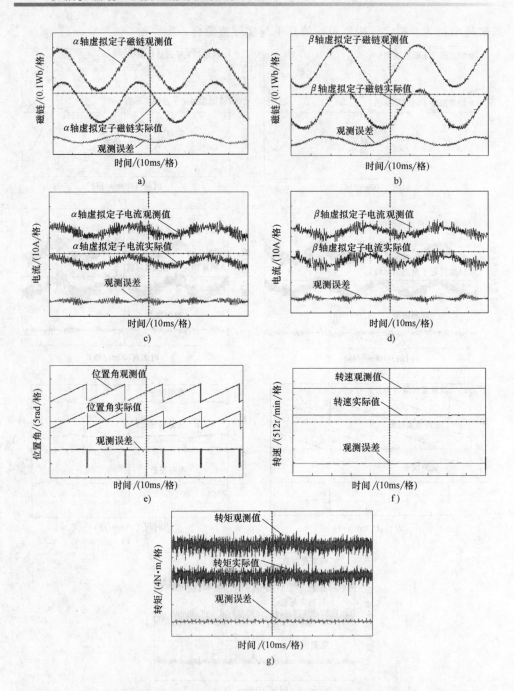

图 8-10 缺 A，B 相转速 750r/min 时的稳态额定负载实验

a）α 轴虚拟定子磁链观测值及实际值 b）β 轴虚拟定子磁链观测值及实际值

c）α 轴虚拟定子电流观测值及实际值 d）β 轴虚拟定子电流观测值及实际值

e）转子位置角观测值及实际值 f）转速观测值及实际值

g）转矩观测值及实际值

8.4　双三相永磁同步电动机高频信号注入无位置传感器技术

8.4.1　电动机的高频信号数学模型

由于多相电动机具有多自由度、多平面可控的特点，所以在基波平面实现机电能量转换功能的同时，可以借助其他平面对转子位置进行观测，实现无位置传感器直接转矩控制。本节将以双三相永磁同步电动机5次谐波平面构建转子位置角观测器为例讲解。定义5次谐波平面上实际转子同步旋转坐标系 $d_5 q_5$ 及其观测坐标系 $\hat{d}_5 \hat{q}_5$ 如图8-11所示。其中 θ_{r5} 及 $\hat{\theta}_{r5}$ 分别为5次谐波平面转子实际位置角及其观测值，ω_{r5} 及 $\hat{\omega}_{r5}$ 分别为5次谐波平面转子实际电角速度及其观测值，$\tilde{\theta}_{r5}$ 为转子位置角观测误差。

$$\tilde{\theta}_{r5} = \theta_{r5} - \hat{\theta}_{r5} \tag{8-49}$$

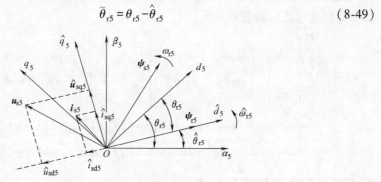

图 8-11　5次谐波平面观测转子旋转坐标系上的参数定义

根据式（2-130）可得，电动机在实际 $d_5 q_5$ 坐标系上的电感矩阵如下：

$$\boldsymbol{L}_{5dq} = \begin{bmatrix} L_{d5} & 0 \\ 0 & L_{q5} \end{bmatrix} = \begin{bmatrix} L_{s\sigma 0} + 3L_{sm5} + 3L_{rs5} & 0 \\ 0 & L_{s\sigma 0} + 3L_{sm5} - 3L_{rs5} \end{bmatrix} \tag{8-50}$$

将其转换至 $\alpha_5 \beta_5$ 静止坐标系中可得［见式（2-123）］

$$\begin{aligned}
\boldsymbol{L}_{5\alpha\beta} &= \begin{bmatrix} L_{d5}(\cos\theta_{r5})^2 + L_{q5}(\sin\theta_{r5})^2 & (L_{d5} - L_{q5})\sin\theta_{r5} \cdot \cos\theta_{r5} \\ (L_{d5} - L_{q5})\sin\theta_{r5} \cdot \cos\theta_{r5} & L_{d5}(\sin\theta_{r5})^2 + L_{q5}(\cos\theta_{r5})^2 \end{bmatrix} \\
&= \begin{bmatrix} L_5 + \Delta L_5 \cos 2\theta_{r5} & \Delta L_5 \sin 2\theta_{r5} \\ \Delta L_5 \sin 2\theta_{r5} & L_5 - \Delta L_5 \cos 2\theta_{r5} \end{bmatrix}
\end{aligned} \tag{8-51}$$

式中，$L_5 = 0.5(L_{d5} + L_{q5})$，$\Delta L_5 = 0.5(L_{d5} - L_{q5})$ 分别为5次谐波平面平均电感及半差电感。

联立式（2-130）和式（2-132）可知，在5次谐波上注入高频信号后，由于高频信号频率远高于电动机运行的基波频率，所以忽略5次谐波平面上的基波分量后，对应的高频电压与高频电流关系如下：

$$\begin{bmatrix} u_{d5g} \\ u_{q5g} \end{bmatrix} = \boldsymbol{L}_{5dq} \frac{\mathrm{d}}{\mathrm{d}t} \begin{bmatrix} i_{d5g} \\ i_{q5g} \end{bmatrix} \tag{8-52}$$

式中，下角"g"表示对应的高频分量。

根据图 8-11 中观测坐标系和实际坐标系夹角 $\tilde{\theta}_{r5}$ 的关系，把实际坐标系中的高频信号变换至观测坐标系中为

$$\begin{bmatrix} \hat{u}_{d5g} \\ \hat{u}_{q5g} \end{bmatrix} = \begin{bmatrix} \cos\tilde{\theta}_{r5} & -\sin\tilde{\theta}_{r5} \\ \sin\tilde{\theta}_{r5} & \cos\tilde{\theta}_{r5} \end{bmatrix} \begin{bmatrix} u_{d5g} \\ u_{q5g} \end{bmatrix} \tag{8-53}$$

$$\begin{bmatrix} \dfrac{\mathrm{d}}{\mathrm{d}t}\hat{i}_{d5g} \\ \dfrac{\mathrm{d}}{\mathrm{d}t}\hat{i}_{q5g} \end{bmatrix} = \begin{bmatrix} \cos\tilde{\theta}_{r5} & -\sin\tilde{\theta}_{r5} \\ \sin\tilde{\theta}_{r5} & \cos\tilde{\theta}_{r5} \end{bmatrix} \begin{bmatrix} \dfrac{\mathrm{d}}{\mathrm{d}t}i_{d5g} \\ \dfrac{\mathrm{d}}{\mathrm{d}t}i_{q5g} \end{bmatrix} \tag{8-54}$$

把式（8-52）和式（8-53）代入式（8-54）中得出观测坐标系 $\hat{d}_5\hat{q}_5$ 中高频电流与高频电压之间的关系如下：

$$\begin{bmatrix} \dfrac{\mathrm{d}}{\mathrm{d}t}\hat{i}_{d5g} \\ \dfrac{\mathrm{d}}{\mathrm{d}t}\hat{i}_{q5g} \end{bmatrix} = \begin{bmatrix} \cos\tilde{\theta}_{r5} & -\sin\tilde{\theta}_{r5} \\ \sin\tilde{\theta}_{r5} & \cos\tilde{\theta}_{r5} \end{bmatrix} \begin{bmatrix} \dfrac{1}{L_{d5}} & 0 \\ 0 & \dfrac{1}{L_{q5}} \end{bmatrix} \begin{bmatrix} \cos\tilde{\theta}_{r5} & \sin\tilde{\theta}_{r5} \\ -\sin\tilde{\theta}_{r5} & \cos\tilde{\theta}_{r5} \end{bmatrix} \begin{bmatrix} \hat{u}_{d5g} \\ \hat{u}_{q5g} \end{bmatrix}$$

$$= \frac{1}{L_5^2 - \Delta L_5^2} \begin{bmatrix} (L_5 - \Delta L_5\cos(2\tilde{\theta}_{r5}))\hat{u}_{d5g} - 2\Delta L_5\sin(2\tilde{\theta}_{r5})\hat{u}_{q5g} \\ -2\Delta L_5\sin(2\tilde{\theta}_{r5})\hat{u}_{d5g} + (L_5 + \Delta L_5\cos(2\tilde{\theta}_{r5}))\hat{u}_{q5g} \end{bmatrix} \tag{8-55}$$

8.4.2 无位置传感器技术

采用脉振方式在观测坐标系 $\hat{d}_5\hat{q}_5$ 中注入高频电压如下：

$$\begin{cases} \hat{u}_{d5g} = u_{in}\cos\omega_{in}t \\ \hat{u}_{q5g} = 0 \end{cases} \tag{8-56}$$

式中，ω_{in}，u_{in} 分别为注入高频电压频率及其频率。

把式（8-56）代入式（8-55）中得到对应的高频电流如下：

$$\begin{bmatrix} \hat{i}_{d5g} \\ \hat{i}_{q5g} \end{bmatrix} = \begin{bmatrix} \dfrac{(L_5 - \Delta L_5\cos(2\tilde{\theta}_{r5}))u_{in}\sin\omega_{in}t}{\omega_{in}(L_5^2 - \Delta L_5^2)} \\ \dfrac{-2\Delta L_5\sin(2\tilde{\theta}_{r5})u_{in}\sin\omega_{in}t}{\omega_{in}(L_5^2 - \Delta L_5^2)} \end{bmatrix} \tag{8-57}$$

从式（8-57）可见，当转子位置角观测误差 $\tilde{\theta}_{r5}$ 为零时，q 轴电流高频分量 $\hat{i}_{q5}$ 等于零。但若 $\tilde{\theta}_{r5}$ 不等于零，则 $\hat{i}_{q5}$ 也不等于零；若 $\tilde{\theta}_{r5}$ 大于零，则 $\hat{i}_{q5}$ 大于零；反之，若 $\tilde{\theta}_{r5}$ 小于零，则 $\hat{i}_{q5}$ 小于零。根据上述 $\hat{i}_{q5}$ 与 $\tilde{\theta}_{r5}$ 之间的变化关系，构建转子

位置角观测器如下：

利用单位高频信号及低通滤波器，对 $\hat{i}_{q5}$ 进行幅值调制解调得

$$\hat{i}_{q5g}^{*}=\mathrm{LPF}(\hat{i}_{q5g}\sin\omega_{\mathrm{in}}t)=\frac{-\Delta L_5 u_{\mathrm{in}}\sin(2\tilde{\theta}_{r5})}{\omega_{\mathrm{in}}(L_5^2-\Delta L_5^2)} \tag{8-58}$$

当转子位置角观测误差较小时，式（8-58）可以进一步简化为

$$\hat{i}_{q5g}^{*}=\frac{-\Delta L_5 u_{\mathrm{in}}\sin(2\tilde{\theta}_{r5})}{\omega_{\mathrm{in}}(L_5^2-\Delta L_5^2)}=\frac{-\Delta L_5 u_{\mathrm{in}}}{\omega_{\mathrm{in}}(L_5^2-\Delta L_5^2)}\sin(2\tilde{\theta}_{r5})\approx\frac{-2\Delta L_5 u_{\mathrm{in}}}{\omega_{\mathrm{in}}(L_5^2-\Delta L_5^2)}\tilde{\theta}_{r5} \tag{8-59}$$

可见，当 $\tilde{\theta}_{r5}$ 较小时，$\hat{i}_{q5}$ 与 $\tilde{\theta}_{r5}$ 成正比关系。

把式（8-58）的电流送给 PI 调节器，输出 5 次谐波平面转子旋转速度观测值如下：

$$\hat{\omega}_{r5}=k_{\mathrm{p}}\hat{i}_{q5g}^{*}+k_{\mathrm{i}}\int\hat{i}_{q5g}^{*}\mathrm{d}t\approx k_{\mathrm{p}}\frac{-2\Delta L_5 u_{\mathrm{in}}}{\omega_{\mathrm{in}}(L_5^2-\Delta L_5^2)}\tilde{\theta}_{r5}+\frac{-2\Delta L_5 u_{\mathrm{in}}}{\omega_{\mathrm{in}}(L_5^2-\Delta L_5^2)}k_{\mathrm{i}}\int\tilde{\theta}_{r5}\mathrm{d}t \tag{8-60}$$

当 $\tilde{\theta}_{r5}$ 大于零时，表明观测坐标系滞后实际坐标系，为了使得观测坐标系能够赶上实际坐标系，根据式（8-60）可见在比例和积分的双重作用下，观测坐标系旋转速度 $\hat{\omega}_{r5}$ 不断增大，从而使得观测位置角误差 $\tilde{\theta}_{r5}$ 不断减小；直到 $\tilde{\theta}_{r5}$ 等于零后，式（8-60）输出的转速恒定，观测坐标系与实际坐标系重合。反之，当 $\tilde{\theta}_{r5}$ 小于零时，同样分析过程也可以实现观测坐标系与实际坐标系重合。

根据基波平面和 5 次谐波平面的极对数关系可得两个平面观测变量的关系如下：

$$\hat{\omega}_{r1}=\frac{\hat{\omega}_{r5}}{5} \tag{8-61}$$

$$\hat{\theta}_{r1}=\frac{\hat{\theta}_{r5}}{5} \tag{8-62}$$

$$\tilde{\theta}_{r1}=\frac{\tilde{\theta}_{r5}}{5}=\theta_{r1}-\hat{\theta}_{r1}=\theta_r-\hat{\theta}_{r1} \tag{8-63}$$

根据上述理论分析，构建完整的转子位置角观测器结构，如图 8-12 所示。其中，观测电角速度再通过积分器稳态输出观测转子位置角。静止坐标 $\alpha_5\beta_5$ 中的电流经过高通滤波器获得对应的高频电流分量 $i_{\alpha5g}$，$i_{\beta5g}$，然后再利用观测的位置角

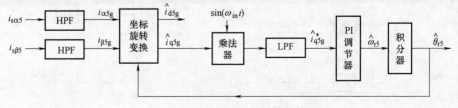

图 8-12　转子位置观测器结构框图

$\hat{\theta}_{r5}$ 将其变换至观测坐标系中。

根据转子位置角及转速观测值可以进一步构建无传感器方式双三相永磁同步电动机直接转矩控制策略，对应的控制结构如图 8-13 所示。为了实现 5 次谐波基波分量为零的控制目标，利用采样值减去高频分量的方法获得对应 5 次谐波平面电流的基波分量 $i_{\alpha 5f}$，$i_{\beta 5f}$，5 次谐波平面高频分量 $\hat{u}_{d5g}\cos\hat{\theta}_{r5}$，$\hat{u}_{d5g}\sin\hat{\theta}_{r5}$ 分别叠加到 $\alpha\beta$ 轴上。同时，3 次谐波平面电流也采用闭环方式控制为零。

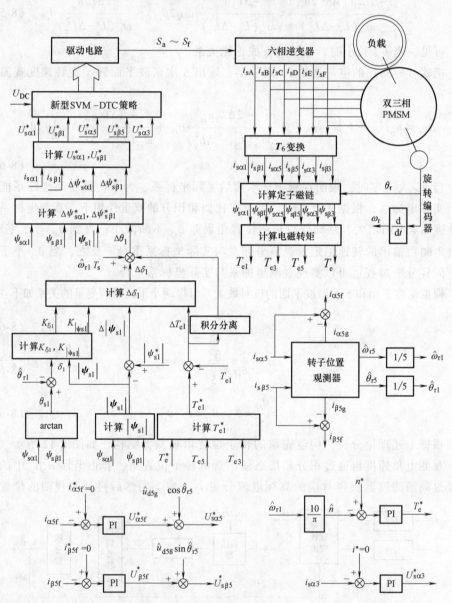

图 8-13 无传感器方式双三相永磁同步电动机直接转矩控制框图

8.4.3 仿真研究

利用 Matlab/Simulink 对上述无传感器直接转矩控制系统进行建模仿真研究，注入的高频电压幅值为 20V，高频信号频率为 1000Hz，电动机运行于 0~150r/min 低速范围。负载转矩为 5N·m，转速控制在 50r/min 时的稳态仿真结果如图 8-14 所示。从仿真结果可见，转速误差在 ±2.7r/min 范围内波动，转子位置角观测误差在 ±0.0125rad 范围内波动，表明转子位置角观测误差较小，验证了 5 次谐波平面转子位置角观测器的有效性。

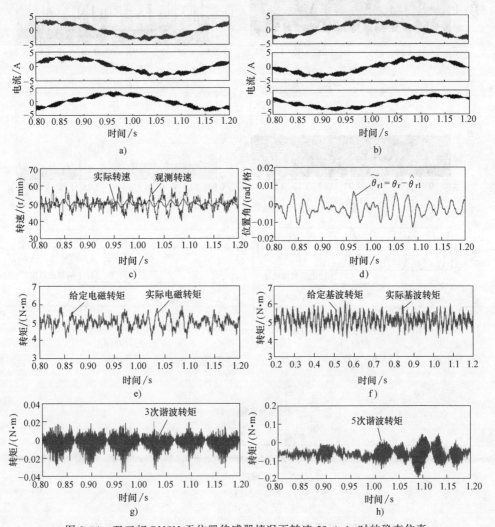

图 8-14　双三相 PMSM 无位置传感器情况下转速 50r/min 时的稳态仿真

a) A, B, C 相电流　b) D, E, F 相电流　c) 观测转速与实际转速　d) 观测转子位置角误差
e) 给定电磁转矩与实际电磁转矩　f) 给定基波转矩与实际基波转矩　g) 3 次谐
波转矩　h) 5 次谐波转矩

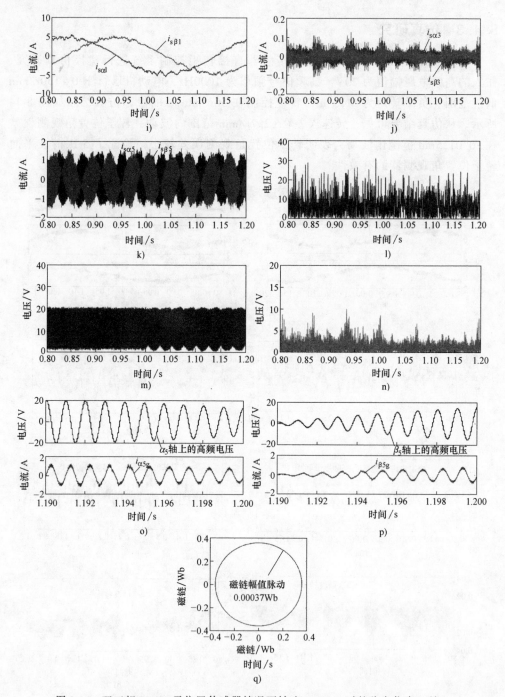

图 8-14 双三相 PMSM 无位置传感器情况下转速 50r/min 时的稳态仿真（续）

i）基波电流 j）3 次谐波电流 k）5 次谐波电流 l）基波平面期望电压矢量幅值 m）5 次谐波
平面期望电压矢量幅值 n）3 次谐波平面期望电压矢量幅值 o）α_5 轴上的高频电压
和高频电流 p）β_5 轴上的高频电压和高频电流 q）基波平面磁链

第8章 多相电动机直接转矩控制中的无位置传感器技术 ◀◀◀

8.5 本章小结

本章针对电动机绕组无故障和有故障情况下的无位置传感器运行技术展开研究，对于绕组无故障多相电动机，在基波平面利用滑模变结构观测理论构建定子基波磁链观测器，并基于有效磁链矢量概念构建转子位置角、转子速度观测算法，实验结果表明电动机可以运行至很低转速。对于绕组缺相后，基于虚拟变量构建的对称电动机数学模型构建电压型磁链观测器与电流型磁链观测相结合的观测器结构，利用观测的定子电流误差实现定子磁链的观测校正，实现了绕组缺相情况的无位置传感器运行控制。对于双三相永磁同步电动机，进一步在 5 次谐波平面注入高频信号，从而提高了转子位置角观测准确度。

参 考 文 献

［1］ 周扬忠，钟技. 用于永磁同步电动机直接转矩控制系统的新型定子磁链滑模观测器［J］. 中国电机工程学报，2010，30（18）：97-102.

［2］ 周扬忠，钟技，周建红. 一种新型永磁同步电动机滑模变结构直接转矩控制系统［J］. 电源学报，2011（01）：79-84.

［3］ 周扬忠，许海军. 直接转矩控制永磁同步发电机相位自校正型定子磁链观测器［J］. 中国电机工程学报，2012，32（18）：98-107，183.

［4］ 周扬忠，毛洁. 基于有效磁链概念的永磁同步电动机新型定子磁链滑模观测器［J］. 中国电机工程学报，2013，33（12）：152-158，198.

［5］ ZHOU Y Z, LONG S P. Sensorless direct torque control for electrically excited synchronous motor based on injecting high-frequency ripple current into rotor winding［J］. IEEE Transactions on Energy Conversion, 2015, 30（1）: 246-253.

［6］ 许海军. 直接转矩控制永磁同步电机风力发电研究［D］. 福州：福州大学，2012.

［7］ 毛洁. 直接转矩控制永磁同步电动机反馈线性化控制系统研究［D］. 福州：福州大学，2013.

［8］ 俞海良. 双五相 PMSM 串联驱动系统空间矢量调制型直接转矩控制［D］. 福州：福州大学，2020.

［9］ 陈相. 双三相 PMSM 高性能直接转矩控制［D］. 福州：福州大学，2020.

［10］ 林晓刚. 六相对称绕组永磁同步电机缺多相直接转矩控制系统研究［D］. 福州：福州大学，2015.

［11］ 钟技. 永磁同步电动机新型直接转矩控制研究［D］. 福州：福州大学，2010.

第9章 多相电动机谐波平面控制转子磁悬浮技术

9.1 引言

借助于电动机的气隙偏置磁场，可以将磁轴承功能与电动机功能集成于一体构成无轴承电动机，其转子切向旋转和径向悬浮均要进行控制，即无轴承电动机存在两个机电能量转换平面，即转矩控制平面和悬浮力控制平面，且要求这两个平面控制相互解耦。为此，可以把无轴承电动机转子切向控制和径向悬浮控制分别映射到两个空间正交平面，利用多相电动机多平面控制方法实现切向旋转和径向悬浮之间的解耦控制。

可以根据永磁体的安装位置，把永磁电动机划分为转子永磁型电动机和定子永磁型电动机。转子永磁型电动机的永磁体安装在转子上，永磁体的热量难以快速散发，导致永磁体存在温升退磁风险。而定子永磁型电动机的永磁体安装在定子上，永磁体的热量容易通过风冷、水冷等方式迅速散发，从而有效地降低了永磁体温升退磁风险。由于永磁体所处位置的差异，导致两种电动机气隙磁场有很大的差异，转子永磁型电动机气隙磁场近似于正弦波，可以借鉴传统的电动机理论建立其数学模型；但定子永磁型电动机气隙磁场通常非正弦严重，用传统的正弦波电动机理论难以建立其控制数学模型。本章将以六相单绕组定子永磁型无轴承磁通切换电动机转子磁悬浮运行直接控制技术为例，简要介绍多相电动机谐波平面直接控制转子磁悬浮的方法。

9.2 多相定子永磁型电动机工作原理及数学模型

六相单绕组无轴承磁通切换电动机横截面示意图如图9-1所示。永磁体和六相绕组均处于定子上，转子由具有10个齿的铁心冲片叠压而成。定子具有12个U形铁心，沿圆周均匀安放，相邻两个U形铁心之间夹放一个永磁体。12个永磁体沿圆周方向充磁，且相邻两个永磁体充磁方向相反。定子上具有12个磁极，每一个磁极上套装一个绕组线圈，空间轴线正交的两个线圈按图9-1所示方式连接构成一相绕组，共计六相绕组，记为 A~F，六相绕组轴线沿圆周互隔 60°。每一相绕组中同时流过转矩电流分量 $i_{iT}(i = A \sim F)$ 和悬浮电流分量 $i_{iS}(i = A \sim F)$，即相绕组电流 i_i 如下：

$$i_i = i_{iT} + i_{iS}(i = A \sim F) \tag{9-1}$$

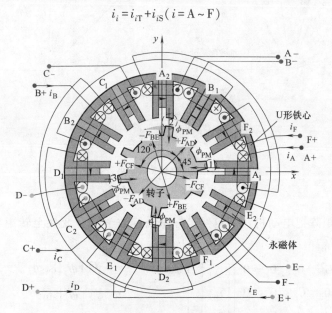

图 9-1　电动机横截面及绕组结构示意图

六相绕组中转矩电流为幅值相同、互差 60° 电角度的对称电流，与六相绕组反电动势作用产生驱动切向负载的电磁转矩；而空间对称两相绕组中流过相同的悬浮电流分量，使得空间对称气隙磁场向相反方向调制，从而在转子上产生最大的麦克斯韦力 $\pm F_{AD}$、$\pm F_{BE}$、$\pm F_{CF}$，悬浮电流分量如下：

$$\begin{cases} i_{AS} = i_{DS} = i_{AD} \\ i_{BS} = i_{ES} = i_{BE} \\ i_{CS} = i_{FS} = i_{CF} \end{cases} \tag{9-2}$$

以 A_1 线圈轴线为 x 轴、垂直于 A_2 线圈轴线定义 y 轴，构成直角坐标系 xy。电动机六相绕组采用星形联结后，只有五个自由度可控，采用式（2-37）变换矩阵 T_6 可以把电动机映射到控制转子切向旋转的转矩平面、控制转子径向悬浮的悬浮力平面和零序平面，其中两个机电能量转换平面坐标系及变量定义如图 9-2 所示。以悬浮力平面定义说明为例，转矩平面定义依此类推。$\alpha_S\beta_S$ 为悬浮力平面定子静止坐标系，其中 α_S 轴与 A 相绕组轴线重合；d_Sq_S 为悬浮力平面同步旋转坐标系；d_Sq_S 与 $\alpha_S\beta_S$ 之间夹角为 $\theta_r - 45° + \varphi_q$，$\theta_r$ 为转子空间位置电角度，φ_q 为悬浮力相位差；ψ_{SS}、i_{SS} 分别为悬浮力平面磁链及电流矢量，其在各轴线上投影分量用对应轴名称下角标注；γ 为悬浮力角。

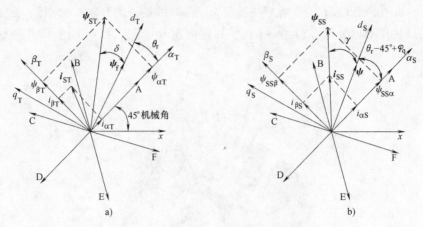

图 9-2 机电能量转换平面坐标系定义

a) 转矩平面 b) 悬浮力平面

利用 T_6 矩阵把电动机六相自然坐标系磁链数学模型变换至转矩平面和悬浮力平面结果如下：

$$\begin{bmatrix} \psi_{\alpha T} \\ \psi_{\beta T} \\ \psi_{\alpha S} \\ \psi_{\beta S} \end{bmatrix} = \begin{bmatrix} L_T & 0 & 0 & 0 \\ 0 & L_T & 0 & 0 \\ 0 & 0 & L_S & 0 \\ 0 & 0 & 0 & L_S \end{bmatrix} \begin{bmatrix} i_{\alpha T} \\ i_{\beta T} \\ i_{\alpha S} \\ i_{\beta S} \end{bmatrix} + \begin{bmatrix} \sqrt{3}\,|\boldsymbol{\psi}_f|\cos\theta_r \\ \sqrt{3}\,|\boldsymbol{\psi}_f|\sin\theta_r \\ K[\cos(\theta_r - 45° + \varphi_q)x - \sin(\theta_r - 45° + \varphi_q)y] \\ K[\sin(\theta_r - 45° + \varphi_q)x + \cos(\theta_r - 45° + \varphi_q)y] \end{bmatrix}$$

$$(9\text{-}3)$$

式中，L_T 和 L_S 分别为转矩平面和悬浮力平面绕组自电感；$|\boldsymbol{\psi}_f|$ 为转矩平面永磁体耦合磁链幅值；K 和 φ_q 分别为悬浮力系数和悬浮力相位角。

$$\begin{cases} K = \dfrac{3\sqrt{k_{PM}^2 + k_{qT}^2 i_{qT}^2 + k_{dT}^2 i_{dT}^2}}{4} \\[4mm] \varphi_q = \arctan\left(\dfrac{k_{qT}i_{qT} + k_{dT}i_{dT}}{k_{PM}}\right) \end{cases}$$

$$(9\text{-}4)$$

式中，k_{PM}，k_{dT}，k_{qT} 分别为永磁体、单位 $d_T q_T$ 轴电流分量与单位悬浮力电流相互作用产生的悬浮力基波幅值。

根据式（9-3）可以求出对应机电能量转换平面磁共能，然后利用磁共能分别对转子旋转机械角度、x 偏移量、y 偏移量求偏微分，获得电磁转矩及可控悬浮力如下：

$$\begin{aligned} T_e &= p(\psi_{\alpha T}i_{\beta T} - \psi_{\beta T}i_{\alpha T}) \\ &= p[\sqrt{3}\,|\boldsymbol{\psi}_f|i_{qT} - (L_d - L_q)i_{dT}i_{qT}] \end{aligned}$$

$$(9\text{-}5)$$

$$\begin{bmatrix} F_{xc} \\ F_{yc} \end{bmatrix} = K \begin{bmatrix} \cos(\theta_r - 45° + \varphi_q) & \sin(\theta_r - 45° + \varphi_q) \\ -\sin(\theta_r - 45° + \varphi_q) & \cos(\theta_r - 45° + \varphi_q) \end{bmatrix} \begin{bmatrix} i_{\alpha S} \\ i_{\beta S} \end{bmatrix} \tag{9-6}$$

式中，p 为电动机极对数，本章中电动机转子齿数为 10 个，所以其极对数也为 10。

9.3 电磁转矩及悬浮力直接控制原理

9.3.1 电磁转矩直接控制

根据转矩平面中静止坐标系与旋转坐标系的夹角关系，把式（9-3）转矩平面磁链变换至同步旋转坐标系中得

$$\begin{cases} \psi_{dT} = L_T i_{dT} + \sqrt{3} \, |\boldsymbol{\psi}_f| \\ \psi_{qT} = L_T i_{qT} \end{cases} \tag{9-7}$$

联立式（9-7）和（9-5）及图 9-2a 可以进一步推导出电磁转矩表达式如下：

$$T_e = p \frac{\sqrt{3} \, |\boldsymbol{\psi}_f| \, |\boldsymbol{\psi}_{ST}|}{L_T} \sin\delta \tag{9-8}$$

所以只要将转矩平面定子磁链幅值 $|\boldsymbol{\psi}_{ST}|$ 控制为恒定，利用转矩角 δ 即可实现电磁转矩的快速控制；而在转矩平面的静止坐标系中存在以下定子电压平衡方程式：

$$\begin{bmatrix} u_{\alpha T} \\ u_{\beta T} \end{bmatrix} = R_s \begin{bmatrix} i_{\alpha T} \\ i_{\beta T} \end{bmatrix} + \frac{d}{dt} \begin{bmatrix} \psi_{\alpha T} \\ \psi_{\beta T} \end{bmatrix} \tag{9-9}$$

式中，R_s 为定子电阻。

联立式（9-9）和（9-8）可见，利用转矩平面定子电压矢量可以实现定子磁链矢量的直接控制。在把定子磁链矢量幅值 $|\boldsymbol{\psi}_{ST}|$ 控制为恒定的情况下，利用电压矢量对定子磁链矢量空间旋转速度进行快速控制，从而实现对转矩角 δ 的快速控制，进而实现电磁转矩的快速控制。

9.3.2 悬浮力直接控制

当转子发生偏心后，作用于转子的径向力 F_x，F_y 同时包括式（9-6）的可控悬浮力 F_{xc}，F_{yc} 和由于偏心引起的磁场单边磁拉力 F_{xp}，F_{yp}

$$\begin{bmatrix} F_x \\ F_y \end{bmatrix} = \begin{bmatrix} F_{xc} \\ F_{yc} \end{bmatrix} + \begin{bmatrix} F_{xp} \\ F_{yp} \end{bmatrix} \tag{9-10}$$

定义虚拟磁链矢量 $\boldsymbol{\psi}$ 如下：

$$\boldsymbol{\psi} = K\cos(\theta_r - 45° + \varphi_q) + jK\sin(\theta_r - 45° + \varphi_q) \tag{9-11}$$

联立式（9-11）和（9-4）可见，当切向负载恒定后，虚拟磁链矢量长度

$|\boldsymbol{\psi}|=K$ 恒定，在空间以转子旋转电角速度旋转。再将式（9-11）代入式（9-6），且结合式（9-3）中的悬浮力平面定子磁链推导出可控悬浮力表达式如下：

$$\begin{cases} F_{xc}=\boldsymbol{\psi}\cdot\boldsymbol{\psi}_{SS}=|\boldsymbol{\psi}||\boldsymbol{\psi}_{SS}|\cos\gamma-\dfrac{K^2}{L_S}x \\[3mm] F_{yc}=\boldsymbol{\psi}\times\boldsymbol{\psi}_{SS}=|\boldsymbol{\psi}||\boldsymbol{\psi}_{SS}|\sin\gamma-\dfrac{K^2}{L_S}y \end{cases} \tag{9-12}$$

式中，悬浮力平面定子磁链矢量 $\boldsymbol{\psi}_{SS}=\psi_{\alpha S}+j\psi_{\beta S}$。

从式（9-12）可见，由于转子径向偏移量 x，y 的动态响应速度取决于转子径向惯量，属于慢时变量，所以利用悬浮平面定子磁链幅值 $|\boldsymbol{\psi}_{SS}|$ 和悬浮力角 γ 可以实现悬浮力中可控部分的快速控制。悬浮平面定子磁链和可控悬浮力可以用矢量进一步表示为

$$\begin{cases} \boldsymbol{\psi}_{SS}=|\boldsymbol{\psi}_{SS}|\mathrm{e}^{\mathrm{j}(\gamma+\theta_r-45°+\varphi_q)} \\[3mm] F_c=\dfrac{|\boldsymbol{\psi}|}{L_S}|\boldsymbol{\psi}_{SS}|\mathrm{e}^{\mathrm{j}(\gamma+\theta_r-45°+\varphi_q)}-\dfrac{K^2}{L_S}\sqrt{x^2+y^2}\arctan\left(\dfrac{y}{x}\right) \end{cases} \tag{9-13}$$

在忽略一个数字控制周期内转子径向偏移量变化的情况下，假设根据悬浮力控制需要，悬浮平面定子磁链矢量及悬浮力期望矢量如下：

$$\begin{cases} \boldsymbol{\psi}_{SS}^*=|\boldsymbol{\psi}_{SS}^*|\mathrm{e}^{\mathrm{j}(\gamma+\theta_r-45°+\varphi_q+\Delta\theta)} \\[3mm] F_c^*=\dfrac{|\boldsymbol{\psi}|}{L_S}|\boldsymbol{\psi}_{SS}^*|\mathrm{e}^{\mathrm{j}(\gamma+\theta_r-45°+\varphi_q+\Delta\theta)}-\dfrac{K^2}{L_S}\sqrt{x^2+y^2}\arctan\left(\dfrac{y}{x}\right) \end{cases} \tag{9-14}$$

式中，$\Delta\theta$ 为悬浮力角的变化量，根据式（9-14）和式（9-13）可以进一步求出悬浮力变化量与定子磁链变化量的关系如下：

$$\begin{aligned} \begin{bmatrix} \Delta\psi_{SS\alpha} \\ \Delta\psi_{SS\beta} \end{bmatrix} &=\frac{L_S}{|\boldsymbol{\psi}|}\begin{bmatrix} \cos(\theta_r-45°+\varphi_q) & -\sin(\theta_r-45°+\varphi_q) \\ \sin(\theta_r-45°+\varphi_q) & \cos(\theta_r-45°+\varphi_q) \end{bmatrix}\begin{bmatrix} F_{xc}^*-F_{xc} \\ F_{yc}^*-F_{yc} \end{bmatrix} \\[3mm] &=\frac{L_S}{|\boldsymbol{\psi}|}\begin{bmatrix} \cos(\theta_r-45°+\varphi_q) & -\sin(\theta_r-45°+\varphi_q) \\ \sin(\theta_r-45°+\varphi_q) & \cos(\theta_r-45°+\varphi_q) \end{bmatrix}\begin{bmatrix} \Delta F_{xc} \\ \Delta F_{yc} \end{bmatrix} \end{aligned} \tag{9-15}$$

而悬浮力平面存在以下定子电压平衡方程式：

$$\begin{bmatrix} u_{\alpha S} \\ u_{\beta S} \end{bmatrix}=R_s\begin{bmatrix} i_{\alpha S} \\ i_{\beta S} \end{bmatrix}+\frac{\mathrm{d}}{\mathrm{d}t}\begin{bmatrix} \psi_{SS\alpha} \\ \psi_{SS\beta} \end{bmatrix} \tag{9-16}$$

联立式（9-16）和式（9-15）可见，可以通过悬浮力平面电压矢量对定子磁链进行快速控制，从而实现转子悬浮力的快速控制。

9.3.3 最优电压矢量的挑选

本章采用图 9-3 所示的六相逆变器作为驱动电路，U_{DC} 为直流母线电压，S_i（$i=\text{a}\sim\text{f}$）为 1 时桥臂上管导通，为 0 时下管导通。利用 T_6 变换矩阵可将逆变器输出六相电压变换到 $\alpha_T\beta_T$，$\alpha_S\beta_S$，z_1z_2（两个零序轴系）坐标系。

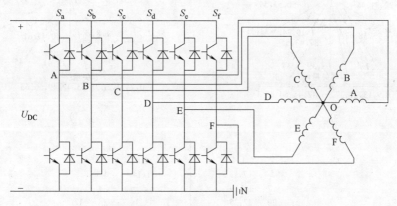

图 9-3　电动机绕组与六相逆变器之间的连接示意图

$$\begin{cases} u_{\alpha T}+ju_{\beta T}=\dfrac{U_{DC}}{\sqrt{3}}\left[(S_a-S_d)+(S_b-S_e)\,e^{j\frac{\pi}{3}}+(S_c-S_f)\,e^{j\frac{2\pi}{3}}\right] \\[3mm] u_{\alpha S}+ju_{\beta S}=\dfrac{U_{DC}}{\sqrt{3}}\left[(S_a+S_d)+(S_b+S_e)\,e^{j\frac{2\pi}{3}}+(S_c-S_f)\,e^{j\frac{4\pi}{3}}\right] \\[3mm] u_{z1}=0 \\[3mm] u_{z2}=\dfrac{U_{DC}}{\sqrt{6}}(S_a-S_b+S_c-S_d+S_e-S_f) \end{cases} \tag{9-17}$$

根据式（9-17）可得三个平面上的逆变器输出电压矢量，如图 9-4 所示。为了更好地构建本章最优开关矢量表，把转矩平面上电压矢量分为 A~F 及 O 共计 7 组，见表 9-1，其中 O 组对应转矩平面为零电压矢量。根据定子电压矢量分布图详细介绍本章实现直接控制策略的最优开关矢量表构建过程。

表 9-1　基本电压矢量组

组　　别	电压矢量
A	17,32,41,50,53,59,49
B	16,25,40,52,58,61,56
C	8,20,26,29,44,62,28
D	4,10,13,22,31,46,14
E	2,5,11,23,38,47,7
F	1,19,34,37,43,55,35
O	0,9,18,21,27,36,42,45,54,63

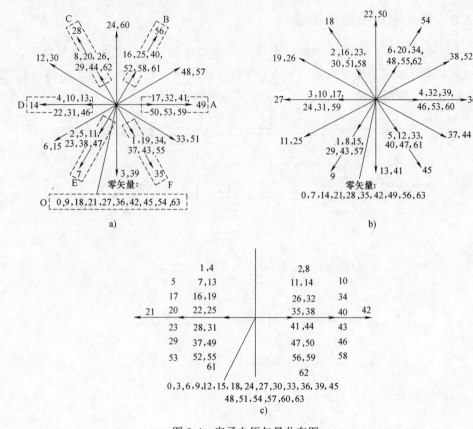

图 9-4　定子电压矢量分布图
a）转矩平面 $u_{\alpha T}+ju_{\beta T}$　　b）悬浮平面 $u_{\alpha S}+ju_{\beta S}$
c）零序平面电压矢量 $u_{z2}+ju_{z1}$

为同时满足三个平面的控制要求，将相邻电压矢量组内的电压矢量各作用一半控制周期，合成电压矢量组 A/B，B/C，C/D，D/E，E/F，F/A，合成电压矢量组在转矩平面的分布如图 9-5 所示。以图 9-5 相邻合成电压矢量中心线为边界划分六个扇区，如图 9-5 中 θ_i（$i=1\sim6$）所示。判断转矩平面磁链矢量 $\boldsymbol{\psi}_{ST}$ 在空间中所处的扇区位置 θ_i（$i=1\sim6$），由转矩平面转矩滞环控制器输出量 τ 和转矩平面磁链滞环控制器输出量 ϕ 构建满足转矩及磁链幅值控制要求的电压矢量表，见表 9-2。

表 9-2　直接转矩控制开关表

ϕ	τ	θ_1	θ_2	θ_3	θ_4	θ_5	θ_6
	1	B/C	C/D	D/E	E/F	F/A	A/B
1	0	0	0	0	0	0	0
	-1	F/A	A/B	B/C	C/D	D/E	E/F

（续）

ϕ	τ	θ_1	θ_2	θ_3	θ_4	θ_5	θ_6
	1	C/D	D/E	E/F	F/A	A/B	B/C
0	0	0	0	0	0	0	0
	-1	E/F	F/A	A/B	B/C	C/D	D/E

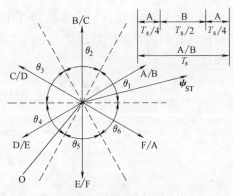

图 9-5　转矩平面合成电压矢量组分布图

表 9-2 中，$\phi=1$ 表示增大转矩平面磁链幅值，$\phi=0$ 表示减小；$\tau=1$ 表示增大转矩，$\tau=-1$ 表示减小转矩。在满足转矩控制要求的基础上，由电压矢量组在悬浮平面的分布进一步选择满足悬浮力控制要求的电压矢量。以表 9-2 中的非零电压矢量组 B/C 为例。图 9-6a 为 B/C 组电压矢量在悬浮平面的分布，根据式（9-15），当悬浮平面可控磁链误差 $\Delta\psi_{SS\alpha}>0$，$\Delta\psi_{SS\beta}>0$ 时，选择悬浮平面第 I 象限的电压矢量 52/20 或 52/62。要控制零序电流 i_{z2} 为零，则所加零序平面电压 u_{z2} 需为零。根据式（9-17）所示零序平面电压 u_{z2} 表达式可知，当所选基

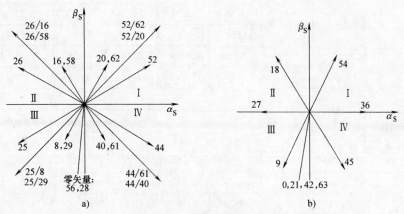

图 9-6　悬浮平面分布

a）非零电压矢量组 B/C　b）零电压矢量组 O

本电压矢量幅值相等、极性相反时，通过各作用半个控制周期合成的电压矢量在零序平面的作用相当于零矢量。因此，为同时实现三个平面控制要求，最终选择52/62矢量。表9-2其余非零电压矢量组的选择与 B/C 组相同。图9-6b 为零电压矢量组 O 在悬浮平面的分布，单电压矢量（54，18，9，45）在转矩平面和零序平面均为零电压矢量。当悬浮磁链增量 $\Delta\psi_{SS\alpha}>0$，$\Delta\psi_{SS\beta}>0$ 时，选择悬浮平面第 I 象限的电压矢量 54。

　　根据上述步骤，可得到最优开关矢量表，见表9-3。通过逆变器输出表9-3所示的电压矢量，可以同时控制转矩、悬浮和零序三个平面，实现转矩及悬浮力直接控制且零序电流控制为零。

表 9-3　最优开关矢量表

ϕ	τ	$\Delta\psi_{SS\alpha}$	$\Delta\psi_{SS\beta}$	θ_1	θ_2	θ_3	θ_4	θ_5	θ_6
		+	+	52/62	4/62	23/38	55/38	55/32	50/52
			−	61/44	13/44	5/46	47/37	37/41	32/61
	1	−	+	26/16	22/26	23/10	2/19	50/19	16/59
			−	25/8	8/31	11/13	1/11	1/59	41/25
		+	+			54			
1	0	+	−			45			
		−	+			18			
		−	−			9			
		+	+	55/32	50/52	52/62	4/62	22/38	55/38
			−	37/41	32/61	61/44	13/44	5/46	47/37
	1	−	+	50/19	16/59	26/16	22/26	23/10	2/19
			−	1/59	41/25	25/8	8/31	11/13	1/11
		+	+	4/62	22/38	55/38	55/32	50/52	52/62
			−	13/44	5/46	47/37	37/41	32/61	61/44
	1	−	+	22/26	23/10	2/19	50/19	16/59	26/16
			−	8/31	11/13	1/11	1/59	41/25	25/8
		+	+			54			
0	0	+	−			45			
		−	+			18			
		−	−			9			
		+	+	55/38	55/32	50/52	52/62	4/62	22/38
			−	47/37	37/41	32/61	61/44	13/44	5/46
	1	−	+	2/19	50/19	16/59	26/16	22/26	23/10
			−	1/11	1/59	41/25	25/8	8/31	11/13

9.3.4　转矩和悬浮力直接控制系统

本章所提出的无轴承磁通切换电动机转矩及悬浮力直接控制策略框图如图 9-7 所示，根据转矩平面磁链所处扇区位置 θ_i（$i=1\sim6$）、转矩滞环量 τ、磁链滞环量 ϕ、悬浮平面可控磁链误差 $\Delta\psi_{SS\alpha}$，$\Delta\psi_{SS\beta}$，查表 9-3 输出电压矢量，实现转矩、悬浮力及零序电流控制。

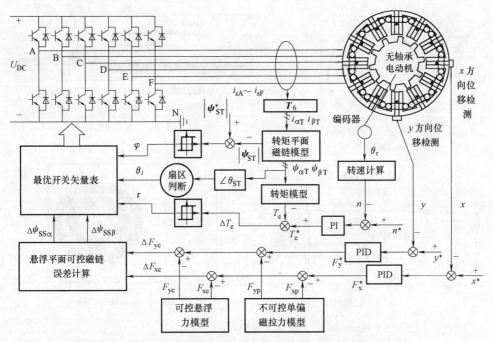

图 9-7　无轴承磁通切换电动机转矩及悬浮力直接控制策略框图

9.4　仿真研究

为了验证本章所提出控制策略的正确性，采用 Matlab/Simulink 对控制系统进行建模仿真研究。采用的六相单绕组无轴承磁通切换电动机额定参数见附录中的表 A-5，数字控制周期为 40μs，转矩平面给定磁链幅值 $|\boldsymbol{\psi}_{ST}^*|=\sqrt{3}\,|\boldsymbol{\psi}_f|=0.052\mathrm{Wb}$，给定转速为 1000r/min。起动时切向空载，径向 x，y 方向均施加 50N 的力；在 0.7s 时突加切向负载转矩 2N·m，1s 时 x 方向施加 100N 的力，仿真结果如图 9-8 所示。

图 9-8a 所示转速迅速上升至给定转速，且在 1.6s 的仿真时间内，转速波形不受突加转矩和突加径向负载的影响。图 9-8b 所示转矩波形稳态脉动小，1s 突加径向负载时，转矩波形不受径向扰动影响。图 9-8c 所示转矩平面磁链轨迹为幅值恒

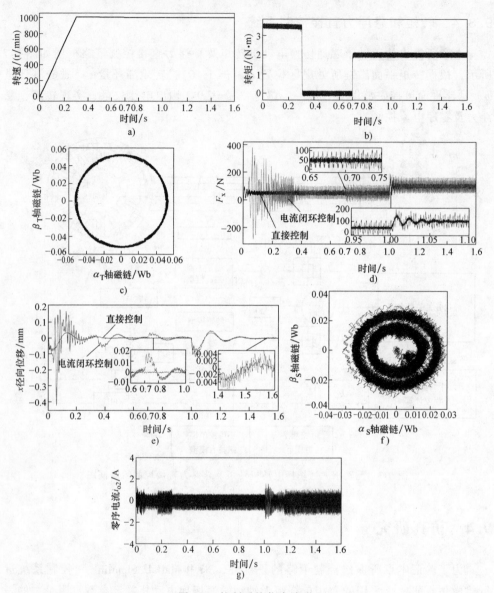

图 9-8 控制系统仿真波形

a）转速波形 b）转矩波形 c）转矩平面磁链轨迹 d）x 方向悬浮力波形 e）x 方向位移波形

f）悬浮平面磁链轨迹 g）零序电流波形

定的圆形。可见电动机的直接转矩控制子系统动、静态性能良好，且抗干扰能力强。

图 9-8d 和图 9-8e 分别为悬浮力波形和径向位移波形（仅给出 x 轴方向波形，y 轴方向类似），图中同时给出了电流 PI 闭环控制策略和直接控制策略，两种控制策略仿真条件相同。直接控制策略起浮时间和起浮过程中的悬浮力及位移振荡明显小

于电流闭环控制策略。在 0.7s 突加转矩负载时,电流闭环控制悬浮力波形幅值增大,径向位移出现抖动。这是因为悬浮力受转矩电流分量影响,而电流闭环控制通过电流去控制悬浮力属于间接控制,存在滞后性,动态响应慢。本章所提出的策略直接控制悬浮力和转矩,解耦性能更佳,悬浮力和径向位移不受突加转矩影响。1s 突加径向负载时,直接控制策略悬浮力和径向位移超调量均小于电流闭环控制策略,进入稳态后,前者的悬浮力脉动和径向位移脉动均远小于后者。

图 9-8f 所示悬浮平面磁链轨迹与转矩平面磁链轨迹略有不同,其幅值与悬浮力变化趋势一致。相较于电磁转矩,悬浮力是一个矢量,有大小和方向两个自由度。因此,在系统动态调节过程中,要控制悬浮力与外力平衡,不仅要控制悬浮力角,还需控制悬浮平面磁链幅值。图 9-8g 所示为零序电流波形,通过采用前文所述的最优电压矢量,在实现转矩及悬浮力直接控制的同时,控制零序电流 i_{z2} 平均值为零。

9.5 本章小结

本章针对六相单绕组无轴承磁通切换电动机,构建了转矩及悬浮力的磁链表达式,通过逆变器输出电压矢量分别在两个机电能量转换平面实现转矩及悬浮力的精准控制,理论研究及仿真结果表明:①可以将六相单绕组无轴承磁通切换电动机投影到转矩控制平面和控制悬浮力的谐波平面,实现转矩和悬浮力理论模型上的解耦;②通过合成电压矢量构建的最优开关矢量表,能够实现对转矩及悬浮力的有效控制且控制零序电流为零,系统动、静态性能良好。

参 考 文 献

[1] 郑梦飞,周扬忠. 无轴承磁通切换电机转矩及悬浮力解析计算 [J]. 微特电机,2019,47 (02):1-7.

[2] 周扬忠,程明,熊先云. 具有零序电流自矫正的六相永磁同步电机直接转矩控制 [J]. 中国电机工程学报,2015,35 (10):2504-2512.

[3] 黄政凯,周扬忠,吴鑫,等. 六相单绕组无轴承磁通切换电机转矩及悬浮力直接控制 [J]. 微特电机,2021,49 (02):1-6.

附　　录

表 A-1　六相对称绕组永磁同步电动机参数

参　　数	数　　值
额定电压/V	150
额定电流/A	6.2
额定转速/(r/min)	1500
极对数	2
额定功率/kW	1.5
相绕组直轴主电感/mH	1.54
相绕组交轴主电感/mH	2.46
定子电阻/Ω	1
相绕组感应的永磁磁链幅值/Wb	0.1985

表 A-2　五相永磁同步电动机参数

参　　数	数　　值
额定电压/V	150
额定电流/A	6
额定转速/(r/min)	1500
极对数	4
额定功率/kW	1.75
相绕组直轴基波电感分量/mH	2.38
相绕组交轴基波电感分量/mH	4.49
相绕组直轴 3 次谐波电感分量/mH	0.612
相绕组交轴 3 次谐波电感分量/mH	1.16
定子电阻/Ω	0.8
转子感应到相绕组基波磁链幅值/Wb	0.108
转子感应到相绕组 3 次谐波磁链幅值/Wb	0.00935

表 A-3　双三相永磁同步电动机参数

参　　数	数　　值
极对数	3
直流母线电压/V	250
相绕组直轴基波电感分量/mH	7.05
相绕组交轴基波电感分量/mH	17.58
相绕组直轴 3 次谐波电感分量/mH	2.35
相绕组交轴 3 次谐波电感分量/mH	5.85
相绕组直轴 5 次谐波电感分量/mH	1.41
相绕组交轴 5 次谐波电感分量/mH	3.516
定子电阻/Ω	0.832
转子感应到相绕组基波磁链幅值/Wb	0.2061
转子感应到相绕组 3 次谐波磁链幅值/Wb	0.0212
转子感应到相绕组 5 次谐波磁链幅值/Wb	0.00696

表 A-4　三相永磁同步电动机参数

参　　数	数　　值
额定电压/V	200
额定电流/A	6.2
额定转速/(r/min)	1500
极对数	2
额定功率/kW	1.5
相绕组直轴主电感/mH	3.72
相绕组交轴主电感/mH	7.28
定子电阻/Ω	1.2
相绕组感应的永磁磁链幅值/Wb	0.4534

表 A-5　无轴承磁通切换电动机参数

参　数	数　值	参　数	数　值
绕组相数	6	转矩平面电感/mH	6.9
气隙宽度/m	0.9	悬浮平面电感/mH	4.6
额定转速/(r/min)	1500	永磁磁链幅值/Wb	0.03
额定功率/W	628	k_{PM}/(N/A)	27.81
极对数	10	k_{qT}/(N/A)	1.636